Geschichte

der

christlichen Ethik

von

Dr. W. Gass.

Zweiter Band.

Bis zur Gegenwart.

Berlin.
Druck und Verlag von Georg Reimer.
1886.

Geschichte

der

christlichen Ethik

von

Dr. W. Gass.

Zweiten Bandes erste Abtheilung.

Sechszehntes und siebzehntes Jahrhundert.

Die vorherrschend kirchliche Ethik.

Berlin.

Druck und Verlag von Georg Reimer.

1886.

Der Universität Heidelberg

bei Gelegenheit

der am 2. August dieses Jahres bevorstehenden

Feier ihres fünfhundertjährigen Bestehens

widmet diese letzte Lebensarbeit

in dankbarer Mitfreude

der Verfasser.

Vorrede.

Mein guter Wille, die Fortsetzung dieses Werks zwei Jahre früher zu veröffentlichen, ist an der Weitläuftigkeit und Schwierigkeit des Gegenstandes sowie an der Dringlichkeit einiger Nebenarbeiten gescheitert. Jetzt endlich bin ich froh, die erste Hälfte des zweiten Bandes in der Hoffnung bevorworten zu können, dass auch die zweite in nicht langer Zeit nachfolgen wird.

Der erste Band ist, wofür ich nur dankbar sein kann, von mehreren Seiten mit entschiedenem Wohlwollen aufgenommen worden; einige Andere haben die Schrift als nützlich anerkannt, unter ihnen auch ein katholischer Kritiker; ein Einziger hat sie mit wenigen nichtssagenden Bemerkungen abgefertigt. Ich nenne diese letztere Anzeige nicht, noch wünsche ich den anonymen Skribenten zu kennen; das schlechthin Oberflächliche wird überschätzt, wenn man es noch nach Jahren in Erinnerung bringt. Ich habe versucht, ohne Hass durch dieses Leben zu gehen, ich will mich auch diesmal, wo ich Grund hätte, nicht ereifern.

Eine Antwort bin ich nur Herrn Dr. Zöpffel in Strassburg (s. dessen Anzeige in der deutschen Literaturzeitung von Max Rödiger, III, Nr. 30) schuldig. Dieser, mit schätzenswerther Sorgfalt auf den Inhalt eingehend, hat mir einige Lücken nachgewiesen. Es ist richtig, dass ich die Ethik des Duns Skotus, die mir mit dem dogmatischen System dieses Scholastikers allzu eng zusammen zu hängen schien, und für welche sich in der nachfolgenden Schule keine brauchbare Literatur darbot, nicht in Betracht gezogen, richtig dass ich an die Sittenlehre der Waldenser nicht gedacht und die Summa de virtutibus aus dem 12. Jahrhundert unerwähnt gelassen habe. Ich räume diese Versäumnisse sowie einige andere, von Zöpffel angemerkte, aber für mich schwer vermeidliche Unvollständigkeiten ein. Nur Einiges von dem Vermissten, nicht Alles habe ich im Folgenden nachholen können. Die erwähnte Summa de virtutibus, Par. 1509, wird entweder dem Alexander Halesius oder dem Hildebert zugeschrieben, und Vieles ist aus dieser Quelle in das Speculum morale bei Vincenz von Beauvais übergegangen; aber das Buch ist sehr selten, ebenso Hildeberti Turonensis Philosophia moralis sive de utili et honesto (Opp. ed. Beaugendre, Par. 1708). Beide Werke sind mir unzugänglich geblieben. — Was Augustin betrifft: so bin ich der Meinung, dass die Studien über ihn noch zu wenig abgeklärt sind, als dass nicht die abschliessende Gesammtansicht immer noch disputabel sein dürfte. Wer Constantin den Grossen nur zum Politiker und Augustin nur zum Kirchenfürsten macht, erleichtert sich damit die historische Beurtheilung in hohem Grade, es fragt sich nur, ob alsdann auch die Persönlichkeiten zu ihrem vollen Rechte gelangen. In Kürze lässt sich darüber nicht verhandeln.

Ein anderes literarisches Missgeschick, aber ein unverschuldetes, theile ich mit Vielen. Wenn zwei Bände desselben Werks durch den Abstand einiger Jahre getrennt werden, kann es leicht geschehen, dass in der Zwischenzeit Urkunden an's Licht treten, welche sich alsdann an keiner Stelle mehr angemessen verwerthen lassen; auch mir ist es so gegangen. Mein erster Abschnitt ersten Bandes würde sehr gewonnen haben, wenn ich die vor Kurzem wiedergefundene Διδαχὴ τῶν ἀποστολῶν schon damals gekannt hätte; mit Freuden hätte ich unter den altkirchlichen Zeugnissen des sittlichen Geistes auch diesen einfachen, lauteren ja erhebenden Ton mitklingen lassen. Ein zweites Aktenstück: Martin von Bracara's Schrift De correctione rusticorum von Caspari, Christiania 1883, obgleich es mehr vom Götzendienst und Dämonenwesen als von der Sittenzucht handelt, würde mir ebenfalls Dienste geleistet haben. Ein Drittes ist die durch A. Jahn's Ausgabe wieder bekannt gewordene sinnreiche Prosopopöie des Palamas; diese aber habe ich aus Liebhaberei und mit Hülfe eines in diesem Falle ungefährlichen Anachronismus am Schlusse dieser Darstellung noch angefügt.

Doch genug von diesen Einzelnheiten, da ich mich noch über einiges Andere auf diese erste Abtheilung Bezügliche aussprechen möchte. Die Anlage des Ganzen musste schon der Uebereinstimmung halber auch im Folgenden festgehalten werden; daher ist abermals der Gang der ethischen Literatur zum Grunde gelegt worden. Aber eben die Literatur setzte mich in den Stand, von der Lehre aus auch dem Leben näher zu treten. Von gewaltigen Persönlichkeiten angeführt eröffnen die Confessionen ihre Laufbahn, ein eigenthümliches auch praktisch und moralisch erkennbares Gepräge erhebt sie zu Charakteren; jede geht ihres eigenen Weges. Die erstrebte Abgeschlossenheit nöthigt sie zu einer unablässigen Selbstvertheidigung nach Aussen, aber innere Reactionen und Mahnungen zur Besserung rufen sie auf ihren eigenen Boden zurück. So entstehen Synkretismus und Pietismus als bedeutende historische und literarische Erscheinungen; ihnen gegenüber wird auch die katholische Kirche während eines ganzen Jahrhunderts in Aufregung erhalten. Dass in allen diesen Bewegungen ein ethisches Motiv stark mitspricht, brauchen wir nicht hinzuzufügen. Die casuistischen Sammlungen der Protestanten werden gewöhnlich als verlegene Waare bei Seite geschoben, mir sind sie als Spiegelbilder der herrschenden Sitte willkommen gewesen. Endlich habe ich wie schon früher die Einleitungen der Abschnitte als kurze Ruhepunkte benutzt, um von ihnen aus das Zuständliche in irgend einer Beziehung zu beleuchten. Man wolle hieraus ersehen, dass ich bemüht gewesen bin, durch Herbeiziehung der nächstliegenden Materialien meiner Darstellung mehr Breite, Abwechselung und Lebendigkeit zu verleihen, als dies mittelst Beurtheilung der zahlreichen Lehrbücher hätte geschehen können. Den Pietismus in der Form einer gedrängten Charakteristik seiner ersten Epoche einzuschalten, durfte ich mir um so weniger erlassen, da ich eine von Ritschl's neuester Kritik abweichende Ansicht darzulegen hatte.

An mehreren Stellen berühre ich mich im Folgenden mit meinen früheren Schriften; diese habe ich in der Regel nicht wieder verglichen und deshalb auch nur sehr selten citirt, hoffentlich zu Gunsten meiner jetzigen Arbeit. Denn neue Gesichtspunkte pflegen sich leichter zu ergeben, wenn man sich das vor Zeiten

Gesagte nicht zuvor im Einzelnen vergegenwärtigt hat. Nur Einen Vortheil gewährten mir jene älteren Studien, dass ich nämlich über Manches, was früher ausführlich erörtert worden, mich kurz fassen konnte. Die wichtigeren Erscheinungen auf dem wissenschaftlichen Gebiet forderten abermals eine kritische Stellungnahme; von anderen habe ich angenommen, dass sie schon aus ihrem historischen Zusammenhange ihr Licht empfangen werden. Wenn ich in meiner Berichterstattung im Ganzen das Gute hervorgehoben und in dem Abweichenden oder Gegensätzlichen wieder das Fördernde betont habe, und wenn ich dazu beitragen wollte, dass den ethischen Studien neben den dogmatischen ein höherer Grad von Selbständigkeit als der ihnen häufig zuerkannte, zu Theil würde: so bin ich darin nur meiner Gesinnung gefolgt.

Die Reproduction eines einzigen grossen systematischen Ganzen hat vor der historischen Entwicklung mehrerer Lehrformen einen unzweifelhaften Vorzug; sie gewährt den Eindruck der Einheit und der Strenge; der Leser wird gebannt und in demselben Zusammenhang fortgezogen, dann aber auch seiner eigenen freien Betrachtung und Besinnung ganz zurückgegeben. Diesen Quell und Reiz der Erkenntniss kann ich denen, welche sich mit diesem Buche beschäftigen wollen, nicht darreichen. Dafür verheisse ich ihnen etwas Anderes, nicht weniger Nachdenkliches und durch keine einzelne Systematik Erreichbares. Das Sittliche wird an sich selber erkannt; seinem Grunde und Ziele nach stammt es nicht aus der Zeit und will doch in ihr offenbar werden; es kann erschlaffen, um sich wieder zu verjüngen, es kann verschwimmen, um auf's Neue Gestalt zu gewinnen, sich methodisch spalten, um in engeren Schranken desto sicherer fortzuschreiten. So wandelt die Ethik durch die Zeitalter, und in den letzten Jahrhunderten hat sie einen weit grösseren Reichthum als in allen vorangegangenen entfaltet. Durch den Anblick so zahlreicher Abwandelungen kann der Glaube an die Ewigkeit des Guten erschüttert werden, aber das Schauspiel eines unermüdlichen Geistesdranges stellt ihn wieder her.

Es ist eine letzte Lebensarbeit, welcher ich diese Worte widme. Ein Vorwort dieser Art pflegt eine Gemüthsbewegung zu verrathen, welche auch ich empfinde; aber ich nenne mein Gefühl zugleich ein freudiges, da ich Aussicht habe, mein Werk neben anderen literarischen Gaben auf dem Altar der bevorstehenden Jubiläumsfeier niederzulegen. — Ein Namen- und Sachregister bleibt der zweiten Abtheilung vorbehalten.

Heidelberg am 22. März 1886.

Dr. Gass.

Uebersicht des Inhalts.

Einleitung. Der Humanismus und die Reformation.

Kapitel I.

Kapitel II.

Erster Abschnitt.

Grundlegung und Anfänge der protestantischen Ethik.

Kapitel I. Die Persönlichkeiten.

Kapitel I. Der synkretistische Streit.

Kapitel II. Der Pietismus und was ihm ähnlich.

Kapitel III. Der deutsche Pietismus.

Kapitel IV. Fortbildung der Ethik.

Kapitel V. Die reformirte Literatur.

Berichtigung.

Aus Versehen ist § 33 zweimal gezählt worden, wodurch die Zahl der Paragraphen um einen verkürzt wird.

Einleitung.

Der Humanismus und die Reformation.

Erstes Kapitel.

Wesen des Humanismus.

§ 1. Reformation und Humanismus sind nach Heimath, Wirksamkeit und Zweckbestimmung verschiedene Erscheinungen, die auch dem Zeitalter nach nicht zusammenfallen, — jene deutschen und schweizerischen, dieser italienischen Ursprungs, jene kühn und streitbar auftretend, zu schweren Kämpfen fortgerissen, aber auch schon nach wenigen Decennien bei einem bedeutenden Ergebniss angelangt, dieser im Laufe zweier Jahrhunderte erblühend und entfaltet, dann aber in den Hauptländern von Europa sei es sporadisch oder dauernd angesiedelt, — die eine Richtung volksthümlich, die andere aristokratischer Natur, die letztere von Talent und Betriebsamkeit abhängig, jene von Kräften der Gesinnung und des Charakters beherrscht. Der Humanismus hatte das Stadium seines Aufschwungs hinter sich, als er von der reformatorischen Bewegung berührt wurde; man könnte versucht sein, das Spätere geradehin für ein Erzeugniss des Früheren anzusehen, wenn die Ungleichheit der Bestrebungen einen solchen Gedanken festhalten liesse. Die Reformation hat der Religion und dem Glauben, der Humanismus der allgemeinen Geistesbildung, der Kunst und der Wissenschaft gedient, sie schöpften aus verschiedenen Quellen und verfolgten höchst abweichende, theilweise entgegengesetzte Ziele. nur ihre Mittel lassen sich nicht trennen, und in den Früchten der Buchdruckerkunst besassen sie ein gemeinsames Werkzeug, sowie sie auch beide auf ein Alterthum zurückgreifen mussten. Zu geistigen Grossmächten erwachsen haben sie ein neues Zeitalter eröffnet und ihren Einfluss auf den wunderbar erweiterten Schauplatz der Welt und der Menschheit ausgedehnt. Der Protestantismus tritt wie eine mittlere Grösse zwischen sie, zwar ist auch dieser aus der Reformation hervorgegangen, aber im Unterschied vom Evangelismus gedacht, entwickelte er eine allgemeinere befreiende und historisch kritische Tendenz, auf welche auch die Interessen des Humanismus eingehen mussten.

Die Aufgabe des Humanismus ist bekannt, sie wird von Georg Voigt dahin definirt, dass durch ihn das versunkene Alterthum der Römer und Hellenen der christlichen Welt wieder erschlossen, dass antike Bildung und Wissenschaft auf's Neue zur Geltung gebracht, der Duft hellenischer Kunst mit den christlichen Anschauungen verschmolzen, die sinnliche Schönheit als das Erbe der klassischen Völker auf den Geist der Romantik übertragen werden sollte. Es war eine Aufgabe der Verjüngung, der geistigen Wiedergeburt, und nur das Abendland konnte ihr einen fruchtbaren Boden darbieten. Das Gesetz der historischen Continuität lässt nichts Gewesenes vollständig untergehen, gestattet aber jeden Grad der Entfernung des Gewordenen vom Ursprünglichen. Wenn also zwei Lebensstadien nach einem Zwischenraum von etwa sieben Jahrhunderten, welcher sie einander entfremdet hatte, in eine so überraschende Berührung traten, wie es damals geschah: so entstand ein Eindruck als sei eine alte Heimath edelster nationaler Geisteserzeugnisse entdeckt, ein Nachlass erworben, welcher endlich aus der Ungestalt einer entarteten Ueberlieferung herausgezogen und der Gegenwart wiedergegeben werden müsse, — es war eine Erfahrung des Wohlgefühls und der Erhebung. In einem elliptisch erbauten Gewölbe werden die Worte, welche an der einen Stelle selbst halblaut gesprochen sind, am entgegengesetzten Pole und in weiter Entfernung noch vernommen; also schien sich die Menschheit nochmals wie ein zusammengehöriges Ganze emporzuwölben, ihre alte echte Rede tönte über den Abstand grosser Zeitalter hinweg wie ein längst verklungener Wohllaut. Wir meinen die redende Menschheit, nicht die religiöse. Was soll der Mensch sein eigen nennen wenn nicht die Sprache? Was darf er schützen wenn nicht die Hülle, welcher er vor Alters sein eigenes Herz anvertraut sieht? Welchen Boden soll er betreten, um ideale Güter dem menschlichen Bewusstsein in weitem Umfange eindrücklich zu machen! In diesem Sinne rechtfertigt sich der Name Humanismus durchaus. Die altrömische Literatur, — das beweisen die Johann von Salisbury, die Vincenz von Beauvais u. A., — war niemals ganz vergessen worden. Den Aristoteles hatte der lateinische Text zu einem Römer gemacht, Boethius war kirchlich anerkannt, dem liebenswürdigen Virgil ein wunderbares Nachleben gegönnt worden; viele Andere wurden citirt und verglichen, in einzelnen Schulen pflanzte sich ihr Gedächtniss fast ununterbrochen fort. Aber selbständig konnten sie ihre Blätter nicht entfalten; erst der Humanismus machte sie lebendig. Als Vorbilder der Beredtsamkeit und klaren Gedankenbildung, als überzeugende Denker und reizvolle Dichter wurden die Alten von Petrarca ihrem geistvollen Entdecker dem lebenden Geschlecht zur Bewunderung und zum nacheifernden Studium dargeboten. Was die Gelehrtensprache der Schulen an die Stelle gesetzt, konnte ihnen gegenüber nur als ein Abfall und ein Inbegriff der Rohheit und Entstellung erscheinen, daher war kein Ausdruck zu hart, um die Barbarei und Unwissenheit der Scholastiker zu strafen. Folglich musste auf dem mühsamen Wege der Grammatik, Dialektik und Rhetorik das Lateinische aufs Neue gelernt und damit der Gang der wissenschaftlichen Bildung regulirt werden. Von der klassischen Form ging die Hochschätzung bald auf den Inhalt über; Correctheit, Ebenmaass, Fasslichkeit, poetischer Wohlklang bezeichneten den Maassstab einer Vollkommenheit, welche einigen Auserwählten unbedingt, Anderen in zweiter Linie zuerkannt wurde. Solche Zierden wie Cicero und Virgil liessen den Vorwurf der heidnischen Abkunft und das Dogma von der verdorbenen Menschennatur vergessen, die Klassiker waren ja gerade die Unverdorbenen. Als nachher die schwierige Erlernung des Griechischen an die Reihe kam, musste ein neuer Bestandtheil in den Umfang der Erudition aufgenommen werden, der Gesichtskreis erweiterte sich, andere grosse Vorbilder traten auf den Schauplatz.

Was Petrarca und Boccaccio bahnbrechend eröffnet hatten, wurde von Poggio und Filelfo fortgesetzt und zog viele Andere als Mitarbeiter oder Helfer heran. Wir schweigen von dem Musentempel zu Florenz, von der Gunst der italienischen Höfe und von der Theilnahme der Päpste. Höhere geistige Bestrebungen hatten sich bisher im Klerus, auf den Universitäten, in Klöstern und in Schulen und zuletzt in freien Vereinen fortgepflanzt, Beruf und Sinnesweise gestalteten und umschränkten sie. Freier als alle diese Kreise entwickelte sich der Humanismus als eine ungebundene Genossenschaft, welche mit jeder äusseren Stellung und mit dem Anschluss an Kirche, Klosterwesen, Staat und Beamtung vereinbar, zahlreiche und ungleichartige Talente zu beschäftigen vermochte, aber auch allerlei Secessionen, Entzweiung und Gehässigkeit in sich selber zuliess. Arme und Begüterte fanden Aufnahme, und was die Meister im grossen Stile begonnen, konnte durch mittelmässige Köpfe bis zum Banausischen herabgesetzt werden. Ein Gelübde kannten sie nicht ausser das eine, welches sie verpflichtete, ihre wissenschaftliche Technik nach allen Seiten verwendbar zu machen. Und mit diesem Verbreitungstrieb hing denn auch die Wanderlust zusammen, welche viele Geringere als Grammatiker, Stilisten und Verskünstler über die Alpen geführt hat.

Ueberblicken wir die Leistungen der Humanisten: so haben wir deren grösseren Theil auf Zwecke der Erlernung, Formbildung, Uebertragung oder Reinigung und Erklärung zurückzuführen, mithin auf Aneignung und Reproduction. Einigen aber ist gelungen, auch Neues zu schaffen auf Grund des Alten; eintretend in die Ehren des antiken Schriftthums gelangten sie zu einer höheren Stufe ihres Berufs, daraus erklärt sich der Eudämonismus ihrer Stimmung. Zwar vernehmen wir zuweilen auch höchst pessimistische Lebensansichten; aber die Meisten waren doch freudig bewegt, weil sie an sich selbst, ihrer Aufgabe und Wirksamkeit grosses Wohlgefallen hegten; wir dürfen uns darüber nicht wundern. Es ist wirklich eine menschliche Glückseligkeit, welche durch freie geistige Production mitgetheilt wird, denn diese macht das Geschöpf selbst wieder zum Schöpfer. Dabei vergessen wir unsere Reformatoren wahrlich nicht; auch sie waren Hervorbringer, nicht Eitelkeit noch Ruhmsucht trieb sie an, wohl aber erfüllte sie ein verdoppeltes Selbstgefühl, ein Bewusstsein ihrer Sendung, dadurch werden beide Gruppen einander genähert.

§ 2. Kunst und Literatur.

Sollte zunächst auf das benachbarte Gebiet der Kunst und Malerei ein Blick geworfen werden: so würden wir anderer Mittel bedürfen, um den Verlauf der grossen Umwälzung verständlich zu machen; die Ziele der beiden Richtungen sind dieselben, auch hat der literarische Humanismus gelegentlich selbst auf die Plastik und Architektonik eingewirkt. Ein Unterschied aber liegt darin, dass die Renaissance im engeren Sinn nicht Geistiges wieder mit Geistigem vergleichen lehrt, sondern sie bewegt sich innerhalb der sichtbaren Darstellung, um diese dann auf einen Geisteszweck zu beziehen. Hier übernimmt das Auge die Führung statt des Ohrs. Die alte Bilderfrage war für die katholische Kirche längst gelöst, aber nicht ohne die Abzeichen ihrer inneren Schwierigkeit zurückzulassen. Seit Jahrhunderten waren der Cultus und das Sacrament immer augenfälliger in die Erscheinung gezogen worden. Der religiöse Inhalt stellt sich dem sinnlichen Menschen ehrfurchtgebietend gegenüber, aber er erhebt zugleich seine Formen zu Abbildern oder zu Vehikeln geheimnissvoller Vorgänge; der Beschauer wird sinnlich gebannt, aber auch auf einen überirdischen Zusammenhang hingewiesen; Sinnbild und Allegorie treten der Anschauung ergänzend und ahnungsvoll zur Seite. Derselbe Charakter überträgt sich auf die Heiligenbilder; auch diese werden typisch gestempelt und mit grellen Zügen überladen, um einen Antheil am Göttlichen zu verrathen. Die heilige Kunst umgab sich mit Schranken, welche ihre Herkunft zu fordern schien, eine romantische Ueberschwänglichkeit trieb über die Grenzen natürlicher Schönheit hinaus. Als nun seit Nikolaus V die antike Plastik bekannt und die Säle des Vaticans mit Statuen und Götterbildern angefüllt wurden: drängte sich eine ähnliche Vergleichung auf wie die zwischen der echten und der scholastisch verknöcherten Latinität. Es konnte nicht verborgen bleiben, dass selbst der mythologisch fingirte Mensch den kirchlich geheiligten und verzierten an Naturwahrheit übertreffe und in dem Ebenmaass seiner Erscheinung das Gesetz der Schöpfung für sich habe; die anatomischen Studien eines Michel Angelo bestätigten diese Erkenntniss. Durch diesen Contakt zweier heterogenen Kunstbildungen ist der Aufschwung der Malerei und Plastik nach einer Richtung veranlasst worden, denn verursacht wurde er doch nur durch die Meister selber, deren künstlerische Kraft und Begeisterung stark genug waren, um das entstellte oder verkünstelte Menschenbild nicht allein wieder in seiner Reinheit aufzunehmen, sondern auch mit einer Idealität des Ausdrucks zu erfüllen, von welcher kein früheres Zeitalter eine Ahnung gehabt hatte. Die biblische Menschenwelt, malerisch vergegenwärtigt, sollte die alte mythologische an Reichthum wie an Anziehungskraft weit übertreffen. Dass auf diesem Wege eine Versöhnung des Neuen mit dem Alten ermöglicht wurde, wie sie damals durch Literatur und Wissenschaft nicht erreichbar war, dass die Kunst den Dualismus des Mittelalters überwinden half, und dass sie für alle Zukunft eine Region erschlossen hat, wo die Gegensätze sich lösen, wo sie sich wenigstens lösen sollen, — wissen wir Alle.

Doch wir lenken zu unserem Thema zurück. Durch den Humanismus ist die antike Literatur zu einer Weltmacht nicht geringer als der Staat und anziehender als die damalige Kirche erhoben worden; es kam darauf an, die Werke der Klassiker herbeizuschaffen, zu sammeln, in grossen Bibliotheken aufzubewahren, durch Abschriften zu vervielfältigen. Die Klöster, alte Sünden wieder gutmachend, thaten ihre Zellen auf, vermoderte Manuskripte wurden wie Kleinodien emporgetragen, keine Mühe schien zu gross, um ein verschüttetes literarisches Pompeji aufzugraben; die Gründung der Bibliotheken forderte die Baulust heraus. Mit Chrysoloras und Chalkondylas „wanderte Griechenland nach Italien", aber es wurde auch nöthig, die Uebersetzung als eigenen Literaturzweig zu pflegen. Dieser ganze Wetteifer höherer und niederer Gattung, wenn auch durch manche Umstände verunziert, wird doch keinen historischen Betrachter kalt lassen, und er erinnert uns an die Opferfreudigkeit, mit welcher späterhin Luthers Bibelübersetzung selbst von wenig Bemittelten erworben worden ist. Mehr Schwierigkeit hatte die Rangordnung der wissenschaftlichen Grössen, denn sie hing von den Neigungen der Kenner ab, deren Jeder für sich und aus sich arbeitete. Die Schriftsteller des kirchlichen Alterthums liessen sich nicht völlig ausschliessen, Augustin und Hieronymus blieben in Ehren, der wohlredende Lactanz wurde bewundert, Boethius geschätzt; wie in einer sicheren Mitte behaupteten sich Cicero, Quintilian, Tacitus, Livius, Virgil, während von griechischer Seite her Homer, Plutarch, Plato die obersten Stellen einnahmen. Die Mischung und wechselnde Benutzung dieser Autoritäten ist als eine Art von Synkretismus bezeichnet worden. Aristoteles und namentlich seine Ethik wurde noch von Allen studirt, aber seine Alleinherrschaft erlitt unter den Angriffen einiger leidenschaftlichen Platoniker Abbruch. Gemistus Pletho, der Bestreiter seines Ansehens, war kein selbständiger Denker, er schöpfte aus Proklus, aber ein hellenisches und nahezu patriotisches Pathos erfüllte ihn, als er nachwies, dass der später gekommene Aristoteles den echten Griechengeist gar nicht mehr vertrete, schon darum nicht, weil er sich zu den höchsten Fragen über Gott und Unsterblichkeit durchaus unbestimmt verhalte, — dies der Anfang einer Streitverhandlung, welche durch unbefangene Männer wie Bessarion zwar gemildert, aber nicht aufs Reine gebracht worden ist. Und nun wurde gefragt, wer den Aristoteles richtig verstanden habe, ob Thomas, ob die Averroisten, ob Pomponatius, der sich skeptisch hinter die kirchliche Autorität flüchtete. Der Platonismus, einmal geweckt, behielt seine Freunde und setzte sich als Geheimlehre und Mystik fort. Dies Alles sind Anregungen aber auch Abweichungen, welche beweisen, dass der Humanismus nicht genug einheitliche Kraft besass, um den Gang der strengen Wissenschaft zu bestimmen. Ohnehin hat ihm das sechzehnte Jahrhundert in Italien den Sturz bereitet.

Als wichtigste Hülfsmittel nennen wir: G. Voigt, die Wiederbelebung des klassischen Alterthums, 2 Bde, zweite Auflage, Berl. 1882. 83, und das bekannte anziehende Werk von Burckhardt, die Cultur der Renaissance, Bd. I. Dagegen liefert Stäudlin, Geschichte der Moral seit dem Wiederaufleben der Wissenschaften, Gött. 1803, erster Abschnitt, wenig mehr als fragmentarische Stoffe.

§ 3. Sitte und Sittenlehre der Humanisten. Petrarca.

Wer endlich noch als Moralist in dieser weit zerstreuten Gesellschaft Umschau halten will, sieht sich von tiefem Schatten umgeben. Der sittliche Zustand Italiens im Zeitalter der Borgia ist oft geschildert worden. Unthaten der Blutrache, Anschläge der Bösewichter und Giftmischer, Räuberwesen und Verwilderung der Bauern, Untreue und Ausschweifung unter den Geschlechtern, lascive Novellisten, Aberglaube jeder Art, — alle diese Frevel und Unarten haben Burckhardt zu seinem Sittengemälde die Farben geliehen; — daneben verschweigt er nicht, dass bei aller Aeusserlichkeit und Unwilligkeit der Accommodation an die Hierarchie und ungeachtet der Verachtung des Mönchthums, wie sie in den höheren Schichten der Gesellschaft vorherrschte, dennoch die einfacheren religiösen Motive niemals aufgehört haben, auf viele Gemüther tief und nachhaltig zu wirken, sowie sich auch ein Verlangen nach Busse stark und wie epidemisch unter ihnen Luft machte. Allein im Allgemeinen waren eben diese Klassen von Leichtsinn, Weltlust und Genusssucht hingenommen. „Wenn nun, sagt derselbe Verfasser, die Selbstsucht im weiteren wie im engsten Sinne Wurzel und Hauptstamm alles Bösen ist: so wäre schon deshalb der gebildete Italiener damals dem Bösen näher gewesen als andere Völker", — eine Folgerung, die jedoch nicht für sich gelten dürfe, sondern erst im Zusammenhang mit einem „weltgeschichtlichen Rathschluss". Auch die Humanisten haben dem frivolen Egoismus ihrer Umgebung gehuldigt; ihre Verdienste trugen ihnen eine Gunst und Gönnerschaft ein, deren sie sich selbst durch ihre Sünden nicht verlustig machen konnten, daher ihre Emancipation von vielen Banden, nur nicht von denen der Zuchtlosigkeit und Sinnenlust. Zu Zeiten des Hieronymus und des Cassiodor war man bemüht gewesen, die Lectüre der Klassiker von heidnischer Befleckung unabhängig zu erhalten; so ängstlich verfuhren unsere Schöngeister nicht, das Heidnische galt Vielen unter ihnen als ein angenehmer Reiz des Klassischen, daher prunkten sie in „Facetien" und „Eleganzien" mit Lüsternheit und schlüpfriger Einkleidung, sie würzten die Novelle mit lasciven Scenen, „und selbst der höchste Grad geschlechtlicher Schamlosigkeit lässt sich belegen. Die Kirche, von welcher manche ihren Unterhalt bezogen, forderte Schonung ihrer Satzungen; häretische Angriffe würde sie gestraft haben, vor Unfrömmigkeit und Leichtsinn drückte sie, selber schuldbewusst und mitbetheiligt, ein Auge zu. Ein scholastischer Ethiker würde es leicht gehabt haben, diese ästhetisch-literarische Verbrüderung mindestens zweier Hauptlaster, der vana gloria und der luxuria, zu bezüchtigen; vormals wurden die Zungensünden weitläuftig aufgezählt, jetzt war die Feder zur Sünderin geworden. Die Nachwelt aber hat aus diesen Thatsachen den lehrreichen Schluss gezogen, dass in der innigen, ja begeisterten Hingebung an die Gaben der Muse die christliche Selbstverleugnung noch keineswegs einbegriffen sei, und dass der denkende Kopf sich in lichten Regionen glücklich bewegen kann, während seine Füsse im Schlamme der Sinnlichkeit vagabondiren. Diesen Zwiespalt hat erst die christliche Religion vollständig aufgedeckt.

Es war also ein Hedonismus, welcher das Lebensgefühl dieser Männer beherrschte, aber den höchsten geistigen Interessen wollten sie gleichwohl nicht entfremdet sein; die Theilnahme an der Idee sollte die Schäden der Praxis decken; das höchste Gut stand ihnen immer noch vor Augen, mochten sie es auch mit Lüsten niedriger Art vertauschen. Wir sehen sie von Theologie und Kirche, von Poesie, Wissenschaft und Literatur umgeben, und indem sie den letzteren huldigten, konnte das Verhältniss zu den anderen nicht unausgesprochen bleiben, noch auf eine nackte Gleichgültigkeit hinauslaufen. Die Kirche war innerlich tief erschüttert, aber in ihren Anstalten bestand sie fort; wie individuell und eklektisch ihr gegenüber die Literaten sich betrugen, ist oft gesagt. Einige als die aufrichtig Religiösen erhoben die Theologie über jede andere Wissenschaft, Andere wandten sich ab, wieder Andere philosophirten über einzelne Dogmen; was aber einer grösseren Anzahl besonders willkommen sein musste, war die Beschäftigung mit der Sittenlehre. Denn diese kam ihnen ja schon aus der alten Philosophie in mehreren Grundzügen entgegen, und sie gab ihnen Gelegenheit, im Namen der Weltweisheit zu lehren und zugleich eine Schätzung der Frömmigkeit, der Religion und des Christenthums zu bezeugen. Es ist nöthig, dem Leser einige Persönlichkeiten als humanistische Ethiker vorzuführen, und zwar im Anschluss an die antiken Häupter.

Petrarca († 1374), welchen wir wieder voranstellen, war im vollsten Sinne Bewunderer des Alterthums, zugleich von Herzen Stoiker und Ciceronianer und Gegner der Averroisten; noch mehr zu sein, wurde er durch den Gang seines Lebens und unermüdliche Arbeitskraft angetrieben. Der bedeutende Mensch pflegt sich seiner eigenen Bestrebung nicht blind zu überlassen, er bleibt empfänglich auch für andre Eindrücke. Schon darin verräth sich ein tieferes Urtheil, dass Petrarca die Eloquenz für eine gefährliche Kunst erklärte; die Gewandtheit der Rede verbürgt den Gehalt noch nicht, welchen nur Tugend und Weisheit sicherstellen. Zu den Systematikern darf er nicht gezählt werden, wohl aber zu denen, welche von einer ernsten Stimmung aus ihre stoische Lebensweisheit christlich ergänzen oder begründen wollten, daher seine Ermahnung, unter allen poetischen und philosophischen Ergötzungen das Evangelium nicht zu vergessen, und seine Behauptung, dass das Christenthum die unerschütterliche Grundlage aller wahren Wissenschaft bilde. Mit den Verächtern des Paulus hat er offen gebrochen, er studirte die Confessionen des Augustin und liebte Ambrosius und Hieronymus. Ein höheres Lebensalter scheint ihm keine Befriedigung gewährt zu haben; G. Voigt bemerkt von ihm, dass er sein eigenes Zeitalter gering schätzte, ohne jedoch dessen Bewunderung entbehren zu wollen. Er zog sich zurück und erwartete von der Einsamkeit, dass sie ihm die Heiterkeit des Gemüths bewahren werde; mir ist besonders merkwürdig, dass er die Akedia, die wir als Klosterkrankheit und als Todsünde kennen gelernt, im Sinne eines Weltschmerzes auf sich bezogen hat. Von Boccaccio, dem Gelehrten, Dichter und Erzähler, sei nur hinzugefügt, dass er dem Cicero weniger anhing und den Aristoteles bevorzugte.

Ueber Petrarca s. Voigt, a. a. O. S. 91 ff. 97. Burckhardt an vielen Stellen.

§ 4. Ficinus. Valla.

Fragt man ferner nach dem Platonismus und Neuplatonismus: so hatte dieser in Marsilius Ficinus († 1499), dem Uebersetzer des Plato, dem vielwissenden, in der griechischen Ueberlieferung schwelgenden, auch in der Medicin und Astrologie mitredenden Gelehrten ein neues Haupt erhalten. Er widmete dem Mediciäer Lorenz eine Schrift von der christlichen Religion, schwülstig zwar und wüst in den prophetischen und sibyllinischen Excursen und in der Polemik gegen Judenthum und Islam, aber auch ausgezeichnet durch einen idealistischen und ethischen Schwung. Dass er Religion uud Philosophie nicht entzweien wollte, lässt sich erwarten. Zwei Flügel, sagt er, heben den Geist zu seinem Urheber empor, der Intellect und der Wille; der Verstand belebt den Willen, dieser aber weckt den Verstand; es ist der Philosoph, der den ersteren, der Priester, der den anderen zu gebrauchen und zu verwalten hat, folglich müssen auch Beide für einander sein. Selige Zeiten, als sie noch unter den Propheten und den Frommen des Evangeliums mit einander wirkten, aber eine doppelte Abtrünnigkeit hat diese Eintracht zerstört, und sie kann nur wiedergewonnen werden, wenn die Philosophie von der Unfrömmigkeit, die Religion von der Unwissenheit ablässt. Der Mensch ist die vollkommenste Creatur, die Religion selber macht ihn dazu, indem sie ihn zur Erkenntniss des höchsten Gutes, welches zugleich die Wahrheit der Dinge und das Licht der Geister ist, aufrichtet; sie zu streichen, heisst ihn zum unseligsten Geschöpf herabsetzen. Knaben und Greise pflegen ihre Frömmigkeit bereitwillig kund zu geben, nicht Jünglinge, die ihr so häufig untreu werden. Die Vorsehung selber hat dafür gesorgt, dass die Menschheit niemals und nirgends von der Gottesverehrung ganz verlassen gewesen, auch haben alle Culte etwas Gutes, die richtige Religion aber wird diejenige sein, die uns mit ihrem Gegenstand selber verbindet, oder anders ausgedrückt, welche uns Christus aus der Höhe herabgebracht und als neue Gottverwandtschaft unserem Wesen einverleibt hat. Als echter Neuplatoniker fordert Ficinus höchste Transcendenz der Gottheit, die wir nicht in der Region der Gestirne, sondern in überhimmlischer (supercoelestis) Herrlichkeit zu suchen haben, behauptet aber auch im dogmatischen Sinne die Menschwerdung des Logos. Und vor Allem dringt er darauf, dass das Christenthum als Gotteskraft (virtus Dei) verstanden werde; ohne eine solche würde das Evangelium den Widerstand der Weltmacht und Weltlust nicht gebrochen, noch sich unter Leiden und Verfolgungen der Bekenner allgewaltig verbreitet haben. Was also dynamisch durchgedrungen ist, soll auch kraftartig und thätig in uns leben. Werke sind stärker als Worte, ist doch Christus selber ein lebendiges Moralbuch (liber moralis); Grossherzigkeit, Tapferkeit, Sanftmuth machen ihn zum Führer unseres Wandels und zum Urheber der reinigenden Tugenden, — virtutes purgatoriae et purgati animi nach Macrobius. Ficinus, indem er das Beispiel über die Lehre stellt, endigt also mit den sittlichen Früchten der Religion. Ganz anders verhält es sich mit seinem Hauptwerk „von der Platonischen Philosophie," einem seltsamen Labyrinth psychologischer und kosmologischer Deductionen und Phantasieen, welche auf allen Stufen des Daseins das Absolute als das Eine Wahre und Gute erkennen oder doch ahnen lassen; die Behauptung der Seelenunsterblichkeit wird voran gestellt. Beide Ausführungen, die religiöspraktische und die philosophische stehen unvermittelt neben einander, doch zweifeln wir nicht, dass er sie auf jene beiden Flügel des geistigen Aufschwungs hat beziehen wollen, denn wie er in der ersten Schrift vom Gottesbegriff ausgeht: so treibt die zweite auf dieses letzte Ziel hin. Von der Kirche ist mit keinem Worte die Rede. Dies die Stimme eines weitherzigen, aber religiös hochgestimmten Idealisten, der sich einiges Verständniss des christlichen Wesens angeeignet hatte, und den vielleicht gerade darum die Kirchenanstalt, wie sie war, kalt liess.

Aber selbst der Epikuräismus, der Italien innerlich beherrschte, sollte sich in den offensten Erklärungen seines Princips an's Licht wagen. An dieser Stelle begegnet uns Laurentius Valla († 1457), der feine Latinist und kecke Schriftsteller, aber auch der glückliche Entdecker auf dem Felde der historischen Kritik; er war ganz ein Kind seiner Zeit, und während er sich der Frivolität der Mehrheit überliess, hat er mit eindringendem Scharfsinn verjährte Irrthümer blossgelegt und seinen Namen den ersten des Jahrhunderts zugesellt, die kritische Wissenschaft zählt ihn zu ihren Vorkämpfern.

Uns beschäftigt hier eine Jugendarbeit Valla's, welche zuerst De voluptate, dann De vero bono betitelt, einen Uebergang vom antiken zum kirchlichen Standpunkt veranschaulichen soll. Sie beginnt mit einer höchst ungünstigen Beurtheilung menschlicher Bestrebungen. Von jeher haben sich die Guten in der Minderzahl befunden; die Tugend stand vereinzelt, bestürmt von den Anfechtungen der Natur, die wie im Zorne ihre Gifte über Alle ausgeschüttet, und umgeben von den Ausgelassenheiten eines heranwachsenden Geschlechts, welches seine Laufbahn stets mit Unarten eröffnet, konnte sie sich nur mit Schwierigkeit behaupten. Was wird nun aus der Wahrheit, dass die Menschen göttlichen Geschlechts sind! Wahre Erkenntniss kann immer nur von den wenigen Wohlgesinnten ausgehen, und doch ist nöthig, das ethische Problem auch nach den Gegensätzen der Schule zu untersuchen. Daher vertheilt sich der weitere Inhalt unter ein Gespräch, in welchem Leonardo Bruni, Panormita und Nicolo Niccoli das Wort nehmen; Grundsätze der Stoiker und der Epikuräer werden ausgetauscht, und es ist Valla selber, welcher den letzteren eine glänzende Vertheidigung widmet.

Niemand, sagt er, lasse sich von den Scheingründen gewisser kleiner Philosophen bethören; wer Natur und Leben kennt, muss einräumen, dass sie nur dem Angenehmen, Wohlgefälligen, Wohlthuenden und Erfreulichen zustreben, mithin einer Lust, voluptas, ἡδονή; diese ist aber zugleich das Nützliche, muss also auch das Gute sein, was Leib und Seele befriedigt und alles andere Trachten von sich ausschliesst. In der That gleicht selbst die Natur nicht einer neidischen Verfolgerin, sie ist eine Quelle des Genusses und Gewinns statt des Schadens; das Sprechen müssen wir lernen, das Lachen haben wir wie eine heitere Mitgabe von ihr empfangen. Der Leib gedeiht durch Gesundheit, der Geist wird durch Ehre, Einfluss, Verwandtschaft gefördert, und beide jagen dem Nützlichen nach; die Schönheit aber, die nur der Blinde verachten kann, wird Gemeingut. In solchem Zusammenhang nimmt Valla keinen Anstand, einen wilden Verkehr der Geschlechter mit unverblümten Worten zu rechtfertigen. Dann fährt er fort, indem er die vier Tugenden darauf ansieht, ob sie nicht, statt für sich zu wirken, in der Sicherung und Vermehrung eines Nutzens ihr gemeinsames Ziel haben. Es ist vergeblich, der Tugend einen selbständigen Werth beizulegen oder deren Grossthaten zu preisen, als ob viel daran gelegen wäre, für Andere zu sterben, während doch Jeder sich selbst, das Theuerste was er überhaupt kennt, zu erhalten hat, oder auch für das Vaterland, welches mit dem Tode eines Bürgers einen Theil seiner selbst verliert, vergeblich die Werke der Tapferkeit dergestalt von einander abzulösen, dass das eine zum Lohne des anderen gemacht wird, während doch alle nur denselben Zweck verfolgen, vergeblich auf den Ruhm der Nachwelt zu hoffen, da kein abgeschiedener Held von einem künftigen Ehrendenkmal einen Gewinn zieht, da ohnehin jedes Zeitalter für sich allein sorgen muss. Mit Einem Wort die Ehrenhaftigkeit oder Sittlichkeit für sich angesehen ist nur eine eingebildete Grösse, die man füglich in ihre eigenen Mittel und Zwecke auflösen darf. Wie aber, müssen nicht, wenn wir aufhören, von einem Guten zu reden, welches Werthschätzung fordert um seiner selbst willen, alle Laster sofort über uns hereinbrechen? Auch diese Befürchtung beruht nur auf einem Schein; sobald nur die Genüsse, statt chaotisch durch einander zu laufen, richtig vertheilt und abgegrenzt und der allgemeine Vortheil dem besonderen übergeordnet wird, entsteht auch eine heilsame Einrichtung des Gesammtlebens, und jede lobenswerthe Handlung wird daran erkannt, dass sie entweder einem Schaden steuert oder etwas Heilsames befördert; wem dies gelingt, hat Anerkennung, wer zuwider handelt, Hass zu gewärtigen. Alles aber, fügt Valla hinzu, ist an der Uebung gelegen, virtutis laus omnis in actione consistit; an der Bethätigung hängen das Heil des Gesetzes, die Segnungen der Gemeinschaft und Freundschaft und des Bürgerthums, die Freuden der Kunst und Wissenschaft, mit dem Genusse werfen sie zugleich ihre Frucht ab. Die Stoiker haben diese praktischen Ziele einer abstracten Ehrenhaftigkeit geopfert, und sie meinten Alles gethan zu haben, wenn sie zurückgezogen auf sich selbst dem Wechsel der Geschicke mit marmorner Ruhe begegneten.

Diese Expectoration nimmt die Hälfte der ganzen Schrift ein; der Stoiker antwortet vom Standpunkte moralischer Autarkie und Ehrbarkeit, aber erst der Dritte spricht das entscheidende Wort. Nunmehr werden beide Vorredner zurechtgewiesen, sie haben Unrecht, weil sie das Alterthum überschätzen und den Werth der Religion und des Christenthums nicht würdigen. Erst aus dieser Quelle stammt die Erkenntniss des Lebenszieles. Mögen die Namen der Lust und der Rechtschaffenheit stehen bleiben: so haben sie doch erst in Gott ihren gemeinsamen Grund; er allein ist der Spender der Lust wie der Tugend, der Inbegriff der Seligkeit, folglich muss er auch allein über Alles geliebt werden. Irdische Güter haben nur ein irdisches Recht, und selbst die Tugend kann nicht befriedigen ohne Hoffnung eines ewigen Lohnes.

Valla beginnt als Epikuräer und endigt als Christ, ja als

Katholiker, da er zuletzt die Hoheit der Jungfrau Maria und der Heiligen feiert. Man braucht nicht viel zwischen den Zeilen zu lesen, um einzusehen, dass Valla nur in der Vertheidigung eines praktisch und empirisch verstandenen Lustprincips seine eigene Gesinnung niedergelegt hat; der christliche Redner bekehrt ihn nicht, wohl aber sieht er sich genöthigt, mit einer ausdrücklichen Verbeugung vor dem Kirchenglauben zu schliessen. — Und ähnlich verfuhren Andere, indem sie unter der Fahne der kirchlichen Auctorität ihre eigenen Wege einschlugen. Zweierlei Neigungen lassen sich unterscheiden, Einige wollten fromm sein ohne Kirchlichkeit, Andere nahmen eine kirchliche Miene an, indem sie sich von der Religion dispensirten. Bemerkenswerth ist noch, dass in dieser Abhandlung die antike Ethik nicht eigentlich historisch herbeigezogen wird, sondern sie taucht als vergessene Wissenschaft wie aus einer Versenkung auf und bringt einen literarischen Reichthum mit, innerhalb dessen sich Valla mit geistreicher Lebendigkeit und ausgezeichneter Kenntniss bewegt. Indem er sich zuletzt von diesem Schauplatz losreisst, ist er freilich jede ernste Entwicklung der sittlichen Grundsätze dem Leser schuldig geblieben.

Marsilii Ficini Florentini Opera, Basil. 1576, De religione christiana p. 1 sqq. Der wichtigere Thl. bis cp. 23. — Vita corporis anima est, animae vita Deus. — Opera multo magis quam verba movent. — Quid aliud Christus fuit nisi liber quidam moralis imo divinae philosophiae vivens, de coelo missus et divina ipsa idea virtutum humanis oculis manifestata. Huc igitur omnes, huc inquam flectamus oculos atque mentem, hic veram sapientiam nos docebit, qui rudes olim homunculos subito reddidit sapientes. An Ficinus hat sich Pico de Mirandola angeschlossen in den Schriften: De hominis dignitate oratio, Regulae ad christianae vitae institutionem sive praecepta, quibus adjutus homo possit vincere mundum et tentationes. Opp. Bas. 1573, 1601. 2 voll. Stäudlin, Geschichte der Moral seit dem Wiederaufleben etc. S. 20.

Laurentii Vallae Opera, Basil. apud Henricum Petrum, De voluptate liber ac de vero bono, p. 896 qq. — Wir verzeichnen auch hier nur einige Sentenzen: Plura sunt vitia quam virtutes. — Nec est vere orator quamquam disertissimus, qui non sit item bonus. Adeo nihil fuerit perniciosius homine malo et docto. — Nihil tam absurdum est dictu vel factu, cujus non autores philosophi fuerint. — Omnino nihil interest, utrum cum marito coeat mulier an cum amatore. — Nullum in rebus humanis intolerabilius virginitate tormentum est. — Non queo satis intelligere, cur quis pro patria mori velit. — Honestas res inanis et imaginaria. — Bonos amari propter commodum, malos odio haberi propter damnum. — Vgl. über diese Schrift Zumpt in Schmidt's Zeitschrift für allgem. Geschichtswissenschaft 1845, Bd. IV, Vahlen im Almanach der kaiserl. Academie d. W. 1864, S. 183, ff. G. Voigt a. a. I, S. 468.

Aeneas Sylvius ist oben nicht erwähnt worden und bedarf keiner Charakteristik. Dass auch er in seiner früheren Epoche geneigt war, die Moralwissenschaft auf eine praktische Klugheitslehre zurückzuführen, ergiebt sich aus einzelnen Aeusserungen. S. dessen Opp. ed. Basil. p. 104. 594. 95. Erit igitur prudens qui scit vult et agit quae bona sunt. Scioli autem moralis philosophiae jurisque periti cum aliquando sceleratissimi sint, non possunt appellari prudentes. — Aliud igitur est prudentia et aliud moralis scientia.

§ 5. Fortsetzung. Vives als Humanist und Erasmus.

Einige spätere Persönlichkeiten hängen schon enger mit unserer Aufgabe zusammen, sie haben die antike Literatur mehr als Unterrichts- und Bildungsmittel und als unentbehrliche Geistesnahrung benutzt, weniger als eigentlichen Selbstzweck, besonders in der Moral; ihre Gesinnung war ernster, ihr Antheil an der Religion entschiedener. Der begabte, höchst gelehrte und frommgesinnte Spanier Johann Ludwig Vives († 1540), auf welchen wir später zurückkommen, vertritt einen Katholicismus, der sich von den Banden der Hierarchie und das Aberglaubens losreissen will. Die Religion war ihm Herzenssache, der Mensch bedarf ihrer, wenn er nicht im Kampfe mit dem Heer der Sünden erliegen soll, aber auch Glaube und Erkenntniss empfangen ihren alleinigen Ruhepunkt erst durch sie. Einiges haben Plato und Cicero wohl herrlich gelehrt, aber selbst dies wird durch den christlichen Unterricht in Schatten gestellt. Es ist die höchste Autorität, an welche uns Christus, der göttliche Interpret des höchsten Rathschlusses, gebunden hat, nicht wie die Alten gethan, an irdische Güter. Aber Entscheidung ist nöthig, zweien Herren zu dienen, Aristoteles und Christus, unmöglich.

Wir verweilen noch bei Desiderius Erasmus (geb. 1467 † 1536), schon weil er uns den Uebergang zum nächsten Abschnitt bereitet. Dieser Schüler des Agricola, Freund des Thomas Morus, des Paulus Manutius, Frobenius und vieler Anderen, und Liebling zahlreicher höherer Gesellschaftskreise hat seinem Arbeitsleben wie kein früherer Schriftsteller eine universelle historische Wichtigkeit gegeben. Seine Welt war allerdings nur die literarische, die er jedoch wie ein König verwaltete und sogar, soweit sie der Buchdruckerkunst ihre Verbreitung verdankte, theilweise erst geschaffen hat. Sein Leben und Handeln war ein unablässiges Aneignen und Wiedergeben, sein Wissen ein Geniessen, sein Lehren eine Mittheilung von wunderbarer Leichtigkeit und Anmuth, sein Stolz die Förderung der schönen Wissenschaften; der Verkehr mit der Presse war ihm bis zum Ende unentbehrlich. So verstand er seinen Beruf, welchem er, statt einzugreifen in den kirchlichen Kampf, vielmehr treu bleiben wollte mit der Erklärung: ut eo magis prosim bonis literis reflorescentibus. Indem er Terenz, Cicero, Seneca, Livius, Plutarch, Lucian, Xenophon, Demosthenes, aber auch Ambrosius, Augustin, Origenes und endlich das griechische Neue Testament herausgab, befand er sich in der Mitte zweier Strömungen, welche sich auf dem Boden einer erweiterten wissenschaftlichen Bildung begegnen sollten; Niemand konnte fortan ohne seine Beihülfe zum Gelehrten werden. Schon die Menge seiner Ausgaben, mehr noch seine eigenen überaus reichhaltigen und reizvollen Schriften sicherten ihm einen über halb Europa sich erstreckenden Einfluss. Aeltere Humanisten hatten von der Sprache aus den Geist reinigen wollen, Erasmus brachte zugleich eine beträchtliche Sachkenntniss hinzu, denn er kannte die Theologie und deren Schicksale. Mit unbefangenen Augen überschaute er die Oberfläche des ganzen Kirchenkörpers; Untaugliches, Eitles, Geschmackloses oder Faulgewordenes blosszulegen, war seine Stärke, Studien und Reisen hatten seinen Blick geschärft. Immer lauter wurde in Deutschland der Ruf nach

Besserung der Kirche an Haupt und Gliedern, ebenso hat Erasmus Haupt und Glieder furchtlos angetastet. Von dem Betragen der Päpste und der hierarchischen Würdenträger herab erstreckt sich seine kritische Beleuchtung bis auf alle Erbärmlichkeiten des Mönchlebens; die Ausschreitungen des Lehrbetriebs und leeren Schnörkel der Scholastik, die feile freche Ausbeutung überlieferter Vorstellungen, die Missbräuche des Heiligen- und Reliquiendienstes und des Fegefeuers werden gebrandmarkt, und man könnte wohl an hundert Gravamina zählen, wollte man alle Einzelheiten nennen, welche er als scholastische Absurdität und Grübelei, als Judaismus und Paganismus, als Scheinwesen oder Abzeichen des Geizes, der Unwissenheit, Heuchelei oder Unkeuschheit blossgestellt hat. Gemildert werden diese Bitterkeiten durch seine humoristische Ader; er streut Witzworte (lepide dicta) umher und sammelt Denksprüche (adagia); heitere Geister gehorchen seinem Ruf, denn was wäre das Leben ohne Lust! Ist doch die „Thorheit", welche er geistreich preist, eine liebenswürdige, auf den glücklichen Inseln geborene Göttin, auch sie weiss Treffendes zu sagen, und sie trägt einen Sittenspiegel in der Hand. Genauer betrachtet hat Erasmus zu vielerlei gerügt, um einem einzigen Schaden gründlich nachzugehen; er eifert gegen die Verderbnisse des Zustandes, ohne in einer bestimmten Richtung den Sitz des Uebels aufzusuchen, wozu es ihm an Stärke des Willens und geistiger Concentration fehlte. Auch verzieh er sich Inconsequenzen und Widersprüche in Menge, indem er den Papst, den er selber scharf mitgenommen, dann wieder demüthig verehrte und ebenso alle Autoritäten benagte, um nachher selbst wieder zu ihnen zu flüchten. In gewissem Sinne hat er allerdings reformatorisch gewirkt, man darf ihm nachrühmen, dass er als Kritiker der kirchlichen und wissenschaftlichen Oberfläche den Leistungen der Reformatoren ein Seitenstück dargeboten.

Indessen wollte Erasmus kein blosser Kritiker sein, er liebte die Religion und suchte in ihr, nicht allein im Musentempel, eine Heimath auch für sich selbst, daher die Wärme seiner Darstellungen, welche auf ein Princip der Frömmigkeit und des lauteren sittlichen Strebens hinauslaufen. Das Christenthum definirt er als ein von Gott empfangenes Wissen, welches aber die Nothwendigkeit in sich trägt, seinen Inhalt in Fleisch und Blut des Menschen einzuführen, in dessen Wandel und Werk offenbar werden zu lassen. Das sei unser höchstes Trachten, zu demjenigen, was wir wissen, selbst fortgezogen und umgestaltet zu werden, und daraus erst erwächst eine fruchtbare Geistesnahrung, welche statt im Gedächtniss wie in einem Magen haften zu bleiben, in alle Affectionen und Eingeweide unseres Gemüthes einfliesst. So ruft Erasmus im Namen der wahren Theologie, welche erst im ganzen Menschen zur Wirksamkeit gelangt, sie ist eine in That und Leben umgesetzte, durch sie bekräftigte und getragene Wissenschaft, welche zum guten Theile nur von einer reinen Gesinnung aus gedeihen kann. Ehrsucht, Hochmuth, Geiz und böse Lust entwürdigen sie, die jetzigen Lehrer dürfen sich nicht beklagen, wenn ihnen und ihrem Unterricht das Vertrauen, das sie verscherzt, auch nicht mehr entgegengebracht wird. Diese Auffassung wird dadurch nicht entkräftet, dass das Wissen um die Offenbarung als die specielle Aufgabe der Theologie festgehalten werden muss, und Erasmus verwendet viele Mühe darauf, dem theologischen Studium die rechten Wege anzuweisen und namentlich das Verständniss des Biblischen methodisch zu erleichtern; aber er kommt immer wieder auf die unerlassliche Verwerthung alles Theoretischen durch Frömmigkeit und Sittlichkeit zurück. Dem Kenner wird ferner die Berechtigung ertheilt, die Erkenntnissmittel im weiten Umfange zu benutzen, sobald er sie nur nach Maassgabe ihrer religiösen Fruchtbarkeit abzuschätzen weiss; die Literatur steht ihm offen, er braucht die Klassiker nicht zu verachten, da er Mittel hat, selbst die alte Philosophie zu berichtigen. Die Kirchenväter bleiben unentbehrlich, und sogar die Scholastiker darf man noch wie namentlich den Thomas in Ehren halten, so lange man sich zur Pflicht macht, von den barbarischen Ausdrucksweisen und spitzfindigen Zuthaten zu den einfacheren Glaubenssätzen zurück zu gehen. Wer Christus rein lehrt, ist reichlich auch der grosse Lehrer. Sollte es schimpflich sein, nicht zu wissen, wie Skotus definirt: so noch mehr, Christi Vorschriften zu ignoriren, und ist es untheologisch, Durandus nicht zu verstehen: wie viel weniger geziemt sich die Unbekanntschaft mit Paulus!

Mit diesen Merkmalen der Theologie will Erasmus zugleich das christliche Wesen selber bezeichnet haben. Was ist das Christenthum Anderes als eine der Seele mitgetheilte und im Wandeln verleiblichte Heilswirksamkeit, eine Erhebung aus der Knechtschaft des Fleisches! Todt ist jeder seelenlose Körper, noch mehr die von Gott verlassene Seele, welcher nur eine ausserordentliche Gnadenwirkung wieder emporzuhelfen vermag. Der Mensch ist zweitheilig, erst Leib und Seele machen ihn ganz aus, und der Satan hat das normale Verhältniss zerrüttet und den höheren Vernunftmenschen den Anfällen der Begierde preisgegeben. Nachdem dies geschehen, können sich allerdings beide Factoren wieder in gutem Einvernehmen befinden, aber daraus wird immer nur ein fauler Friede, welchen Christus längst aufgekündigt hat; nein, nur Unterwerfung der bösen Lüste, nur Herrschaft eines von Gott geleiteten Wollens kann unser Wahlspruch sein.

Das sind die Motive der Erasmischen Frömmigkeit, sie sind ansprechend und christlich und werden in freien Digressionen vorgetragen und empfohlen, aber man überzeugt sich leicht, dass der Schriftsteller sie durchaus an ältere Anschauungen anschliesst, dass er sich überhaupt, obwohl mit feiner Wahrnehmungsgabe und warmem Antheil, innerhalb der Ueberlieferung bewegt. In dem „Handbüchlein des christlichen Streiters“ wird ein altkirchliches Bild sinnvoll ausgemalt; nach wie vor tritt der christliche Kämpfer unter das Kreuz Christi, aber er bedarf auch einer reichen Armatur, und der Schriftsteller greift in die alte Tugendlehre zurück, um die zur Ueberwindung des Geizes, des Hochmuths und des Zornes erforderlichen Waffenstücke zu benennen. Auch im Allgemeinen wird das Verhältniss zur Welt ganz ebenso wie vor Zeiten verstanden; der Bekenner Christi stirbt der Welt ab, vor ihm verschwinden die Scheingüter, die Seele fordert ihre wahre Bestimmung zurück, ihr Heil macht den Tod erträglich, das Vergängliche erschüttert uns nicht mehr, wenn das Ewige aufgeht. Das geistige Lebensbrodt leistet mehr als ein sacramentliches Gepränge, die Nachfolge Christi macht die Wallfahrt entbehrlich und die Selbstverleugnung tritt an die Stelle leerer und äusserlicher Devotion, denn diese ist die Pest der Christenheit.

Seiner Tendenz nach wollte Erasmus erhalten, schonen und reinigen zugleich, sein Standpunkt ist ein conservativer. Das Christsein der Individuen und der Gemeinschaft gilt ihm als eine geistige Thatsache, welche von Gott ausgegangen, durch Christus persönlich offenbart, von ihm aus auf alle Bekenner fortgepflanzt werden und immer sich selber ähnlich bleiben müsse. Wie aber diese von ihm summarisch hingestellte religiös-praktische Wahrheit sich zum Dogma einerseits und zu den kirchlichen Anstalten auf der anderen Seite verhalte, hat er ununtersucht gelassen; Autorität und Frömmigkeit befinden sich in ungefährer Verknüpfung, und die Frage tritt zurück, ob nicht an irgend einer Stelle ein Riss entstehen und ein neuer Weg eingeschlagen werden müsse; vielmehr lebte Erasmus der Hoffnung, dass wenn nur die zahlreichen schadhaften Stellen der kirchlichen Praxis als solche allgemein erkannt und von den verderblichen Auswüchsen befreit würden, sich eine Besserung der Dinge auch ohne öffentlichen Hader ergeben werde. Denn friedfertig soll ja Alles in Sachen der Religion von Statten gehen, dazu mahnte schon der Jakobusbrief, dessen Geist sich in ihm regte. Wagnissen oder scharfen Eingriffen in das Bestehende entzog er sich mit der Antwort: Non est meum aut mei similium, convellere quod usu publico receptum est.

Wie unwillkommen also, als sein grosses und ihn selbst beglückendes Lebenswerk plötzlich durch das Kriegsgeschrei der Reformation gestört wurde! Der „Tumult," den er hasste, war also dennoch ausgebrochen; die militia Christi, die er gepriesen, begegnete ihm in einer unerwarteten und höchst unliebsamen Gestalt. Das gelehrte Genie und der religiöse Held, jener dem Wissen und Fortbilden, dieser dem durchgreifenden Urtheilen und Handeln zugewendet, können wohl eine Zeit lang in friedlicher Nachbarschaft arbeiten, jeder mit seiner eigenen Pflugschar in der Hand, aber die Stunde der Entscheidung treibt sie auseinander. Die Aufeinanderfolge von erster gegenseitiger Anerkennung, wie sie aus Luthers Briefen hervorgeht, und schrittweiser Entfremdung bis zum völligen und feindseligen Bruch ist ebenso tragisch wie psychologisch lehrreich. Der verwöhnte friedensselige Erasmus, der Epikuräer, wie ihn Luther hart, doch nicht ohne Grund genannt, — für ihn war die Zumuthung, dem Unruhstifter öffentlich beizustehen, zu stark; er verleugnete bald jeden Antheil an dessen Sache und gab die bekannte Erklärung: Mihi discordia adeo inimica est, ut veritas etiam displiceat seditiosa. Die blosse Zurückziehung kann ihm wie er war verziehen werden, aber das nachherige unredliche Betragen hat seinen Namen für immer befleckt.

Erasmi Opp. ed. Lugdun. 1703. Der fünfte Band ist Hauptquelle für unseren Zweck. Enchiridion militis christiani p. 8 sqq. 13. 27. Regulae veri Christianismi. — Ibid. Ratio verae theologiae, p. 77. Hic primus et unicus tibi sit scopus, hoc votum, hoc unum age, ut muteris, ut rapiaris, ut transformeris in ea quae discis. Animi cibus est, ita demum utilis, non si in memoria ceu stomacho subsidat, sed si in ipsos affectus et in ipsa mentis viscera trajiciatur. — Sapientia vere theologica primum, inquit Jacobus, pudica est, deinde modesta, pacifica, tractabilis, plena misericordia et fructibus bonis, nescia dijudicationis, nescia simulationis. P. 138. Abunde magnus doctor est, qui pure docet Christum. Si turpe ducunt, nescire quid definiat Scotus, turpius est nescire, quid decernat Christus. Si parum theologicum est, non adsequi quae scripsit Durandus, minus theologicum est, non adsequi quae scripsit Paulus. — Et bona theologiae pars afflatus est, qui non contingit nisi moribus purgatissimis. Und doch wollen gerade die Hochmüthigen die Lehrmeister sein, obwohl sie ganz von Geiz, Ehrgeiz und böser Lust eingenommen sind. — In deutscher Sprache besitzen wir noch keine befriedigende Monographie über Erasmus; auch Stichart, Erasmus von R. Lpz. 1870, begnügt sich allzusehr mit Auszügen, die aber als solche zum Verständniss einer so bedeutenden Persönlichkeit nicht hinreichen. In der Kürze hat Stähelin: E. und seine Stellung zur Reformation, Bas. 1873, das Richtige gesagt.

§ 6. Schluss.

Schliesslich bitten wir den Leser, die übrigen Namen der humanistischen Propaganda, Männer wie Faber und Morus,

Georg von Heimburg, Peter Luder in Heidelberg, Schaumburg, Agricola, Reuchlin, Celtes u. A. aus eigener Kenntniss hinzuzufügen, Jeden mit seiner eigenen historischen Signatur; auch Ulrich von Hutten, der Feuerkopf und schwärmerische nationale Charakter, bedarf für uns keiner Würdigung. Früher war es üblich, das Drama der kirchlichen Umwälzung mit dem Reuchlinischen Streit wie mit einem satirischen Vorspiel, welches bis zu den Briefen der Dunkelmänner reicht (1516), zu eröffnen. Neuere verfahren mit Recht strenger, Niemand aber soll sich der Zusammenschau, wie sie sich in einzelnen Zügen aufdrängt, entschlagen. Gemeinsam ist beiden Bewegungen die Erweckung der Geister, gemeinsam die ausserordentliche Steigerung der literarischen Production. Der Briefwechsel erlangt hier wie dort eine unverhältnissmässig grössere Wichtigkeit, auch biographische Darstellungen werden von nun an häufiger. Man denke ferner an die beiderseitige Polemik; die Humanisten haben sich, schon Hutten beweist es, leidenschaftlich auf die „Invectiven“ geworfen; ihnen stellt die Reformation ihre Streitschriften zur Seite, welche jedoch, statt in persönliche Anfeindungen auszuarten, was freilich zuweilen geschehen ist, einen vorwiegend sachlichen Werth beanspruchen. Im gelehrten Studium als solchem muss es eine Stelle geben, wo der Gegensatz kein Recht mehr hat. Die geistige Zusammenleitung der Strömungen ist, um mit G. Voigt zu reden, ein Werk der Jahrhunderte geworden.

Zweites Kapitel.

Die Reformation.

§ 7. Die Grundzüge derselben.

Unter dem Namen der Reformation schlechtweg wird das grosse Ereigniss des XVI Jahrhunderts verstanden, welchem kein früheres noch späteres an erneuernder kirchlicher, religiöser und sittlicher Wirksamkeit gleichzustellen sei, und das vermöge seiner durchgreifenden Folgen eine neue Epoche der christlichen Menschheit eröffnet habe. Damit ist nicht gesagt, dass die vorangegangenen Zeitalter nicht zahlreiche Reformen oder Reformversuche sei es der Hierarchie, der Verfassung, der Lehre oder des Mönchthums aufzuweisen hätten, noch auch dass sich der Protestantismus seinem Streben nach nicht in allen Jahrhunderten kritisch geregt; es wird ebenso wenig geleugnet, dass die Reformation sich auch selber weiterhin zu reformiren vermag, indem sie eine höhere Entfaltung ihrer eigenen Kräfte aus sich hervorgehen lässt, welche alsdann ein geistigeres Verhältniss zu jenen bahnbrechenden Begebenheiten einnehmen wird. Es wird nur behauptet, dass sie historisch angesehen alle ähnlichen Erscheinungen überragt, — historisch, meinen wir, denn als Thatsache fordert sie eine gewisse Begrenzung, während der Protestantismus als reinigender Erkenntnisstrieb und Wille keine bestimmte Schranke kennt.

Ueberschauen wir das Ganze der kirchlichen Umwälzung: so ergeben sich drei Factoren, deren Zusammenwirken ein summarisches Ergebniss hervorgebracht hat, ein conservativer, ein kritischer und ein dritter reproductiver. Ein Bejahen, ein Verneinen oder Verwerfen und ein erneuerndes Wiederaufnehmen und Umbilden, — unter diese drei Richtungen vertheilt sich der geistige Inhalt der Bewegung. Die Reformation wollte eine christliche, ja eine katholische sein, indem sie ein Unantastbares pietätsvoll bestehn liess, eine protestantische, indem sie den Glauben von der Menschensatzung unterschied und von den Täuschungen der Tradition befreite, eine evangelische endlich, indem sie für die Gründung der neuen Gemeinschaft einen eigenthümlichen, aus dem christlichen Bewusstsein selber geschöpften Ausgangspunkt hinstellte und festhielt. In dem Ersten folgte sie einem Gesetz der Continuität, in dem Zweiten einem anderen der Freiheit, während das Dritte die Originalität ihres Geistes bezeugen sollte. Grosse Umgestaltungen werden ihre Kraft stets aus dieser dreifachen Quelle beziehen, auch das reformatorische Werk ist wesentlich dadurch zu Stande gekommen, dass es gelang, den positiven und conservativen Bestandtheil mit dem kritischen in ein für dieses Zeitalter haltbares Gleichgewicht zu bringen, beide aber mit Hülfe des dritten und schöpferischen zu verbinden und zu beleben. Denn wie weit die Kritik reichen und wo sie innehalten solle, liess sich für immer nicht feststellen; die kleineren Parteien gingen darin viel weiter als die grossen Kirchen; die Reformatoren aber wurden durch eine ernstliche Scheu abgehalten sich auf weitaussehende Untersuchungen einzulassen und mit einer schwierigeren kritischen Arbeit zu belasten, als sie bewältigen konnten, und als für die praktischen und gemeinschaftbildenden Zwecke ihres Unternehmens erforderlich war. Die alte Kirche blieb in Ehren, das alte Dogma bestand fort. Fragt man aber nach dem Beweismittel für das Recht der ganzen Wiederherstellung: so ergiebt es sich aus dem Rückschluss auf das Ursprüngliche von selbst. Die Bibel verdrängte und verdunkelte alle Autoritäten. Zwar dass die kirchliche Erneuerung nur als Erzeugniss einer berichtigten Schrifterklärung zu verstehen sei, wird Niemand mehr behaupten; wohl aber war es die Schrift, welche einem schon erwachten religiösen Bedürfniss jetzt mit wunderbarer Stärke entgegenkam. Vor den Augen der Heilsbegierigen entrollten sich ihre Blätter wie die einer neu entdeckten Urkunde, ja wie das in Worte gefasste Zeugniss der Offenbarung selbst. Das Wort ist der Träger des Geistes, nicht die Verrichtung noch das Amt; dem Worte also wurden nunmehr auch alle Werthe der Quelle und der Norm, der Bürgschaft und Gewissheit zuerkannt, und indem die biblischen Bücher, zumal die neutestamentlichen ihren Gehalt frisch ausströmen liessen, wurden sie zu einem Grade von Selbständigkeit und Schöpferkraft erhoben, welchen sie früher niemals besessen, auch nicht in den Zeiten der ersten Verbreitung. Die Theoretiker haben nicht verfehlt, die absolute Dignität der h. Schrift durch Affectionen sicher zu stellen, aber sie würden mit den drei bekannten Attributen nicht ausgereicht haben, wenn nicht ein letztes und wichtigstes anerkannt worden wäre, das der Wirksamkeit (efficacia), d. h. der unvergleichlichen Frische, Unmittelbarkeit und Kraft der biblischen Rede; denn dieses sollte sich auch dann noch reichlich bewähren, als in

Betreff der Sufficienz und Perspicuität grosse Schwierigkeiten entstanden.

Es ist üblich geworden, den Glauben der Reformation von einem doppelten Princip abhängig zu denken, von einem formellen als der biblischen Norm und von einem materiellen, welches in der Rechtfertigung gegeben sei. Neuerlich werden von Ritschl diese ohnehin ziemlich spät aufgekommenen Bezeichnungen abgelehnt; auch mir scheinen sie schon darum inadäquat, weil sich die biblische Autorität unmöglich auf das Formelle beschränken lässt, denn grade für Affirmation und Negation, Kritik und Bestreitung der kirchlichen Ueberlieferung sollte das N. T. die kräftigsten Handhaben darbieten. Mit grösserem Recht würde umgekehrt gesagt werden, das biblische Princip sei ein inhaltliches, das der Rechtfertigungslehre aber ein formales, welches auf die Form und den Modus evangelischer Heilsaneignung hinweist. Soviel aber bleibt als haltbar stehen, dass neben dem allgemeinen Anschluss an die biblischen Zeugnisse noch ein Besonderes zum Verständniss der neuen Glaubensrichtung Unentbehrliches anerkannt werden muss.

§ 8. Fortsetzung, der Heilsweg.

Und dieses Besondere haben wir oben das Originelle und Reproductive genannt; es war geschichtlich angesehen ein Neues und Selbsterfahrenes von ethischer wie von religiöser Bedeutung, weshalb es an diesem Orte unsere Aufmerksamkeit auf sich lenkt. Die Dogmengeschichte hat nachzuweisen, wie der Schwerpunkt der Lehrbildung von einer Stelle zur anderen gerückt ist. Das Mittelalter verlegt ihn in das Dogma von der Genugthuung, denn aus der Quelle der Versöhnung oder noch realistischer des Todes und des Blutes Christi sollen die sacramentlichen Eingiessungen entspringen, die den Sünder in einen Gerechten, Gläubigen und Werkthätigen umschmelzen, er braucht nur keinen Widerstand zu leisten. Jetzt gehen die Reformatoren einen bedeutenden Schritt weiter, das neue Leben soll nicht nur ohne Widerstand empfangen, es soll vom Menschen aus und ohne priesterliche Vermittelung ergriffen und angeeignet werden. Objectiv genommen bleibt das Werk Christi als ein versöhnendes stehen und behauptet seine unverminderte Wahrheit; auch ist es nicht des Menschen eigene That, wenn er sich dem Evangelium zuwendet, der Geist Gottes treibt ihn dazu an. Aber das Medium der Aneignung ist das Bewusstsein. Was Christus für uns gethan, muss in uns lebendig werden als ein gewusstes und geglaubtes. Von dieser Stätte aus wurde die Heilslehre umgearbeitet. Gewissen und Gesetz, Glaube und Werke, Busse und Besserung, Rechtfertigung und Heiligung waren geläufige Begriffe und sie blieben sämmtlich in Kraft, sogar das Verdienst, welches von dem sündhaften Menschen auf Christus allein zurückgeschoben wurde; aber durch eine andere ursachliche Verknüpfung, Deutung und Schätzung erhielten sie eine erhöhte Spannkraft, das Resultat war werthvoller als der Aufwand dogmatischer Mittel auf den ersten Blick vermuthen lässt. So geistig, so eindringend in die Erfahrungen des inneren Menschen hatte sich noch keine Veränderung vollzogen. Das Werk der Reformation hatte gleichsam gezögert, um den Zeitpunkt einer unter der Herrschaft der Hierarchie erwachenden religiösen Empfänglichkeit und sittlichen Selbständigkeit abzuwarten. Denn demonstriren liess sich die evangelische Heilsidee nicht, mochten ihr auch die Paulinischen Belegstellen maassgebend zur Seite stehen, noch wäre sie durchgedrungen, wenn sie nicht mit der Allgewalt persönlicher Ueberzeugung vorgetragen worden wäre. Nach so langer und so gebieterisch geübter priesterlicher Bevormundung wagt es der Mensch, sich selbst zum Zeugen und Bürgen seines Heils zu machen. Er ist alsdann nicht mehr der disciplinarisch Geregelte, durch eitle Versprechungen und Scheinopfer Hingehaltene, sondern der seiner selbst und seines dermaligen Zustandes, aber auch des rettenden Beistandes, welcher sich ihm darbietet, Innegewordene. Das Gefühl der Sünde beugt ihn nieder, aber siehe da, mitten in seiner Seelennoth vernimmt er die Stimme der Erhebung; der Gott des Gesetzes verurtheilt ihn, aber der Aufblick zu dem von Christus offenbarten Gott der Gnade richtet ihn empor, und er darf sich als gläubige „Persönlichkeit“ diesem Trost vertrauensvoll überlassen. Ehe der Sünder mit sich selber abgerechnet hat, fühlt er sich schon entlastet, schon aufgenommen und erhoben in den Bereich eines göttlichen Wohlgefallens, welches eine innere Zugehörigkeit in ihm zur Gewissheit bringt. Selbsterkenntniss und Glaube üben ein unsichtbares Amt, der Gläubige empfängt ein neues Herz, er ist Gott willkommen wie er ist; nichts ist ihm gewisser als sein eigenes Unvermögen, aber auch nichts gegenwärtiger als die Darreichung der verzeihenden Liebe. Ob er von dieser Wahrheit auch wirklich ergriffen sei, ob die Idee der Begnadigung oder Rechtfertigung auf dem Wege des gläubigen Vertrauens auf ihn Anwendung finde, dafür muss er freilich selbst einstehen, kein Anderer vermag es für ihn, es ist ein Selbsterlebtes, welches als solches eine grössere Stärkung schafft als Alles, was ihm bisher durch den trüglichen Kanal der Busspraxis, durch Beichtstuhl und mühevolle Uebungen zugeführt worden. Das Subjective wird selber zum Wahren und Objectiven, denn es versetzt uns in die Urstätte des religiösen Geistes, wo Jeder von der Kunde des Evangeliums unmittelbar angesprochen wird. Späterhin protestirte das Tridentinum gegen diese vana et ab omni pietate remota fiducia; die neue evangelische Zuversicht bezeichnet also selber die Scheidelinie zweier Glaubensrichtungen, von welchen die jüngere jene kirchlichen Zwischengewalten, an die sich die ältere angeklammert, als unzulänglich, ja als verderblich von sich gewiesen hatte. Dies also die Idee der Rechtfertigung aus dem Glauben, ein „Juwel“, wie gesagt worden, welches aber wie alles Idealistische einer zarten Obhut bedurfte.

Wie Luther zum Reformator wurde, ist hundertfach dargestellt worden. Was wir oben als Analyse der Reformation angedeutet, überträgt sich auf seinen eigenen Lebensgang während der ersten drei bis vier öffentlichen Jahre; er selber geht voran in einer harten aber unweigerlichen Consequenz von negativen und affirmativen Schritten, von ethischen und religiösen Motiven, von beugenden und erhebenden Erkenntnissen, und die Reihe dieser inneren Entscheidungen wird durch den Kampf nach Aussen nur noch drangvoller, aber auch durchgreifender gemacht.

Luther beginnt seine Laufbahn als Richter über den Ablasshandel in seiner ganzen Nichtigkeit und Lügenhaftigkeit, und er endigt sein erstes Stadium mit dem Austritt aus der „Babylonischen Gefangenschaft“ des sacramentlichen Systems und mit der Erklärung von der „Freiheit des Christenmenschen“, welcher einig geworden mit seinem Heiland sich von allen äusserlichen Leistungen, Satzungen und päpstlichen Machtgeboten, die den Menschen lassen, wie sie ihn finden, losgesprochen weiss. Dazwischen lag Luthers eigene schrittweise Erstarkung auf dem Buss- und Glaubenswege. Grossen Männern ist gegeben, dass sie einen Eindruck ganz universeller Art, sei es des Leidens oder der Glückseligkeit, mit mehr als verdoppelter Stärke als ihren eigenen erfahren müssen; in Luthers bitterer Klage über seine persönliche Sünde war also eine tiefe Mitempfindung der Sündenschuld überhaupt enthalten. Und wie schwer hat das Gefühl der Gottentfremdung auf ihm gelastet, wie starr das Gesetz ihn angeblickt! Für ihn gab es keine Hülfe als in der Erkenntniss, dass die Gerechtigkeit, nach welcher er trachtete, schon gegeben sei, dass er sie nur auf sich zu beziehen und in sich zu bewahrheiten habe; von dieser Ueberzeugung aus war er genöthigt, hinter sich die Brücke abzubrechen, um vor sich freie Bahn zu gewinnen. Aeusserliche Satisfactionen nach kirchlicher Vorschrift sind vergeblich, die rechte Werkthätigkeit aber muss als Gottes- und Nächstenliebe aus dem Glauben selber hervorgehen. Doch ist der Gerechtfertigte nicht der Vollkommne, auch an ihm haftet noch die böse Lust und das geistliche Unvermögen, und sie werden ihm ferner zu schaffen machen, denn abgewaschen sind sie nicht. Wir enthalten uns in dieser Skizze der genaueren dogmatischen Bestimmungen, denn um auch die Definitionen, z. B. der Sünde und Erbsünde, welche durch den überlieferten Lehrbestand und dessen scholastische Abschwächungen bedingt waren, zu beurtheilen, müssten wir weit ausholen. Der also in sich gegründete Luther wird der Bekenner seiner selbst auf dem Reichstage zu Worms.

Der dritte Theil der Schmalkaldischen Artikel enthält in der Ueberschrift die Worte: Papa et regnum Pontificium illos non magnopere curant (nämlich die Artikel von der Heilslehre). Conscientia enim apud eos nihil est, sed pecunia, gloria, honores, potentia ipsis sunt omnia. Dieses schneidende Wort ist zugleich historisch bemerkenswerth. Schon längst hatte sich die kirchliche Opposition an die Geldfrage angeschlossen; Entziehung der Reichthümer, meinte man, werde auch der frivolen Weltlichkeit des Klerus und der Päpste ein Ziel setzen. Luther bestreitet diese Ansicht nicht, aber indem er Geldsucht, Ehrbegierde und Herrschsucht verbindet, stellt er diesen Ursachen der kirchlichen Missregierung das Gewissensprincip gegenüber, womit zugleich gesagt war, dass sein eigenes Unternehmen eine moralische Nothwendigkeit habe und aus dem wieder erweckten christlichen Gewissen entsprungen sei. Die Geldfrage ist zur Gewissensfrage geworden, der Glaube, der sittliche Früchte bringen soll, muss selber aus dem unmittelbarsten sittlichen Beweggrund hergeleitet werden.

Grundzüglich angesehen bezweckt die Reformation die Wiederherstellung des evangelischen Glaubens an die in Christus offenbarte und durch ihn rechtfertigende göttliche Liebes- und Gnadenwirksamkeit nach dem Zeugniss der Schrift und in Uebereinstimmung mit den Motiven der Innerlichkeit und Freiheit, welche religiös und sittlich zugleich verstanden werden müssen. Indem sich diese Erneuerung als selbständige Erscheinung des christlichen Wesens gegenüber der katholischen Kirche aufrecht erhalten wollte, nahm sie den Protestantismus mit Nothwendigkeit in sich auf.

Hundeshagens Schrift: „Der deutsche Protestantismus" ist in den ersten Abschnitten noch immer lehrreich. Ferner haben sich unter der grossen Zahl der hierher gehörigen Einleitungsschriften die von Dorner, und Schenkel vorzugsweise namhaft gemacht, besonders aber A. Ritschl's grosses Werk: Die Lehre von der Versöhnung und Rechtfertigung, 3 Bde. zweite Aufl. Bonn 1882—83.

§ 9. Allgemeinere Folgerungen.

Eine zweite Erwägung führt ins Weite. Was musste geschehen, wenn Wissenschaft und Leben diesen dem Evangelium selber inwohnenden Protestantismus zur Ausführung bringen sollten? Die Veränderungen waren direct und indirect, sie führten zur Klärung und Vereinfachung nach der einen intellectuellen Seite, zur Erweiterung und Befreiung nach der andern praktischen.

Das Mittelalter hatte ein Universum alles Wissbaren oder früher Gedachten und Gewussten aufgerichtet, und gerade das Mönchthum in seiner Isolirung repräsentirte die Katholicität und Universalität des Unterrichts. Völlig umkommen liess die Kirche nichts, sie sorgte für Erhaltung der Materialien, indem sie selber die Verwaltung übernahm. Sie selbst war zum Rechts- und Wissenskörper geworden, sie schöpfte aus ungleichartigen Quellen, aus unverstandenen oder umgedeuteten, gefälschten oder ungefälschten Urkunden und Kanones, aus buchstäblichen oder allegorischen Beweismitteln, umgab sich also mit einem Aggregat, welches beliebig vertheilt und untergebracht sich dem Zwange methodischer Einheit fügen musste. Wir haben uns mühsam durch dieses Gestrüpp hindurchgewunden, obgleich mit der Anerkennung, dass selbst bei dieser Menge von Fehlgriffen immer noch in seiner Art Ausgezeichnetes hervorgebracht worden; wir haben namentlich wahrgenommen, wie sehr die sittlichen Begriffe darunter gelitten, dass sie sich in der Nachbarschaft von Kirchengeboten und Observanzen entwickelten. Allmählich lösten sich die einzelnen Bestandtheile aus dieser unhaltbaren Verkettung, kritische Blicke drangen in die Spalten des ungefügigen Gebäudes, aber erst der Protestantismus trat ausscheidend in die Mitte. Sein erster Schritt war Herausziehung der Theologie aus einer fremdartigen Umrahmung, sein zweiter eine reinlichere Vertheilung der Wissensfächer. Die Theologie wird erst dadurch zur wahren Theologie, dass sie sich selber gehört, aus eigenen Quellen schöpft, mit eigenen Mitteln arbeitet, nicht mit den von anderwärts erborgten. Luther ging am Weitesten, indem er den Aristoteles und seinen Abkömmling Thomas von Aquino verwarf, aber eigentlich hat er doch Beide nur als Hülfstheologen verabschiedet, ohne darum das Philosophiren überhaupt abstellen zu wollen. Als

Logik und Dialektik sollte es fortbestehen, und von hier aus hat sich die Philosophie doch wieder zu dem Werth einer bildenden und vorbereitenden Wissenschaft erhoben; in dieser Eigenschaft sollte sie auch dem Studium der Theologie unentbehrlich werden. Die Rechtskunde liess sich nicht ganz von den kirchlichen Interessen ablösen, wichtige Berührungspunkte blieben übrig, aber sie fiel doch dem Staate zu und theilte dessen Selbständigkeit. Für Sprachlehre und Pflege der alten Literatur eröffnete sich naturgemäss dem Humanismus ein freieres Feld, so dass sich dieser bis zu den Zeiten der Caselius und Martini, obwohl nicht immer im freundlichen Einvernehmen mit der Theologie, in den Universitäten fortpflanzte, um nachher die bestimmtere Gestalt der Philologie und Alterthumswissenschaft anzunehmen. Auch sei hinzugefügt, dass allerdings die evangelische Kirche als solche nicht so viele pädagogische Kräfte entwickeln konnte als die neuere katholische, innerhalb welcher sich mehrere Orden diesen Zwecken erfolgreich gewidmet haben; aber reichlichen Ersatz dafür leistete die im Protestantismus grossgezogene Erziehungswissenschaft, wie sie nirgends eifriger als in Deutschland angebaut wurde. Demgemäss sollten sich fortan die Facultäten und mit ihnen auch die Wissenschaften ganz anders neben einander gruppiren. Zwar fehlte viel, dass mit der freieren Ordnung auch die Schwierigkeiten der Wechselwirkung überwunden worden wären, denn diese sind mit der Zeit gestiegen, aber die kirchliche Suprematie nahm ebenso ein Ende wie die alte Mischung der Stoffe und der Autoritäten, und es war richtiger, wenn jede Disciplin ihre eigenen Ziele verfolgte, als wenn sie mitten in der anderen unberufen das Wort nahm. Den tieferen Sinn dieser Veränderung finden wir darin, dass Weltwissenschaft und Glaubenswissenschaft einander näher rückten und Niemand fürchten musste, seiner höchsten Bestimmung zu nahe zu treten, wenn er das Sinnenleben und den Naturstoff zum Gegenstand einer selbständigen Forschung erhob, eines Freibriefs bedurfte er dazu nicht mehr.

Auf die protestantischen Theologen machte jetzt die Scholastik den Eindruck der Veraltung und der Ueberladung zugleich;

sie hatte im Limitiren, Distinguiren und Componiren ihre Stärke, aber ihr Kunstcharakter erschien als unfruchtbarer Formalismus, ja als Deckmantel der Unwissenheit; es wurde ihr vorgehalten, sie selber sei für den kirchlichen Wahn verantwortlich, weil sie ihn mit erfundenen Theorieen gerechtfertigt. Eine barbarische, schnörkelhafte, unfassliche Rede kann unmöglich der Träger der Erkenntniss sein, so erklärten sich die Humanisten; eine Theologie, die statt zu fragen was Noth thut, sich in tausend Spitzfindigkeiten ergeht, veruntreut nur die evangelische Wahrheit, das behaupteten die Reformatoren. An dieser Stelle begegneten sich Beide, und die Ersteren waren in der unbarmherzigen satirischen Blossstellung der „Dunkelmänner“ vorangegangen. Bei so geringem Ertrage welch' ein Aufgebot an scholastischer Subtilität! Melanchthon ist unermüdlich in der Nachweisung dieses Missverhältnisses, und indem er die wichtigsten Paulinischen Begriffe zusammenstellt, will er sie nicht bloss definiren, sondern als sittliche Wirkungen veranschaulichen, daher seine Abschnitte von der vis et efficacia legis, fidei, evangelii. Wozu die zahlreichen psychologischen Theilungen, wenn dennoch das Wesen des Menschen unverstanden bleibt? Wozu die lange Aufzählung der Tugenden, wenn sie nur das Grundübel gleissnerisch überkleiden, und wozu die Menge der asketischen Heilmittel, wenn doch gewiss ist, dass sie nicht an sich, sondern immer nur nach Maassgabe eines persönlichen Bedürfnisses Nutzen schaffen! Durch Melanchthons Loci ist das wissenschaftliche Selbstgefühl nicht wenig gestärkt worden. Es war eine Jugendfrische, welche die veraltete Weisheit in Schatten stellte, es waren wenige grosse, unumwunden, theilweise sogar unbedacht, aber mit voller Zuversicht hingeworfene Ideen, die sich wie Metalladern von einem wüsten Gestein ablösten. Das hatte die Christenheit noch nicht erlebt.

Damit wäre die Klärung der Erkenntnissthätigkeit nachgewiesen, und wir bedürfen nur einer geringen Wendung, um in praktischer und sittlicher Beziehung nicht minder grosse Umgestaltungen wahrzunehmen, und zwar zu Gunsten der Entschränkung und Vereinfachung. Das Leben selber war einem scholastischen Compositum ähnlich geworden, es glich nur noch einem Fachwerk. Die Priesterschaft lagerte sich wie eine Wolke auf dem Völkerleben, erst auf ihr Geheiss lüftete sich der Vorhang, erst durch ihre Handreichung gelangten die Gebete mit Sicherheit zu Gott oder wurden jenseits des Grabes noch vernehmlich. Das Sacrament spaltete die Menschheit je nach der doppelten Verbindlichkeit, für die geistigen und die leiblichen Lebensbedingungen zu sorgen; die sacramentlichen Zugänge waren besetzt, die Anwartschaft auf das Heil an mühesame Uebungen gebunden, Furcht und Hoffnung hingen an der Pünktlichkeit der Vollziehung. Erst mit der Nähe des Altars, des Beichtstuhls und des Wallfahrtsorts und ihrer Verwalter war der Vollgenuss des göttlichen Segens gesichert, und wenn diese Localisirung dem Wesen des Christenthums widerspricht: so erhielt sie doch durch die Kunst eine höhere Weihe. Die Tugend selber hatte ihre Einheit verloren, sie war zweistöckig geworden; in der höheren Region wohnten die Vollkommnen, in der unteren die Menge der Alltagsmenschen, welchen jedoch die Aussicht auf das höchste Gut unter Bedingungen ebenfalls offen erhalten wurde. Jüngere Ethiker wie Antoninus hatten die Tugendlehre ganz in die Specialitäten der Standespflicht gebannt, wodurch das einheitliche und gemeinsame Wesen der Sittlichkeit noch mehr verdunkelt wurde. In der christlichen Idee hatten diese Maassbestimmungen keinen Grund; für den grösseren Theil der Christenheit sind die Schranken noch fernerhin in Gültigkeit geblieben, der Protestantismus durchbrach sie aus dem Rechte des christlichen Princips und im Namen eines mündiger gewordenen Geschlechts.

Die Folge war Eröffnung einer neuen Laufbahn. Wie weit die Idee des allgemeinen Priesterthums in diesem Jahrhundert verwirklicht, wie weit durch die Schwarmgeister eingeschränkt worden, brauchen wir hier nicht zu untersuchen, denn selbst unter Hemmungen ist das Recht der Gemeinschaft zur Darstellung gelangt und mit ihm auch die Anbetung im Geist und in der Wahrheit. Gleichstellung vor Gott und gegenseitige Verbundenheit, wie oft auch verleugnet, sind die Unterlage des evangelischen Gemeindelebens geworden, und sie wollen in ihrer ganzen Ausdehnung verstanden sein, die eine als Demuth vor Gott, die andere als Bereitwilligkeit zu brüderlicher Hülfsleistung. Wenn Priesterweihe und Gelübde keinen specifischen Vorzug begründen, von Anstrengungen und Liebesopfern der Schein der Verdienstlichkeit hinweggenommen, die Heiligkeit nicht als Rangstufe ausgeschieden wird, wenn Haus und Familie als Heerde der Frömmigkeit sich neben die Kirche stellen dürfen, wenn kein Grund mehr vorhanden ist, einen überirdischen Trost an irdisch entlegenen Orten zu suchen: dann ist das höchste Gut von allen Stellen der Erdfläche aus erreichbar und der Geist Allen zugänglich, die ihn in gläubigem Vertrauen erflehen. Im religiösen Bewusstsein konnte diese Gemeinsamkeit dadurch bezeugt werden, dass Alle nach Melanchthons frühester Forderung, über das christlich Nothwendige, d. h. über die Begriffe von Sünde und Gesetz, Evangelium und Glaube, Gerechtigkeit und Heiligung zu einem summarischen Einverständniss gelangten, im Handeln dadurch, dass die Willensbewegung selbständige Bahnen statt der vorgeschriebenen einschlug. Denn selbst das Material unserer Berufsthätigkeit begründet keinen Abstand; sei vornehm oder gering, so oder anders beschäftigt, der bürgerlichen oder kirchlichen Ordnung zugewiesen, ja dem Handwerk dienstbar wie der Schusterknecht; — gleichviel, immer hast du denselben Heiland, immer darfst Du dich derselben höchsten Vatergüte getrösten, und der Glaube verleiht dir die Anwartschaft zur göttlichen Kindschaft. Mit diesem Allen meinen wir die Herstellung eines neuen L e b e n s b o d e n s, welcher ebenso auf die allgemeinen Grundlagen der Schöpfung herabreicht, wie er jeder Erhebung des religiösen Geistes Raum gewährt. Und von diesem Boden aus richtet sich der Blick auf das gleiche L e b e n s z i e l. Die Tragweite dieser Veränderung kennen wir Alle; es ist ein unveräusserlicher und unvergänglicher Gewinn alles christlichen Protestantismus, dass er nach Oben den Blick entwölkt, in die Weite aber einen unbegrenzten Horizont aufgethan, und dass er dem irdischen Regiment und seinen Mitteln ein Recht zuerkannt hat, welches ebenfalls auf göttlicher Ordnung ruhen soll, statt von einer kirchlichen Genehmigung abhängig zu werden. Die Beurtheilung der weltlichen Dinge mildert und erheitert sich demgemäss, während die der menschlichen Sünde und Schuld verschärft wird. Doch haben sich diese Folgerungen sehr ungleichmässig vollzogen; modern ausgedrückt deuten sie auf ein „Lebensideal“, denn Idealität ist Erhebung des Geistes über das Stoffliche, aber nicht mehr um es zu verlassen und wegzuwerfen, sondern um es den reinsten Zwecken anzubilden, sei es erkenntnissmässig, künstlerisch oder praktisch.

Ritschl sagt in der Geschichte des Pietismus I. S. 38: Die Eigenthümlichkeit des kirchlichen Protestantismus, d. h. desjenigen, was in den Stiftungen Luthers, Zwingli's und Calvins gemeinsam ist gegenüber dem lateinischen Katholicismus, kann unter Voraussetzung der gemeinsamen Merkmale des abendländischen Christenthums nur in drei Beziehungen ausgedrückt werden. „Das ist der Inhalt des Lebensideals, ferner die Schätzung dessen, was an der christlichen Gemeinschaft die Hauptsache ist, endlich die Beurtheilung des Staats im Verhältniss zu der religiösen Gemeinschaft im Christenthum“. Der Leser wolle aus dem Obigen ersehen, dass wir uns diese Ansicht nur mit Vorbehalt angeeignet haben. Es scheint mir nicht richtig, wenn eine Vorstellung wie die des Lebensideals, welche doch erst späteren Geschlechtern geläufig geworden ist, hier schon wie eine entwickelte hingestellt wird. Luther selbst, indem er die Berufsarten einander gleichstellt, ist nicht vom Lebensideal ausgegangen, sondern von der Heilsgewissheit und von der im Reiche Christi eröffneten und Allen zugänglich gewordenen geistlichen Freiheit, welche über jede willkürliche Schranke und Satzung erhebt. Von dieser Gewissheit aus konnte er ausrufen, der Christenmensch sei ein „freier Herr über alle Dinge“, weil er der alten Fesseln ledig geworden. Von dem religiösen Princip abgesehen finde ich nicht, dass die Reformatoren ein „Lebensideal“ schon aufgestellt hätten, wohl aber haben sie durch Hinwegräumung falscher Schranken und unhaltbarer Abstufungen, durch Gleichstellung Aller vor Gott nach Bedürfniss und Fähigkeit sowie durch Wiederaufnahme des evangelischen Gebots von der Erniedrigung, auf welche allein Erhebung folgt, den Boden gesäubert und erweitert, von welchem auch die sittliche Aufgabe nach und nach verstanden werden musste. Ein unendliches Streben trat alsdann an die Stelle jeder mönchisch abgemessenen und darum täuschenden Vollkommenheit. Das Mönchthum fiel und musste fallen wie jeder anspruchsvolle Particularismus; da es aber auf freier Wahl beruhte: so äusserte sich Luther anfangs schonend und verwarf erst nach einigen Jahren die unevangelischen, weil auf falsche Werkheiligkeit hinauslaufenden Mönchsgelübde unbedingt. Vgl. Köstlin, Theologie Luthers, II, S. 6 ff. 2. Aufl. Lemme, die drei grossen Reformationsschriften Luthers, 2 Aufl. Bresl. 1882.

§ 10. Einwirkung des Alten auf das Neue.

Die Reformation ist hiernach ihres Namens deshalb würdig, weil sie eine Erscheinung des religiösen, sittlichen und kirchlichen Lebens eröffnet, die sich von der vorangegangenen Epoche mit Bestimmtheit abhebt, welche aber zugleich für das Eigenthümliche ihrer Richtung in der biblischen Urquelle Begründung und Recht findet. Sie hat mehr Originalität, als man z. B. aus den Artikeln der Augsburgischen Confession schliessen sollte. Aber schon diese Selbständigkeit machte das Reformwerk für die Gegenpartei verdammungswerth, und der Anschluss an das alte Dogma und den Kern der Sacramente wurde von Römischer Seite für eine Usurpation ausgegeben, welche die Anklage der Häresie keineswegs entkräften könne. Da aber, wie wir gesehen haben, ein vollständiger Bruch mit dem Bisherigen ebenso unmöglich war: so muss nochmals gefragt werden, wie weit sich das Gemeinsame erstreckte, oder genauer, welche Aeusserungen des christlichen Sinnes aus der älteren katholischen in die protestantische Frömmigkeit überzugehen geeignet waren. Neuere Studien haben die Verbindungslinien theils vermehrt theils richtiger aufgefasst. Die Wiederaufnahme Augustinischer Lehren in der Anthropologie kann keinem Zweifel unterliegen, im Einzelnen aber rückt dieser Augustinismus dennoch in die Ferne. So hoch man auch dessen Einfluss auf Luthers Bildung veranschlagen mag: so ist doch gewiss, dass die Augustinischen Begriffe nicht unverändert adoptirt wurden, die Concupiscenz im Sinne der Reformatoren war ein anderes Ding als die weit sinnlichere des alten Afrikaners. Mit der Scholastik wurde tumultuarisch gebrochen, begraben liess sie sich nicht noch verhindern, dass manche Anknüpfungspunkte später wieder hervorgesucht wurden; auch die Theorieen der Schule machten einen Unterschied, und in Luthers Geist

ist etwas haften geblieben, was aus dem Nominalismus und namentlich von Occam seinem „lieben Meister“ stammte. Die altkirchliche Theologie stand allen Parteien wie eine gemeinsame Heimath vor Augen; nur die Secten zerfielen mit ihr, von den Grosskirchen wurde sie zum Grunde gelegt oder doch geschont; einzelne Lehren mussten sich eine Calvinisirende oder Lutherische Deutung gefallen lassen, und für die Magdeburger Centurien lag der Versuch nahe, den ganzen antiken Kirchenglauben möglichst nahe an den Lutherischen heranzuziehn. Was mit Papstthum, Hierarchie, Sacramentslehre, Messdienst, Ablass zusammenhing, konnte natürlich nur polemisch oder kritisch verwerthet werden, ebenso die Kirchengebote, welche die Ethik angeschwellt hatten, und ein Theil der Kanones: dagegen schützte die Denkmale christlicher Frömmigkeit ihr eigener Gehalt vor gänzlicher Vergessenheit; die Bruchdruckerkunst hatte ja einen Grad von literarischer Communication hervorgebracht, der bisher unmöglich gewesen war.

Die neuere Kirchengeschichte kennt Gesammteinflüsse, welchen die Confessionen trotz ihrer Sonderung sich nicht haben entziehen können. Es ist ein Gesetz der Geschichte, dass grosse Wendungen mit einer durchgreifenden Ablösung von dem Standpunkte, welchen sie vorfinden, beginnen, dass aber der weitere Verlauf und die ruhigere Besinnung die neue Epoche wieder mit dem Gewesenen in Berührung bringt. So kräftig der Protestantismus fortschreiten, so selbstgewiss er aus seinem Berufe allein schöpfen wollte: dennoch gab es Regungen älteren Ursprungs, die sich wie geräuschlose Wellen in seine Strömung einmischten. Die Mystik ist von jeher als interconfessioneller Literaturzweig bezeichnet worden, für diese Jahrhunderte gewiss mit Recht. Thomas a Kempis hat einen unbegrenzten Leserkreis gefunden. Schriften von Tauler, Gerson, Bernhard sind theilweise schon vor Ende des XV. Jahrhunderts oder doch vor dem öffentlichen Auftreten der Reformatoren durch den Druck bekannt geworden. Luther selbst schätzte sie und vermehrte deren Zahl durch Herausgabe des Büchleins von der „Deutschen Theologie;“ dass sein Verkehr mit Staupitz nicht ohne Einfluss auf ihn selber geblieben, dass seine eigene Schrift von der christlichen Freiheit einen mystischen Zug in sich trägt, welcher nachher auch mitten unter den scharfen Verstandesbegriffen des dogmatischen Systems an bestimmter Stelle sich kundgiebt, braucht für den Kundigen nicht belegt zu werden. Als Anleitung zu peinlichen asketischen Exercitien konnte die Mystik unmöglich Anklang finden, wohl aber als Beschreibung der Gemüths- und Willensbewegung unter dem Wechsel sittlicher Erfahrungen. Und an diesem Faden hing denn auch die Nachahmung Christi. Zwar auch diese Vorstellung war eigentlich genommen für den Protestantismus unbrauchbar geworden, den sie enthielt den Nebensinn, als ob der Christ die Aufgabe habe, sich in einzelnen Zügen dem Heilande möglichst zu verähnlichen. Allein die Idee der Nachfolge Christi überragte in ihrer Hoheit die Schranken jeder Sonderbestimmung, sie war zu innig mit der evangelischen wie mit der apostolischen Rede verflochten, um entbehrlich zu werden; sie wirkte also fort und suchte im Liede und im Worte ihren Wiederhall. Wenn nachher der Dichter sang: „Lasset uns mit Jesu ziehen durch das dunkle Thal der Zeit:" so schöpfte er aus einem unversiegbaren Quell. Selbst das Bild des Kreuzes blieb eindrucksvoll, und indem der Einzelne darauf hinblickte, konnte er nach Maassgabe seiner Erfahrung die Nachfolge Christi als Leidensweg auf sich beziehen, also ein Moment der Nachahmung wieder in sein sittliches Bewusstsein aufnehmen. Ich erinnere noch an die obige Mittheilung aus Erasmus' Schriften. Auch er bewegte sich in älteren Anschauungen, was er aber als das der Theologie Wesentliche auszeichnete, betraf nicht eigentlich eine Lehre noch auch ein einzelnes Handeln, wohl aber einen religiösen und sittlichen Antheil, welcher Jeden nöthigen soll, das christlich Erkannte in Blut und Leben umzusetzen und im Anschluss an Christus den Kampf mit der Welt zu bestehen; es war mit einem Wort eine christliche Frömmigkeit, die zwar einer ungleichen Deutung, aber an sich keinem Streit unterliegen konnte. — Vergleichen wir nun dieses Motiv mit den Artikeln des kirchlichen Bekenntnisses, wie es ziemlich früh im Lutherthum entworfen und nach einem Halbjahrhundert zum schärfsten Abschluss gelangt ist: so ergiebt sich eine Differenz, welche späterhin deutlicher an's Licht treten sollte. Das Bekenntniss soll die Richtung ausdrücken, nach welcher der evangelische Glaube der Römischen Kirche gegenüber sich ausprägte und damals auch ausprägen musste, es hat also das Recht der Gestaltung und der Maassbestimmung, womit aber noch nicht gesagt ist, dass alle innerhalb dieses Rahmens nicht ausdrücklich verzeichneten Vorstellungen aus der christlichen Rede überhaupt verbannt sein sollten. In diesem Bekenntniss aber herrscht unstreitig der Glaube an die in Christus offenbarte göttliche Gnade, also der Glaube an Christus, dessen Verdienst unvergänglich und in seinen Wirkungen immer sich selbst gleich als ein historisch gegebenes geistig fortdauert; kein Messdienst braucht es zu vergegenwärtigen, kein Wandel der Heiligen lebendig zu erhalten oder zu ergänzen. Was dagegen aus dem Princip der frommen Nachfolge hervorgeht, war vielmehr ein Glaube mit Christus, nicht zu unterscheiden von der allgemeinen Anschliessung an ihn und sein Vorbild, also ein Thun und Leiden, ein Empfangen und ein Bethätigen umfassend. Wie verhalten sich diese Gedanken zu einander? der eine ist religiös-dogmatisch, der andere ethisch und praktisch gemeint, dass beide unvereinbar seien, behaupten wir keineswegs. Ist doch Paulus selber beiden Betrachtungen geistvoll nachgegangen, und das protestantische Lehrstück von der Heilsordnung bot immer noch für die Motive der letzteren Art einen Anknüpfungspunkt. Eine weitherzige Lehrverwaltung hätte Mittel gehabt, um ein relatives Gleichgewicht aufrecht zu erhalten; verengte sich aber der Lehrbetrieb bis zur ausschliesslichen Geltendmachung dessen, was in den Ideen der Versöhnung und Rechtfertigung als das Centrale niedergelegt war: dann konnte eine Reaction leicht eintreten, welche die gewöhnlichen Eigenschaften einer solchen annahm. Selbstverleugnung, Entsagung, Ergebung, Kampf mit der Welt in der Nachfolge Christi sind natürlich christliche Vorstellungen, im Zusammenhang mit der Idee des Gottesreichs sind sie dem Evangelium eingepflanzt; nicht Stimmungen allein, auch Antriebe zur Werkthätigkeit sind in ihnen enthalten. Es entstand also das Bedürfniss, das diesen Ideen verkürzte Recht, — denn völlig entzogene wollen wir nicht sagen, — zurückzufordern, was dann freilich mit Einseitigkeit und selbst mit Benutzung mystischer und contemplativer Elemente geschehen ist. Die Folge war eine tiefgehende Dissonanz. Wer das Bekenntniss nur als abschliessende dogmatische Figur zum Grunde legt, wird genöthigt sein, mit Ritschl jene Regungen als eingedrungene und fremdartige, ja als Fälschungen des Glaubens selber einfach zu verurtheilen; anders diejenigen, welche der Meinung sind, dass in der Frömmigkeit ein gemeinsames Substrat anzuerkennen sei, welches, wenn auch mit Veränderungen des Maasses und der Färbung, durch alle Jahrhunderte reicht. Wir bedurften dieser Bemerkungen, um den religiös-praktischen Erscheinungen des XVII. Jahrhunderts nicht unvorbereitet entgegenzugehen. Dass der Protestantismus, indem er dem Triebe der Selbsterhaltung folgt, doch zugleich den Beruf hat, sich als Glied eines grossen christlichen Ganzen zu fühlen, ist Keiner besser berechtigt auszusprechen als der Ethiker.

Ritschl in der Geschichte des Pietismus sagt I, 4: „Dieses ist die eigenthümliche Probe der Versöhnung mit Gott, dass man auch mit dem von Gott geleiteten Weltlauf, wie schwer er uns etwa fällt, versöhnt wird“. Mit diesen Worten soll zugleich angedeutet sein, dass Reformation und Protestantismus die Bestimmung hatten, eine versöhnlichere Auffassung dieses Weltlaufs einzuführen, und das ist gewisslich wahr, allein der Uebergang zu einer solchen hat sich doch erst allmählich vollzogen; zunächst klingt, — die Reformatoren selber beweisen es, — das Thema von der Weltverachtung noch im alten Stile und in zahlreichen Aeusserungen fort.

§ 11. Schluss.

Humanismus und Reformation sind die beiden Strömungen des neueren Geisteslebens, diese als zukunftsvolle religiöse und sittliche Macht, jener als weitgreifendes intellectuelles und ästhetisches Bildungsmittel, beide nach Herkunft und Bestrebung höchst ungleich und theilweise entgegengesetzt und doch gerade vermöge der Verschiedenheit ihrer Aufgaben wieder vereinbar. Zwar eine innere Differenz zittert nach bis auf die Gegenwart, aber sie wirkt zugleich als Triebkraft der Entwicklung. Von sich aus konnte der Humanismus keine religiöse Selbständigkeit erreichen, musste sich also der einen oder anderen Richtung zugesellen; beide boten ihm Gelegenheit zur Mitarbeit, die katholische sogar sehr reichliche Stoffe dar; der Anschluss an den Protestantismus erfolgte schwieriger und langsamer, hat aber auch gründlichere Früchte gebracht. Damals behauptete Erasmus keck: Ubicunque regnat Lutheranismus, ibi est literarum interitus; wie anders lautet das Urtheil der Jahrhunderte!

Mit Absicht haben wir für diese Einleitung die Lutherischen Grundzüge vorangestellt; sollte es nöthig sein, sofort auch das Unternehmen der Schweizer seiner Tendenz nach zu berücksichtigen: so würde dadurch der obige Gedankenentwurf mehr in die Breite gezogen werden. Das Gesetz würde eine andere Stellung annehmen, die höchste Causalität müsste anders gefasst, der Uebergang vom Glauben zu den Werken modificirt werden, und selbst die Idee von der Rechtfertigung würde eine unterscheidende Eigenthümlichkeit in sich aufnehmen. Wir überlassen diese Vergleichung einer anderen Stelle; hier interessirt uns noch, dass die Bibel von Schweizern wie von Deutschen mit gleicher Verehrung aufgesucht, aber von Beiden mit anderen Augen gelesen wurde. Auf die ungleichmässige Wirksamkeit der biblischen Bücher, zumal der neutestamentlichen, ist schon im ersten Bande aufmerksam gemacht worden; jetzt vertheilte sich diese Anziehungskraft noch viel auffälliger. Der Römerbrief erlebte die zweite grosse Epoche seines Einflusses, aus ihm wurden die eigensten reformatorischen Ideen geschöpft; doch zeigte sich, dass die Lutherischen auf das dritte bis fünfte, die Reformirten auf das neunte bis eilfte Kapitel mit besonderem Nachdruck die Hand gelegt. Der Inhalt des Galaterbriefes gewann durch Luthers Auslegung einen überraschenden Reichthum. Aus dem Philipperbrief wurde eine einzige Stelle zur Basis dogmatischer Beweisführung gemacht. Den Jakobusbrief schätzte Luther gering, Calvin liess ihn unbefangen gelten, es ist bekannt, auf welcher Seite die Jakobusfreunde auch nachmals sich energischer geregt haben. Ganz kürzlich erst ist uns die Septemberausgabe des deutschen Neuen Testaments von 1522 in photographischem Abdruck vor Augen gestellt worden; wir finden in ihr die Apokalypse mit Holzschnittten illustrirt, wir wissen aber auch, dass dieses Buch dem Geiste Luther's keineswegs sympathisch war, dass es in der reformirten Kirche stärkeren Anklang gefunden hat, und mit ihm der Prophetismus überhaupt, die Typologie und selbst der Hebräerbrief. Die vier Evangelien verharren noch in objectiver Ruhe neben einander; aber gleichgültig ist es nicht, dass das vierte Evangelium von Luther als das rechte zarte Hauptevangelium gepriesen wurde, während Zwingli seinen Predigtcyklus auf den Matthäus gebaut hat. Ein Tadel soll damit nicht ausgesprochen werden, vielmehr die Weckung der Geister sammt ihren individuellen Neigungen dargethan.

Unsere Schlussbemerkung muss endlich auf den Gegenstand der ganzen folgenden Darstellung zurücklenken. Soviel wird inzwischen klar geworden sein, dass wenn überhaupt aus dem Gesammtwerk der kirchlichen Umbildung eine Sittenlehre als besondere Disciplin hervorgehen sollte, diese im Vergleich mit der früheren ein ganz anderes Ansehen gewinnen musste. Denn theils waren durch die evangelische Kritik eine Menge von disciplinarischen, asketischen und statutarischen Materialien, welche den Körper der Ethik überfüllt hatten, in Wegfall gekommen, theils die religiösen Beweggründe anders und inniger mit den ethischen oder diese mit jenen verbunden worden; damit war eine Vertiefung aber auch eine Vereinfachung der Aufgabe gegeben. Wie aber diese Abzweigung erfolgt ist und warum sie nicht ausbleiben konnte, wird sich erst übersehen lassen, nachdem die wichtigsten Factoren der ganzen Bewegung selbständig für diesen Zweck in Erwägung gezogen sind.

Die literarischen Hülfsmittel sind der Mehrzahl nach schon im ersten Bande S. 47, 48 angegeben worden. Aus älterer Zeit sind hinzuzufügen: Mayeri Bibliotheca scriptorum theologiae moralis, Gryphisw. 1705, Meieri Introductio in universum theologiae cum dogmaticae tum practicae studium: Langii Dissertatio de origine et progressu theol. mor. systematicae, in Dürrii Compendio theol. moralis,

Atd. 1662. — Von neueren Schriften verdienen Auszeichnung: Stäudlin, Geschichte der christlichen Moral seit dem Wiederaufleben der Wissenschaften, Gött. 1808, — fleissig und ausführlich, und selbst jetzt noch als Stoffsammlung zu gebrauchen. Ansprechender sind die historischen Abschnitte in de Wette's Moralschriften, aber für den Zweck einer genaueren Charakteristik zu flüchtig hingeworfen. — Feuerlein, Die Sittenlehre des Christenthums, Tüb. 1855, — eigentlich keine Geschichte, wohl aber eine philosophisch durchdachte und noch immer beachtenswerthe Darstellung der kirchlichen Hauptsysteme. — Wuttke in der historischen Einleitung seines Handbuchs der Sittenlehre, Bd. 1, hat für die neuere Zeit mehr Verdienst als für die ältere, — dritte Auflage, durchgesehen und durch Anmerkungen ergänzt von L. Schulze, Lpz. 1874. — Fr. Jodl, Geschichte der Ethik in der neueren Philosophie, 1. Bd. Stuttg. 1882, — wichtig und auf guten Studien des 18. Jhdts. beruhend. — Reichliche Literatur liefert Luthardt, Christliche Ethik, Lpz. 1883, im ersten historischen Abschnitt. — Von religionsphilosophischen Werken gehören hierher: B. Pünjer, Geschichte der christlichen Religionsphilosophie seit der Reformation, 2 Bde, Braunschw. 1880. 82. — O. Pfleiderer, Geschichte der Religionsphilosophie von Spinoza bis auf die Gegenwart, Berl. 1883. Anderes wollen wir an geeigneter Stelle einschalten.

Erster Abschnitt.

Grundlegung und Anfänge der protestantischen Ethik.

---

§ 12. Einleitender Ueberblick,

Von jeher hat die deutsche Reformationsgeschichte die vollste und vielseitigste Anziehungskraft auf historische Betrachter jeder Art ausgeübt, Niemand wird ohne reiche Frucht von ihrem Studium scheiden. „Da das Volk das sahe, verwunderte es sich und pries Gott, der solche Macht den Menschen gegeben hat" (Matth. 9, 8). Hier galt die Bewunderung vor Allem einem einzelnen Menschen, welcher von geringer Herkunft aus durch persönliche Stärke und hingerissen von der Gewalt des Gewissens und der religiösen Ueberzeugung in Kurzem dahin gelangte, eine ganze Nation bis in das innerste Gemüth zu bewegen. Er stand anfangs allein da, dann von einigen Freunden und Anhängern umgeben, wenig später von vielen Tausenden laut oder in der Stille begrüsst. Der nächste Verlauf vertheilte sich unter ergreifende dramatische Scenen; Gefahr und Sieg, Zurückziehung und Rückkehr zur öffentlichen Wirksamkeit, Wägen und Wagen bis zu todesverachtender Kühnheit lassen dieselbe Persönlichkeit in den ungleichsten Lagen, aber in imponirender Hoheit offenbar werden. Niemals in deutschen Landen hatten Wort und Schrift in ähnlichem Umfange gewirkt. Es gelang, durch Zurückweisung der Schwarmgeister und der Aufwiegler einen haltbaren Boden zu gewinnen, es gelang ferner, den erneuerten Glauben durch Gemeindebildung und verbesserte Kirchenzucht zu befestigen. Die Reichstage in ihrem schleppenden Gange zögerten und vertrösteten auf eine endgültige kirchliche Entscheidung, aber in dem Speierschen Protest gegen die Vergewaltigung einer Minderheit durch die Mehrheit haben sie ein Ereigniss von sittlicher Wahrheit für alle Zeiten geliefert. Bis hierher können wir beinahe allen Schritten, auch den hinhaltenden Anständen und Zwischenverhandlungen und sogar der unzeitigen Besorgniss vor politischem Ungehorsam und vor der Einmischung fremdartiger Wünsche eine moralische Berechtigung abgewinnen. Aber umsonst wurde die Einheit des Reiches angerufen, der Particularismus der Fürstengewalt gewann die Oberhand; es war Deutschland selbst, welches seinen eigensten Bestrebungen in den Weg trat. Durch politische Spaltung wurde die Frucht des grossen Unternehmens halbirt. Der Schauplatz erweiterte sich, indem auswärtige Mächte wie Frankreich, Ungarn, Italien und selbst die Türkei in ihn eingriffen. Der Krieg von 1547 ff. hing daher an verschiedenen Fäden und verlief wie der Anfang der Bewegung drangvoll und dramatisch; Verlust und Gewinn, Niederlage und Sieg folgten auf einander in überraschenden Wendungen. Der Friede aber war an die gegebenen Umstände gebunden, sein Ergebniss sicherstellend und beschränkend zugleich.

Aus dem Studium dieser Begebenheiten, — und wir dürfen wohl auch die Abschnitte der englischen und niederländischen Geschichte hinzudenken, — haben alle historischen Interessen, das religiöse, ethische, politische, literarische, immer neue Nahrung geschöpft. Die nächsten Decennien seit dem Religionsfrieden von 1555 pflegen den Theologen zur Darstellung überlassen zu werden; sie waren auch ganz theologisch und von dem Kampf um Bekenntniss und Lehre eingenommen. Fürsten und Theologen waren die handelnden Personen, und wie die evangelische Kirchenbildung von einer weitreichenden Sympathie aus nach und nach in scharfe Grenzen gedrängt wurde: so bemerken wir ebenso auf dem dogmatischen Gebiet den Uebergang der grösseren Strömung in ein enges Bette der Uebereinstimmung. Dass dieses tragische Geschick des Confessionalismus überhaupt unvermeidlich gewesen, steht nicht zu beweisen, aber nur durch einen zweiten Helden hätte es überwunden werden können, Die Epigonen, wie sie waren, wussten sich nicht anders zu helfen, als durch die genaueste Anschliessung an die Lehrvorstellungen des Meisters und durch Ausscheidung selbst der nächstverwandten Denkart. Traurige und theilweise anstössige Streitigkeiten wie die Osiandrische und Flacianische waren vorangegangen, sie haben die evangelische Bruderliebe geschwächt und sogar der persönlichen Treue Abbruch gethan; von ihnen aus auf die frische Jugend der Reformation zurückzublicken, ist betrübend. Unmöglich kann mit der letzten kirchlichen Vereinbarung ein Ziel des Protestantismus ausgedrückt sein, sie bedeutet nur einen ersten Abschluss, von welchem aus sich eine weitaussehende Zukunft eröffnet. —

Die neueste und lesenswerthe Darstellung ist: G. Egelhaaf, Deutsche Geschichte im Zeitalter der Reformation, Berl. 1885.

Erstes Kapitel.

Die Persönlichkeiten.

§ 13. Luther.

Die Genesis der protestantischen Ethik kann man nicht aus Lehrbüchern allein kennen lernen wollen, das erste Darstellungsmittel eines erneuerten sittlichen Geistes sind die bahnbrechenden Persönlichkeiten. Von Luther hat einst de Wette gänzlich absehen zu dürfen geglaubt, weil er auf unserem Gebiete nichts Zusammenhängendes geleistet habe. Wir stellen ihn dennoch voran, nicht allein weil er unbestritten der Grösste ist, sondern auch weil in seinem Denken und Glauben zugleich ein Handeln offenbar wird. Niemand stellt die Lehre höher als er, aber auch sie wird für ihn eine Production seines religiösen Glaubens.

Willensbestimmung ist die Seele aller Sittlichkeit. Wie ich Luther verstehe, war er ein Mensch von eminenter Willens- und Urtheilskraft; was ihn zum Reformator machte, war eine heroische Stärke, wie sie allerdings nur aus der tiefsten religiösen Gewissheit hervorgehen kann. So ausgerüstet tritt er in den Kampf, um bei wachsender Erkenntniss von einer Entscheidung zur andern fortgetrieben zu werden. Vor der Gewalt seines Wortes müssen die Bollwerke niedersinken, die falschen Bande sich lösen; von scharfen, gebieterisch, ja verletzend hingeworfenen Sätzen ist jeder Schritt begleitet. Wir erkennen ihn wieder, wenn er das Abweichende zum Gegensätzlichen steigert, Christ und Antichrist, Himmel und Hölle, mit schonungslosen Sprüchen vertheilt, den „anderen Geist" als einen feindseligen zurückweist, die Liebe verwünscht, wenn sie dem Glauben Abbruch thut, den „Enthusiasmus" der Rottengeister als Ursünde verdammt und endlich über das Heer der Lügen und Greuel, der Römischen „Schandbriefe und Lästerbücher" Gericht hält. Die scharfe Alternative gestattet keine Vermittelung, aber unter ihrem Gewicht erstarkt zugleich der behauptende Wille. Es ist Luther nicht gelungen, alle Dinge, die er zum Untergange ausersehen, auch wirklich „ellentief" zu begraben; nicht immer siegte seine Neigung, einmal hat er auch allzu demüthig nachgegeben, ein andermal schon Gesagtes verändert und verschärft, man denke an Heinrich VIII. und an die zweite Bauernschrift. In anderen Fällen hat er lieber geschwiegen als zurückgenommen, denn er war kein Freund der Retractationen. Wie oft ist ihm nachgerühmt worden, dass in praktischen Angelegenheiten Keiner einen „Treffer" gehabt wie er, Keiner mit gleicher Sicherheit allgemeine Gedanken auf thatsächliche Verhältnisse angewendet habe. Eine seiner wichtigsten Trennungslinien war die zwischen dem Weltreich und dem Gottesreich, und wenn er dann weiter folgerte, dass jedes dieser Reiche seine eigenen Pflichten, Schutz- und Strafmittel habe: so war schon damit eigentlich über das Recht der Feuerstrafe gegen die Häretiker der Stab gebrochen.

Diese Stärke des ausscheidenden Urtheils spricht jedoch nur die Hälfte seiner Wirksamkeit aus; angelangt auf der Höhe des Reformators zeigte er sich als der grosse vielumfassende Kopf, der auch zu schonen, zu verbinden und liebevoll zu bauen vermag, weil er ein Ganzes fordert und das Leben in allen nothwendigen Erscheinungsformen zur Geltung bringen will.

Wir versuchen ihm näher zu treten. Wissenschaft, Religion, Welt und Leben spiegeln sich in seinem Geiste. An den summarischen Bruch mit der Scholastik knüpft sich die Verwerfung des Aristoteles, weil dieser hauptsächlich die falschen philosophischen Einmischungen verschuldet und die zerstückelnde Methode eines Thomas von Aquino begünstigt habe. Luther hat Cicero's Pflichtenlehre empfohlen, die Ethik des Aristoteles nicht gewürdigt. Der Gemeinplatz, dass Niemand ohne Aristoteles zum Theologen werde, muss sich in's Gegentheil verwandeln, mit ihm wird man es gerade nicht. Hinweg also mit dem heidnischen Meister, der jetzt alle hohen Schulen beherrscht und lehret an Christi Statt, obgleich er beinahe nichts brauchbares Philosophisches von sich gegeben. Es gehört Bescheidenheit dazu, um Philosophie zu lehren, denn nur als Dialektik und Rhetorik ist sie eine unentbehrliche Kunst. Die Sorbonne, sagt Luther, ist die Mutter aller Irrthümer und Ketzereien geworden; in dem Satze, dass was theologisch wahr sei, auch philosophisch dafür gelten müsse, giebt sie eine „schändliche" Erklärung ab; vielmehr drückt der Widerspruch beider das wahre Verhältniss aus, weshalb denn die Philosophie ihrem eigenen Gebiet zurückgegeben werden muss, da sie es doch nicht weiter bringt als zu zeigen, was vor der Welt für löblich und ehrlich gilt. Der Philosophus denkt nur an das endliche Ziel. In diesem Zusammenhang warnt Luther vor jeder philosophischen Allgemeinheit, welche mit eigenen Aufschlüssen in den Bereich der christlichen Heilserfahrung einzudringen wagt.

Schon hieraus ist ersichtlich, dass das sittliche Princip nach Luther nur auf das religiöse gegründet werden darf, ein Grundsatz der sich auf die folgende Literatur beider Confessionen fortgepflanzt hat. Der religiöse Mensch aber ist der ganze Mensch, nicht der gestückelte, wie ihn die Scholastik aus mehreren Vermögen ohne rechtes Centrum zusammensetzt. Er hat sein Wesen in der Persönlichkeit, als persönlicher unterliegt er dem Gesetz und wird zum Sünder, aber auch zum Empfänger evangelischer Kräfte. Der Glaube allein bringt die Wendung hervor, denn „in der Theologie giebt es nichts, das des Menschen Herz, Willen, Verstand und Vernunft rechtschaffen machen kann ohne der alleinige Glaube“. Von diesem aber ist zweierlei auszusagen, dass durch ihn die Gerechtigkeit Christi dem Sünder gnädig zugesprochen, dieser also als Person Gott wohlgefällig wird, aber auch dass er in dem Gläubigen ein neues Herz und Leben schafft, ein Leben der Innerlichkeit und Freiheit, und eben davon geben die guten Werke Zeugniss. Denken wir sie für sich allein: so sind sie werthlos, und ob sich Jemand halb todt arbeitete: so wird sein Herz nicht Friede haben, bis er anhebt, sich in Gottes Gnade zu ergeben; denken wir sie in Verbindung mit dem Glauben: so sind sie dessen Früchte und Abzeichen und fliessen wie unversehens aus dieser Quelle. Folglich muss gesagt werden, dass fromme Werke niemals einen frommen Mann machen, sondern der gute Mann schafft gute Werke, es ist die Persönlichkeit, welche den Werth der Handlungen verbürgt und zur Folge hat. Unter der christlichen Freiheit aber soll man nicht ein blosses Wahlvermögen verstehen, nein sie ist ein unsichtbares Gut, das die Welt nicht geben noch entziehen kann; unabhängig von jeder irdischen Gewalt erhebt sie die Seelen zum innigsten Gefühle der Gemeinschaft mit Christus und mit Gott und bewegt sie zugleich zum willigen Dienste in der Bruderliebe.

Soweit fliesst Luthers Rede feurig und stark. Der Uebergang vom religiösen Glauben zum sittlichen Handeln scheint völlig geebnet, erst bei genauerer Prüfung ergiebt sich, dass in der Verknüpfung dieser Bestandtheile noch eine innere Unbestimmtheit zurückbleibt. Die Werke sind nothwendig, weil sie aus dem Glauben, der ja selbst das edelste Werk ist, entspringen, oder auch weil Gott sie geboten, und dennoch sollen sie nur den „äusserlichen Menschen“ betreffen, der ohne sie nicht auskommen kann, dadurch aber werden sie von der unsichtbaren Region der Freiheit abgelöst. Vom Gesetz erhalten wir die doppelte

Auskunft, dass es zwar vom Glauben soweit absteht, wie der Himmel von der Erde, dass aber selbst der erneuerte Mensch, soweit die Sünde ihm noch anhaftet, auch der gesetzlichen Obhut fortdauernd unterworfen bleibt. Dieser Zusatz hatte sein gutes Recht, aber die Vermittlung fehlt.

Eine dritte und weitreichende Gedankenreihe betrifft die Lebensgebiete im Grossen. Der Bergmannssohn wird zum Disponenten eines grossen Haushalts, wenn er Geistliches und Bürgerliches, jedes mit seinen eigenen Rechten und Obliegenheiten, sicher unterscheidet, die Tugend von einem unhaltbaren Dualismus befreit, den Berufsarten, weil sie denselben Zugang zum Evangelium gestatten, ihre Ehre zuerkennt, also den weiten Boden eröffnet, auf welchem jede menschliche Thätigkeit sowie alle Ordnungen der Gesellschaft nach göttlichem Wohlgefallen emporwachsen sollen. Die Römische Kirche hat viele untaugliche Werke eingeführt, die wahren und guten aber vernachlässigt, es sind diejenigen, die von Oberherr und Unterthan, von Vater, Mutter, Sohn, Tochter, Knecht und Magd handeln. Dazu kommt noch ein anderer Gedanke von grosser Tragweite, dass nämlich der an sich seiende Werth der Dinge von ihrem Verhältniss zur menschlichen Subjectivität unabhängig gedacht werden muss. Ein schönes Weib ist ein Geschenk Gottes, hat also keinen Antheil an den unlauteren Begierden, die es vielleicht in seinem Beschauer erweckt; denn man muss ja zwischen dem Gegenständlichen als solchem und dessen Gebrauch oder Missbrauch „Unterscheid halten“; was in die Sinnen eingeht, ist an sich noch kein Grund der Verunreinigung, das Natürliche noch nicht das sittlich Qualificirte, dagegen soll Eins mit dem Anderen vereinbart werden. Die Selbstzucht in der Form des Fastens hat Luther nicht verbannen wollen, wohl aber in Schranken stellen, damit sie dem Ermessen des Einzelnen überlassen werde.

Das Harte, Unharmonische und selbst Widersprechende in seinem Charakter haben wir hier nicht nachzuweisen. Anfechtungen jeder Art und Anfälle von Schwermuth kennt er aus eigener Erfahrung, aber Gebet und Arbeit haben ihn immer wieder zu der natürlichen Heiterkeit des Daseins geführt und in der liebevollen Theilnahme an den Segnungen der Familie und den Freuden einer guten Erndte bestärkt. Suchen wir einen Einheitspunkt in seinem Wesen: so ist es die ausserordentliche Lebendigkeit seines Gottvertrauens. Tief durchdrungen von seiner Sendung, allezeit gewiss, wo sein Trost und Trotz stehet, immer bereit, die Erfolge dem anheimzustellen, der ihn über alle seine Hoffnung lebendig erhalten, mahnt er zugleich, dass Jeder sich an den christlich verstandenen Gott anklammern möge, nicht an jenen abstracten, der sich nur aus Attributen der Majestät zusammensetzt; denn sonst „fallen wir von der Leiter", und es wird immer nur der unfassliche, unnahbare, ja schreckliche Gott sein, der uns begegnet. Einen zweiten Einheitspunkt gewähren die Tischgespräche; denn wer hat wie er dem Dichter gleich alles Gegenwärtige auf sich wirken lassen, um mit genialer Umschau nach allen Seiten Rede zu stehen! Gott und der Satan, Ewiges und Alltägliches, Grosses und Kleines, Wissenschaft, Ernst, Spiel und Kunst walten in seiner wenn auch oft so rauhen und bäurischen Beredtsamkeit.

Einen moralischen Gesammtunterricht wird Niemand von Luther erwarten. Statt eines Entwurfs der Sittenlehre liefern seine Schriften nur Materialien und Gesichtspunkte für einen solchen, aber werthvolle, die einer künftigen Bearbeitung harrten.

Benutzt sind die reformatorischen Schriften der ersten Epoche und die ausgezeichnete Abhandlung von 1530: Vermahnung an die Geistlichen versammelt auf dem Reichstag zu Augsburg. Aus der Schrift De libertate Christiana von 1520, neuerlich mehrfach herausgegeben und erläutert, sind die Worte bekannt: Bona opera non faciunt bonum virum, sed bonus vir facit bona opera; ita ut semper oporteat ipsam substantiam seu personam esse bonam ante omnia bona opera et opera bona sequi et provenire ex bona persona. Dasselbe besagen andere Aussprüche. Es war protestantisch nothwendig, sich zunächst von dem asketischen Princip einfach loszusagen, erst später konnte erwogen werden, ob nicht auch ein wahres Moment in ihm enthalten sei. Vgl. im Allgemeinen: Luthardt, die Ethik Luthers, Lpz. 1867, woselbst in der Vorrede auf andere Schriften von Schramm, Lehmann, Reinhard u. bes. auf Köstlin, Theologie Luthers, Bd. II, 2 Aufl. verwiesen wird. Unter den Reden und Vorträgen des Lutherjahres verdienen mehrere wie die von Treitschke, Brieger, Holtzmann u. A. und die Berliner Festschrift von Lenz, ein dauerndes Andenken.

Zur Begründung des obigen Urtheils wiederholen wir, dass Luthers Erklärungen vom Glauben und den Werken an einer Unsicherheit leiden. Mit lebendiger Ueberzeugung verlegt er den Glauben in den inneren Menschen, dagegen wird nirgends ausgeführt, dass auch das sittliche Handeln als der allgemeinere Inbegriff der guten Werke eine Innerlichkeit für sich fordert; vielmehr bleibt es bei der Scheidung, die letzteren fallen wie ein Körper nur der Aussenwelt zu. Und wenn von ihnen gesagt wird, sie seien nothwendig, weil Niemand bei gesunden Sinnen müssig gehen darf, oder auch weil Gott sie befohlen oder weil sich schon im Glauben ein Trieb zur Thätigkeit regt: so erfahren wir nicht, an welches dieser Motive, das naturnothwendige, das positive oder das religiös-active, wir uns zu halten haben (vgl. Luthardt, a. a. O. S. 41 ff.). An die alte intentio animi wird nicht angeknüpft. In der Lutherischen Schule ist auch weiterhin ein ängstliches Misstrauen an diesem Artikel haften geblieben, weil bei jeder Werkthätigkeit befürchtet wurde, dass sie als „Bedürfniss" des Glaubens behandelt werden würde. Dass der Name gute Werke für sittliches Handeln stehen blieb, hat sich für die Folgezeit als sehr nachtheilig erwiesen. So stark wirkte die Sorge vor der Rückkehr der verhassten Werkheiligkeit; und dennoch kann man sich kaum vorstellen, dass der Glaube gar kein Bedürfniss der Bethätigung hegen soll, weil er damit einen Mangel in sich selbst verrathen würde. Ich kenne keine Nothwendigkeit des sittlichen Handelns, welche wo dieses fehlt, nicht als Bedürfniss im Bewusstsein auftreten dürfte. Die Wahrheit der Ansicht Luthers suchen wir darin, dass die religiöse Hingebung an die göttliche Gnade zugleich eine den Willen bewegende und nach Aussen treibende innere Activität ethischer Art in sich schliesst. — Zweitens gehen Luthers Aussprüche vom Gesetz an verschiedenen Stellen merklich auseinander; dasselbe wird einerseits völlig aus dem Bereiche des Glaubens entlassen, dann aber wieder zurückgerufen, das Letztere zur Widerlegung Agricola's und mit Recht. Luther erklärt dazu, dass zwar die höhere Stufe des Glaubensmenschen von aller Gesetzlichkeit frei sein müsse, die niedrige noch sündhaft afficirte dagegen dieser Herrschaft zu unterliegen fortfahre. Allein diese Standpunkte werden allzu sehr geschieden, und es erhellt nicht, wie sie in der einheitlichen Entwicklung der Persönlichkeit dennoch zusammengehen. Vgl. unten zur Concordienformel.

Luthers Fehlgriff im Streit mit Erasmus ist bekannt und wird gegenwärtig von der Mehrheit eingeräumt. Wie er die Controverse vom freien Willen verstand, indem er sie mit den Consequenzen eines späterhin nicht mehr von ihm vertheidigten Dualismus und Determinismus niederschlug, ist er meines Erachtens nicht Sieger geblieben, auch darin nicht, dass er für den natürlichen Menschen im Verhältniss zum Göttlichen nur eine „rein passive" Fähigkeit übrig liess. Wohl aber kommt seiner Schrift De servo arbitrio (1525) eine allgemeinere ethisch-psychologische Bedeutung zu; denn statt bei dem blossen Vermögen der Wahlfreiheit, dem liberum arbitrium indifferentiae nach heutiger Ausdrucksweise, stehen zu bleiben, greift er auch bei dieser Gelegenheit auf den ganzen Charakter und die Persönlichkeit zurück. Dass es seine Absicht war, die Freiheitsfrage aus der abstracten philosophischen Behandlung der Aristoteliker herauszuziehen und mit den praktischen Zwecken der christlichen Frömmigkeit in Verbindung zu setzen, wird von Köstlin treffend hervorgehoben. S. dessen Werk: Luthers Theologie, II, S. 36ff. — Lommatsch, Luthers Lehre vom ethisch-religiösen Standpunkt, Berl. 1879.

§. 14. Melanchthon.

Von Luther ist die h. Schrift dem deutschen Volke erschlossen und das evangelische Glaubensprincip entdeckt worden; Melanchthon hat die gewonnene Erkenntniss lehrbar gemacht, er hat sie aber auch mit einer Reihe von Wissensfächern umgeben und dadurch den schon erwähnten Ausspruch des Erasmus entkräftet. Die Gründung der Gemeinschaft und deren Ausstattung mit geistigen Hülfskräften war das Werk Beider. Es beweist die ausserordentliche Leistungsfähigkeit des Zeitalters, dass der nächste Bedarf an Lehrmitteln wie Grammatik, Rhetorik, Dialektik, Geschichtskunde, Pädagogik und Ethik in so kurzer Zeit wenn auch nur in Entwürfen herbeigeschafft werden konnte, noch dazu von einem einzigen Manne, der ebenso gut zu reinigen und aufzuräumen wie zu sammeln verstand. Aber dieser Lehrer Deutschlands wurde dennoch erst gross als Ueberläufer vom Humanismus zum Evangelium und als treuer Bundesgenosse Luthers; seine religiöse Mission hielt ihn, wenn er sich zeitweise nach den Studien seiner Jugend zurücksehnte, immer wieder durch Zuführung neuer Stoffe und Aufgaben fest, bis er zuletzt durch die Ueberspannungen eines jüngeren Geschlechts beklemmt und auf sich selbst zurückgewiesen wurde.

Seinem Charakter fehlte die Stärke, seinem Geiste der Reichthum und die religiöse Unmittelbarkeit Luthers, die durchschlagende Gewalt des Urtheils. Dagegen ist er der reflectirende Mensch, das Entwerfen und Gestalten ist seine Sache; er eignete sich zum Verwalter vielartiger Geschäfte für Schule, Katheder und Kirche, denn er war praktisch weit geschickter als der Gelehrte zu sein pflegt, empfänglich und bestimmbar, aber auch wachsend mit der Zeit und fähig sich selber fortzubilden. Vierzig Jahre seines öffentlichen Lebens liegen uns vor Augen, man hat sie nach Art und Umfang seiner Wirksamkeit in Stadien getheilt; aber in der dichtesten Reihe von Arbeiten haben sie wieder eine eigenthümliche Continuität, dramatische Wendungen fehlen. Seit 1530 sehen wir ihn in der Mitte des grossen Schauplatzes; Frankreich, England und Italien blickten auf ihn, und wer anders als er konnte sich auf dem Wege nach Trident befinden! Als anders gearteter und allmählich zur Selbständigkeit entwickelter Denker hat er sich schon lange vor Luthers Tode neben diesen gestellt; wenn der Letztere als Reformator genöthigt war, die vorhandenen Gegensätze in ihrer thatsächlichen Unvereinbarkeit hinzustellen: so musste der Andere sie theoretisch darlegen, aber auch begrenzen. Die Denkschrift zu den Schmalkaldischen Artikeln wird Niemand ein schwächliches Product nennen wollen, aber der vorangegangenen Ermahnung Luthers: „Gott erfülle Euch mit Hass gegen den Papst", entsprach sie nicht; denn sie suchte den unvermeidlichen Bruch doch wieder von einer theoretischen Möglichkeit abhängig zu machen, statt von der Macht der Dinge. Bei Vergleichung beider Männer ergiebt sich hier wie an anderen Stellen ein ungleiches Maass wie der Sympathie so der Antipathie, ein schärferes Hervortreten des Antithetischen auf der einen Seite, ein temperirtes auf der andern, das Centrum bleibt dasselbe. Der bedenkliche und vermittelnde Melanchthon mit seinem Hangen und Bangen in der Stunde der Entscheidung, der Theilnehmer am Leipziger Interim, der Verzagte während der Augsburger Verhandlungen hat in der Gelehrtenwelt eine grosse Nachkommenschaft gehabt. Dem anderen Melanchthon aber, dem Frommen und Unermüdlichen, der nicht aufhörte, an sich und seinem Werke zu bessern, damit sein Lehren auch ein Lernen sei, dem Vertreter einer christlich gegründeten und universellen Erkenntnissbildung, — ihm haben es nur sehr Wenige gleich gethan.

Sehen wir von der Freundschaft beider Männer ab, welche feurig und freudig beginnend nachher in eine ernstere Anerkennung überging und selbst unter momentanen Spannungen ungebrochen bis an's Ende fortdauerte, und die immer zu den schönsten Ruhepunkten historischer Betrachtung dieser Zeiten gehören wird: so behalten wir zwei Bemerkungen in der Hand. Die eine gilt dem gewissenhaften Forscher. Die erste Ausgabe unserer Ueberzeugungen ist nicht immer die beste, δεύτεραι φροντίδες σοφώτεραι; es giebt auch eine berechtigte Variata als Ausdruck von Verbesserungen (minus horride dicere), die sich dem reiferen Nachdenken aufnöthigen. Das lernen wir von Melanchthon, und ohne ihn würde es in dem ersten Zeitalter der Reformation nicht bezeugt worden sein. Mag ihn also auch die Concordienformel beschränkten Geistes aus ihrem Glaubenskreise ausgeschlossen haben: der Protestantismus fordert ihn zurück, denn er findet ein Stück seiner selbst, das sittlich wissenschaftliche Recht der Fortentwicklung in ihm dargestellt. Ohne Antheil Melanchthonischer Geistesart wird das protestantische Wesen niemals gedeihen. Ein Zweites ist von der religiösen Persönlichkeit auszusagen. Melanchthon war zu breit angelegt, als dass er die Religion nur als innere Wahrheit hätte denken wollen, er dehnte sie auf eine sittliche Wirklichkeit aus; selbst die von ihm hochgeschätzte Unterscheidung von Gesetz und Evangelium verhinderte ihn nicht daran, daher seine Urtheile über die Zugehörigkeit der guten Werke sowie über die Fähigkeit des Menschen, den Empfang des Geistes durch eigene Willensrichtung zu vermitteln. Die Modificationen seiner späteren Freiheits- und Heilslehre sind bekannt, nicht weniger seine Friedensliebe, diese aber wird begünstigt durch das Interesse an der sittlichen Werkthätigkeit, welches eine Reaction gegen das Uebergewicht des gewöhnlichen Lehrbetriebes selbst schon in sich trägt. Es kann nicht auffallen, dass Melanchthon gerade derjenige geworden, welcher das Studium der Ethik zuerst anregen sollte; sein Herz wie seine philosophische Bildung führten darauf hin.

C. Schmidt, Philipp Melanchthon, Elberf. 1861, S. 669 ff. Herrlinger, Die Theologie Melanchthons in ihrer geschichtlichen Entwicklung, 1879. Luthardt, Melanchthons Arbeiten im Gebiete der Moral, Lpz. 1884. J. C. E. Schwarz, Melanchthon und seine Schüler als Ethiker, Stud. und Krit. 1853, S. 1—45.

§ 15. Zwingli.

Die schweizerische Bewegung ist eine Erweiterung der deutschen, durch sie hat der Protestantismus mehrere Sprach- und Stammesgrenzen überschritten und den europäischen Schauplatz unter den schwersten Schicksalen und furchtbaren Blutopfern für sich erobert. Schon aus der Persönlichkeit des Anfängers ist das Wesen dieser zweiten reformatorischen Glaubensrichtung im Allgemeinen erkennbar.

Die Religion, sagt Zwingli, hat damit begonnen, dass Gott den vor ihm fliehenden schuldbewussten Menschen aus der Entfernung zurückrief und an sich fesselte, damit er auf sich selbst verzichtend lediglich Hülfe oder Trost suche bei seinem Schöpfer. Wahre Frömmigkeit (pietas) stützt sich auf Gott und sein Wort, falsche verlässt sich auf die Creatur. Mögen wir Gott dreifach nennen: immer ist er derselbe Gute Heilige Gerechte. Dem Glauben an Christus geht nothwendig eine Gotteserkenntniss voran; wohl aber ist es Christus, welcher durch sein genugthuendes Opfer für die göttliche Gnade Bürgschaft geleistet hat, und eben davon handelt die Kunde des Evangeliums. Die Busse bedeutet nicht reuiges Schuldgefühl allein, auch der Uebergang zum Glauben, der Schutz gegen die Sünde ist in ihr enthalten, dadurch wird sie selbst zur Besserung. Christliche Religion ist daher die feste Hoffnung auf Gott, durch Christus gegründet, und ein unschuldiges Leben nach dessen Vorbild (firma spes in Deum per Christum et innocens vita ad exemplum Christi, quoad ipse donat, expressa).

Zur Arbeit ist der Mensch geschaffen wie der Vogel zum

Fliegen; sein Wandel gleicht einem Kampf und Kriegsdienst, dessen Ziele von Gott bestimmt werden. Aber Christum anziehen heisst ein neues Leben führen, und der christliche Glaube verleiht dem Geiste ein Wohlbefinden, wie es der Leib aus der Gesundheit schöpft.

Nach diesen Sätzen hat Zwingli schrittweise und mit der Bibel in der Hand das verunstaltete kirchliche Leben und Denken, welches er vorfand, zu reinigen, das verlorene Bild evangelischer Gemeinschaft wiederherzustellen unternommen. Dass er an religiöser Innerlichkeit und Schöpferkraft hinter Luther zurückstand, und ebenso dass seine Theologie viel einfacher und ohne dogmatische Schärfen verläuft, ist anzuerkennen. Was ihn auszeichnet ist die begriffliche Klarheit und die sichere Uebersicht des ihm zugänglichen Gebiets. Wie er als Bibelforscher zuerst wissen will, was Religion, dann was christliche Religion sei, um methodisch in das Wesen des Evangeliums eingeführt zu werden, und wie er das Ganze des irdischen Wirkens Christi zu überschauen suchte, statt in ein einzelnes Thatsächliches mit überschwänglichem Verlangen einzudringen: so war ihm überhaupt die Unterordnung des Besonderen unter das Allgemeine natürlich. Wort, Wille und Gesetz Gottes bilden zusammen den Rahmen der Offenbarung, die göttliche Erwählung führt zum Ziel.

Dies vorausgesetzt überzeugen wir uns leicht, dass Zwingli in allen Lehrmittheilungen eine sittliche Willensbestimmung als selbstverständliches christliches Erforderniss auftreten lässt; dagegen sucht er keine Gelegenheit, dieses Ethische für sich und im Unterschiede von dem Religiösen zu erwägen. Die inneren Conflicte, die auf Luthers Gemüth eindrangen und aus welchen er sich mühevoll zur Klarheit emporarbeitete, waren für ihn nicht vorhanden; auch fühlte er sich nicht wie dieser gedrungen. den Glauben auch ohne Werke, die dann ihrer eigenen Nothwendigkeit unterliegen sollen, als alleiniges Aneignungsmittel der göttlichen Gnade voranzustellen. Für ihn muss die Frömmigkeit Beides umfassen, Beides in gleicher Hingebung Gott darbringen. Einige Aussprüche lassen über seine Auffassung keinen Zweifel. Der Glaube, heisst es zu Anfang der Expositio fidei, gleicht im menschlichen Geiste dem Entschluss zu unseren Handlungen. Wenn keine Ueberlegung vorangeht, wird was wir vorhaben, auch unbesonnen und leichtsinnig, unfromm und vergeblich ausfallen. Wo also wahrer Glaube vorhanden, kann das Werk nicht fehlen, wie ja Licht und Wärme stets bei einander sind. Das ist nicht katholisch gesprochen, denn sonst würden diese Factoren ganz anders definirt sein, auch nicht Lutherisch, denn sonst müsste sich der Glaube in seiner grundlegenden Wichtigkeit bestimmter abheben. Dass diese Erklärung der Lutherischen näher liegt als dem katholischen Werkdienst, ist freilich gewiss, aber sie lässt beide Bestandtheile einfach neben und mit einander stehen, so dass sie sich nach Zellers treffender Bemerkung wie das Frühere und Bedingende zu dem Späteren, nicht wie Ursache und Wirkung zu einander verhalten. Sittlichkeit ist eine zum Handeln vordringende Religion oder religiöse Entschliessung, Religion oder Pietät eine Gott dargebrachte Sittlichkeit. In ähnlicher Weise hatte auch Erasmus seine Frömmigkeit beschrieben, indem er sie mit leichter Hand und fast unmittelbar aus dem Gebiet des Wissens in das des Wollens und Handelns hinüberleitete. An einer anderen Stelle ist Zwingli auf die Schwierigkeit einer doppelten Herleitung des Heils wirklich eingegangen. Die Schrift behauptet, dass alles zur Erlösung Nothwendige durch Christus hervorgebracht werde, und verlangt gleichwohl vom Menschen einen lauteren Wandel; wer also das Erstere einschärft, scheint von dem Anderen abzusehen, wer umgekehrt das Zweite betont, droht den Werth des Ersten herabzusetzen. Dadurch werden die „Gelehrten" in Verlegenheit gesetzt, es fehlt ihnen, setzt der Verfasser hinzu, an geistlichem Verständniss, die „Erfahrung" hat sie nicht gelehrt, dass beiderlei Gründe in derselben Frömmigkeit sich einigen. Der Rechtfertigung hat Zwingli in seiner Hauptschrift keinen besonderen Abschnitt gewidmet, Beweis genug, dass er sie nicht in Lutherischer Weise articuliren wollte. Damit hängt ferner zusammen, dass Gesetz und Evangelium nicht wie specifisch verschiedene und gegensätzlich wirkende Naturen verglichen werden. Zwar wird eingeräumt, dass Paulus durch die Thatsache der menschlichen Sünde genöthigt gewesen, beide Namen dergestalt zu illustriren, dass an dem einen der Schrecken der Verdammniss, an dem andern der Trost der Vergebung haftet. In Wahrheit aber sind diese Grössen einander ähnlich, Gott redet in der einen wie in der andern Form; die erneuernde Wirkung hat das Gesetz dem Evangelium überlassen, dagegen als Ausdruck des höchsten Willens und Leuchte der Erkenntniss wandelt es durch beide Testamente und alle Stadien der Offenbarung, und es erfordert keine Distinctionen, um zu wissen, wie weit selbst der Wandel der Frommen seiner Obhut bedarf. Gott aber von seinem erwählenden Rathschluss aus giebt zu dem Wollen auch das Vollbringen.

Zwingli's ganzer Standpunkt ist mit Recht als der einer religiös-sittlichen Unmittelbarkeit bezeichnet worden. Eine genauere Unterscheidung und Verhältnissbestimmung des religiösen und sittlichen Moments wird nicht vorgenommen; etwas Zusammenhängendes für den Lehrzweck der Ethik hat er nicht geleistet. Das Beste, was er uns darbietet, ist er selbst als Mann der frommen Gesinnung, thatkräftig und friedliebend zugleich, als treuer Kämpfer im Dienste des „himmlischen Hauptmanns“, dem er sich zugeschworen, als unerschrockener und unermüdlicher Förderer seines Werks, dem er nach kurzer Laufbahn sich selber zum Opfer gebracht hat.

Zwingli's hohe praktische und patriotische Tugenden sind erst in neuerer Zeit gewürdigt worden, wie er sie anwendete, ergab sich aus seiner Heimath und Lebensstellung. Er überschaute das individuelle und das öffentliche Leben und dessen beiderseitige Schwierigkeiten. Abermals begegnet uns hier das gegensätzliche Verhältniss zu Luther, nach welchem der Eine Verbindungen schuf, die der Andere löste, so dass auch Anerkennung oder Schonung des Bestehenden sowie die Erhaltungsmittel der christlichen Gemeinschaft für den Einen und Anderen eine ungleiche Gestalt annahmen. Zwingli bewegte sich auf dem Boden einer eng verknüpften kirchlich bürgerlichen Gesellschaft, er fasste beide Ordnungen theokratisch zusammen, unterwarf sie dem Gebot Christi und that die ersten Schritte zur

Organisation und disciplinarischen Regelung der Gemeinde. Um so kühner griff er aber auch in die Welthändel ein, von welchen sich Luther scheu zurückzog, nachdem er die Rechtsgebiete sich selbst zurückgegeben hatte. Wenn endlich durch Zwingli der Cultus völlig entfärbt und entsinnlicht wurde: so war das wieder eine Beschränkung, welche gutzuheissen Luther nicht durch Glaubens- oder Verstandesgründe, wohl aber durch eine höhere Vernünftigkeit abgehalten war.

Vgl. die bekannten Schriften von Zeller und Sigwart über Zwingli, dazu den ausführlichen Abschnitt von Hundeshagen in dessen Beiträgen zur Kirchenverfassungsgeschichte des Protestantismus, I, S. 91 ff. Der Letztere erklärt es mit Recht für nöthig, Zwingli auch für sich allein zur Sprache zu bringen, da die blosse Vergleichung mit Anderen eine Art von Zerstückelung herbeiführt.

Ueber Glaube und Werke s. Zwinglii Opera, IV, Fidei expositio p. 61. Sic fides in mente humana est perinde atque consilium in rebus. Consilium nisi praecedat factum, temerarium est ac frivolum quicquid exit. Fides nisi arcem tenuerit ac omni operi imperaverit: jam quicquid moliamur et irreligiosum et irritum est. Nam et nos homines in quovis opere fidem magis spectamus quam opus. Fides si desit, operis pretium labitur. — Opp. III, De vera et falsa rel. p. 202. Hic labor est sapientibus ac doctis satisfacere: nam quum clarissima scripturae testimonia pro utraque parte habeant, videlicet quod Christi redemptio cuncta possit et efficiat quae ad salutem adtinent, et contratam constanter innocentia requiratur, videntur illis duo incommoda sequi: unum quod qui fidem in Christum intrepide continueque inculcant, videantur innocentiae studium prodere; alterum, quod dum innocentiam tantopere vident exigi, in dubium veniunt quidnam Christus prosit. Eis ergo difficillimum est satisfacere: nam quod hic in piis fides in Christum facit, hujus ipsi expertes quum sint, non capiunt quod spiritualiter dicitur. Res enim et ac experimentum pietas, non sermo vel scientia. Ibid. cf. p. 174, 184, 203.

Vor Kurzem ist mir bekannt geworden: H. Bavinck, De Ethik van Ullrich Zwingli, Kampen 1880, eine sorgfältige Arbeit, welche in die Abschnitte zerfällt: Die Sünde, die sittliche Natur des Menschen, die Grundlage des christlichen Lebens, Vorherbestimmung, die Quelle des christlichen Lebens, der Glaube, die Busse und der christliche Kampf, die Richtschnur des Wandels, das Vorbild Christi, die christliche Freiheit, das individuelle und das bürgerliche Leben, Ehe und Cölibat, Erziehung und Freundschaft, zuletzt von der Wissenschaft und

Kunst und, — worin er sich mit Luther begegnet, — von der Musik. Vgl. auch die Monographie von Mörikofer, sodann Berner Beiträge zur Geschichte der schweizerischen Reformationskirchen v. Nippold, Bern 1884, und Abhandlungen zum Zwingli-Jubiläum, z. B. von A. Schweizer, Witz, Stähelin, Zwingli und sein Reformationswerk, Halle 1883. A. Baur, Z.'s Theologie, I, Halle 1885.

§ 16. Calvin.

An den Letzten in dieser grossen Vierzahl dürfen, eben weil er der Jüngste war und auf schon eröffneten Wegen fortschreiten konnte, auch andere Anforderungen gestellt werden. Nicht Alle haben ihn geliebt, aber Alle bewundern ihn. Sein Leben ist weniger dramatisch als Luthers, sein Bildungsgang, durch ergreifende Jugendeindrücke vorbereitet, liess ihn schrittmässig in seine Laufbahn eintreten, er folgte ihr unerschrocken; ein einziger Wendepunkt entschied über die Wahl seines wichtigsten Arbeitsfeldes. Angelangt auf diesem Boden begann er nach kurzer Unterbrechung als kirchlicher Eroberer und besiegte seine Feinde, um dann zu einer Geistesherrschaft ohne Gleichen zu gelangen; aber auch an der Selbstbeherrschung hat er, der ungeduldige, reizbare, leidenschaftliche Mensch, mannhaft gearbeitet. Calvin hatte wenig Neigungen ausser in der Freundschaft; Normen beherrschten ihn, denen er mit dem Gefühl eines Berufenen und Erwählten bis zum Aeussersten Folge leistete. Auch hat er mehrfach die Persönlichkeiten härter beurtheilt als die Dinge, denn diese behalten als Wissenschaft und Leben in gegebenen Grenzen ihren Werth für ihn. Zunächst also die Philosophie, denn Calvin hat Plato, Aristoteles und Cicero ernstlich studirt, Demosthenes hochgeschätzt und über die Schönheit der klassischen Literatur sich lebhafter als Luther ausgelassen; sodann die Scholastik, denn sie brauchte jetzt weniger befehdet zu werden. Vor Allem muss die h. Schrift den Stempel völliger Gleichwerthigkeit in sich aufnehmen; Altes und Neues Testament, Paulus und Jakobus befinden sich in gleicher Reihe, die Klammer des göttlichen Gesetzes hält sie zusammen.

Calvin hat der Beschreibung des christlichen Lebens zwar

keine besondere Schrift, aber einen Abschnitt seines Hauptwerks Institutio religionis christianae gewidmet. Der Vortrag ist paränetisch, eine Pflichtenlehre und Anleitung zu christlicher Vollkommenheit. Mag der antike Philosoph sich selber gefallen, er kannte weder Gott noch die Sünde; der Christ kann nur Gott angehören wollen durch Selbstverleugnung. Zwei Fehler, Unfrömmigkeit und weltliche Begierde, hemmen diesen Verband, drei Tugendkräfte sollen ihn sicherstellen, Maasshaltung (sobrietas), Gerechtigkeit und Gottseligkeit, daher die apostolische Mahnung: σωφρόνως καὶ δικαίως καὶ εὐσεβῶς ζήσωμεν ἐν τῷ νῦν αἰῶνι, — ein Ausspruch (Tit. 2, 12), den auch neuere Schriftsteller zur Eintheilung der Ethik benutzt haben. Der Mensch, wie er ist, wünscht sein eigener Herr zu sein und sucht seine eigene Ehre, die Bruderliebe erst macht ihn zum Sachwalter Anderer. Wenn die Gegenwart tägliche Gefahren bringt, dann erst offenbart sich die Heilsamkeit der Demuth und des Kreuzes, und unter Schmerzen erwächst die Tapferkeit; — so durfte Calvin reden im Hinblick auf die Leiden seiner Glaubensgenossen. Das jetzige Leben, fährt er fort, fordert zur Uebung, das künftige zur Betrachtung (meditatio) auf, wie vertheilt sich nun die christliche Gesinnung nach beiden Seiten? Hier vernehmen wir abermals die Ausrufungen vom irdischen „Exil, vom leiblichen Gefängniss und dem jenseitigen Vaterland“; der christliche Lehrer gebietet pflichtgemäss eine Geringschätzung der gegenwärtigen „Station“; entweder das Irdische muss vor unseren Augen herabsinken (vilescere), oder es wird uns mit übermässiger Begierde an sich fesseln, ein Drittes giebt es nicht. Aber wohlgemerkt, die Geringachtung der Jetztwelt darf nicht in undankbaren Hass ausarten, noch haben wir zu verkennen, dass dem Frommen auch ein berechtigter Genuss freisteht, und dass selbst die Natur, statt nur Bedürfnisse zu befriedigen, auch zu einem Wohlgefallen an ihr selber einladet. Man beachte dieses leise fortrückende Lebensgefühl; selbst der harte Calvin kennt eine Lust (oblectamentum) der Sinne, sowie ihm eine Freude an Wissenschaft und Kunst unentbehrlich ist. Ob er die Herrlichkeit des benachbarten Gebirges empfunden habe, steht dahin. Daran aber ist nach seiner Ansicht Alles gelegen, dass wir wie Ueberfluss und Mangel, so auch andere gegensätzliche Erfahrungen mit Ergebung und nicht mit stoischer Unempfindlichkeit ertragen lernen.

In diesen Urtheilen giebt sich eine Sorge für die richtige Maassbestimmung zu erkennen; durch Empfehlung der Geduld und Tragfähigkeit soll der Werth einer sittlichen Energie keineswegs verringert werden. Die Bewahrung des Heilsgutes gelingt nur unter Kämpfen; Abwege drohen nach beiden Seiten, hier die Starrheit des Stoicismus, dort der Leichtsinn der Antinomisten und frivolen Libertiner. Wer sich in der Adoption befindet, schreitet in sicherer Mitte einher, nur darf ihm die Bahn nicht allzu sehr verengt werden. Eine männliche, ja vordringende Stärke widerspricht der Demuth nicht, mit jener verbunden wird diese die Krone des Lebens. Der Glaube an die göttliche Vorherbestimmung begleitet den christlichen Streiter auf seinem Pfade, aber er schreckt ihn nicht, und es ist nicht anzunehmen, dass er sich zuversichtlich in die Zahl der Erwählten einreihen werde, ohne ihr anzugehören. Sein letztes Ziel aber ist evangelische Vollkommenheit; Calvin hat diesen Namen oft und bestimmt hingestellt, aber doch mit dem Zusatz, dass er nur annäherungsweise verwirklicht werde und Niemand aufhöre, der Sündenvergebung zu bedürfen.

Nun aber handelt es sich um die Mittel und Medien des Heils, und das wäre gerade die ethische Frage, die zu bedenken giebt, an welcher Stelle ein sittliches Thun in die mit dem Sünder vor sich gehende religiöse Veränderung eingreift; hier muss also die reformirte Eigenthümlichkeit ausgedrückt sein. Bekanntlich wollte Calvin weder ganz Lutherisch denken, noch Osianders Lehre beipflichten. Für ihn schliessen sich die Stufen der Berufung, Busse, Bekehrung und des Glaubens wie ein Continuum an einander an, weil sie von einer einzigen Wirksamkeit und Zweckbestimmung geleitet werden. Es bleibt dabei, dass der Glaube in dem Bewusstsein des göttlichen Wohlgefallens den höchsten Trost findet, und ebenso dass die Werke selber aus diesem Vertrauen wie aus ihrer Wurzel hervorgehen. Aber bei dieser religiösen Erhebung über sich selbst kann der Gerechtfertigte nicht verweilen, er muss die ihm gleichsam geliehene Gerechtigkeit, damit ihm Christus nicht fern bleibe, sofort in sich hineinziehen, also den Weg der Heiligung, welcher zu immer höherer Vervollkommnung forttreibt, betreten. Für die guten Werke, an welchen der Empfang der Rechtfertigung erkannt wird, ergiebt sich daraus ein einfacher und unbedenklicher Anschluss. Es begegnet uns also eine Differenz, die psychologisch und ethisch definirt werden kann. Während nach Luthers obwohl nicht immer gleichlautenden Erklärungen der Unterschied zwischen religiöser Hingebung und sittlicher Bethätigung scharf hervortritt, — denn der Glaube soll dem Gebot nicht unterliegen, wohl aber das Handeln, — werden von Calvin beide Motive in dieselbe innere Nöthigung aufgenommen. Nur in dem allgemeinen Satze stimmten Beide überein, dass auch für Gutthaten keine andere Quelle zu suchen sei als die mit dem gläubigen Vertrauen gegebene.

Vollständig wird jedoch Calvins Geist erst verstanden, wenn wir ihm auch auf das kirchlich-praktische und kirchenpolitische Gebiet folgen. Im Lutherischen Sinne kennt er keinen Bruch mit dem Gesetzesprincip, vielmehr soll dieses an die Spitze der speciellen Pflichtenlehre treten. Die beiden Tafeln des Dekalogs vertheilen sich unter die beiden Hälften menschlicher Obliegenheit, die religiöse und die moralische, beide fordern Erfüllung und jedes Gebot steht dem andern gleich, wiewohl anerkannt wird, dass wir Gott, weil wir ihn nur unvollständig kennen, auch nur unvollkommen zu lieben im Stande sind. Nicht unbesonnen überlässt sich Calvin seiner alttestamentlichen Auffassung des Gesetzes, wie er z. B. diejenigen tadelt, welche die Verwerfung der Kirchenbilder so hoch nehmen, als ob schon mit ihr das Evangelium gerettet sei. Es giebt auch eine zwanglose Befolgung des Gebotenen, denn die Frommen leben freudig in diesem Gehorsam, und eine freie Bewegung innerhalb des Erlaubten; ein Gewissen, das sich selber kennt, wird auch das des Nächsten zur Vermeidung des Aergernisses schonen. Aber Alles was sich Freiheit nennt, darf kein anderes Ziel haben als in der Herrschaft über die Sünde, — dies der Fehdebrief gegen jede moralische Emanicipation.

In öffentlichen Angelegenheiten zeigt sich Calvin als der politisch entwickelte scharfblickende Kopf, freimüthig schaltend mit der Waffe seines Worts. Er betrachtet Staat und Kirche als zwei gottgeordnete, rechtlich auf einander angewiesene Anstalten, jede mit ihrer eigenen Organisation und Selbstverwaltung. Wenn auf Seiten der Kirche die Pflicht des politischen Gehorsams fortbesteht und nur in extremen Fällen beschränkt werden kann: so soll umgekehrt auch der Staat nicht sich selber allein gehören wollen, sondern dem allerhöchsten Regiment unterthan sein; das Gesetz Gottes, maassgebend für weltliche wie für geistliche Verhältnisse, hebt den Unterschied auf. An den Dekalog ist auch der Fürst gebunden, mit dem Kriegsrecht ist ihm zugleich die Beschützung der Kirche und die Befehdung ihrer Widersacher in die Hand gegeben. Wie Calvin mit flammender Beredtsamkeit dem König Franz seine Tyrannei vorhielt: so hat er sich überhaupt nicht nehmen lassen, in politischen Angelegenheiten mitzusprechen, und dass die Hugenotten sich als kirchenpolitische Partei entwickelten, weist auf seinen Antheil und Einfluss zurück. Wie anders Luther, welcher seinen Stolz darin suchte, die kirchliche Theokratie zertrümmert, Obrigkeit und Staat auf eigene Füsse gestellt zu haben, der aber auch die Unterthanspflichten einfach gelten liess und sie mit ängstlicher Sorgfalt wahrte. In gewissen Grenzen hat Calvin allerdings die theokratische Ansicht aufrecht erhalten; er erbte mit ihr den überlieferten Begriff des Ketzergerichts und seiner Mittel und wandte ihn schonungslos, obgleich nicht aus persönlichem Hasse, auf Servet an. Das kann uns freilich nicht hindern, die Hinrichtung des Letzteren als einen unaustilgbaren Flecken in Calvins Leben anzusehen; der grosse Mensch steht über dem Princip und ist für dessen Anwendung verantwortlich. Andererseits erklärt sich aus seinen Grundsätzen, dass er sich über die Gewaltthaten des Moses und David sowie über die Vielweiberei unter den Hebräern sehr nachsichtig äussert. Der Eid behauptet als gottesdienstliche Handlung angesehen seine hohe Bedeutung, aber nur die Nothwendigkeit, nicht der Muthwille rechtfertigt ihn. Zu diesem Allen kommen die Einzelbestimmungen einer strengen Kirchenzucht als öffentliche Ermahnung und Excommunication, als Regelung der Fasten, Beschränkung des öffentlichen Betragens und der Sitte, — lauter Dinge, die dem Reformator durch die Ausgelassenheiten, welche er vorfand, aufgenöthigt sein mögen, die aber doch in ihm selber ihre letzte Erklärung finden.

So lange wir diesen Mann nur als Gelehrten, als Systematiker und Briefsteller beurtheilen, werden uns seine ausserordentlichen geistigen Vorzüge, verbunden mit einer Arbeitskraft und Ausdauer ohne Gleichen, immer wieder mit seinen Härten versöhnen; Feinheit und Strenge, Abgeschlossenheit und dialektische Lebendigkeit halten sich in ihm das Gleichgewicht. Aber nicht alle Tugenden des Denkers gehen darum auch auf den handelnden Menschen über; seine kirchliche Wirksamkeit drückt ihm unweigerlich das Gepräge eines schroffen, gebieterischen und alttestamentlich normirten Charakters auf.

Vgl. Lobstein, Die Ethik Calvins in ihren Grundzügen. Strassb. 1877, hauptsächlich geschöpft aus dem Abschnitt Instit. III, cp. 6 sqq. Gott beruft uns zur Heiligung und zur Verherrlichung seines Ruhms; Christus unser Vorbild, wir als die Glieder dieses Hauptes haben die Pflicht, den empfangenen Geist selbstthätig zu bewahren, ut Dei gloria illustretur. Die Lehre geht voran, aber sie will praktisch bewahrheitet sein, non enim linguae est doctrina sed vitae. Wir erstreben eine evangelische Vollkommenheit, wenn auch nicht das „absolute Evangelium“; nemo tam infeliciter incedet, quin aliquantum saltem viae quotidie emetiatur. — Zur Ueberwindung der Sünde dienen die Tit. 2, 11—14 genannten Tugendkräfte sobrietas, justitia, pietas. — Wir notiren noch einige Stellen. Doctrinae, qua religio nostra continetur, priores dedimus partes, quandoquidem ab ea salus nostra inchoatur: verum ea in pectus transfundatur atque in mores transeat oportet, adeoque nos in se transformet, ut sit nobis non infructuosa (III, 6, 4). Von der Nächstenliebe: Haec itaque sit nobis ad benignitatem beneficentiamque methodus, quidquid in nos Deus contulit, quo proximum queamus adjuvare, ejus nos esse oeconomos. — Ita sane compositum et comparatum esse convenit hominem Christianum, ut sibi in tota vita negotium cum Deo esse reputet (cp. 7, 4). Respiciendus semper hic finis, ut assuescamus ad praesentis vitae contemptum indeque ad futurae meditationem excitemur (cp. 9, 1). Hierauf folgen einige sehr pessimistische

Ausdrücke, die aber 9, 3 gemildert werden durch die Worte: Sed enim ad talem praesentis vitae contemptum sese assuefaciant fideles, qui neque ejus odium generet, nec adversus Deum ingratitudinem. Im Uebrigen sind zu vergleichen Calv. Instit. III, 16, 1. cp. 19, 2. 4. 7. IV, 20, 10. 31.

Zweites Kapitel.

Die Bekenntnissschriften.

§ 17. Lutherische Urkunden.

Um das an den Persönlichkeiten Entwickelte auf sachliche Gesichtspunkte zurückzuführen, befragen wir ferner die Bekenntnissschriften als die wichtigsten öffentlichen Kundgebungen der neuen Gemeinschaft, wir haben sie aber nur im vorliegenden Interesse, nicht als Symboliker zu beleuchten. Schriften wie diese hat keines der früheren Jahrhunderte aufzuweisen. Die Scholastik hatte Dogmenreihen und Tugendformeln neben einander überliefert, beide kirchlich normirt, beide mit ihrem eigenen Betriebe ausgestattet. Diese doppelte Verwaltung fällt gänzlich dahin, eine andere Theilung tritt an die Stelle; die Glaubensartikel gehen voran, die Abstellungen der kirchlichen Missbräuche folgen. Die Augsburgische Confession im ersten Theile lässt ihre kurzgefassten Sätze, wenn auch in angemessener Reihe, doch wie gleichwerthige Noten neben einander stehen; die Schmalkaldischen Artikel haben das grosse Verdienst einer inneren Anordnung. Denn sie unterscheiden das Geheimnissvolle und Unbestrittene wie die Trinität, das streitig Gewordene wie die Heilslehre, in welcher der protestantische Gegensatz völlig und unweigerlich zu Tage tritt, und endlich das Disputable, worüber unter einsichtsvollen Männern noch weiter verhandelt werden kann, und mit diesem Letzteren ist, was so häufig übersehen wird, auch die Möglichkeit einer weiteren Fortbildung eröffnet. Bei dieser Gelegenheit urtheilt also Luther schärfer und sieht weiter als alle übrigen Schriften dieser Gattung.

Es ist nöthig, einige Gedanken der zweiten und dritten Gruppe durch Combination zu vergegenwärtigen. Rückführung zu der verlorenen Gotteskindschaft ist der Zweck des Evangeliums, das Gesetz hat ihm vorgearbeitet. Der tief verschuldete und verdammenswerthe Sünder und der Gerechte vor Gott stehen unendlich weit von einander ab, und es giebt keine Eingiessung neuer Kräfte, welche den Einen unmittelbar in den Anderen verwandelt. Machen lässt sich die Gerechtigkeit nicht, wohl aber soll sie auf dem Wege eines Umschwungs im Bewusstsein empfangen werden. Reue und Glaube sind die Bestandtheile der wahren Busse, die eine demüthigt, der andere erhebt, und bei diesem Aufblick begegnet ihm der Eindruck der in Christus offenbarten göttlichen Barmherzigkeit; der Glaube wird dadurch zur Gewissheit, zum hingebenden Vertrauen, nimmt also ein Moment des Wollens in sich auf. Fragt man wodurch diese Wendung dem hülfesuchenden Gemüth aufgenöthigt wird: so verweist die Confession auf den Gewissenskampf, das certamen perterrefactae conscientiae, und die Apologie wird nicht müde, auf die Vorgänge im Gewissen immer wieder zurückzukommen, wobei sie dieses ähnlich wie das Gesetz nur als ein zeugendes und richtendes, nicht als ein leitendes betrachtet. Wollten wir weiter fragen, warum diese inneren Erschütterungan so lange Zeit nicht stattgefunden und alle Welt zu den Verderbnissen der Busspraxis geschwiegen hat: so erhalten wir keine Antwort. An dieser Stelle tritt die jüngste Erfahrung einfach an die Stelle der älteren; es sind eben die frommen Gemüther (piae mentes), d. h. die reformatorisch Geweckten, in deren Namen die Erklärung abgegeben wird. „Nun das Evangelium kommen ist“: so werden dessen Bekenner von der ganzen Schaar vorangegangener Thomisten und Skotisten nicht aufgewogen. Das Zeugniss der evangelischen Lehrer verbürgt die Richtigkeit der neuen Erkenntniss, denn sie haben die Erfahrung gemacht, dass das Gesetz dem Sünder nur als Ankläger gegenüberstehe, dass es evangelisch verstanden unerfüllbar sei, dass der natürliche Mensch nur eine äusserliche Unbescholtenheit erreiche, dass er nicht Ruhe finde ausser im Verbande mit der verzeihenden Gnade Gottes. Um so weniger wird darüber ein Zweifel bestehen, dass die alte Busstheorie aus lauter Halbheiten, Täuschungen und priesterlichen Erfindungen zusammengesetzt sei; Luthers gewaltige Kritik in den Schmalkaldischen Artikeln (De falsa poenitentia Pontificiorum) liefert den Beweis.

Diese tausendfach erläuterte sittliche Belebung des Glaubens ist sozusagen ein Uebergriff in die Ethik, oder auch ein Vordringen aus dem blossen Inhalt in die Bewegung, an welche sich alsbald noch ein Anderes und ganz dem Willen Zufallendes anschliessen soll. Der Glaube, sagt Luther, schafft durch sich selber ein neues reines Herz, thatenlos kann er nicht bleiben. Die A. Confession in ihrem besten zwanzigsten Artikel behauptet von ihm, dass er nicht allein von dem historischen Stoff des Evangeliums angefüllt werde, sondern auch angesprochen und angezogen von dem, was darin das Wirkende ist, effectus historiae, d. h. von der thatsächlichen Bezeugung der verzeihenden Liebe Gottes; was also auf Seiten des Gebers einer Action und Intention gleicht, muss auch in dem Empfänger eine solche zur Folge haben. Damit ist der Uebergang zu den guten Werken gebahnt; sie sind ein Nothwendiges und Gebotenes, wenn auch gänzlich verdienstlos, da das Verdienst nur an Christus haften bleibt.

Was weiter aus den guten Werken wird, brauchen wir kaum hinzuzufügen. Ohne jede Gliederung werden sie sich selbst überlassen, dagegen empfangen sie im zweiten Theil des Bekenntnisses ein erweitertes Feld der Bethätigung. Wir erhalten also zwei Impulse von ethischer Art, den einen aus dem gläubigen Subject als solchem, den andern aus dem gesammten Lebensstoff, d. h. aus der Menge der Dinge, die als rechtmässige Gegenstände des Handelns anerkannt werden. Das Mönchsthum, anfangs noch von einigem Nutzen, ist im Laufe der Zeit immer verderblicher geworden; seine Ziele sind eingebildet, seine Ansprüche eitel, es nährt den Wahn der Verdienstlichkeit vor Gott und setzt den Werth des bürgerlichen Lebens herab. Das Evangelium weiss nichts von solcher Abstufung, in dem es Alle zu demselben Heile beruft. Wenn also die Mönchsgelübde fallen, weil die vielgerühmten Rathschläge nicht aus den gemeingültigen Vorschriften sich aussondern lassen, wenn Ehe und Familienleben freigegeben werden, wenn Fasten und Speisegesetze, Caerimonie und Satzung einer selbständigen Beurtheilung unterliegen, wenn Staat und Obrigkeit als göttliche Ordnungen Gehorsam fordern: dann verbindet sich mit der Entlastung der Gewissen zugleich eine neue Thätigkeit. Der Tugendname tritt zurück, das Erlaubte gewinnt an Umfang, die Freiheit bringt ihren wahren Gehalt nicht mit, hat ihn vielmehr erst zu erlangen, und an das vielfach wiederholte debet und necesse est knüpft sich die Pflicht. Durch Glaube und Liebe gehört die einzelne Persönlichkeit dem Ganzen an; aber wie Jeder sich selbst zu leiten habe, welcher Mühen und leiblichen Anstrengungen er bedürfe, um gegen Schlaffheit gesichert zu sein, welche Gestalt das Kreuz Christi für ihn annehme, dies zu regeln ist seine Sache.

Wollte man nun aus diesen Artikelreihen eine Sittenlehre zusammenfügen: so würden beide Hälften der Confession ein gewisses Contingent stellen, aber eine Nöthigung dazu ist noch nicht vorhanden.

Von Luthers kleinem Katechismus sei nur bemerkt, dass er wohl zuweilen als der eigentliche Anfangspunkt, die ἀπαρχή Lutherischer Sittenlehre hingestellt wird; und was könnte praktischer, was moralischer sein als die Auslegung der zehn Gebote und der sieben Bitten. Da aber das ganze Büchlein in einer unmittelbar darbietenden und anbefehlenden Form von Anfang bis zu Ende verläuft: so lässt sich eine solche Unterscheidung zweier Lehrgebiete hier überhaupt nicht anbringen.

Conf. Aug. I, art. 12. 15. 16. 18 und bes. 20. De fide et bonis operibus, ferner II, art. 5. De discrimine ciborum et traditionibus, woselbst § 19 über die persönliche Selbstzucht treffend gesagt wird: Insuper docent, quod quilibet Christianus debeat se corporali disciplina aut corporalibus exercitiis et laboribus sic exercere et coercere, ne saturitas aut desidia exstimulet ad peccandum, non ut per illa exercitia mereamur gratiam aut satisfaciamus pro peccatis. Dazu II, art. 6.

De votis monachorum. — Art. Smalc. III bezeichnet die Ueberschrift die nachfolgenden Artikel von Sünde, Gesetz, Busse, Glaube etc. als diejenigen, de quibus agere poterimus cum doctis et prudentibus viris vel etiam inter nos ipsos, womit gesagt ist, dass diese Lehrstücke noch einer weiteren Discussion unterliegen können. — Art. 13: — assidue docui, — videlicet nos per fidem aliud novum et mundum cor acquirere, — hanc fidem, renovationem et remissionem peccatorum sequuntur bona opera.

Melanchthon in der Apologie giebt seine Neigung, das sittliche Moment zu betonen, vielfach zu erkennen, theils durch die häufige Erwähnung der pia, pavida, incerta, ambigua, pacata conscientia, terrores, pax conscientiae, theils dadurch dass er zu den gewöhnlichen Bestandtheilen der Busse noch einen dritten fügen möchte in den bekannten Worten cp. V, art. 12, § 18: Si quis volet addere tertiam (partem), videlicet dignos fructus poenitentiae, h. e. mutationem totius vitae et morum in melius, non refragabimur. Er wünscht also den ganzen Inhalt der μετάνοια zusammenzufassen. Nicht gleichgültig ist, dass er nach cp. III, art. 6, § 125 mit dem Jakobusbrief nicht zerfallen will. Auch ist innerhalb dieser Schriften er der Einzige, der einen Moralschriftsteller des Mittelalters rühmend erwähnt, Guilielmus Parisiensis, Summa de virtutibus et vitiis. cf. cp. VIII, art. 8, § 74. Vgl. Bd I, S. 358 dieses Werks. Uebrigens klammert sich Melanchthon hier wie anderwärts durchaus an das Scheidungsverhältniss von Gesetz und Evangelium; er sagt geradezu: lex semper accusat, Luther Art. III, 2 bemerkt nur Smalc. Praecipuum autem officium et ἐνέργεια legis est, ut peccatum et omnes fructus ejus revelet. Vgl. auch Mel. Loci comm. p. 101, De abrogatione legis: ed. Volbeding.

§ 18. Reformirte Urkunden.

Ein weniger einheitliches Bild gewährt die zweite Gruppe. Die reformirten Bekenntnisse gleichen bekanntlich kleinen Lehrschriften, in denen auch die doctrinalen Mittelglieder Aufnahme gefunden, sie scheiden sich also nicht so bestimmt von der übrigen systematischen Literatur, welche doch ihrerseits wieder den Geist der reformirten Gemeinschaft schärfer und klarer an's Licht treten lässt. Ihre grosse Zahl giebt mancherlei Modificationen Raum, erschwert also die Uebersicht; dennoch fehlt es nicht an gemeinsamen Merkmalen, schon in der Reihenfolge der Begriffe.

Selbst in den weniger deterministisch angelegten Abhandlungen dieser Art reicht von Anfang bis zu Ende der principielle Faden der Abhängigkeit von Gott als dem Allbestimmenden, dessen Ruhm als der ewig sich selbst gleiche Abglanz der Majestät über allen Gegensätzen der Erscheinung schwebt. Diese höchste Causalität hat die doppelte Form, die eine des Wirkens die andere des Gebietens angenommen; in der Schöpfung, Vorsehung, Erlösung offenbart sich der wirkende, in dem Leben der Frommen der normirende und gesetzgebende Gott. Der Abfall hat den Verband zerrissen, die Hand der Erwählung nimmt ihn wieder auf und stellt das Gesetz, damit es auch positiv seiner Bestimmung nachkomme, nochmals und für einen Theil der Sünder als das Verpflichtende hin, Da nun aber erst die christlich Erlösten zu einer wenn auch nur relativen Erfüllung der göttlichen Gebote angethan sind: so scheint das Gesetz gerade diese letzte Stelle im System, also die evangelische, einnehmen zu müssen. Demgemäss verhält sich auch die Mehrzahl der Confessionsschriften. Der Heidelberger Katechismus handelt im dritten Theile von der Dankbarkeit, unter diesem Namen aber auch von der Gesetzerfüllung; der dankbare Gehorsam soll das Motiv sein, welches die Gerechtfertigten nöthigt, ihren Lebenswandel der Befolgung des göttlichen Willens, wie er im Dekalog niedergelegt ist, zu widmen, ähnlich der Genfer Katechismus. Dagegen vermittelt die zweite Helvetica nach der Lutherischen Seite; sie lässt das Gesetz dem Evangelium vorangehen, vindicirt ihm also als dem Schaffner des Zornes eine pädagogische und richterliche Bedeutung. Dann erst wird bemerkt, dass wir uns nicht vornehm von ihm abzuwenden haben, wohl wissend, dass uns die „Formeln der Tugenden und der Laster“ grade in der göttlichen Vorschrift zur Nachachtung vorgehalten werden. Daraus ergiebt sich die Berechtigung, dieselbe Normativität an beiden Orten auftreten zu lassen. Dass aber das Gesetz nur anzuklagen habe, wird nirgends gesagt, in der Regel bleiben Gesetz und Evangelium benachbarte Grössen; der erstere Begriff überträgt sich auf den anderen, und die gesetzliche Form der evangelischen Gerechtigkeit wird somit begünstigt.

Eine ähnliche Beobachtung knüpft sich an die Namen des

Glaubens und der Werke. Reue, Glaube, Rechtfertigung und Erneuerung behaupten sich hier wie auf der Lutherischen Seite in ihrer rechtmässigen Abfolge; aber die Busse erweitert sich, aus der poenitentia wird, wie es auch Melanchthon gewünscht hatte, die ganze resipiscentia, mit welcher denn auch der Antrieb zur Besserung gegeben und der christliche Tugendeifer eröffnet ist. Der thätige Wille tritt also schon früher in Kraft, ehe ihn dass Bewusstsein der Rechtfertigung dazu angeregt hat, und eben deshalb kann sich auch die letztere nicht in so durchgreifender Weise als Wendepunkt geltend machen. Sodann sind alle Stimmen darin einig, dass der Glaube ein göttliches Geschenk und darum auch des Wachsthums fähig sei, und dass die Werke in ihm ihre Wurzel haben. Auch der reformirte Denker leitet sie aus dieser Quelle ab, auch er nennt sie verdienstlos und unvollkommen, aber er tadelt auch unumwunden deren Geringschätzung, und der Heidelberger Katechismus fügt hinzu, dass es die Werke seien, die uns unseres Glaubens erst vollständig gewiss machen, er statuirt also eine Rückwirkung des Handelns auf den Handelnden selber. Und was im menschlichen Thun Gott dargebracht wird, darf zugleich trotz seiner Unzulänglichkeit des göttlichen Wohlgefallens gewärtig sein. Wenn die Gnade den Abstand ausgleicht, dann verträgt sich die Vollkommenheit des Gesetzes mit der Unvollkommenheit der Ausführung. Das Handeln aber wird selbst ein Theil der Gottesverehrung, welche im Gebet ihren geistigsten Ausdruck sucht.

Soviel ergiebt sich schon aus der Deutung der soteriologischen Begriffe. Man kann nicht sagen, dass die Werke entschiedener anbefohlen werden als im Lutherthum, wohl aber werden sie früher in's Auge gefasst und ehrenvoller begrüsst. Erst in der speciellen Erklärung des Pflichtmässigen giebt sich jedoch die reformirte Eigenthümlichkeit ganz zu erkennen; hier werden die grösseren Bekenntnisse ausführlich und gehen in's Einzelne. Dem Geistlichen werden die seelsorgerlichen Obliegenheiten seines Berufs in langer Reihe vorgezeichnet. Disciplin, Zucht und kirchliche Censur sind unentbehrliche Erhaltungsmittel des kirchlichen Lebens. Die Selbstleitung hatte die Augustana der einzelnen Persönlichkeit anheimgegeben, auf reformirter Seite kleidet sie sich in gewisse Vorschriften. Oeffentliche und Privatfasten werden betont und unterschieden, unhaltbare Auflagen der Römischen Kirche in Abzug gebracht, der Riss mit der Vergangenheit ist kein vollständiger. Ein besonderer Nachdruck liegt auf dem Krankenbesuch und der Kindererziehung. Nicht allein Ehe und Cölibat, auch Begräbnissfeier und Güterverwaltung kommen zur Sprache; die Gütergemeinschaft wird verworfen, vernünftiger Gebrauch des Reichthums geschätzt. Der Protest gegen die Wiedertäufer ist allen Bekenntnissen wie den Lutherischen gemeinschaftlich. Das Verhältniss zur Obrigkeit stellt sich, wenn wir zurückblicken, ähnlich und unähnlich zugleich. Staat und Obrigkeit empfangen das gleiche Gelöbniss des Gehorsams, der Anhänglichkeit und der Treue, aber sie werden im kirchlichen Interesse ausdrücklicher in Pflicht genommen. Erhaltung des Friedens und Beschützung der Religion und Kirche sind höchste Angelegenheiten des Staats, daher soll er gegen alle Uebelthäter das Schwert ziehen, aber auch die unverbesserlichen Häretiker züchtigen (coercere); wie weit dieses Strafrecht auszudehnen sei, wird nicht gesagt, aber auch die Todesstrafe nicht ausgeschlossen. Für die meisten dieser Einzeldinge kann die zweite helvetische Confession als Beleg dienen.

Verfassung, Verwaltung, Befugniss der Synoden gehen uns hier nichts an, wie weit sie geregelt wurden, hing von dem jedesmaligen Standort der Bekenntnisse ab, und es erklärt sich leicht, warum in den 39 Artikeln das Nationalprincip der englischen Kirche so bestimmt hervorgehoben wird. Soviel aber ist gewiss, dass aus allen diesen auf Sittenbildung, Pflichtübung und Zucht bezüglichen Anweisungen ein weit grösserer Balast erwachsen musste, als die Lutherischen Urkunden ihn darbieten, womit denn auch einer künftigen Ethik ganz anders vorgearbeitet war.

Zum Schluss noch ein Wort über das Eine und Problematische, was sich bei jeder Vergleichung dieser Lehrbestimmungen immer wieder aufdrängt. Zwei Motive stehen einander gegenüber, hier die unbedingte Gnadenwahl, dort der Eifer zu Gunsten der Werkthätigkeit und Anstrengung; jedes fordert seine eigene Begründung, und doch können sie nicht ohne Wechselbeziehung verstanden werden, so lange das Ganze harmonisch bleiben soll. Wie haben wir also das Verhältniss zu deuten? Ist die Unbedingtheit der Vorherbestimmung daraus zu erklären, dass das Interesse an den guten Werken von dem Verdacht eines Pelagianischen Selbstvertrauens befreit werden sollte, oder haben wir umgekehrt anzunehmen, dass das Wohlgefallen am Handeln und der Pflichteifer darum verdoppelt werden mussten, weil es nöthig war, die Willenskraft überhaupt zu spannen und den ganzen Menschen in Athem zu erhalten, damit er nicht durch die Dunkelheit des Decrets aus der Fassung gebracht werde und rettungslos aus der Zuversicht des Heils herausfalle. Die Antwort kann immer nur summarisch ausfallen, da es unmöglich ist, individuelle Auffassungen zu controliren. Ich entscheide mich zu Gunsten der zweiten Alternative; mir ist also wahrscheinlich, dass der stramme werkthätige Geist dem altreformirten Volkscharakter als ein Gegengewicht gegen Unruhen im religiösen Bewusstsein und als Stärkungsmittel der Heilsgewissheit (certitudo salutis) eingeschärft worden ist. Asketische Neigungen konnten sich aus der Volksthümlichkeit der dortigen Gegenden leicht anschliessen. Vgl. darüber weiter unten.

Ich citire nach der Ausgabe von Niemeyer. Ueber Busse und Glaube Cat. Gen. p. 139. C. Helv, II, 14, p. 491. Per poenitentiam autem intelligimus mentis in homine resipiscentiam verbo evangelii et spiritu s. excitatam, — quo protinus homo — peccata sua omnia agnoscit — cogitans jam sedulo de emendatione et perpetuo innocentiae virtutumque studio, in quo sese omnibus diebus vitae reliquis exerceat. — Ueber Glaube, Gesetz und Werke: Helv. prior p. 118. Atque sic quidem verus Dei cultus est, fides nulla operum fiducia foecundissima. C. Scot. I, p. 348. Perfectio legis et hominis imperfectio. Helv. II, cp. 15. 16. p. 49. Oportet nos prius justos esse quam diligamus aut faciamus opera justa. — Fides merum est Dei donum. — Non ideo tamen vilipendimus aut condemnamus opera bona, cum sciamus hominem nec conditum nec regenitum esse per fidem, ut ocietur, sed potius ut indesinenter quae bona et utilia sunt faciat. C. Scot. I, 347 Anerkennung der guten Werke von Seiten Gottes und Belohnung derselben, Catech. Heidelb. III, § 86. Ut nos quoque ex fructibus de sua quisque fide certi simus. C. Helv. II, cp. 12, p. 488. Attamen legem non ideo fastidientes rejicimus. — Scimus lege nobis tradi formulas virtutum atque vitiorum. — Ueber Pflichten der Geistlichkeit. Helv. pr. p. 119, poster. cp. 18, p. 505 sqq., ebendaselbst von Disciplin, Fasten, Mässigkeit, Krankenbesuch u. A. Verhältniss zum Staat cp. 30, Cat. Gen. § 27.

Höchst bemerkenswerth sind die Grundsätze von der christlichen Freiheit, wie sie in der puritanischen Westminster-Confession (1643) cp. 20 präcisirt werden. Wer die Gewissen durch Menschensatzung bindet, wirft die wahre Freiheit weg, nicht minder diejenigen, die in Glaubenssachen einen blinden Gehorsam verlangen, weil damit zugleich der Vernunftgebrauch zerstört wird. Wer unter dem Vorwande der christlichen Freiheit sich jeder Begierde und Sünde überlässt, verdirbt den Zweck der Freiheit; wer endlich unter gleichem Prätext der legitimen bürgerlichen oder kirchlichen Gewalt und ihrer Ausübung entgegentritt, verstösst gegen die göttliche Ordnung, unterliegt daher den bürgerlichen Strafen oder kirchlichen Censuren, auf welche, namentlich auf Suspension und Excommunication, im Folgenden grosses Gewicht gelegt wird. S. den Text der Conf. fidei in dem Appendix zu Niemeyer's Collectio confessionum.

§ 19. Die Concordienformel.

Es scheint angemessen, auch diese Urkunde kürzlich in Erwägung zu ziehn, schon um die Grenze zu bezeichnen, bis zu welcher die ersten Entwürfe Lutherischer Sittenlehre reichen, denn von diesem Zeitpunkt an, von 1580 bis 1634, ist nicht ohne Grund eine beträchtliche Pause eingetreten. Die Eintrachtsformel war eine Lehrschrift der Majorität, welche der vorangegangenen ärgerlichen Zwistigkeiten müde, unter Ausschliessung der milderen Philippistischen Lehrart und anderer Abweichungen sich selber zum alleinigen Träger der Kirchlichkeit und zum rechtmässigen Ausleger der älteren Confessionsschriften aufzuwerfen unternahm. Wir lassen die aufrichtige Gesinnung der Urheber ebenso unbestritten wie die löblichen Eigenschaften der mühevollen Arbeit unangefochten. Auch bleibt es historisch denkwürdig, dass dieses Schriftstück eine grössere Genauigkeit in der Uebereinstimmung der Lehre darstellt, als sie jemals früher von einer Kirchenpartei erreicht oder auch nur erstrebt worden war, denn sie erstreckt sich bis auf die Regelung des

Sprachgebrauchs. Allein das Werk selbst, indem es sich ganz nach Innen wendet, überschreitet die natürliche Bestimmung einer Bekenntnissschrift, es leidet an einer inneren Unwahrheit, sowie denn auch der Zweck der Friedensstiftung nur sehr unvollkommen dadurch erreicht worden ist. Seit dreissig Jahren war ein anderes Geschlecht an die Stelle derer getreten, die einst vor Kaiser und Reich ihren Glauben bezeugt hatten. Die Augustana und deren Vertheidigung stammten aus einer Zeit, als Luther und Melanchthon noch einträchtig mit einander wirkten, ihrer Gesinnung nach konnten sie also nicht der Ansicht derer entgegenkommen, noch weniger diese allein befriedigen wollen, welche jetzt kurzsichtig und pietätslos zugleich Melanchthon von Luther ablösten und unter die nützlichen Schriftsteller zweiten Ranges versetzten. Und dennoch hielten sich die Concordisten für befugt, die älteren Urkunden an ihren eigenen Standpunkt heranzuziehen, ja sogar ausschliesslich an ihn zu binden. Dass sie dazu keine Berechtigung hatten, dass es unprotestantisch sei, die genuina sententia Augustanae confessionis sich wie ein Besitzthum zuzueignen, dafür hatten sie kein Verständniss. Die Menschen sind eben, — das erfahren wir hier, — stärker als die Bücher, und es gehört schon eine moralische Reife dazu, um den letzteren nicht mehr zuzumuthen als sie tragen können.

Ihrem Erfolge nach bedeutet die Concordienformel die Einführung des deutschen Lutherthums in die engen Schranken eines Lutheranismus, welcher die Härten in Luthers Geist vererbt und geheiligt hat, und ebenso den Uebergang aus dem religiös sittlichen Glaubensprincip in das einseitigste Lehrprincip.

Wir lassen die hier behandelten Streitfragen grösstentheils auf sich beruhen, aber einige dieser dogmatischen Verschärfungen sind von der Art, dass deren Anwendung auf das ethische Gebiet der Anthropologie durch sie jedenfalls sehr erschwert wird. Es kann nicht gleichgültig sein, dass sich die Augustana und die Apologie noch sehr zuversichtlich auf die Schrecken des zur Busse erweckenden Gewissens berufen; hier dagegen wird dem natürlichen Menschen lediglich ein Fünklein (scintillula) von

Kenntniss des Gesetzes beigelegt, — ein Fünklein, von dem also auch keine Schrecknisse (terrores) ausgehen werden; dieser Abzug schwächt die Wahrheit des ganzen Beweises. Nicht minder gesucht ist die bekannte Herabsetzung des Sünders zu einem Zustand klotz- und steinartiger Unempfindlichkeit; erst eine immer noch vorhandene sittliche Erregbarkeit macht den Menschen überhaupt zum Gegenstand der Ethik. Es wird ferner behauptet, dass der von der Erbsünde Verderbte in Bezug auf das Geistliche und Göttliche „alle Güte völlig" verloren habe (prorsus omnem bonitatem quoad res divinas et spirituales amisisse); gleichwohl wird ihm nachgesagt, dass er seinerseits gute Absichten hegen könne (quae quisque bona intentione excogitat). Soll aber beides wahr sein: so wird zwischen dem subjectiv Guten und Gutgemeinten und dem Objectiven, welches doch mit dem Geistlichen und Göttlichen denselben Grund haben muss, jeder innere Zusammenhang aufgegeben, — ebenfalls eine für den Ethiker unvollziehbare Vorstellung. Aehnliche Schwierigkeiten ergeben sich, wenn dem Menschen der Erbsünde alle mitwirkende Theilnahme an der Erlangung der Seligkeit abgesprochen wird, obgleich doch die Empfänglichkeit nicht ohne spontane Regungen gedacht werden kann, oder wenn die Willensfreiheit in vier Stücke zerschnitten wird, die nichts miteinander gemein haben als die Beweglichkeit. Denken wir den Menschen trachtend nach der Rechtfertigung, also ganz hingegeben an die verzeihende Gnade Gottes: so erscheint er zwar als der Getröstete und Losgesprochene, aber es fragt sich sehr, ob er in dieser Eigenschaft schon als Person (persona), die ihn doch Gott wohlgefällig machen soll, anzusehen sei; als religiös-sittliche Persönlichkeit, folglich auch als Empfänger des Heils werden wir ihn nicht anerkennen dürfen, so lange er nur von sich absieht, statt mit erneuerter Selbstbestimmung zu sich zurückzukehren. Halten wir uns dagegen an andere Sätze, welchen zufolge der Gerechtfertigte, wie Luther sagt und die Concordienformel wiederholt, schon ehe er es beabsichtigt, löbliche Werke vollbracht hat: so wüssten wir nicht, warum er nicht auch in Verbindung mit diesem Triebe, wenn auch keineswegs in selbstgefälliger Schätzung desselben vor das göttliche Antlitz treten dürfte, und es hat keinen Sinn mehr, hinwegzudenken, was doch als ein Werdendes schon gegeben ist. Sollte aber die Meinung die sein, dass die Summe wirklicher Leistungen, also die rein empirische Seite der Werkthätigkeit nicht rechtfertigender Art sei. weil sie den Menschen nach Luthers Worten nicht gut macht, sondern erst gut wird durch ihn selber: so wäre dies einzuräumen, aber es hätte einer anderen Ausdrucksweise bedurft, damit nicht die Folgerung entstehe, dass für den Empfang des Heilsgutes die innere Bereitwilligkeit und der Uebergang zum Handeln ebenso wenig in Betracht komme wie der Ballast der Werke.

Alle diese Beschränkungen sind Kinder des Streits, sie stammen aus einem polemisch gesteigerten Verlangen nach Abgeschlossenheit; soviel Irrungen soviel Schutzwälle werden aufgerichtet, ohne Vorfrage. ob sie auch alle religiös nothwendig und praktisch heilsam seien. Der Ethiker mag zusehen, wie er durch diese sich gegenseitig verengenden Sätze seinen eigenen Faden hindurchwindet. Aber wollten wir auch die erwähnten Einwendungen fallen lassen, ein Bedenken der schwersten Art würde dennoch zurückbleiben. Die Verfasser bezeichnen den Glauben der Rechtfertigung als einen durchaus lebendigen, setzen ihn aber zugleich in unlösliche Verbindung mit dem gesammten Lehrgehalt ihres Werks, einen Abzug gestatten sie nicht; man muss also schliessen, dass dieser ganze und für die Kundigen bis auf den Sprachgebrauch geregelte Wissensapparat erforderlich sei, um Gott wahrhaft zu gefallen, mehr noch, um zu guten Werken geschickt zu machen. Für ein dogmatisches Katheder jener Zeit mag ein solches Programm geeignet erscheinen, nicht für die Pforte des Himmelreichs, welche grösser sein muss, als die Eintrachtsmänner träumten. Das ist also die ernste Anmerkung, welche der Leser am Rande der Formel anzubringen genöthigt wird, und sie gilt nicht für diese allein.

Zuerst wenden wir uns also von diesem Schriftstück ab, aber um es dann nochmals in die Hand zu nehmen. Einiges muss demselben ausdrücklich nachgerühmt werden, und zwar nicht nur die obgleich nothdürftige Ablehnung des Flacianismus und die Rettung der Freiheit wenn auch nur in der Form der Widerstandsfähigkeit, und nicht nur die grundsätzliche Anerkennung des Gutesthuns als einer unentbehrlichen Frucht des Glaubens, sondern auch die Beurtheilung der „gleichgültigen Dinge“ oder der Adiaphora in Beziehung auf den gleichnamigen Streit. Caerimonien sind nur Erscheinungsformen der Religion; an sich veränderlich und indifferent können sie also in Zeiten der Anfechtungen selbst denen anbequemt werden, die eine andere Gewöhnung mitbringen; es muss erlaubt sein, in diesem Unwesentlichen zur Milderung kirchlicher Gegensätze ein Zugeständniss zu machen. So erklärten sich die Adiaphoristen. Es wird ihnen entgegnet, dass gottesdienstliche Gebräuche, zwar an sich nicht zum Glauben gehörig, doch aufhören gleichgültig zu sein, sobald sie den Schein einer Annäherung an das Fremdartige an sich tragen; gerade in Zeiten der „Verfolgung“ könne es also nicht gestattet sein, das klare Bekenntniss durch Nachgiebigkeit in den Cultusformen abzuschwächen, weil dadurch Verwirrung und Missverstand veranlasst werde (Gal. 2, 4. 5. 5, 1. 1 Cor. 7, 19. Col. 1, 16). Die Antwort war richtig und hielt sich innerhalb der Grenzen der Lutherischen Grundansicht, während die Reformirten, man denke an John Knox, sich weit spröder zu dieser kirchlichen Aussenseite verhielten. Dem Adiaphoron, fügen wir hinzu, ist das Erlaubte zwar nicht gleichbedeutend, aber verwandt; beide Namen reichen durch die ganze nachfolgende Literatur.

Noch bedeutungsvoller ist die antinomistische Streitfrage, die ganz eigentlich der Ethik zufällt. Die Paulinische Unterscheidung der gesetzlichen und der evangelischen Kundgebung Gottes bildete von Anfang an einen Grundzug der Lutherischen Ansicht und zugleich den Schlüssel des Schriftverständnisses. Gesetz und Evangelium ruhen zwar auf demselben Grunde, sind aber in ihrer Stellung und Wirkungsweise durchaus verschieden, und gerade in der Aufeinanderfolge der ersten beugenden und der zweiten erhebenden Macht bezeichnen sie die Gründlichkeit des christlichen Heilsweges. Verhält es sich nun wirklich so, wie man aus zahlreichen Stellen bei Luther und Melanchthon schliessen möchte, dass wo die zweite Stimme laut wird, die erste verklingt: so konnte leicht Jemand den Einfall haben, das Gesetz, weil es für uns auf's Rathhaus gehört, aus der evangelischen Rede überhaupt zu verbannen. Agricola hat diesen Schritt gethan; wir brauchen nicht zu sagen, was ihm von beiden Reformatoren entgegengehalten wurde, die Eintrachtsformel hat es im Zusammenhange bündig und klar dargelegt. Nach meiner Meinung war dies eine Einlenkung und zugleich eine Annäherung an die reformirte Lehre, aber zu Gunsten der Wahrheit. Allerdings müssen, sagt die Solida declaratio, beide Mächte einander ablösen, jedes hat sein eigenes Geschäft (duo officia), das eine der Anklage, das andere der Tröstung, jede ihren eigenen Erfolg. Das Gesetz soll zweierlei leisten, die wilden Ausschreitungen disciplinarisch in Schranken halten (usus civilis), und ferner die Sünden entlarven und richten (usus elenchticus s. paedagogicus); unter seiner Herrschaft sind Werke möglich, die dem vorgeschriebenen Buchstaben entsprechen, die aber immer noch den Druck des Gebotes und die Furcht vor der Strafe empfinden lassen. Daher ist es erst die evangelische Nachfolge, welche gestärkt durch den Geist der Kindschaft zu einer freien und freudigen Bewegung im Guten tüchtig macht, von dem Bewusstsein aus, dass wir als christliche Persönlichkeiten eine andere Stellung zur höchsten Norm einnehmen. Gelangte nun der Mensch in dieser Richtung zur Vollkommenheit: so würde er einfach aus einer Hand in die andere gehen, also dem Willen des Evangeliums als einer concio gratiae vollständig entsprechen; da dies nicht der Fall ist, da auch der evangelisch Geweckte noch mit der Sünde behaftet ist: so darf er die Brücke nicht hinter sich werfen, das Gesetz muss fortfahren, belehrend, mahnend und antreibend an ihm zu arbeiten, nur mit dem Unterschied, dass diese Fortwirkung seinen Standpunkt nicht mehr erschüttern kann. Schrecken und Fluch fühlt er nicht mehr, ihnen ist er soweit enthoben, dass er in dem Gesetze zu wandeln vermag, statt unter ihm zu stehen. Dies also der dritte Gebrauch desselben (usus didacticus sive tertius in renatis). Wir brauchen diese Erklärung nur in unsere heutige Sprache zu übertragen.

6*

Es ist wahr und ein grosser christlicher Gedanke, dass das Gesetz wie im Gange der Offenbarung, so im persönlichen und Völkerleben eine doppelte Stelle behauptet; es beginnt damit, die Handlungen zu zügeln, aber es führt dahin, den inneren Menschen zu gewinnen, damit aus ihm das sittliche Ziel als reale Freiheit hervorgehe. Unseres Erachtens ist dies der Anknüpfungspunkt für den später entwickelten Pflichtbegriff; wer in der Pflicht leben will, muss sie zugleich als eine über ihm stehende Idealität des Guten, als erfüllbar und unerfüllbar anschauen. Die Concordienformel hat das Verdienst eines für ihre Zeit ausgezeichneten Verständnisses; auch ist zu beachten, dass während übrigens die Beweisführung mit ganz exacten Mitteln auszukommen sucht, hier eine für die Ethik ganz unentbehrliche Kategorie eingeführt wird, die des Verhältnissmässigen im sittlichen Leben.

Aus der Zahl der Belegstellen sind hervorzuheben: Sol. declar. cp. 1, B. cp. 2, B, 1. Etsi humana ratio seu intellectus hominis obscuram aliquam notitiae illius scintillulam reliquam habet quod sit Deus et particulam aliquam legis tenet etc. Hierauf die Vergleichung des natürlichen Menschen mit dem Stock und Stein ibid. C., gegen den Synergismus ibid. D., die vier Abtheilungen der Willensfreiheit Epit. cp. 2, A., das Verhältniss der justificatio, regeneratio und der bona opera Sol. decl. cp. 3, A, § 33. cp. 4, C, § 24. Recte etiam dicitur, quod credentes, qui per fidem in Christum justificati sunt, in hac vita primum quidem imputatam fidei justitiam, deinde vero etiam inchoatam justitiam novae obedientiae seu bonorum operum habeant. Sed haec duo non inter se permiscenda sunt aut simul in articulum de justificatione coram Deo ingerenda. — C. § 24. Quare — hoc ratum, fixum et certum esse debet, quod phrases seu propositiones illae de bonis operibus ad salutem necessariis non sint docendae — — sed potius ex ecclesiis nostris ut falsae et non sincerae explodendae et rejiciendae. — B. § 8—10. Quod ea non sint bona opera, quae quisque bona intentione ipsemet excogitat etc. — Propterea quod persona Deo accepta est. — Neque fides quaerit demum, an bona opera sint facienda, sed priusquam de ea re inquiratur, jam multa bona opera effecit et semper in agendo est occupata. — Ueber die Adiaphora Sol. decl. cp. 10, über den dritten Gebrauch des Gesetzes cp. 6, § 16. Unde fit, ut (renati) nunquam quidem sine lege, sed in lege sint, secundum legem domini vivant et ambulent.

§ 20. Die protestantischen Confessionen.

Im Vorigen ist das Wort Confession im literarischen Sinne gebraucht worden, aber es hat noch einen zweiten historischen. Urkunden sind Kennzeichen, aber niemals vollständige Erklärungsmittel historischer Erscheinungen; was eine kirchliche Gemeinschaft als ihre Lehransicht bezeugt, bedarf der Ergänzung aus ihrem lebendigen Selbst und Wandel, weil alles Bewegliche durch mitbestimmende örtliche, persönliche oder umständliche Ursachen begrenzt oder erweitert wird. Diejenige religiöse Verbindung soll noch erfunden werden, deren Entwicklung aus der Summe vorangestellter Glaubenssätze allseitig verstanden würde. Erst die Geschichte belebt, beleibt und verdeutlicht den Inbegriff dessen, was sich aus dem Studium der Bekenntnissschriften erschliessen lässt; wir haben uns daher denselben Gegenstand in dieser zweiten Richtung zu vergegenwärtigen, indem wir nochmals auf die geistige Eigenthümlichkeit zurückgehen.

Die beiden Führer des reformatorischen Werks, Luther und Zwingli, haben nur wenige Jahre friedfertig neben einander gelehrt. Schon in das kaum aufgeblühte Jugendleben des Evangeliums fiel der Frost der Zwietracht. Ueber 14 Artikel einigte sich das Marburger Colloquium, der 15. blieb streitig, aber er reichte auch hin, um das Band zu zerreissen, welches sich nur auf kurze Zeit wieder anknüpfen liess. Calvin hat noch verbrannt, Luther nur gehasst, Melanchthon nicht jede Verbindung mit den Schweizern abbrechen wollen. Die Confessionen haben mit schmerzlicher Trennung ihren Lebenslauf eröffnet, mit leidenschaftlicher, ja feindseliger Eifersucht ihn fortgesetzt, sie sind in ihrer Zweiheit zur Quelle der Erbitterung und der Selbstsucht und zur Schranke protestantischer Machtentfaltung geworden, und erst nach Jahrhunderten sah sich der denkende Geist in den Stand gesetzt, den Verlust an Demuth und an Liebe, welchen der confessionelle Streit verschuldet, mit dem grossen geistigen Gewinn der beiderseitigen Leistungen zu vergleichen, um auf diesem Wege zu einer ruhigen Beurtheilung des ganzen Verlaufs zu gelangen. In der alten Scheidung des Abend- und Morgenlandes haben diese Parteien nur ein schwaches Vorbild: sie selbst, indem sie Verwandtes an sich zogen, verliehen sich eine Ausprägung, als müsste der Protestantismus in jedem dieser Bilder auf eigene Weise offenbar werden, während zahlreiche Berührungspunkte doch wieder auf denselben Ursprung hindeuteten. Unstreitig ist diese zwiefache und mit solcher Feinheit ausgearbeitete Gestaltung zugleich ein Beweis gesteigerter geistiger Akribie und Gründlichkeit. Nicht die Verschiedenheit noch der Wetteifer setzt die Confessionen herab, erst durch die Spaltung und die Art der Befehdung haben sie ihrer gemeinschaftlichen Herkunft eine tiefe Unehre zugefügt; der hat nicht vom Evangelium gekostet, der den confessionellen Hader, wie er getrieben wurde, jetzt noch zu rechtfertigen wagt.

Für die neuere Theologie ist die Vergleichung der Confessionen zu einer Schule protestantischer Selbsterkenntniss geworden. Willst du die Andern verstehen, schau in dein eigenes Herz, — freilich ein jenen alten Zeiten noch fernliegender Wahlspruch. Vor einem Menschenalter betheiligten sich zahlreiche Kräfte an dieser ernsten Untersuchung. Einige schlugen den Weg der Beschreibung ein. „Ihr habt einen anderen Geist als wir“. So sagt Luther zu Zwingli. Wahrlich er unterschätzte die Macht des Gottesreichs, welches ja die Bestimmung hat, selbst ungleichartige Geister zu verbinden; nur in jener Allgemeinheit hatte er Recht; es liess sich schliessen, dass auch die von beiden Männern geleiteten Gemeinschaften nach Maassgabe ihrer Heimath und Bildung und im Anschluss an die nationalen und socialen Bedingungen ihrer Wirksamkeit sich anders entwickeln würden. Wer sich darauf beruft, darf glauben, damit auch Alles gesagt zu haben, und es kommt nur darauf an, dieses Anderssein durch alle Eigenheiten eines geistigen und leiblichen Organismus zu verfolgen; das Ergebniss ist dann eine sorgfältige Zeichnung zweier kirchlichen Individuen. Allein diese Erklärung reicht nicht aus, nicht individuelle Abweichungen, sondern auch Gegensätze liegen uns hier vor Augen, und wie viel würden die Confessionen an Bedeutung verlieren, wenn es nicht grosse Probleme wären, die von ihnen aus gerade als Probleme mit doppelter Beantwortung, Begründung und Fragstellung auf die folgenden Jahrhunderte überliefert worden. Daher schlugen andere Kritiker ein constructives und principielles Verfahren ein und griffen in das Gefüge der Lehrsysteme selber. Al. Schweizer behauptete, der Unterschied sei wesentlich der, dass im reformirten Denken der theologische Gesichtspunkt, wie ihn schon Zwingli fordert, im Lutherischen der anthropologische als der maassgebende vorangestellt wird, denn damit stimme es wohl überein, dass auf der einen Seite die deducirende Methode auf der anderen die analytische befolgt worden. Ich bin, wie schon gesagt, noch immer der Meinung, dass in Bezug auf den beiderseitigen Gedankenentwurf dies richtig geurtheilt sei. Die allgemeine Religionsansicht oder die Idee Gottes als des Allbestimmenden hat vorausgewirkt, und dieser verborgenen voluntas Dei ist alsdann die Fassung des göttlichen Gebots oder des praeceptum divinum wie ein unentbehrliches Gegengewicht zur Seite gestellt worden. Anders erklärte sich Schneckenburger, er wollte nicht die Entstehung gewisser Grundzüge des Systems, sondern den Mittelpunkt des zur Ruhe gekommenen religiös-kirchlichen Bewusstseins oder die auf beiden Seiten eigenthümliche Art der Heilsaneignung zur Anschauung bringen; eigentlich berief er sich damit wieder auf den Geist, denn was ist geistiger als der Vorgang im Gemüth. Der Streit drehte sich also darum, ob die Frage nach der religiösen Abhängigkeit und sittlichen Freiheit, oder die andere nach dem Verhältniss des Glaubens zu den Werken als wichtigster Factor christlicher Reflexion betrachtet werden soll. Beides liess sich bis auf einen gewissen Grad zur Evidenz bringen, dennoch endigte, nachdem auch Baur, Weisse, Schenkel, J. Müller das Wort genommen, die ganze mit rühmlichem Anstand geführte Discussion mit dem bescheidenen Geständniss, dass die Aufgabe nur annäherungsweise lösbar sei, weil historische Naturen jederzeit den Charakter des Gewordenen, Dehnbaren, Unabgeschlossenen an sich tragen, was sich den scharfen Forderungen der Systematik nur unvollständig unterwirft. Wer sich davon überzeugt, hat mit dem historischen Charakter zugleich die Unvollkommenheit und Endlichkeit der Confessionen anerkannt; und wirklich hat die Folgezeit, indem sie, wenn auch spät und langsam, Eigenschaften und Bestrebungen der einen Richtung auch innerhalb der anderen auftreten liess, den confessionellen Bann von seiner alten Sprödigkeit erlöst, theilweise sogar aufgehoben.

Vielleicht befindet sich jedoch hier der Ethiker in einer glücklicheren Lage als der dogmatisirende Kritiker, vielleicht spricht das Handeln deutlicher als das Denken und Glauben. Schon Hundeshagen hat nach dieser Seite den Uebergang gemacht, indem er das beiderseitige Verhalten zu den Interessen der Kirchenleitung und Verfassung in Erwägung zieht, wobei natürlich auch die praktischen Verschiedenheiten zur Sprache kommen. Er vergleicht also die beschauliche Sinnigkeit des Lutherthums mit der willensstarken Verständigkeit der Reformirten, und weiterhin die Lutherische Theologen- mit der reformirten Gemeindekirche, die Schonung überlieferter Formen mit der durch Zwingli und Knox vollzogenen Losreissung von ihnen, die Pflege eines frommen und lyrisch erwärmten Privatlebens mit der strammeren kirchlichen Pflichtmässigkeit, wie sie unter Zwingli's und Calvins Leitung lange Zeit fortbestehen sollte, die gehorsame Anerkennung des Staats und seiner Vollmacht, und dem gegenüber das energische Eindringen in das politische Verhältniss oder doch die weitsehende Kenntnissnahme von demselben. Dies Alles sind unzweifelhafte Charakterzüge, sie finden in den Bekenntnissschriften ihre Bestätigung, der Ethiker hat sich dieser Momente zu bedienen. Die Schicksale beider Kirchen sind Belege und Darstellungsmittel ihrer Kräfte. Wo eine Kirche unter Leiden und langwierigen Kämpfen in mehrere Länder einzudringen berufen ist, wird sie der thatkräftigen Rührigkeit in höherem Grade bedürfen als da, wo Frömmigkeit und Lehre ungestörter und in engeren Grenzen circuliren und von den Gemeinden kein selbständiger Beitrag erwartet wird. Dass die Reformirten weniger gläubig gewesen als die Lutheraner, wird Niemand behaupten, aber sie glaubten nicht soviel, und die praktische Bethätigung ihrer Lehre nahm sie auch nach der Seite der Willenskraft in Anspruch. Endlich wird auch darüber kein Zweifel sein, dass die Confessionen auch die Fehler ihrer Tugenden fortgepflanzt haben. Die Reformirten sind durch das Verlangen, ihre Erwählung durch Thaten und durch Enthaltungen zu bestätigen, in Eifer erhalten worden, aber ihr Gesetzesprincip zog sie fort zur Gesetzlichkeit und zum Sabbathsdienst, zu einer abergläubigen Formlosigkeit des Gottesdienstes und zu den Härten des Puritanismus. Die Lutheraner fühlten sich selig im Alleinbesitz der „reinen Lehre“, ihr Lehrglaube verbürgte ihnen wohl die Nothwendigkeit der guten Werke, aber nicht deren wirkliches Vorhandensein und Gedeihen, daher sind denn auch die Gefahren des Antinomismus nur theoretisch niedergehalten worden. — Auf diesen Hintergrund haben wir von der Literatur aus zurückzublicken.

Vgl. bes. Hundeshagen, Beiträge zur Kirchenverfassungsgeschichte und Kirchenpolitik, woselbst S. 301 ff. die neueren Versuche, die confessionelle Differenz genauer zu bestimmen und abzuleiten, von Planck an beleuchtet werden. S. 303 bemerkt der Verfasser, dass das vorherrschende Unionsinteresse der Aufgabe nicht förderlich gewesen. Dies muss für den Anfang eingeräumt werden, aber wer wollte leugnen, dass die 1844 von Schweizer eröffneten Untersuchungen gerade im Einverständniss mit der Unionstheologie fortgeführt worden, aber freilich auch unter dem Einfluss eines lebendiger gewordenen historischen Geistes. Auch darf man sich nicht auf Schleiermacher berufen, denn dieser war nicht quellenkundig genug, überhaupt nicht hinreichend als Historiker angelegt, um sich nach dieser Richtung einem eindringenden Studium zu überlassen. Uebrigens ist der Streit der genannten Männer, wie bemerkt, eigentlich unerledigt geblieben. Ich gebe der Ansicht Schweizers den Vorzug, weil es sich darum handelt, die beiderseitigen Ausgangspunkte der Lehrbildung zu finden und zu vergleichen und von ihnen aus in die weitere Charakteristik der Gedankenentwürfe einzutreten; die Quellen selber rechtfertigen dieses genetische Verfahren. Es ist wirklich so, dass auf reformirter Seite der theologische Gesichtspunkt, also die Anerkennung der allbestimmenden göttlichen Causalität, auf Lutherischer das anthropologische Interesse, also die specielle Heilsfrage stärker auf die Anlage des Systems gewirkt hat; so angesehen können dennoch Schneckenburgers scharfsinnige

Deutungen als eine subjectivirende und individualisirende Ergänzung benutzt werden, weil sich auch im reformirten Bewusstsein eine innere Ausgleichung dieser Momente herstellen musste. Zwar entgegnete der Letztere, dass jene vermeintliche Präponderanz des theologischen Princips schon deshalb nicht zum Grunde gelegt werden dürfe, weil sie sich gar nicht behauptet habe; nur die gemilderte Form der Gnadenwahl, nicht die schroffe supralapsarische sei die kirchliche geworden. Allein er hat dabei nicht bedenken wollen, dass diese Modificationen sich aus der Härte der Lehre selber erklären; der Supralapsarismus war die „innere Orthodoxie", aber er blieb unfasslich und abstossend und musste deshalb gegen eine glimpflichere Einkleidung des Dogma's zurückgestellt werden.

§ 21. Ergebniss.

Nunmehr lassen sich unsere Mittheilungen zu einem Resultat zusammenfassen. Die Reformation hat ihre Laufbahn mit einem Complex weniger, einfacher und grosser Gedanken begonnen, welche im Namen des Glaubens verkündigt werden; in ihm haben sie ihre Quelle, ihr Recht und ihre Einheit, das wiederhergestellte richtige Verhältniss zu Gott verbürgt zugleich das rechtschaffene Handeln, denn es erhebt über die Macht der Sünde, welche von allen menschlichen Uebeln und Irrwegen die schwerste Schuld trägt, und giebt die Freiheit ihrer wahren, bis dahin sündhaft abgelenkten Bestimmung zurück. Wenn nach Lutherischer Ansicht der ergreifende Glaube selber einem Willensacte ähnlich ist, und wenn der Verlauf der Heilsaneignung mit ethischen Momenten durchflochten wird: so entsteht daraus noch keine Nothwendigkeit, diese für sich allein in's Auge zu fassen. Mit der Unterscheidung zweier Disciplinen, einer Glaubens- und Sittenlehre, konnte die reformatorische Lehrweise also nicht anfangen, wenn sie von dem einen religiösen Motiv aus alles Erscheinende beherrschen wollte. Die Religion war ethischer gedacht, die Erklärung des Glaubens enthielt selber ein sittliches Moment, an welches sich im weiteren Verlauf der Heilslehre noch andere gleichartige anschlossen, aber alle diese Mittelglieder oder Folgesätze standen noch unter Obhut und gleichsam unter Verschluss dessen, was als Glaubenssache die allgemeine Aufmerksamkeit auf sich zog. Die Mehrzahl begnügte sich also damit, aus der Umbildung des Glaubensprincips zugleich sittliche Impulse von hinreichender Stärke gewonnen zu haben, auch wenn diese nicht besonders zusammengestellt wurden. Man begreift, wie ein Amsdorf, an ein Wort Luthers sich anschliessend, behaupten konnte, der wahre Christ bedürfe keiner besonderen Moral, denn er besitze sie schon in den Früchten des Glaubens und der Liebe. Damit war allerdings die ganze zweite und in den letzten Jahrhunderten immer massenhafter angewachsene Hälfte der scholastischen Theologie als beschwerlicher Ballast bei Seite geworfen. Wie haben wir uns unter diesen Umständen die Entstehung einer evangelischen Ethik historisch zu erklären? Zunächst war es die erwachende Reflexion, welche wie in allen ähnlichen Fällen selbst die verwandten Gebiete zu unterscheiden. die Gesichtspunkte zu ordnen, das Gleichartige zu verknüpfen unternahm, um dann in dem Getheilten wieder eine innere Eintracht nachzuweisen. Gewisse ethische Grundlinien waren leicht gegeben und liessen sich vervollständigen und weiter verfolgen. Noch dringender aber wirkte ein zweiter praktischer Grund. Das ganze Leben war anders geworden. Die persönliche Frömmigkeit sah sich von zahlreichen Observanzen losgesprochen, die gemeinschaftbildende Tendenz der neuen Kirche aber zu gesteigerter Thätigkeit aufgefordert; aus neuen Freiheiten ergaben sich neue Pflichten, denn Haus und Familie, bürgerliche und kirchliche Gesellschaft erheischten eine andere Werthschätzung und Pflege. Auf die Länge durfte dieses Feld nicht unbebaut bleiben noch auch einer geordneten Begründung und Beurtheilung entbehren. Die Praxis ist in dieser Beziehung der Theorie weit vorangeeilt; aber auch diese letztere, wenn gleich zögernd und langsam vorgehend, musste sich des für sie bereitliegenden Stoffes allgemach bemächtigen, in welcher Form aber, hing davon ab, ob philosophische Begriffe oder eigenthümlich christliche Sätze zum Ausgangspunkt gemacht wurden. — Mit der reformirten Richtung verhielt es sich darum anders, weil sie von vorn herein mehr praktische Zwecke neben den lehrhaften in sich aufgenommen hatte. Auch diese Confession hat nicht sogleich eine Sittenlehre producirt, dagegen hat sie dieses Studium, nachdem es eröffnet war, mit grösserer Energie und Stetigkeit als die Lutherische fortgeführt.

Ueber Amsdorfs Aeusserung s. Schwarz, Theol. Stud. und Krit. 1853, H. 1.

Drittes Kapitel.

Erste Entwürfe einer Ethik.

§ 22. Melanchthons Anfänge.

Nach dem unvermeidlichen Bruch mit der Scholastik erklärt sich die theilweise Wiederaufnahme philosophischer Studien im Lutherthum zunächst aus dem Lebensgange Melanchthons, des humanistisch Gebildeten und zugleich eines Freundes und Anwalts sittlicher Bethätigung alles Christenthums. Mit der Philosophie verband ihn sein Interesse an der Methode aller Wissenschaft, mit der Ethik seine moralische praktische Natur. „Das grösste Uebel ist eine schlecht unterrichtete Theologie", die darum in die Irre gerathen muss, weil sie den Beistand der allgemeinen Wissenschaft verschmäht. Ein Wort wie dieses kam ganz aus seinem Herzen, und doch hat er auch in dieser Beziehung erst nach ernstlichen Schwankungen seinen eigenen Geist gefunden. In der Antrittsrede von 1518 wird vor den Verkehrtheiten der Philosophie gewarnt, aber das Studium des durchaus lehrhaften, besonnenen und methodisch klaren Aristoteles empfohlen. Wenige Jahre später nennt er denselben Aristoteles den rixator und den Anführer der Aftertheologie und spendet höchstens dem Cicero ein bescheidenes Lob; so sehr hatte ihn inzwischen der Einfluss Luthers umgestimmt.

Wir verweilen einen Augenblick bei den „Hypotyposen“, wie sie 1521 in ihrer ersten Gestalt Epoche machten. In diesem für immer denkwürdigen Büchlein regt sich der Eifer eines Jünglings, welcher das Evangelium von allen fremdartigen Zuthaten mit stürmischer Hand säubern will. Denn es fruchtet nicht, über Trinität und Menschwerdung länger zu grübeln, das hiesse nur eine durch Jahrhunderte fortgesetzte und dennoch vergebliche Arbeit erneuern. Erst aus der Rede von Gesetz und Evangelium, von Sünde, Busse, Glaube und Gnade ergiebt sich das Wesen des Christenthums, aber diese Artikel sollen auch nach ihrer wahren Bedeutung und Wirksamkeit verstanden werden. Im Menschen muss ein doppeltes Vermögen, das eine des Erkennens das andere des Affects, unterschieden werden, von beiden wird der Mensch bewegt; umsonst haben die Scholastiker noch ein drittes und gar nicht nachweisbares als Willensfreiheit einschieben wollen. Zwar die Aussenseite der Handlungen mag immerhin einer Wahl und Willkür anheimfallen, aber die inneren Motive haben wir nicht in der Gewalt, noch können wir nach Gefallen das eine mit dem anderen vertauschen. Fragt man nach dem Bestimmenden: so läuft alles Geschehen zuletzt auf eine einzige göttliche Causalität zurück. Die Freiheit fällt dahin, das Gesetz besteht fort, es weist zurück auf gewisse der Naturordnung selber mitgegebene Normen: Deus colendus est, nemo laedendus est, poscit humana societas, ut omnibus rebus communiter utamur, während es sich nach Oben als göttliche Legislation ausprägt; erst der Geist des Evangeliums macht es relativ erfüllbar. Melanchthon verwirft wie er muss die Scheidung des Gebotenen von dem bloss Angerathenen, weil die Einheit der sittlichen Forderung sich mit keiner Stufenmoral vertrage, aber, fügt er hinzu, man soll auch das sittliche Gesetz nicht entadeln noch in's Materielle herabziehen, als ob die evangelische Armuth auf eine Entblössung von allem Besitz hinauslaufe. Und mit Nachdruck wird aus 2 Petr. 1, 5—8 ein Inbegriff christlicher Tugenden hergeleitet mit dem Zusatz: Summam habes universae vitae Christianae, fidem cum fructibus suis.

Auf diesen ersten feurigen Erguss folgten seit 1525 die bekannten Retractationen dieses biegsamen und immer an sich selbst arbeitenden Denkers, die Zurückweisung des Determinismus, die entschiedene Anerkennung einer bürgerlichen Gerechtigkeit, die Hochschätzung der guten Werke, die Hervorhebung der ethischen Momente in der Rechtfertigung und Heiligung und endlich seit 1535 auch der Synergismus, welcher besagt, was die Griechen stets behauptet hatten, dass der Mensch befähigt sei, dem Werke der Gnade durch eine mitwirkende Willensbewegung entgegenzukommen. Darin liegt ein wohlbemessenes Zugeständniss des Dogmatikers an den Moralisten. Auch Aristoteles kommt wieder zu Ehren, seine Begriffe sind werthvoll, sobald sie sich mit einer Erkenntniss Christi verbinden, und hinter der Verwerfung der Philosophie kann sich auch eine falsche Frömmigkeit verbergen.

Weit reichlicher sind die ethischen Bestandtheile in den letzten Ausgaben der Loci theologici eingestreut, wozu schon die ausführliche Behandlung des Dekalogs und des Vaterunser Gelegenheit gab. Die alte Distinction der Todsünde und der lässlichen hat Melanchthon von Anfang an bestritten, indem er darauf dringt, dass nicht die Grösse und Ausdehnung der Handlung, sondern deren Beweggrund zum Maassstab genommen werde. Der Gottentfremdete und heidnisch Gesinnte bringt sein sündhaftes Trachten überall mit, sein ganzes Thun wird dadurch todeswürdig (Röm. 6, 23), während dem Wiedergeborenen die Sünde mehr wie eine Schlacke anhaftet, so dass er Verzeihung hoffen darf, weil er selber der Verdammlichkeit nicht mehr unterliegt (Röm. 8, 1). Nicht die nackte That, erst der Thäter bringt den Unterschied hervor. Aehnlich Calvin, und indem sich Beide zugleich gegen die stoische Gleichmacherei der Sünden verwahren, geben sie zu erkennen, dass ihre Kritik dazu dienen soll, um die scholastische Oberflächlichkeit aufzudecken, nicht aber um den Unterschied leichterer und schwererer Sünden überhaupt hinwegzuräumen; dieser ist ja auch seinem Sinne nach stets wieder aufgenommen worden. Dass jedoch alle sittlichen Angelegenheiten ihrer Art nach und nicht stofflich zu beurtheilen seien, von diesem Gedanken macht Melanchthon auch fernerhin einen glücklichen Gebrauch. Man soll das Kreuz und die Beschwerden des Lebens nicht wägen wie Lasten, sie weisen auf das grösste sittliche Uebel zurück und werden dadurch doppelt drückend, aber auch förderlich und fruchtbar als Erziehungsmittel; Geduld und Ergebung, nicht willkürliche Abtödtung machen sie erträglich. Die Tugend will gelernt und geübt sein, auch das bürgerliche Leben bietet einen wichtigen Schauplatz, und die heilsamen Einrichtungen des Staats dienen zur Pflege wie der Gotteserkenntniss so des pflichtmässigen Betragens. Die Scheu vor dem Aergerniss darf Niemand von der Ausführung des moralisch Nothwendigen abhalten, nur innerhalb der Grenzen der Pflicht kann nach Anleitung des Paulus eine Schonung des Nächsten geboten sein. Endlich werden wir auch über das Recht und den Umfang der Freiheit genauer unterrichtet; Lossprechung von den Banden der Satzung, Ueberwindung aller particularen Schranken, Erhebung über die Noth der Welt sind nur Entfaltungen und Formen christlicher Freiheit; die Religion ist gegeben, wir aber besitzen die Vollmacht, ihre ganze Aussenseite nach eigenem Ermessen zu gestalten. Den Schluss des Ganzen bilden die Abschnitte von der Obrigkeit und Politik, der kirchlichen Caerimonie und dem Eherecht.

Durch Zusammenstellung dieser Bestandtheile würde sich schon aus den Loci theologici eine Art von theologischer Sittenlehre gewinnen lassen; aber eine solche Arbeit hat Melanchthon nicht unternommen. Dagegen entschloss er sich, nachdem er seit 1538 den Aristoteles mit neuem Vertrauen in die Hand genommen, zu einer philosophischen Grundlegung, und indem er dabei von den Begriffen des höchsten Gutes, der Tugend und des Gesetzes ausging, wollte er auch die Pforte der christlichen Lebensanschauung erschliessen.

Ausser Galle's bekanntem Werk vgl. bes. Schwarz, Melanchthon und seine Schüler als Ethiker, Stud. u. Krit. 1853, H. 1 und derselbe, Melanchthon's Entwurf zu den Hypotyposen, ebendas. 1855 S. 75ff.

Bekannt ist Melanchthons Ausspruch: Omnino Ilias malorum est inerudita theologia, est enim confusanea doctrina, C. Ref. XI, p. 278.

Luther erbat im Sept. 1518 von Spalatin, dass die Vorlesung über Aristoteles' Ethik für die Theologen und für den Zweck der Promotion nicht mehr obligatorisch sein sollte, — ut ethica lectio, cum sit plane ad theologiam lupus ad agnum, permitteretur libera, scilicet quibuscunque liberet audienda, salvo non minus promotionis beneficio. Nur die Disciplin der Dialektik sollte stehen bleiben.

Die Hypotyposen erster Gestalt s. in C. Ref. XXI, p. 124: De consiliis p. 181, De fidei efficacia p. 148 De vi legis. Aus der letzten Ausgabe der Loci theologici ibid. p. 816: De discrimine peccati mortalis et venialis, ferner p. 934 De calamitatibus et de cruce et de veris consolationibus, p. 984 De magistratibus civilibus, p. 1026 De mortificatione carnis, p. 1029 De scandalo, p. 1037 De libertate christiana, p. 1052 De conjugio. Calvins Meinung über die p. venialia in dessen Instit. III, cp. 4, § 28. Quum tamen assidue peccatum veniale in ore habeant (scholastici), nondum alterum ab altero discernere potuerunt, nisi quod impietatem et immunditiem cordis p. veniale faciunt. Nos autem, quod scriptura justi et injusti regula docet, peccati stipendium pronuntiamus esse mortem.

§ 23. Melanchthons philosophische Skizzen.

Die Moralphilosophie, sagt Melanchthon, betrifft denjenigen Theil des göttlichen Gesetzes, welcher die „äusseren" Handlungen zu regeln hat. Evangelium, Gottesgesetz und Philosophie dürfen nicht vermischt werden, was unheilvolle Verirrungen erzeugen würde, sie bestehen neben einander, jede in ihrem eigenen Gebiet. Das Evangelium ist verzeihender Art, von ihm und von der göttlich offenbarten Versöhnung und Sündenvergebung hat die Vernunft nichts gewusst; näher lag ihr das Gesetz, und die Ordnung der Natur ist selber nur ein Bestandtheil der göttlichen Verfügung. Wäre die menschliche Natur unversehrt geblieben: so würde aus ihr das göttliche Ebenbild weit heller hervorleuchten. Dennoch aber besitzt der Geist immer noch ein Wissen um das Gute und dessen Gegentheil das Schimpfliche, also auch eine Ahnung der höchsten Weisheit; auf diese Erkenntniss hat die Moralphilosophie ihre Begriffe und Folgerungen gegründet. Sie verdient ein hohes Lob, es kann nicht unerlaubt sein, sich ihrer zu bedienen, nachdem Paulus dem natürlichen Gesetz wie dem positiven eine pädagogische Wichtigkeit beigelegt. Nicht zu befehlen ist ihr Amt, vielmehr will sie ihre Forderungen durch einen gründlichen Lehrzusammenhang erläutern und annehmlich machen. Mit ihrer Hülfe sind die Sitten gemildert worden, und wie sie dem Rechtskundigen unentbehrlich ist: so muss auch der Theologe, so oft er den Werth und die Nothwendigkeit bürgerlicher Einrichtungen, die Grundlagen der Verwaltung und Herrschaft zu untersuchen hat, auf sie zurückgehen.

Nach dieser allgemeinen Begründung wird der Begriff des höchsten Guts erwogen; aber gerade dieser darf nicht so bleiben, und die Schwankungen und Widersprüche der alten Philosophie beweisen nur eine suchende, keine ausreichende Vernunftthätigkeit. Das Christenthum lenkt alle Lebenszwecke auf ein letztes Ziel; der Mensch gehört nicht sich selber an, erst in der Verbindung mit Gott findet er den Stempel seines Wesens wieder, erst aus der Gottesliebe soll er die wahren Beweggründe seines Handelns schöpfen. Ein religiöses Princip tritt an die Stelle der rationalen Selbstbestimmung. Dessenungeachtet behalten die Aristotelischen Definitionen von der Tugend als dem habitus, qui inclinat ad obediendum rectae rationi, und von ihrer Mittelmässigkeit (mediocritas) ihre Brauchbarkeit, und die Affecte hat Aristoteles richtiger beurtheilt als die Stoiker, die Anhänger der Apathie.

Im zweiten Theil kommt es darauf an, eine bestimmte Tugendrichtung an die Spitze zu stellen, und da die Alten von den Geboten der ersten Tafel, von Gottesfurcht und Glaube keine Kenntniss hatten: so kann dies nur die Gerechtigkeit sein; sie ist der Inbegriff der Nächstenpflicht und die Verwalterin der bürgerlichen Gemeinschaft. Aber sie ist eine weitschichtige Grösse, natürliches und positives Recht und Billigkeit sind ihr untergeordnet. Obliegenheiten der Machthaber, willkürliche und unwillkürliche Vergehungen, Schranken des Erlaubten, Sünden der Unwissenheit werden vom Schriftsteller herbeigezogen, und zuletzt folgen noch einige Streitfragen, welche den Leser ganz auf den historisch kirchlichen Schauplatz versetzen.

Phil. Melanchthonis Philosophiae moralis libri duo, zuerst 1538, in späteren Ausgaben vielfach verändert. Corp. Ref. XVI, p. 22 sqq. — Philosophia moralis est pars illa legis divinae, quae de externis actionibus praecipit. Absichtlich sagt der Verfasser externis, weil er die Hervorbringung der inneren sittlichen Antriebe der Philosophie überhaupt nicht zuerkennen will. — Haec est enim solida et praecipua laus philosophiae moralis, intelligere quod vere sit pars legis divinae et ut Paulus inquit Rom. 1, 32 Jus Dei. — Magna dignitas est hominis, quod mentes humanae sunt velut speculum, in quo fulget sapientia Dei, videlicet sapientia legis. Nam praecipue Deus per hominem voluit innotescere. Magna igitur laus est philosophiae moralis, quod est pars legis divinae et sapientia Dei, etiamsi non est evangelium. — Am Schlusse werden einige Controversen aufgestellt, z. B. die uns wohlbekannte von der Zulässigkeit des Tyrannenmordes, sodann über den Angriff Constantin's des Grossen gegen Licinius, welcher sein College und Anverwandter, aber auch Verfolger der Christen war, über die von Bonifacius VIII anmasslich behauptete politische Oberhoheit neben der kirchlichen, über das Recht der Gewissensgründe gegenüber der Auctorität. Der Name peccatum mortale ist hier beibehalten; specielle Tugenden wie Dankbarkeit, Wohlthätigkeit, Freundschaft finden kurze Erwähnung.

§ 24. Fortsetzung.

Nach dieser ersten nur lose zusammenhängenden Skizze hat Melanchthon in einer zweiten Bearbeitung das Verhältniss der Moralphilosophie zur christlichen Sittenlehre klarer in's Auge gefasst.

Man soll die Lehre von den Tugenden nicht lediglich auf den praktischen Nutzen ansehen, sie hat eine höhere Wahrheit; denn sie lässt uns auf das Dasein eines Gottes schliessen, welcher sich als der heilige und gnädige Ordner der Dinge, als Richter und Vergelter der „äusseren“ Handlungsweise der Menschen bezeugt hat. Allein die menschliche Schwäche war so gross, dass eben diese Regel doch wieder übertreten und frevelhaft geschädigt wurde; daher bedurfte der Mensch noch eines anderen stärkeren und der Philosophie unbekannten Beistandes. Gesetz und Evangelium machen einander nicht entbehrlich, aber sie beleuchten sich gegenseitig, und was die Tugendlehre darbietet, gehört auf die Seite des ersteren. Daher ist die Moralphilosophie eine Erläuterung des Naturgesetzes bestehend aus Begriffen, Folgerungen und Vorschriften und übereinstimmend mit dem Dekalog, soweit derselbe den sichtbaren Lebenswandel betrifft- Ihr Nutzen kann nicht zweifelhaft sein, wie sollten wir eine Wissenschaft verschmähen, in welcher Gott zu uns spricht! — es wäre barbarisch und undankbar zugleich. Erst wer sich in ihre Definitionen und Theilungen einweihen lässt, wird zur Bildung einer evangelischen Sittenlehre vorbereitet sein. Die Offenbarung lehrt, dass der Mensch zum Bilde und zur Aehnlichkeit Gottes geschaffen sei, sie macht also Gott selber zum höchsten Gut, die Philosophie findet es in der Tugend, sofern sie den Willen geneigt macht, der richtigen Vernunft zu gehorchen. Erwägen wir jedoch, dass die Vernunft in der Anerkennung des Naturgesetzes ihre eigene Befriedigung sucht, und nehmen wir hinzu, dass das Gewissen von jeher durch Hinweisung auf einen Rächer und Richter die Gemüther erschüttert hat: dann dürfen wir sagen, dass das christliche Princip in der philosophischen Vorbereitung schon angezeigt sei; und die Tugend erscheint alsdann als der Habitus, welcher den Willen nöthigt, sich dem richtigen Urtheil fortdauernd um Gotteswillen zu unterwerfen, ihm Dank zu sagen, seinen Namen zu verkündigen. Es ist richtig, dass die gottgefälligen Motive erst mit Hülfe des h. Geistes in uns wirksam werden, aber unthätig verhalten wir uns darum noch nicht; trotz aller Sünde ist die Willensfreiheit soweit vorhanden, um Verbrechen zu meiden, Werke der Disciplin zu üben, die Stimme des Gewissens zu vernehmen, ja sogar um einem von Christus ausgehenden Antriebe Folge zu leisten. Wahngebilde des Fatums werden ausgeschlossen. Die philosophischen Begriffe des höchsten Guts, der Tugend und Freiheit lassen sich also auch christlich verwerthen. Wir übergehen die abermalige kritische Vergleichung der Epikuräischen, stoischen und Aristotelischen Begriffe. Der zweite Theil der Abhandlung ist gleichfalls dem Wesen der Gerechtigkeit, ihren Mitteln, Obliegenheiten und Anwendungen auf bürgerliches und kirchliches Leben gewidmet.

Beide Entwürfe sind mit frischem Muthe und theilweise in lebhafter Rede niedergeschrieben. Der Geist des Verfassers verräth sich in der Leichtigkeit der Dialektik und in der Wohlgefälligkeit der von ihm angenommenen Uebergänge und Verknüpfungen. Besonders in der zweiten Schrift hat er den christlichen Standpunkt, den er erst gewinnen will, gleich Anfangs mitgesetzt; darum wagt er es, mit geringen Modificationen den einfachen rationalen Tugendbegriff der Alten auf die christliche Seite hinüberzuziehen, wobei jedoch das Moment einer veränderten Selbst- und Willensbestimmung vernachlässigt ist. Auch wird nicht klar, wie sich die „Aeusserlichkeit“ oder die Disciplin, in welcher das Handeln als solches besteht, zu den Beweggründen verhalten soll. Auf solche Weise wird die Aufgabe erleichtert, aber sie wird auch anfechtbar, da sich das von ihm verbundene doch wieder als unverbunden darstellt. Allein Melanchthon ist im Recht, wenn er an die innere Verwandtschaft dessen, was unter dem Namen des Guten die Menschheit bewegt hat, glaubt, wenn er das Wissen um den sittlichen Gegensatz auf einen tiefsten Lebensgrund zurückführt, und wenn er endlich das Studium der moralphilosophischen Begriffe als unentbehrliches Erkenntnissmittel den Zeitgenossen empfiehlt. Die Benutzung von Gesetz und Evangelium als den beiden grossen Geistesmächten war ihm längst geläufig. Bei der ersten höchst geringschätzigen Behandlung des Aristoteles konnte er als gereifter Mann nicht stehen bleiben, auf die Verwerfung musste eine friedliche und sogar hochachtende Handreichung folgen. Blicken wir auf ähnliche Versuche der ersten Jahrhunderte und zugleich auf die Scholastik zurück: so haben wir jetzt ein Drittes und ganz Anderes vor Augen, und die Reformation zeigt sich als grosse Lehrerin.

Ausser diesen systematisch zusammenhängenden Studien hat Melanchthon noch eine Menge von Einzelheiten in's Auge gefasst. Die von ihm gesammelten und kurz erläuterten Kapitel der überlieferten Kirchenlehre enthalten viel Moralisches und gleichen in ihrer bunten Menge einem Trümmerhaufen, welchen der zusammenbrechende Bau des scholastischen Systems zurückgelassen hatte. Die meiste Auszeichnung verdient die wohlerwogene und durchaus praktische Definition des Gewissens.

Phil. Mel. Ethicae doctrinae elementorum libri duo, zuerst 1550. C. Ref. XVI, p. 167. Sint semper in conspectu hae quatuor causae, propter quas necessaria est virtutum cognitio: 1, quia earum notitia testimonium est quod sit Deus, — 2, quia docet, qualis sit Deus. Cum enim discernimus honesta et turpia, intelligimus Deum esse sapientem, liberum, veracem, justum, beneficum, castum, misericordem, — 3. quia testimonium est de Dei judicio. — Cum has tres causas de Deo consideraveris in doctrina de virtutibus, tunc et quarta accedat, quia sit norma vitae hominum in actionibus externis seu in disciplina. — Die Definition der Moralphilosophie lautet p. 167: Est explicatio legis naturae demonstrationes ordine in artibus usitato colligens, quantum ratio judicare potest, quarum conclusiones sunt definitiones virtutum seu praecepta de regenda disciplina in omnibus hominibus congruentia cum decalogo, quatenus de externa disciplina concionatur. Ein Widerspruch der philosophischen Tugendlehre mit dem Evangelium kann nur von denen behauptet werden, welche die Natur und Bestimmung beider verkennen oder der ersten etwas zumuthen, was sie nicht zu leisten vermag. Has utilitates contemnere magna barbaries est, in qua multa insunt vitia. Deinde omnis honestarum artium contemptus contumelia est adversus Deum, qui luce artium genus humanum ornavit, et quidem haec moralis doctrina, cum incorrupte traditur, est sapientia congruens cum mente divina (p. 170). Gleich darauf heisst es: Vera lux rationis in homine insita naturae congruit cum lege Dei, sed nunc in hac caligine obscurior est Dei notitia et multis dubitationibus turbatur. Bei einer so ungefähren Bezeichnung dieses Mangels hatte es der Verfasser in der Hand, die Anwendbarkeit der philosophischen Lehrweise für den christlichen Zweck in seiner Weise zu begrenzen und zu beherrschen. Auch die Definitionen der Tugend lauten ungleich, vgl. p. 183: virtus est habitus inclinans voluntatem ad obediendum rectae rationi, und p. 209: Virtus est obedientia voluntatis et caeterarum virium congruens cum lege, quam et indidit Deus hominibus in creatione et postea manifestis testimoniis in ecclesia repetivit. Im zweiten Theil De justitia werden wieder allerhand Streitfragen über Wucher, Contract, Kauf, Wiedererstattung, gleichsam Reste der Casuistik, eingeschaltet.

Aus dem Appendix II, C. Ref. XXI, p. 1075: Definitiones multarum appellationum, quarum in ecclesia usus est, entnehmen wir die oft wiederholte und bis in die neuere Zeit als brauchbar anerkannte Erklärung des Gewissens p. 1083: Conscientia est syllogismus practicus in intellectu, in quo major propositio est lex Dei seu quodcunque verbum Dei nobis aliquid praecipiens. Minor vero et conclusio sunt applicatio approbans recte factum vel condemnans delictum, quam approbationem in corde sequitur laetitia et condemnationem dolor naturali ordine sancito a Deo, qui vult in creatura rationali hanc notitiam sui judicii esse et executionem accedere, ut sit testimonium de ipso ostendens, esse Deum et praecipere justa et prohibere injusta et punire. Den anderen Namen synteresis, welchen spätere Protestanten wieder aufnahmen, finde ich bei Melanchthon nicht vor. Dagegen werden definirt: Timor servilis et filialis, patientia, affectus, dolor, laetitia, odium, amor, ira, gloria, superbia, humilitas, modestia, mendacium, bonum creatum et increatum, malum naturale, morale, poenale, und Anderes von scholastischem Andenken, was Melanchthon nicht verarbeiten konnte, aber auch nicht unbeachtet lassen wollte. Vom Gewissen spricht Luther mehrfach wie von dem ewigen Ding, das nimmermehr stirbt und das jedem Rechte vorangeht und selbst dann, wenn dieses hinfällig wird, zu gelten fortfährt. Ausführlicher Calvini Instit. III, 19, § 15. 16. Calvin hat das Gewissen durchaus religiös verstanden. Zwei Welten leben im Menschen, jede mit ihrer Herrschaft und ihrem Gesetz; der einen ist die Richtung auf Gott, das Wissen um ihn und sein höchstes Urtheil, der andern das weltliche Wissen sammt der Werkthätigkeit eingepflanzt. So unterscheiden sich conscientia und scientia. Nam sicuti quum mente intelligentiaque homines apprehendunt rerum notitiam, ex eo dicuntur scire, unde et scientiae nomen ducitur: ita quum sensum habent divini judicii quasi sibi adjunctum testem, qui sua peccata eos occultare non sinit, quin ad judicis tribunal rei pertrahantur, sensus ille vocatur conscientia. Est enim inter Deum et hominem medium. — — Itaque sicut opera respectum ad homines habent, ita conscientia ad Deum refertur, ut conscientia bona nihil aliud sit quam interior cordis integritas.

§ 25. Nächste Nachfolger.

Melanchthon hat gethan, was er vermochte, seine Arbeiten genauer angesehen eröffnen eine doppelte Möglichkeit. Die Loci theologici als Dogmatik waren ethisch genug gedacht, um nach dieser Seite weitere Studien zu veranlassen, die zuletzt eine selbständige Behandlung beanspruchten, die Moralphilosophie christlich genug, um zu einer bestimmteren theologischen Gestaltung aufzufordern. Das allgemeine Thema lautete dahin, dass aus dem evangelischen Glauben und erst aus ihm ein gottgefälliges christliches Handeln hervorgehen werde; bei der Ausführung aber kam es darauf an, ob das Letztere aus dem Glaubensprincip unmittelbar entspringend erscheinen sollte, oder ob angenommen wurde, dass die sittliche Bethätigung schon durch gewisse gemeingültige moralische Axiome angezeigt sei; hier wie dort ergab sich ein anderer Ausgangspunkt; es fragte sich also noch, ob die philosophische oder die theologische Begründung schärfer zu fassen und weiter zu verfolgen sei. Methodische Consequenz wird Niemand von diesem Zeitalter erwarten, dagegen lässt sich voraussehen, dass die Bildung der ethischen Literatur auf ungleichen Wegen vor sich gehen und sich eines breiteren Raumes bedienen werde, als die Dogmatik ihn damals erheischte.

Die ersten Versuche fallen natürlich anfängerisch aus. David Chyträus, wohl bekannt durch seine historische und philosophische Bildung sowie als Theilnehmer am Concordienwerk, verfasste 1555 Lebensregeln und Beschreibungen der Tugenden im Anschluss an den Dekalog, — es war aber nur eine farblose Skizze. Wenig später 1557 lieferte der Däne Nikolaus Hemming ein „Enchiridion", welchem schon mehr Material einverleibt ist. In Einem Punkt trifft Hemming mit Melanchthon durchaus zusammen; er vindicirt wie dieser dem Naturgesetz eine sittliche Bedeutung. Mit dem Gewissen, sagt er, sei dem Menschengeiste eine Kenntniss der Normen und Folgerungen eingeflösst, nach welchen die Vernunft das Leben zu verwalten hat, damit er das Gute verstehen, wollen, wählen und ausüben lerne; dem Gewissen wird also eine bestimmende nicht bloss bezeugende und vergeltende Wirksamkeit beigemessen, ein Sittliches ist immer schon vorhanden, und nur die volle Verwirklichung des Guten kann der Offenbarung anheimfallen. Nach altkirchlicher Bezeichnung sind Theorie und Praxis, richtiges Denken und Thun (recte sentire und recte agere) die natürlichen Bestandtheile der Religion. Daher wird zunächst das Gottesreich aus diesen beiden Factoren aufgerichtet und nachgewiesen, wie der sittlich verantwortliche aber schuldig gewordene Mensch vom

Gebote angeklagt, vom Evangelium getröstet, gerechtfertigt und auf den Weg der Besserung geleitet wird. Der zweite Theil zeigt die Früchte dieser Erneuerung; Frömmigkeit und Werkthätigkeit entwickeln sich unter Herrschaft des christlichen Gesetzes, und im dritten Theil tritt die Kirche als besondere auf Bekenntniss, Lehre, Gebet und Bundeszeichen gegründete Anstalt auf den Schauplatz. An ihr hängt der geistliche Beruf, von ihr aus werden nicht nur Cultusordnung und Caerimonie geregelt, sondern auch die Gebiete des Pflichtmässigen und des Erlaubten übersehen und die Kräfte bezeichnet, welche auch Kreuz und Aergerniss innerhalb der Gemeinschaft erträglich machen, bis zuletzt noch der weltliche und bürgerliche Lebenskreis mit seinen Schutz- und Erhaltungsmitteln als Obrigkeit, Strafrecht, Dienstverhältniss, Hausstand und Ehe sich erschliesst. Moralische Incidenzpunkte liessen sich überall einflechten, im Ganzen aber tritt das Lutherisch-Eigenthümliche nur wenig in den Vordergrund. Ein Dritter, Victorin Strigel, hat sich, wie er Melanchthons Loci commentirte, in allen Streitfragen, namentlich in der Anerkennung eines selbst von der Erbsünde nicht vernichteten sittlichen Vermögens diesem Meister angeschlossen. Er war ganz eigentlich ein Schultheologe von praktischem Verstande und von Philippistischer Auffassung des Heilsweges, die Schonung der anthropologisch-ethischen Fähigkeiten war ihm natürlich. Seine „Epitome“ von 1582 ist bei geringer Originalität als fassliches Unterrichtsbuch lange Zeit in Ansehen geblieben; sie umfasst eine auf den Dekalog basirte Tugendlehre, welcher die philosophischen Grundbestimmungen als Vorstufe dienen.

D. Chytraei Regulae vitae seu virtutum descriptiones in praecepta decalogi distributae 1555, von Melanchthon beurtheilt C. Ref. VIII, 422, X, 678.

Nicol. Hemmingii Enchiridion theologicum praecipua verae religionis capita breviter et simpliciter explicata continens, 1557, woselbst gesagt wird: Lex naturae est divinitus impressa mentibus hominum notitia certa principiorum et actionis atque conclusionum ex istis principiis demonstratarum proprio fini hominis congruentium, quas ex principiis necessaria consequentia ad humanae vitae gubernationem exstruit ratio, ut homo ea quae sunt cognoscat, velit, eligat, agat vitetque contraria, quorum omnium et testis et judex conscientia hominibus divinitus est attributa. Eine andere Schrift desselben Verfassers: Via vitae christianae et orthodoxa institutio complectens praecipua religionis capita etc. nunc primum ex Danica lingua translata ab Andr. Sev. Vellejo, Francof. ad M. 1580.

Vict. Strigelii In epitomen philosophiae moralis Phil. Mel. ὑπομνήματα excepta de ore ipsius in praelectionibus publicis — op. et st. Pezelii, Neapoli Nemetum 1582. Uebrigens vgl. bes. E. Schwarz, a. a. O. Stud. u. Krit, 1850. Pelt, Die christliche Ethik in der Luther-Kirche vor Calixt, ebendas. 1848, S. 271ff., dazu Joh. Fr. Mayer, Biblioth. scriptorum theol. moralis, Gryphisw, 1705.

§ 26. Fortsetzung.

Zwei andere Moralisten sind beachtenswerther. Der Hamburger Paul von Eitzen, gest. 1598, der erst durch Pelts Auszüge bekannter geworden, verräth gleichfalls noch den Einfluss Melanchthons, ja er beklagt es gelegentlich, — und um 1570 hat er Grund genug dazu, — er beklagt es, dass ein Zeitalter, welchem zwei Sterne wie Luther und sein Genosse von Oben her aufgegangen, nicht mehr Beide nach ihrem Hinscheiden in Ehren halten wolle, denn Melanchthons Andenken werde mit Schmähungen verfolgt und verlästert, — sed procul dubio Deus illam barbaricam ingratitudinem puniet! Eitzen war ein Gelehrter, daher zieht er klassische und biblische Beispiele und Sentenzen abwechselnd herbei, ohne darum die christliche Scheidelinie zu beseitigen. Auch er lässt für seine „ethische Doctrin“ zunächst die Schöpfung selber sprechen. Das Dasein eines Gottes als des Urhebers der Dinge, die Pflicht der Gemeinschaft und der Unterordnung, die Selbsterhaltung, die Fortpflanzung des Geschlechts, die Eltern- und Kindesliebe und Erziehung, das Eigenthumsrecht, die Aufrichtigkeit, die Achtung der Guten und Strafwürdigkeit der Bösen, — dies Alles sind Folgerungen, zu welchen die Naturordnung selber den Fingerzeig geliehen; Niemand wähne, dass menschliche Willkür oder Verabredung solche Bande geknüpft habe. Auf dieser Basis der Natur erheben sich die menschlichen Einrichtungen und weiterhin die göttlichen Gebote. Es ist ein grosser Unterschied, ob die Tugenden als blosse Consequenzen des vernünftigen Denkens gelten, oder ob sie aus der Lichtquelle des göttlichen Geistes ihre Richtung und Deutung empfangen. Das Gesetz kann strafen, beugen und erwecken, aber der dritte Gebrauch desselben weist auf die Laufbahn, auf welcher wir Evangelischen dem wieder gewonnenen göttlichen Ebenbilde stetig nachzutrachten und nachzuleben haben. Daher ist es abermals der Dekalog, welchem die weitere Darstellung mit mancherlei Digressionen sich anschliesst. An Würde und Nothwendigkeit, sagt Eitzen, stehen beide Gesetzestafeln einander gleich, die Nächstenliebe ist nichts Geringeres als die Gottesliebe, weil beide aus derselben Glaubensquelle entspringen. Es giebt kein edleres Bündniss als das der Gerechtigkeit und Güte, es ist schöner als jede musikalische Harmonie. Die Obrigkeit muss so viel Autorität haben, dass der Soldat seiner Fahne folgt, selbst wenn er die nicht immer gerechtfertigte Ursache eines Krieges nicht kennt; man vergesse aber auch nicht, dass die Völlerei die Welt mehr Opfer gekostet hat als der Krieg. Niemand wundere sich über die der Christenheit in solcher Menge auferlegten Leiden; denn gerade in der Trübsal soll auch der Kampf mit der Sünde durchgeführt, die Heilsamkeit der Prüfung dargethan, das Kreuz getragen werden. Die Tapferkeit kann doppelt definirt werden, entweder nach Aristoteles als die Mittelgrösse zwischen Verwegenheit und Furcht oder als die Schutzwaffe der Gerechtigkeit, beides hat seinen Sinn. Im Folgenden kommen zahlreiche einzelne Artikel wie Privatrache und Selbstmord, von den Tugenden Keuschheit, richtiger Gebrauch der Zunge, Gastlichkeit an die Reihe, sogar den Wissenschaften und Künsten und ihrer moralischen Stellung wird ein Wort gewidmet. Die Tortur wird gemissbilligt. Nicht der Communismus, sondern das getheilte Eigenthum hat die göttliche Weisheit für sich. Es bleibt dabei, dass die Jurisprudenz ein Theil der Ethik ist.

Diese Darstellung erreicht also schon eine gewisse Völligkeit; auch erhellt aus dem Angeführten, dass der Verfasser eine tiefere Gesinnung mitbrachte. — Ein Vierter endlich könnte auch der Erste genannt werden, da er Melanchthon vorangeht. Thomas Venatorius, geb. 1488 in Nürnberg und 1551 daselbst gestorben, mit Lazarus Spengler und Osiander befreundet, wirkte als Prediger und Liederdichter in seiner Heimath und betheiligte sich an den dortigen kirchlichen Streitigkeiten. Schon 1529 schrieb er drei Bücher von der „christlichen Tugend", eine streng theologische Bearbeitung des Gegenstandes, von E. Schwarz gründlich beleuchtet, welcher den Verfasser mit Recht als eine sittlich wie religiös empfängliche und wissenschaftlich gebildete Persönlichkeit hinstellt. Um einen Einheitspunkt zu setzen, hält sich Venatorius an die Augustini'sche Definition der fides, welche zugleich virtus ist. Diesen Begriff will er ethisch verwerthen. In Christus ist mit der Wahrheit auch die Liebe offenbart; indem also das christliche Heil nach beiden Seiten vom Glauben erfasst wird, nimmt dieser zugleich etwas Actives und Virtuelles in sich auf; er hat nicht Tugend, sondern ist sie schon und wird daher zu einem lebendigen Geistestriebe, welcher von der Erkenntniss Gottes zur Nächstenliebe und Heiligung fortschreitet. Von dieser sittlich-religiösen Wesenseinheit aus verzweigt sich die Glaubenstugend in zahlreiche Erscheinungsformen, aber sie will auch erworben und erkämpft sein, dann erst beseligt sie, eine Beseligung, zu welcher die Philosophie nicht gelangt ist, weil sie, stets uneinig über die Bestimmung des höchsten Zieles, nur in der bürgerlichen Gerechtigkeit ein sicheres Ergebniss fand. Und nicht mit der Lohnsucht wolle man jenes Verlangen verwechseln; der christlich Tugendhafte trachtet nicht nach Vergeltung und Lohn als einem Gute für sich, sondern nur nach dem Lohnenden selber, d. h. nach dem beglückenden Segen der Gottesliebe und Gottverbundenheit. Dieses selige Antheilhaben Aller an Gott ist die wahre Gütergemeinschaft, während jene andere bürgerliche lediglich verhältnissmässig und in der Form der brüderlichen Wohlthätigkeit realisirt werden kann; die aufständischen Bauern haben eine belluina rerum communitas aus ihr gemacht. Diese lebhaft vorgetragenen Gedanken gereichen dem Schriftsteller zur Ehre. Er fährt fort, seine Tugend auch als Rechtsbeschaffenheit und Geradheit (rectitudo) zu beschreiben; so verstanden lehrt sie uns, der Stimme Gottes durch Feuer und Wasser, durch Noth und Tod zu folgen, zweitens aber auch gemeinsame Loose des Vaterlandes treulich und ohne selbstsüchtige Ausbeugung (obliquitas) zu theilen; „das Geziemende (decorum) verbreitet sich über den ganzen Körper des Rechten oder Wohlanständigen". Die Barmherzigkeit muss als besonderer sittlicher Ausläufer ebenfalls vielartig auftreten, denn der φιλάνθρωπος ist nach Christi Vorbild auch ein πολύτροπος, er wendet sich mit Leichtigkeit nach allen Seiten. An dieser Stelle werden denn auch die Cardinaltugenden vorgeführt, von welchen Melanchthon nicht viel Aufhebens macht, denn er hält sich allein an die Aristotelische Gerechtigkeit. Jede derselben besitzt ihre eigene Provinz sei es des öffentlichen oder des Privatlebens, aber erst die Verbindung mit der Glaubenstugend soll sie zu christlicher Würde erheben. — Weniger glücklich ist der Verfasser, wenn er nachher seine Grundsätze gegen alte philosophische und neue kirchliche Widersacher vertheidigt. Auch erhellt aus dem Vorstehenden, dass seine Erklärung der Glaubenstugend (virtus fidei) nicht scholastisch gemeint war, aber auch nicht mit der Lutherischen Rechtfertigung, wie sie im Streite gegen Osiander verschärft werden sollte, zusammentraf. Denn bei der Zurechnung des Verdienstes Christi hält sich Venatorius gar nicht auf, sondern er denkt den Glauben sofort als eine Liebes und Lebenskraft in seinem Inhaber. Und eben diese Erweiterung des Begriffs musste ihm für seinen Zweck willkommen sein, auch war die Lehre damals noch im Werden begriffen. Die ganze Schrift des Venatorius beweist, dass die evangelische Ethik schon in dieser frühen Zeit für einzelne Persönlichkeiten ein bestimmtes Dasein gewonnen hatte Er versuchte sich also in der theologischen Form der Sittenlehre, welche nach Lage der Dinge auch später die Oberhand gewinnen sollte.

Paulus de Eitzen, Ethicae doctrinae libri in usum stndiosae juventutis, Witeb. 1572, der zweite Theil continens quinque libros posteriores 1573 und mehrmals wiederholt, von Pelt a. a. O. S. 271 ff. mit zahlreichen Auszügen erläutert. — Am Schluss werden noch einige Fragen behandelt, z. B. Cur Aristoteles dicit virtutem esse habitum, quum potius videatur esse actio? Cur vulgari proverbio dicitur: in medio consistit virtus? Cur dicatur virtutem propter se expetendam esse? An bruta habeant virtutes?

Thomae Venatorii De virtute christiana libri III, Norimb. 1529, sehr selten und mir unbekannt, aber genau besprochen von E. Schwarz, Stud. und Krit. 1850, S. 79 ff. Aus einer zweiten Schrift: Epistola apologetica ad Joh. Hanerum de sola fide justificante nos in oculis Dei, Norimb. 1534, beweist dass Venatorius sich später der orthodoxen Fassung angeschlossen hat.

Specialfragen im Lutherthum.

§ 27. Staat und Kirche. Mit diesen fragmentarischen Umrissen einer theoretischen Sittenlehre verbinden sich von Anfang an einige sichere und schon von Luther vorgezeichnete Normen des Pflichtenlebens. In der Erweckung und Heiligung der Herzen hat das Evangelium seinen selbständigen Zweck, aber es soll anerkennen was ihm vorangegangen. Verwaltungen, Reiche und Staaten eröffnen der christlichen Verkündigung ein freies Feld, sie sind ein Werk Gottes und fordern Gehorsam nach Röm. 13, 1 ff. u. a. Fehler und Missgriffe der Machthaber entkräften noch nicht deren Rechte; wer um solcher Verschuldungen willen die Obrigkeit missachtet, verwechselt die Personen mit der Sache, wer das menschliche Elend aus politischen Quellen herleitet, verfällt dem Wahn der Wiedertäuferei. Es ist Zeit, dass die Jugend vor der politischen Würde Ehrfurcht hegen lerne; christlich ist die Anhänglichkeit an Vaterland und Staat, christlich die Fürbitte für dessen Wohl, verwerflich die Zurückziehung vom bürgerlichen Geschäft. Auch macht der Ort keinen Unterschied, lebe in Armenien oder Venetien, du hast dieselbe Pflicht. Man wolle jedoch nicht meinen, dass der Staat lediglich das leibliche Wohlbefinden, die Kirche das Seelenheil zu versorgen habe; das weltliche Regiment reicht weiter, Gesetz und Zucht sind ihm in die Hand gegeben, damit es öffentliche Gefahren abwende, den Frieden erhalte, durch ein geordnetes Strafverfahren der Privatrache vorbeuge. Wenn nun auch die allgemeine Gottesverehrung auf einer natürlichen Grundlage ruht: so liegt es dem Staate ob, sie aufrecht zu erhalten und gegen offenbare Eingriffe zu schützen. Beide Verwaltungen, die staatliche wie die kirchlich religiöse, verhalten sich also nicht schlechtweg wie Leib und Seele, eher wie das Aeussere zum Inneren, wie die grundlegende Disciplin zu der Bildung der Persönlichkeiten, wie das Reich der Mittel zu dem der letzten Zwecke. Darüber sind Alle einverstanden, und von Luther ist bekannt, dass er dem Recht des Krieges und dem Werth der Kriegstugenden eine seiner schönsten Schriften gewidmet hat. Luthers Protest gegen Hinrichtung der Häretiker war für ihn selber principiell geboten und hat im Ganzen durchgreifend auf die Folgezeit gewirkt, der evangelische Glaube schafft keine Märtyrer, er beklagt sie nur. Melanchthon zählt es zu den Pflichten des Fürsten, dass er wissentlich keine Verbreitung falscher Lehren dulden dürfe, fügt aber hinzu, dass beide Anstalten auf verschiedene Maasse und Formen der Bestrafung angewiesen seien, die Kirchenzucht also nicht die Befugniss habe, den Sünder dem Criminalrichter auszuliefern, statt ihn zur Busse zu rufen, womit es sich dann nicht vertragen will, dass derselbe Melanchthon die Verbrennung Servets wenigstens aus der Entfernung gutheissen konnte; sein eigenes Wort: Si princeps est, non patiatur falsa doceri sciens et volens, quia faciens et consentiens eadem poena digni sunt, deckt ihn nicht.

Ueber die von ihm ausgegangene Erhebung des Staats zu einer selbständigen und von Gott geordneten Macht hat sich Luther in unvergesslichen Worten selbst ausgesprochen. „Wann ich D. Martinus sonst nichts Guts gelehrt und gethan hätte, dann dass ich das weltliche Regiment oder die Obrigkeit so erleuchtet und geziert habe: so sollten sie doch dieses einigen Stücks halben mir danken und günstig sein, weil sie allesammt, auch meine ärgste Feinde wohl wissen, dass solcher Verstand von weltlicher Obrigkeit unter dem Bapstthum nicht allein unter der Bank gelegen, sondern auch unter allen stinkenden und lausigen Pfaffen- und Münch- uud Bettlerfüssen hat müssen sich drücken und treten lassen; dann solchen Ruhm und Ehre habe ich von Gottes Gnaden davon, es sei dem Teufel und allen seinen Schuppen lieb oder leyd, dass seit der Apostel Zeiten kein Doctor noch Skribent, kein Theologus noch Jurist so herrlich und klärlich die Gewissen der weltlichen Stände bestätigt und unterrichtet und getröstet hat, als ich gothan habe durch sonderbare Gnade Gottes. Das weiss ich fürwahr, denn auch S. Augustin noch Ambrosius, die doch die besten sind in diesem Stück, mir nicht gleich hierinnen sind, dess rühme ich mich Gott Lob und Dank, dem Teufel und allen meinen Tyrannen zu Leyd und Verdriess, und weiss dass solcher Ruhm wahrhaftig und beyde für Gott und der Welt muss bekannt sein und bleiben, sollten sie auch toll und thörigt darüber werden". Mit diesem Ausruf bestätigt Luther das Wort der „strohernen Epistel": es giebt auch eine Seligkeit im Handeln nach Jak. 1, 25: μακάριος ἐν τῇ ποιήσει αὐτοῦ. Luthers Werke von Walch X, S. 294.

Wir gelangen somit auf eine Anschauung, nach welcher Staat und Kirche auf einem gemeinsamen Felde sittlicher Interressen sich begegnen und für einander thätig sind; aber wo die staatliche Obhut aufhört, da beginnt die Pflege der ewigen Gerechtigkeit und des Lebens aus Gott durch den Dienst des Evangeliums, nach Melanchthons Worten: In cordibus vera inchoatur aeterna justitia et vita a Deo per ministerium evangelii. Was durch bürgerliche Leitung nicht zum Ziele geführt werden kann, fällt den Geisteswirkungen der christlichen Gemeinschaft anheim; es ist eine Freiheit, welche der Kirche zusteht, indem sie ihre gottesdienstlichen Formen nach Maassgabe des Schicklichen regelt und verändert, und abermals eine Freiheit, die den Einzelnen ermächtigt, sich selber die seinem Alter und seinen Kräften angemessenen Uebungen und Enthaltungen aufzuerlegen. Die Beurtheilung des Cultus verschärft sich in der Bilderfrage. Diese stellte die kirchlichen Differenzen jetzt wie einst im Mittelalter in ihrer ganzen Ausdehnung hin: hier die bis zum Kunsthass gesteigerte Bilderscheu der Reformirten, dort der Bilderdienst des Aberglaubens im Griechenthum. Luther aber schritt durch diesen doppelten Nimbus mit der Ruhe des grossen Kopfes hindurch. Er erklärte einfach, dass es nicht Sünde sein könne, eine biblische Erzählung mit einem Gedankenbilde zu begleiten, also auch nicht, diesem Erzeugniss unserer Vorstellungskraft Farben zu leihen, und endlich nicht, das künstlerisch ausgeführte Gemälde der Betrachtung selbst in der Kirche darzubieten. Er hat Recht behalten für alle Zeiten.

Ich beziehe mich auf Mel. C. Reform. XVI, p. 469, 478 sqq. XXI, p. 984. 90. 127, woselbst über das iudividuelle Recht der Askese bemerkt wird: Sed illud verum est, liberum esse cuilibet, privatim eligere exercitia honesta et convenientia suae aetati et suis viribus, ut et scholae gubernatori, instituere lectionum et disputationum ordinem. Womit übereinstimmt, dass das Fasten von Luther nur beschränkt und von dem gesetzlichen Zwange befreit, nicht überhaupt untersagt wird, während Melanchthon zu bedenken giebt, C. A. II, a. 2, dass durch Veraltung der Welt die menschliche Natur im Laufe der Zeit hinfälliger geworden sei: Vgl. Calvini Instit. IV, cp. 12. § 14.

Reichliches Material liefert Joh. Gerhard in den moralischen Abschnitten seiner Loci, Tom. XIII. XIV ed. Cotta. Hier werden die kirchenpolitischen und moralpolitischen Fragen über Ausdehnung der Majestätsrechte, Erbfolge, Verbindlichkeit der Regenten und Unterthanen, Verträge unter Personen verschiedener Confession, Anerkennung mehrerer Bekenntnisse in demselben Staat, Duldung häretischer Bücher, Rechtsverhältniss zu den Häretikern, jus talionis etc. viel weiter verfolgt. Auf die Frage: An haeretici capitalibus poenis sint afficiendi, antwortet der Verfasser ganz wie Luther, aber mit einer gelehrten Gründlichkeit, welche den Abschnitt XIV, 185—237 noch heute lesenswerth macht. Ueber das politische Princip vgl. noch Köstlin, a. a. O. 485 ff.

§ 28. Eid, Ehe und Haus.

Einige andere Artikel berühren sich gleichfalls mit den Anforderungen der bürgerlichen Ordnung und des Rechts. Den „tollen Sophisten“ und Anabaptisten gegenüber, welche „ganz enge gespannt haben“, ist das Urtheil der Reformatoren sicher und taktvoll aufgetreten. Für sich selbst und aus eigener Lust soll ein Christ allerdings nicht schwören, wohl aber wenn Noth und Nutzen Anderer, wenn Gottes Ehre es erheischen oder auf Geheiss der Obrigkeit; auch Christus und die Apostel haben geschworen, und recht geübt ist es ein schöner Gottesdienst. Indem Luther vergleichsweise das Amt des Scharfrichters, welcher im Auftrage einer höheren, ja der höchsten Autorität handelt, von der willkürlichen Gewaltthat des Todtschlägers unterscheidet, greift er vom Inhalt der Handlung auf deren Intention zurück. Melanchthon benutzt abermals und sinnreich das Verhältniss des Evangeliums zum Gesetz. Es ist das Evangelium, welches aus Christus spricht, wenn er Matth. 5,34 das Schwören untersagt, er wendet sich damit an die Gesinnung des Einzelnen, welcher fern von Leichtsinn und Vermessenheit dafür sorgen soll, dass das einfache Ja in der Welt der Freiheit immer fester gegründet werde; aber es ist das Gesetz, welches aus Gründen einer unentbehrlichen Rechtsordnung die Eidesleistung verlangt, und an sich genommen kann nach Röm. 9, 1 die Anrufung Gottes keine Sünde sein. Dieses doppelte Verhalten folgt nach beiden Seiten aus dem Princip einer gottgemässen Wahrhaftigkeit, die der Schwörende wie der einfach Versichernde in sich selber zu bezeugen haben. Die weitere Ausführung erstreckt sich auf die Arten des Eides, auf Meineid und Gelübde, aber mit starken Protesten werden die päpstlichen Dispensationen zurückgewiesen, weil die Verbindlichkeit des wirklichen Eides eine moralische Nothwendigkeit in sich trägt, die von keiner Creatur entkräftet werden darf.

Ferner bedurfte die Ehe einer neuen evangelischen Normirung. Laster des Cölibats und des Klosterlebens, Entehrung des Weibes, Unzucht und Cynismus jeder Art hatten lange und verheerend genug gewuchert, — vom Heerde des Hauses sollte die Läuterung ausgehen. Bei der Beurtheilung der Ehe sah sich der protestantische Standpunkt in ein dreifaches Verhältniss versetzt, das eine zur Schöpfung und Natur, das andere zum öffentlichen Recht, das dritte zu der hinfällig gewordenen kanonischen Satzung. Es muss ein selbständiges, auf der Natur ruhendes, christlich geheiligtes, aber auch mit den Unvollkommenheiten des Lebens vereinbares Band sein, welches an die Stelle des Sacraments tritt, ohne gegen dieses an innerer Würde zurückzustehen. Luther bezweckte ebenso wohl eine sittliche Kräftigung und Rechtfertigung der Ehe wie eine Befreiung von äusseren Schranken und überlieferten Vorurtheilen. Seine Erklärungen sind von Schroffheiten nicht frei, verrathen aber zugleich eine gewisse Zurückhaltung in Nebenbestimmungen, die dem Staate anheimgegeben werden sollen; sie deuten auf ein Gebiet der Vereinbarung, auf welchem sich das protestantische Eherecht seitdem bewegt hat. Im Anschluss an 1 Kor. 7,2 räumte er wie alle Uebrigen ein, dass in Folge des Sündenfalles die Ehe zum Schutzmittel wider die Hurerei heruntergekommen sei, aber sie bleibe doch Gottes Werk und Quelle der ihr anvertrauten Güter. Es sind die Persönlichkeiten, die sie verbindet. „Ich will dich selbst, nicht das Deinige, sei es Gold oder Silber, will's ganz oder gar nicht"; — so spricht die rechte Braut zu ihrem Erwählten. Damit verträgt es sich freilich schlecht, wenn die Ehe zu den „äusserlich leiblichen Dingen" gezählt wird; was die Seelen ergreift, kann einer weltlichen Handtierung nicht gleichen, indessen würde Luther dies nicht gesagt haben, wenn er nicht die Verschiedenheit des Bekenntnisses als Ehehinderniss hätte ablehnen müssen. Ehebruch, bösliche Verlassung, Versagung der ehelichen Pflicht sind unumgängliche Scheidungsgründe, Genaueres möge der Staat hinzufügen. Kein Vater darf seinem Kinde die Verheirathung überhaupt untersagen, während für den bestimmten Fall die Zustimmung der Eltern als Legitimation durchaus erforderlich ist. Mit Recht ist auffällig gefunden worden, dass Luther zwischen dem privaten und dem öffentlichen Verlöbniss specifisch unterscheidet; das erstere soll unverbindlich sein, nicht so das andere, welches vielmehr der schon geschlossenen Ehe dergestalt moralisch gleichgeachtet werden müsse, dass wer es bricht, ein Adulterium begangen hat; der öffentliche Act der Verlobung verpflichte nicht weniger als die Hochzeit selber. Endlich haben neuere Untersuchungen ergeben, dass Luther anfangs eine fortdauernde Bigamie der Scheidung vorziehen wollte, so wie er denn auch für die alttestamentlichen Freiheiten zuletzt nur Entschuldigung, nicht Rechtfertigung gelten liess. Rath zu wissen für jeden Fall und Conflict hatte bei dem höchst ungeläuterten Zustande der Sittenbildung die grösste Schwierigkeit.

Haus und Familie standen ihm als ein Gleichniss des Gottesreiches vor Augen, denn von solchen Stätten soll es emporwachsen, nicht aus dem Schoosse des Klerus und der Klöster. Oberherrschaft des Hausherrn, Gehorsam der Untergebenen, aber auch Schätzung der geringsten Dienstleistungen, liebevolle, ja aufopfernde Pflege der Kinder, — diese Rechte und Pflichten vereinigen sich zu einem gemeinsamen Gottesdienst, der aber nicht ohne Fröhlichkeit, Spiel und Wohlklang gedeiht. Zucht und vorbildliches Betragen erheben die Erzieher auch zu Lehrern, wie umgekehrt die Schule zugleich erziehend wirkt. Kinder müssen vor Allem zur Wahrheitsliebe gewöhnt, aber auch vor unzeitiger Witzigung behütet werden, und es ist besser, wenn sie als wenn die Eltern weinen (Sprüche 23, 13. 14. Sir. 30, 1). In solchen Sätzen spricht der Deutsche und der Volksfreund. Bekannt und keineswegs ausgedient ist der Spruch, dass viele Bücher nicht gelehrt machen, wohl aber wenige Bücher und „ofte lesen“. — Gegen die damalige Lage der Leibeigenen ist Luther nicht aufgetreten.

Ueber den Eid vgl. zahlreiche Aussprüche in Zimmermanns Concordanz aus Luthers Schriften, dazu Melanchthon im C. Ref. XVI, p. 452 de juramentis.

Noch viel häufiger kommt Luther auf den Ehestand zu sprechen. Beispielsweise sagt er: „Christlich und göttlich davon zu reden, ist das das Höchste, dass Gottes Wort an deinem Weibe und an deinem Manne geschrieben ist: wenn du dein Weib also ansiehest, als wäre nur eins und keins mehr auf dieser Welt, und wenn du deinen Mann also ansiehest, als wäre nur einer und sonst keiner mehr in der Welt, dass kein König, ja auch die Sonne nicht schöner scheinen und in deinen Augen leuchten soll, als eben deine Frau oder dein Mann“. — „Der Ehestand ist die Quelle, da alle Stände her wachsen. Und Gott hat es sonderlich also in einander gebunden; gleichwie der Ehestand allen anderen Ständen muss dienen, — also sollen wiederum alle Stände dem einigen Ehestande dienen“. — S. Salfeld, Luthers Lehre von der Ehe, Lpz. 1882, mit Benutzung der Schriften von Sohm, Dieckhoff, Scheuerl, Kliefoth. — Thönes, die christliche Anschauung der Ehe und ihre modernen Gegner, vollständig, aber sehr weitschweifig. Fuchs, Luthers Ansichten über Ehe, Haus, Erziehung nnd Unterricht, Heidelb. 1884, auch gegen Janssens Angriffe gerichtet. — Ueber Luthers eigene Ehe: Hausrath, Kleine Schriften religionsgeschichtlichen Inhalts, Lpz. 1883, S. 235ff. Luther und Käthe. — Von Melanchthons Seite vgl. C. Ref. XXI, App. 1. Viel Material findet sich zusammengestellt im letzten Th. von Gerhard, Loci theol.

§ 29. Fortsetzung, die Wohlthätigkeit.

Neuerlich sind über die Uebungen der Liebespflicht in dieser Zeit Studien eröffnet worden, welche aber noch wenig Erfreuliches ergeben haben. Im XV. Jahrhundert war allerdings manches Gute geschehen; Bruderschaften, zumal die Brüder des gemeinsamen Lebens nahmen sich ernstlich der Armen an; Waisenhäuser, Findelhäuser, Bettlerordnungen halfen das Elend der Bevölkerung wenigstens lindern. Die Kirche selbst bot im Einzelnen wohl eine hülfreiche Hand, aber sie hat die Armuth, welcher sie steuern wollte, zugleich genährt und grossgezogen. Nun folgte der Bauernkrieg, auch nach dieser Seite ein unheilvolles Ereigniss. Die Aufrührer bereiteten sich selbst ihr Schicksal. Luther forderte das „Dreinschlagen“ zuletzt wie einen Act der Barmherzigkeit; noch herber urtheilte Melanchthon, nur Brenz lieferte ein billigeres Gutachten. Die Herrschaften kannten keine Mittel als die der Grausamkeit; die von ihnen mit unerhörter Härte und für lange Zeit angewendeten Strafmittel glichen weit mehr einer Rache als einer Schutzwehr gegen Vergehung und Uebergriff, der Nationalwohlstand wurde tief geschädigt. Die religiös-communistische Idee ging auf die Wiedertäufer über, blieb aber ebenfalls ohne wohlthätige Rückwirkung, Erst durch die Visitationen von 1529 ist das Bedürfniss der Volkserziehung und der Liebesthätigkeit angeregt worden, auch die Pfarrer durften Unterstützungen in Anspruch nehmen. Seitdem haben in kleineren und grösseren Städten geordnete Armen- und Krankenpflege in mancherlei Formen ihren Anfang genommen, und Bugenhagen wurde der kräftige Förderer dieser Anstalten.

Hering, die Liebesthätigkeit der deutschen Reformation, Stud. und Krit. 1883 H. 4, 1884 H. 2. Riggenbach, das Armenwesen der Reformation, Basel 1883.

§ 30. Erster reformirter Ethiker. Lambert Daneau.

Von dem philosophischen Gesichtspunkt aus, wie wir sahen, ist im Lutherthum das Studium der Ethik schrittweise in die protestantische Theologie eingetreten; aber die ersten Versuche blieben vereinzelt, es folgte eine längere Pause. Anders in der reformirten Kirche, hier ist die Sittenlehre zwar später, dann aber auch sofort in positiver Haltung und als eigene Disciplin bearbeitet worden, um sich in literarischer Continuität auf das folgende Zeitalter fortzupflanzen.

Die christliche Ethik ist eine aus dem Worte Gottes geschöpfte und vollständig ausgebildete Lehre oder Unterweisung, welche unsere innere und äussere Heiligung, also die Erneuerung unseres ganzen Lebens zum Gegenstand hat. In drei Theilen handelt sie von den Principien und Ursachen der menschlichen Handlungen, von den Vorschriften, denen sie folgen sollen, zuletzt von den Tugenden und Fehlern im Einzelnen. Auch die Philosophen kannten neben der Logik und Physik noch eine Ethik, aber sie stützten sie nur auf die Vernunft, sie dachten nur an das gegenwärtige, nicht das zukünftige Leben und gingen von unhaltbaren Begriffen des Guten und Schlechten aus; die wahre Ethik ist also ein Eigenthum des christlichen Glaubens.

Mit diesen Sätzen eröffnet Danäus († 1596) sein verdienstliches Werk, das einzige dieses Schriftstellers, welches eine feste Stellung in der Literatur einnimmt. Bedeutende Kenntniss der antiken Philosophie, zumal des Aristoteles und des Plutarch, Schärfe des Denkens und Geschicklichkeit in der Beherrschung des Materials befähigten ihn für diese Aufgabe; zugleich hat er dafür gesorgt, dass sich der kirchlich reformirte Charakter sofort und ebenso bestimmt auf diese Disciplin übertrug, wie er sich bereits in der dogmatischen ausgeprägt hatte. Formell angesehen ist Danäus der Scholastik wohl noch verfallen, dem Geiste nach lässt er sie hinter sich, ja er nimmt keinen Anstand, das Scholastische in eine Mitte zu stellen zwischen dem Ethnischen und dem wahrhaft Christlichen.

Wir finden hier eine bündige Argumentation, eine einfache und starke Strömung statt der vielen kleinen scholastischen Cascaden. Der gesammte begriffliche Apparat soll dennoch fortgeführt werden. Alle Handlung ist Bewegung oder Erregung des Leibes und der Seele, omnis corporis animive motus et agitatio; man kann beides sagen, dass sie allem Organischen einwohnt, aber auch dass sie lediglich dem Menschen zugehört. Ueber die vegetative Regung der Pflanzen und die sinnlichen Triebe der Thiere erhebt sich der Mensch als vernünftige Willensthätigkeit. Die Intelligenz verhält sich betrachtend, trägt aber doch ein Unterscheidungsvermögen des sittlichen Gegensatzes in sich; daran knüpft die praktische Urtheilskraft, indem sie eine einzelne Handlung der allgemeinen Regel unterwirft, und ferner eine Klugheit, der es obliegt, geeignete Mittel herbeizuziehen. Der innere Hergang vertheilt sich unter die Funktionen der συντήρησις, συνείδησις und φρόνησις; der Wille als die bewegende Kraft steht in der Mitte, er kann spontan oder mit Ueberlegung auftreten, von Erregung, Leidenschaft oder Drang umgeben sein: immer gehört es zu seinem Wesen, eine ihm zugeführte Bestimmung zwanglos nach Aussen zu führen. Wäre der Mensch unversehrt geblieben: so würde sich schon aus diesem Zusammenwirken die Hervorbringung des Guten erklären lassen. Allein der Sündenfall hat ihn herabgesetzt, die Vernunft verdunkelt, den Willen der Macht des Satan unterworfen. Alles Gute besteht in der Uebereinstimmung mit seiner Regel; nachdem diese unserem sündhaften Zustande abhanden gekommen, können wir sie nur aus einer höchsten Causalität herleiten, welche das Gebot hinstellt, aber auch durch Kräfte der Gnade in den Erwählten erfüllbar macht. Die Alten reden von den Vorzügen des Angenehmen und des Nützlichen, wir Christen sind belehrt, dass in Allem nur das Sittliche als das honestum erstrebenswerth sei; an dieser Bestimmung hängen alle Fehler, der richtige Weg ist zugleich der einzige, via autem quae recta est, unica est. Uns Christen oder genauer den Erwählten ist die Erkenntniss des wahrhaft Guten anvertraut, aber auch es zu wollen und auszuüben, ist nicht ihr eigenes Werk.

Gegen Einwendungen des Pelagianismus und Semipelagianismus bleibt Daneau unerbittlich. Man sage nicht, dass Gott zum Tyrannen werde, wenn er dem Menschen die Fähigkeit vorenthalten, das ewige Leben von sich aus zu gewinnen; was Gott verliehen, hat die Sünde geraubt. Auch sind wir durch sie nicht entmenschlicht, nicht vom Verstehen und Wollen überhaupt, nur von dem des Guten entblösst, nicht unfähig schlechtweg, sondern nur für uns allein. Selbst die edleren Heiden haben sich nicht aus eigenem Vermögen vor der Menge ausgezeichnet, sogar innerhalb des Schlechten giebt es noch eine Auswahl. Man berufe sich nicht auf einzelne Kirchenväter, denn Andere haben es besser gewusst. Man wähne nicht, dass durch diese Lehre der Sünder zur Lässigkeit verleitet werde, nein, sie enthält nur einen neuen Antrieb, um Kraft zum Handeln aus der Höhe zu erflehen. Folglich ist Gott wie der Gebieter so auch die hervorbringende Ursache der guten Handlungen, Christus aber der Mittler, denn aus seiner Gemeinschaft empfangen wir die wahre echte wiederhergestellte Menschennatur, welcher dann die Kräfte des erneuernden und heiligenden Geistes zufliessen, ohne dass man sagen dürfte, dass Gott ein Theil unserer selbst geworden sei.

Damit ist jedoch nur das innere Princip, das principium intrinsecum, wie Thomas gesagt haben würde, gesetzt; andere mitbedingende Ursachen ergeben sich aus dem Zutritt der Affecte, dem Sinnenleben und dem Körper. Natur, Gewohnheit und Bedürfniss unterhalten den Verband mit dem animalischen Leben, und sie machen uns zugleich bildsam und der Erziehung fähig; nehmen wir drittens Ort, Zeit und Umstände hinzu: so ist der ganze, alles Handeln gestaltende Rahmen umschrieben, aber erst im Ziel offenbart sich der sittliche Gegensatz. Nach Glückseligkeit trachten Alle, der Christ aber hat, was die Heiden nicht vermochten, seinen Endzweck nicht in sich selbst zu suchen; Hingebung an das höchste Gute oder anders ausgedrückt, Verherrlichung des Ruhmes Gottes muss seine Maxime sein, und zu diesem Ziel verhalten sich alle anderen Bestrebungen nur als untergeordnete Medien. Auch der Preis der Unsterblichkeit darf nicht zum höchsten sittlichen Beweggrund erhoben werden, wir müssten denn um unseres Vortheils willen gut und heilig sein wollen.

Eine zweite Betrachtung handelt von der Form und bildet den Uebergang zur Tugendlehre. Neuere haben Tugenden der Gesinnung und der Fertigkeit unterschieden, aber schon Daneau will seinem Gegenstand dadurch näher treten, dass er zwei Formen des Sittlichen neben einander stellt, die habituelle und actuelle. Die erstere lebt als Gesinnung oder Diathesis in uns, und aus ihr stammen Heiligkeit und Gerechtigkeit, jene mehr als Reinheit des Herzens, diese objectiver als Hinrichtung unseres Strebens auf eine höchste Norm erkennbar. Beide haben in der Gemeinschaft mit Christus ihren Ursprung und werden dann von einer erleuchtenden und erneuernden Geistesmacht fortgepflanzt; die Erwählten sind ihre siegreichen, wenn auch immer noch kämpfenden Darsteller, denn erst das Jenseits führt sie zur Vollendung. Fragt man hingegen nach der zweiten werkthätigen Form: so gelangt man zu der Tugend im Einzelnen, und diese ist stets mit einem gewissen Stoff behaftet, unterliegt also den Gefahren der Verkürzung oder Uebertreibung, mit Recht wird ihr von Aristoteles ein Mittelmaass angewiesen. Hier will also der Verfasser die philosophischen Definitionen nicht unbenutzt lassen. Um genauer abzustufen, stellt er die heroische Tugend an die Spitze, denn sie ist die wahrhaft übermenschliche, die ganz eigentlich als Gottesgabe angesehen werden muss; die Alten haben sie gepriesen, ohne ihr mehr als Schattenbilder darzubieten, die Glaubensstärke Abrahams ist ihr Ausdruck. Darauf folgt die menschlich vollkommne, die soviel erreicht, dass das Sittliche wenigstens relativ dem Menschen natürlich wird (ἕξις), und endlich die unvollkommne und unbefestigte, die durch Selbstbeherrschung (ἐγκράτεια) dem Schlechten obsiegen, aber ebenso auch durch Unmässigkeit (ἀκράτεια) erliegen kann. Und in diesem Zustande befinden sich viele Christen, die Unbekehrten noch unterhalb desselben.

Hiermit schliesst der erste grundlegende Theil ab; die Ethik hat nachzuweisen, wie das menschliche Handeln dem göttlichen Willen adäquat zu machen sei. Der weitere detaillirte Inhalt wird dem reformirten Standpunkte gemäss gesetzlich vorgetragen werden, was nicht ohne Gewaltsamkeit gelingen kann. Der Dekalog, sagt Daneau, ruhend auf der Natur und dennoch zur höchsten Positivität erhoben, wiegt in seiner Kürze ganze Bibliotheken der Klassiker auf, und er lässt das christliche Princip nicht ausser sich oder über sich stehen, sondern zieht es bei richtigem Verständniss ganz in sich hinein. Seine zwei Tafeln, mehr werth als einst die Römischen zwölf Tafeln, vertheilen sich dergestalt, dass die erste von vier Geboten die Gottesliebe und deren Folgerungen, die zweite von sechs Geboten die Nächstenliebe umfasst, dies nämlich nach reformirter Zählung, welche wir beiläufig für die richtige halten. Die Auslegung dringt weit über den Wortlaut hinaus, und die Uebergriffe in das Politische sind darum bemerkenswerth, weil sie an die theokratische Grundansicht erinnern. Nicht genug dass das erste Gebot auf Hellenismus, Judaismus, Monarchismus und Deismus angewendet, das zweite gegen alle Abbildungen des Göttlichen gerichtet und auf jede Verdunkelung und Versinnlichung der Anbetung bezogen wird: so soll das dritte wider den Missbrauch des Gottesnamens selbst auf Superstition, Häresie, Meineid, Gelübde ausgedehnt werden dürfen. Die Häresie ist Todsünde und Lästerung göttlicher Majestät, sie unterliegt der Todesstrafe, aber Wort halten muss man auch dem Ketzer. Das fünfte Gebot umfasst alle Ordnungen der Familie und der bürgerlichen Gesellschaft, das sechste alle willkürlichen Eingriffe in die Natur. Dem siebenten werden alle geschlechtlichen und verwandtschaftlichen Verhältnisse, dem achten die Rechte des Besitzes und Eigenthums, aber auch Handel, Contract, Gewinn, Spiel und Wucher, dem neunten die Lehre von der Wahrheitsliebe und deren Verletzung, dem letzten endlich die Sünde der Concupiscenz im ganzen Umfange zugewiesen. Den Abschnitten der zweiten Tafel hat der Verfasser eine Tugendreihe eingeflochten, welche der scholastischen an Vollzähligkeit nichts nachgiebt und viele ältere Namen wieder aufnimmt. Das dritte Buch liefert die Definitionen, schliesst aber mit der ernstlichen Bemerkung, dass die Tugenden nicht dazu da seien, um gelernt, sondern um geübt zu werden.

Ethices christianae libri tres — — Lamb. Danaeo authore, Genev. 1577, dazu viele spätere Ausgaben, auch in Opuscula omnia, Genev. 1654. p. 43 sqq. Der Begriff der Ethik lautet p. 43. Est autem ethice christiana, qualem hic quaerimus qualisque Dei verbo comprehensa est, tum internae tum externae nostrae sanctitatis i. e. totius vitae nostrae reformationis, qualis esse debet, plena perfectaque institutio et doctrina p. 46. Actionis vocem latissima significatione sumimus hoc loco, ut sit actio in universum omnis corporis animive motus et agitatio, daher die Eintheilung: animi solius et proprie — corporis solius et proprie — mixta et communis animi et corporis. — p. 50. Actiones solius hominis propriae sunt eae, quae sunt operationes animae hominis, quatenus illa a Deo ratione praedita est, habetque praeter reliquas hujus mundi creaturas aliquid excellens et eximium, in quo divinae illius et excellentissimae imaginis, ad quam primus homo conditus erat, supersunt reliquiae, tanquam pretiosae magni nostri naufragii tabulae. Das Alterthum kennt eine triplex significatio boni: suave, utile, honestum, das Christenthum sucht auch in dem Ersten und Zweiten nur das Dritte, welches aber nur Gott in uns hervorbringt. I, cp. 10. Ergo bonam voluntatem, i. e. eam per quam honesta desideramus atque agimus, dat nobis Deus, — ut et ipsi, postquam nostram voluntatem in eam partem inflexit, velimus quoque. — Utitur enim Deus suis creaturis tanquam instrumentis quidem, sed pro ejus naturae, quam ipse indidit illis, ratione. — De libero arbitrio, I, cp. 12. — De omnium actionum humanarum, quae sunt honestae, fine et scopo I, cp. 17. Finem bonum appello, quem spectare et sequi nosque pro scopo diligere Deus ipse verbo suo jubet, qualis est Dei ipsius gloria, proximi dilectio. — Sola enim Dei ipsius gloria et laus, quemadmodum diximus, actionum nostrarum finis a nobis proponi debet. Daher wird Lactanz getadelt, weil er den Lohn des ewigen Lebens zum Motiv macht; virtutem enim plane facit quemadmodum alii mercenariam et nostri tantum commodi causa consectandam. — Zur Verherrlichung des Dekalogs ebendaselbst p. 76: Est enim Dei verbum scriptum, imprimis autem lex illa caelestis, quae decalogus appellatur, verissima nostrae conscientiae stabiliendae et dirigendae, ut in bonis malisque discernendis sincerum judicium adhibeat et retineat, norma, lux, liber, doctrina ac institutio etc. — Quae sit actionum nostrarum forma I, cp. 18. Qualis animus noster et qualis interna illius praeparatio, affectus, habitudo, constitutio, cogitatio, quum bonum illud opus parturimus, quod vere et non civiliter tantum staterae divinae et non humani judicii ratione bonum opus dicendum est. — Von der Tugend cp. 20. 21. Als guter Latinist corrigirt D. den alten Irrthum: Virtus a viro, non a vi vel violentia, quemadmodum imperite Durandus existimat, derivatur. Dann folgt die Definition: nihil aliud esse veram virtutem quam actionum nostrarum ad Dei legem, quae recta ratio est, exaequationem. — Die Tugendtafel des dritten Buches stellt mit vieler Kenntniss lateinische und griechische Namen zusammen, und dass auch das Scholastische nicht verschmäht wird, beweist der Schluss: Est ergo discretio non tam virtus quam quaedam moderatrix et auriga affectuum et morum doctrix. Tolle hanc et virtus vitium erit.

Die übrigen Schriften dieses Mannes beweisen theils seine vielseitige gelehrte Kenntniss, theils seine Aufmerksamkeit auf die Sittenbildung. Von exegetischen, dogmatischen, polemischen und selbst politischen Abhandlungen abgesehen, verbreitet er sich mit gemässigtem Urtheil über Zauberwesen und Hexerei, Würfel und Hasardspiel und über den Tanz. Dass er über das Naturleben nachgedacht hatte, geht schon aus seiner Ethik hervor. Seine Physica christiana, Lugd. 1576, streng biblisch normirt, aber von religiöser Intention, ist von Tycho Brahé gerühmt worden.

Vgl. zu dem Obigen die Abhandlung von A. Schweizer, Stud. und Krit. 1850, H. 1, Wuttke, a. a. O. S. 156, besonders aber die kürzlich erschienene und mit grosser Sorgfalt gearbeitete Monographie: L. Daneau, sa vie, ses ouvrages, ses lettres inédites par Paul de Félice, Par 1881. p. 172ff. — Schweizer in seinem ausführlichen Referat a. a. O. S. 23—48 verweilt hauptsächlich bei der anthropologischen Grundlegung.

Zweiter Abschnitt.

Die Ethik im Zeitalter des Confessionalismus.

§ 30. Der Confessionsstreit. Zur Einleitung.

Das folgende Zeitalter bis über die Mitte des XVII. Jahrhunderts hinaus stellt die Confessionen als selbständige Grössen auf den Schauplatz, als einen gespaltenen und eben dadurch geschwächten Protestantismus, ihm gegenüber einen erstarkten und zu gewaltiger Widerstandskraft gerüsteten Römischen Katholicismus, im Hintergrund und anfangs ganz unbetheiligt das kirchliche Griechenthum. Es war der Lutherischen Kirche nicht gelungen, alle von Haus aus ihr angehörigen Bestandtheile concordistisch zu gewinnen, die Minorität der Philippistischen Richtung war zurückgewiesen und verurtheilt, liess sich aber nicht überhaupt beseitigen, ein Umstand der zur Vergrösserung der deutsch-reformirten Kirche nicht wenig beigetragen hat. Auch war der innere Hader mit der Concordienformel keineswegs sistirt, das beweisen die peinlichen Verhandlungen über Krypsis und Kenosis. Im Grossen aber gelangten die kirchlichen Körperschaften zu einem ausserordentlichen Grade von Abgeschlossenheit; jede Confession dachte sich im Besitz der ganzen Wahrheit, der rechten Theologie und aller wahren Kennzeichen des Glaubens und der Frömmigkeit; das

Gefühl des Gemeinsamen trat hinter dem Sonderbesitz zurück. Versuche der Annäherung oder kirchlichen Versöhnung hatten nur vorübergehenden Erfolg. Zwar hat die reformirte Kirche mit diesem ihrem Particularismus nicht denselben exclusiven Anspruch auf Vollkommenheit verbunden wie die Lutherische, sie war zum Frieden weit geneigter als die letztere, deren Lehrsystem fast keine offenen Fragen übrig liess, und die daher bei jeder Anklage das Verhältniss zur christlichen Seligkeit in Frage stellte. Auf beiden Seiten aber wurde auf die Erhaltung des Lehrkörpers die grösste Anstrengung verwendet. Daher kein Bekenntniss des Eigenen ohne Protest gegen das Fremde, kein kirchliches Recht ohne Bezeugung eines entgegenstehenden Unrechts; der Angriff, indem er in Verdammung ausartete, diente als Würze der Vertheidigung.

Damals sind Katheder und Kanzel von der heftigsten Polemik beherrscht worden, die persönliche Gesinnung der Einzelnen war dabei in ungleichem Grade betheiligt. Auch war es ja ehrenhafter, sich im Namen eines grösseren Ganzen als in dem eigenen ausfällig und leidenschaftlich zu ereifern, weshalb, wie schon bemerkt, die kirchliche Polemik nicht mit den Invectiven der Humanisten verwechselt werden darf. Daraus erklären wir uns, dass auch durchaus wohlwollende und sanftmüthige Menschen sich derselben Erhitzung überlassen konnten. Wie sehr sich der ehrwürdige B. Mentzer, wie sehr ein J. Gerhard und Musäus von Hülsemann und Calov dem Wilden unterschieden, ist bekannt, und ebenso dass der spätere Quenstedt, der durchaus kein Feuerkopf war, die polemischen Artikel seines Werks mit der Gelassenheit eines Geschäftsmanns zu Papier gebracht hat, weil sie eben zur Sache gehörten. Von der Mehrahl dagegen und besonders von den schwächeren Naturen muss gesagt werden, dass sie in der gleichen Stimmung der Feindseligkeit und des Hasses festgehalten worden sind, sie sättigten sich an ihrem Uebereifer; die Folge war eine höchst einseitige Charakterbildung, weil die Schärfe der Opposition zum Maassstabe kirchlicher Correctheit, die zugleich als christliche Tüchtigkeit erschien, erhoben wurde. Und gerade mit Bezug auf ihre Theilnahme an der polemischen Betriebsamkeit sind die Kirchenmänner dem Gedächtniss der Folgezeit überliefert worden. Man blättere nur eine Weile in Adami Vitae theologorum und ähnlichen biographischen Sammlungen; Namen, Schriften und Leistungen werden uns hier in Menge vorgeführt, an Lobsprüchen, sogar übertriebenen fehlt es nicht; wer aber und was die Persönlichkeiten gewesen sind, erfahren wir nicht; so sehr wurde durch die Vorherrschaft des confessionellen Standpunkts das Individuelle der Aufmerksamkeit entrückt. Der Werth des Persönlichen konnte sich nicht geltend machen.

Die Literatur liegt vor unseren Augen, mit dem Ende des sechzehnten Jahrhunderts beginnt der eigentliche Federkrieg. Beza, Hospinian, Danäus, Crocius sind als reformirte Opponenten gegen das Lutherthum vorangegangen, grösser ist die Zahl der Lutherischen Streiter wie Selnecker, Meisner, Leyser, Hutter, B. Mentzer u. A.; geschmäht und herabgesetzt haben sich beide Theile, wie viel sie moralisch dabei gesündigt, ist schwer abzumessen, gewiss aber dass jede Partei ihre eigene Streitart mitbrachte. Die Reformirten haben schneidend und mit Bitterkeit polemisirt, die Lutheraner ungehobelt und grob; die Ersteren sprachen daher von Cyclops sive creophagia, Sophista sive ὄνος συλλογιζόμενος, die Letzteren führten im Munde Calvini et Jesu Christi bellum, μισανθρωπία Calvinistica, blasphemi errores, panurgi asatanae, sie klagten über Gotteslästerung, und Entwürdigung des christlichen Namens, welche die Seligkeit verscherze, und gefielen sich in der Erklärung, dass und warum man lieber mit den Papisten Gemeinschaft haben solle als mit den Calvinisten, — dies Alles mit dem Nebenzuge der deutschen Rechthaberei, denn von dem Volksthümlichen haben wir nicht abzusehen. Etwas von ihren Gröblichkeiten haben die Lutheraner wohl von Luther selbst geerbt, von Luther meinen wir, wie er räuspert und spuckt, wie ja auch Calvin's herbe Sprache auf die Nachfolger wirken musste. Die gewöhnliche Rohheit der Polemik weist auf Luther zurück. Es war Luther, welcher die Eigennamen seiner Gegner satirisch missbrauchte, er brachte damit eine Unsitte auf, zu welcher noch unser Jahrhundert oft genug und ohne Unterschied der Couleur hat beisteuern müssen; zu Zeiten von Wolff und Lange gab diese Gewöhnung zu einigen artigen Versen Gelegenheit. Der Ruhm ist stets ein wohlfeiler geblieben.

Auf einem anderen Flügel dieses weiten Schlachtfeldes war der protestantische Kampf gegen den gemeinschaftlichen Feind, die Römische Kirche und das Papstthum entbrannt, und hier ist das Schauspiel grossartiger; die protestantische Verantwortung war geboten, die Zwecke also reiner, die Mittel gerechter. Martin Chemnitz, der Kritiker des Tridentinums, hat sich als Vorkämpfer ausgezeichnet betragen, freimüthig, kundig und im Ganzen ohne Hass. J. Gerhard, Hunnius, Dannhauer, Löscher u. A. schlossen sich an, auf reformirter Seite und in glänzender Reihe die Chamier und Rivetus, die Dalläus, Spanheim, la Placette; und wenn sofort als Römische Opponenten Bellarmin und Bossuet hinzugenommen werden: so haben wir schon eine Auslese von Streitkräften vor Augen. Als religiöse und sittliche Ansicht konnte der katholische Standpunkt Modificationen in sich aufnehmen, die Stimmführer waren im Stande, ihn je nach ihrer eigenen Neigung sei es in spröder oder weicher und einladender Gestalt darzulegen, als kirchliches Princip ist er in seiner Starrheit sich immer gleichgeblieben. Auch diese Polemik zählt beiderseitige und feindselige Angriffe oder satirische Vorhaltungen, und wenn der französische Protestant Gavin sein Buch betitelte: Passe-partout de l'église Romaine, oder in deutscher Uebersetzung: der Dietrich, dessen sich die Römische Kirche statt der Schlüssel Petri bedienet, Köln, 1727. 28: so ist ihm und Anderen mit gleicher Münze bezahlt worden. Wenn wir einräumen, dass die historische Grösse dieser Kirche von der protestantischen Kritik damaliger Zeit nicht gewürdigt und deren praktische Tugenden unterschätzt worden sind: so dürfen wir auch behaupten, dass umgekehrt das Wesen des Protestantismus von der Gegenpartei nicht verstanden wurde, ausser soweit diese von jenem schon gelernt hatte; selbst von Möhler ist nachgewiesen, dass er bei Beleuchtung des Ganzen sich allzusehr an die einzelnen Blössen gehalten hat. Was in diesen Verhandlungen der Verkennung oder Uebertreibung auf beiden Seiten zur Last fällt, wer möchte es sammeln und wer vergleichen! Nur Einen Vorzug haben wir der protestantischen Polemik unbedenklich beizulegen, sie war ehrlicher, weit ehrlicher, ja sie musste es sein, wenn sie sich ihres Vortheils nicht begeben wollte.

Und dieser Umstand nöthigt uns, auch das Verhältniss der Römischen Kirche zu sich selbst und ihrer Vergangenheit noch kürzlich in's Auge zu fassen. Ein traditionelles Kirchenthum hat das Bedürfniss, in seinen eigenen Anfängen stets sich selber wieder zu erkennen. Die griechische Kirche macht es sich leicht, denn sie verharrt bei ihren antiken Satzungen und erlässt sich die genauere Vergleichung mit etwaigen Neuerungen; nicht so die Römische, welche als vordringende Weltmacht von ihrem Alterthum beträchtlich entfernt worden ist und dennoch das Gegenwärtige mit dem Ursprünglichen ihrer Lehre in voller sachlicher Uebereinstimmung festhalten will. Das Tridentinum behauptet die Einheit ihrer Ueberlieferung, es decretirt, um vom Papstthum und Mariendienst zu schweigen, die apostolische Herkunft ihrer sieben Sacramente; dafür sollen die Theologen den Beweis liefern, mögen die historischen Mittel dazu ausreichen oder nicht. Die strenge Wissenschaft, wenn sie der Kirche dienen will, und davon hängt ihre ganze Stellung ab, muss daher mit den Künsten der Verschweigung, Umdeutung, Ergänzung einen sehr dehnbaren Vertrag schliessen. Die Folge war und ist ein abgestumpftes geschichtliches Wahrheitsgefühl, welches mehr der ganzen Tendenz als dem Einzelnen zur Last fällt; was sich nicht darthun lässt, wird postulirt und plausibel gemacht, man kann auch dem Verständniss zu Hülfe kommen. Baronius war ein Gelehrter allerersten Ranges, aber gefälscht hat er doch, Bellarmin ein klassischer Schriftsteller und überzeugter Katholik, der aber täuschende Beweisführungen keineswegs verschmäht hat. Dabei soll nicht verkannt werden, dass auf neutralem Gebiet auch der katholische Gelehrte seinem eigenen Talent frei überlassen wird, und ebenso dass selbst die katholische Geschichtschreibung neuerlich einen bedeutenden Aufschwung genommen hat. Aber die Behandlung des Urkundlichen und die Berufung auf dasselbe hat gleichwohl einer verschärften Aufmerksamkeit stets bedürftig gefunden werden müssen. Und wer weiss es nicht, dass in unseren Tagen an die Stelle einzelner irreführender Erklärungen etwas Anderes getreten ist, eine Verschiebung des ganzen historischen Zusammenhangs, welche den Gang der neueren kirchenpolitischen Zeitalter umzudeuten und das vieljährige Einverständniss der protestantischen Wissenschaft zu erschüttern unternimmt. Diese moderne Historik und Pseudohistorik beschäftigt gegenwärtig die höheren literarischen Kreise; nicht Alle aber denken daran, dass die populare katholische Polemik eine noch ganz andere Sprache geführt hat. Denn wo es darauf ankam, dem Volke handgreiflich zu machen, was Reformation und Protestantismus sei, wer Luther und Zwingli gewesen, da sind Entstellungen und Verläumdungen der ärgsten Art bis ins Maasslose gehäuft worden. Vergleichen wir die beiderseitige Historiographie im grossen Stil: so dürfen wir sagen, dass Ranke's Papstgeschichte mit einer Hoheit und Würde gedacht und geschrieben ist, welcher die katholische Literatur, wo sie sich in gleicher Lage befand, nichts Aehnliches zur Seite gestellt hat. Specialarbeiten wie die von Kamphausen sind rühmlich in ihrer Art, aber ohne diesen Standpunkt zu erreichen.

Unser Resultat ist, dass der Werth historischer Wahrheitsliebe im neueren Zeitalter erst recht offenbar geworden ist; das Sittliche in der Wissenschaft stellt sich unter die Pflichten und Tugenden ersten Ranges, und wer dessen Bedingungen und Erfordernisse weiter verfolgen will, gelangt am Ende an eine Stelle, wo Confessionen, Schulen und Parteien verschwinden und wo das einzelne Gewissen in sich selbst seinen wahren Richter und Wächter findet. Mit gleichem Recht aber gedenken wir hier des nach allen Seiten gültigen Schriftworts: Wer kämpfen will, wird nicht gekrönt, er kämpfe denn recht, 2. Tim. 2, 5.

Indem wir nun zu unserem speciellen Gegenstande wieder einlenken, drängt sich noch eine andere Bemerkung auf. Es war ein Glaubens- und Lehrstreit, welcher die Confessionen länger als ein halbes Jahrhundert in heftigster Spannung erhielt. Moralische und praktische Fragen sind während dessen nicht liegen geblieben, und sie waren theilweise wichtig genug, aber sie versetzen uns in ein milderes Klima, der harte Passatwind der Polemik erreicht sie nicht, daher ihre ruhigere Erörterung. Auffallen kann uns dies nicht mehr, nachdem wir auf die ungleiche Beschaffenheit dieser und jener Stoffe schon früher hingewiesen.

Die ältere polemische Literatur siehe in Walchii Bibl. theol. selecta, II, p. 269 sqq. 375 sqq. Das oben Gesagte kann leicht ergänzt werden aus Hase's Polemik 3. Aufl. S. 527 ff. Belege liefern: Tschackert, Ev. Polemik, S. 381, Warneck, Beleuchtung der Röm. Angriffe, S. 21.

Janssen's grosses Geschichtswerk hat auf protestantischer Seite eine ernste literarische Gegenbewegung hervorgerufen, welche noch fortdauert. Nachdem Köstlin, Lenz, Hausrath, Walther, Bossert u. A. das Wort genommen, kann schon jetzt nicht zweifelhaft sein, auf welcher Seite der Vorwurf der Geschichtsmacherei haften bleiben wird.

Wer der Meinung sein sollte, dass ich in Bezug auf die dem grossen Publikum dargebotenen katholischen Schmähschriften über das Werk der Reformation und dessen Urheber zu viel gesagt habe: der wolle zur Hand nehmen: Gretser, Lutherus academicus, Ingolst. 1610, Laur. Forer, Symbolum catholicum, Lutheranum et Calvinianum cum apostolico collatum, Dilling. 1622; Ejusdem septem characteres Lutheri delineati et defensi, Ibid. 1626; Jodocus Kedde, Statera veritatis, Goldwage der Warheit, Köln 1646; desselben Neuevangelisch Kelterhaus, Köln 1650; Scheffmacher, Lettres, d'un docteur à un gentilhomme protestante sur les six obstacles, qui se rencontrent dans la religion Lutherienne Strassb. 1730; Weislinger, Friss Vogel oder stirb, 1722, desselben der Lutherische Heilige, 1729, desselben Auserlesene Merkwürdigkeiten von alten und neuen Marktschreiern, Taschenspielern, 1738. Das neueste Produkt: G. G. Evers, Martin Luther, Lebens- und Charakterbild von ihm selbst gezeichnet, Mainz 1883, 84, 6 Thle., ist ganz für blöde Augen berechnet, pfiffiger und böser als die älteren.

Eins muss zur Steuer der Wahrheit noch hinzugefügt werden, dass nämlich der gegenwärtige Papst die Schätze des Vaticans auch protestantischen Gelehrten zugänglich gemacht hat; das kann gute Folgen haben, von jeher ist die Oeffentlichkeit eine Beschützerin der Wahrheitsliebe gewesen.

Erstes Kapitel.

Reformirte Ethiker.

§ 31. Erste Reihe. Keckermann.

Diesmal hat die reformirte Literatur den Vortritt. Wir nehmen den abgebrochenen Faden wieder auf und bemerken zuerst eine Differenz. Der von Danäus eingeschlagene streng kirchliche Weg wurde alsbald von einem Anderen in auffälliger Weise und zu Gunsten einer philosophischen Selbständigkeit der Moral abgelenkt. Die schon im Lutherthum aufgezeigte Abweichung sollte sich auf reformirter Seite in höherem Grade wiederholen. Hatte Melanchthon für seine ethischen Entwürfe in der klassischen Philosophie Anknüpfungen gesucht: so verhält sich der Danziger Gelehrte Bartholomäus Keckermann († 1609) ähnlich, er geht aber einen Schritt weiter, indem er die Gebiete mit einer nahezu scholastischen Grenzbestimmung und Abstufung aus einander hält und der Philosophie ein eigenes für sich allein unentbehrliches Feld zur Bearbeitung überweist. Der talentvolle früh verstorbene Keckermann († 1609), eine Zeit lang auch Lehrer in Heidelberg, hat sich in zahlreichen Disciplinen, der Logik und Rhetorik, Physik und Astronomie als Schriftsteller hervorgethan; er war durchaus Aristotelisch gebildet, diesen Meister hat er nicht aus der Hand gelegt. Als Ethiker nahm er wie in der Dogmatik, die ihn zu den Heterodoxen zählt, eine Sonderstellung ein, ohne dass wir darum an seiner christlichen Gesinnung zu zweifeln hätten.

Unter praktischer Philosophie versteht Keckermann die Summe der „Klugheiten" oder Anleitungen, welche den Willen zur Hervorbringung und Erhaltung des „bürgerlich Guten", bonum civile, in Stand zu setzen geeignet sind. Ethik, Oekonomik, Politik sind ihre Bestandtheile, ihre Zwecke erstrecken sich über alle Erfordernisse des socialen Lebens, welches ohne Rechtschaffenheit und Pflichtübung nicht bestehen kann. Zwar den Empfang des höchsten Gutes verdanken wir nur dem Glauben, ewiges Leben und höchste Seligkeit zu verleihen steht nicht in ihrer Macht, wohl aber beherrscht sie das weite Gebiet des Gegenwärtigen und Endlichen; überall wo redliche Menschen leben, selbst unter Türken und Heiden sucht und findet sie ihre Anhänger, die jederzeit einen gewissen Grad von Glückseligkeit um sich verbreitet haben. Es giebt einen Antheil am Göttlichen, welchen nur die christliche Offenbarung verleiht, aber durch ihn wird der Wohlbestand der bürgerlichen Gemeinschaft nicht entwerthet noch entbehrlich gemacht. Der innere Cultus kann des äusseren nicht entrathen; beide haben ihr eigenes Gesetz und ihre Bedingungen; eine kirchliche Streitigkeit hebt den politischen Frieden nicht auf, und umgekehrt muss die christliche Liebe sich gefallen lassen, wenn unter ihrem Dache Process und Strafgericht ihren Gang nehmen. Eine besondere christliche Ethik giebt es also nicht, sondern nur eine moralisch- praktische und philosophisch begründete Wissenschaft; der Christ hat sie anzuerkennen in ihrem Bereich, indem er sich vorbehält, die Gemeinschaft mit Gott und den Genuss des höchsten Gutes von Oben her zu schöpfen. Bis auf einen gewissen Grad besitzt die Menschheit das Vermögen, sich selbst zu leiten, erst das Verhältniss zum Ewigen nöthigt sie, nach den vollendenden Kräften der Offenbarung zu greifen, — eine Auffassung, die späterhin wieder auftauchen sollte.

Aus diesem Grunde sieht sich der Verfasser genöthigt, die philosophische Sittenlehre als die Darstellerin der bürgerlichen Rechtschaffenheit von der Theologie ganz abzulösen, und zwar nicht zum Schaden der letzteren. Denn widersprechen können sich beide nicht, das Verhältnis der Steigerung, in das sie eintreten, enthält noch keinen Gegensatz; durch vorbereitende Zwecke wird das höchste Ziel nicht verdunkelt, sondern in helles Licht gesetzt. Wohl aber verdienen diejenigen Tadel, welche sociale Tugenden schon darum, weil sich vom Standpunkt des göttlichen Urtheils etwas Sündhaftes in ihnen birgt, zu Fehlern herabsetzen; nein sie behaupten ihren Werth in untergeordneter Stellung, und selbst die „Lust“ (voluptas) gewährt was sie verspricht, mag ihr auch etwas Krankhaftes als Accidens anhaften. Der Philosoph ist daher berechtigt, zunächst das Erstrebenswerthe aufzuzählen und zu ordnen; Freiheit, Gesundheit, Lob, Ehre sind Lebensgüter und werden zu Darstellungsmitteln gemeinsamen Wohlbefindens, auch der Reichthum darf nicht fehlen, „der Studiosus braucht Geld, um sich Bücher anzuschaffen" (!). Der Wille ist auf alle diese Dinge hingerichtet, das macht ihn zum wichtigsten Gegenstand ethischer Untersuchung. Von vorn herein ist aller Wille von der Vernunft oder „vernünftigen Begehrung" (appetitus rationalis) abhängig, doch kann er auch auf deren Thätigkeit anfeuernd zurückwirken; bei weiterem Fortschreiten begegnen ihm die Alternativen der Billigung oder Verwerfung, er wird zur Ueberlegung oder Berathung mit Anderen genöthigt, muss wählen, entscheiden, ausführen; ein Freiwilliges und Unfreiwilliges und eine Unwissenheit stellen sich dazwischen, und so entstehen Schwierigkeiten der Willensbewegung, die aber stets noch ein Zwangloses übrig lassen.

Den Kern des Büchleins bildet wieder eine Tugendlehre mit stellenweise hinzutretenden christlichen Beziehungen. Tugend ist ein thätiger, aus der Wiederholung löblicher Handlungen (actiones honestae) erwachsener Habitus, welcher die Verwirklichung des bürgerlich Guten übernimmt. Seine Quellen sind die Natur und die Bemühung (cura); in jener wirkt ein Verständniss des sittlichen Gegensatzes, welches durch die Synteresis (conservatio) erhalten wird, das Mühevolle ist Sache der Lehre und der Uebung. Immer bleibt die Action selber die nächste Ursache der Tugend, aber erst durch Wiederholung wird sie zum Habitus, wobei ein entsprechendes Verhalten des Leibes seine Dienste thut; es giebt keine Tugend, die nicht erst in der Action ihr wahres Lob erwirbt. Indem Keckermann hierauf die Wichtigkeit einer Willenskraft hinzu nimmt, die von sinnlichen oder thierischen Reizen frei sein muss, indem er den Mittelraum bezeichnet, innerhalb dessen sich die Tugenden zu bewegen haben, und endlich erwähnt, dass die ersten den Habitus hervorbringenden Actionen von den späteren unterschieden werden müssen, weil nur die letzteren, nicht jene nothwendig von einem Lustgefühl begleitet sind, — folgt er seinem Meister. Und dieselbe Abhängigkeit, obgleich durch scholastische Anklänge modificirt, giebt sich in den folgenden Abschnitten zu erkennen. Es ist scholastisch, wenn wieder der Klugheit die eigentliche Führung aller Tugenden anvertraut wird, und der Verfasser fügt hinzu, dass sie von der Natur aus eine Gottes- und Menschenliebe, die jedoch mit dem ewigen Leben nichts zu schaffen hat, in sich trage; aber mit dieser Mitgabe reicht sie noch nicht aus, ihr eigenes Princip der Zweckmässigkeit bindet sie an eine grosse Zahl von Kenntnissen und Beobachtungen, macht sie daher unter allen Tugenden zur schwersten. Neben ihr übt noch die Gerechtigkeit eine universelle Wirksamkeit, Recht und Billigkeit, richtige Vertheilung des Besonderen und Gewährleistung des Gemeinsamen liegen in ihrer Hand. In engere Grenzen stellen sich Maasshaltung, Enthaltsamkeit, Autarkie, Liberalität und Grossherzigkeit, und zuletzt gelangen wir in die Verkehrskreise, und der Verfasser besass Erfahrungen genug, um jede sittliche Fertigkeit mit wohlangebrachten Regeln oder „Kanones“ zu versehen. Als wohlgefällige Zuthat erscheinen die Abschnitte von der heroischen Tugend und von der Freundschaft, die ebenfalls Aristotelisch erläutert und den socialen Gütern als werthvoller Bestandtheil einverleibt sind. Gewiss will Keckermann im ernstesten Sinne verstanden sein, wenn er sagt, dass vollkommene Freundschaft nur unter Guten stattfinde; und stets werde sie sich als eine thätige erweisen, stets einen gewissen Grad von Selbstschätzung zur Voraussetzung haben, stets mit einer Einstimmigkeit der Gesinnung, obwohl nicht immer der Meinungen verbunden sein, und erst in dieser Lauterkeit, aber auch Seltenheit werde sie ihres Lobes werth und segensreich für böse und gute Tage. Grösstentheils hat Aristoteles dasselbe gesagt.

Das Ganze ist, wie auch die Vorrede von Georg Pauli ankündigt, nur skizzenhaft ausgeführt, aber ein Nachwort verdient es doch. Blicken wir in die Zukunft: so finden wir, dass diese philosophisch erweiterte bürgerliche Gerechtigkeit, wie sie Keckermann im Auge hat, weder in kirchlichen noch unkirchlichen Zeiten jemals verschmäht worden ist, gebraucht wurde sie immer und sogar ohne Vorfrage, wie weit auch die christlichen Leistungen mit ihr verwandt und vereinbar seien; eine philosophische Zusammenstellung ihres Inhalts kann also nicht unberechtigt sein. Dagegen hat Keckermann Unrecht, wenn er diese seine Gesellschaftsmoral dergestalt auf sich selber beschränkt, dass sie dem christlichen Einfluss entzogen wird. Damit kann sich das christliche Princip nicht einverstanden erklären, auch nicht das protestantische, nachdem der Protestantismus die Einführung seines reinigenden, belebenden oder gestaltenden Geistes in das Gesammtleben zu seiner Aufgabe gerechnet hat. Es ist charakteristisch, dass Keckermann, wo er von der Tapferkeit handelt, den Aristoteles (Ethic. III, 6) sehr nachdrücklich citirt, welcher dreierlei vom Tode behaupte, dass er das schwerste Uebel, dass er das Ende aller Dinge sei und nichts Uebles oder Gutes nach ihm zurückbleibe. So, fügt der Schriftsteller hinzu, so urtheilt der Philosoph, wir aber als Christen fürchten den Tod nicht, wir kennen ihn als Pforte zu einem vollkommneren Dasein, als Geburtstag eines höheren Lebens. Sehr wohl, allein diese Wendung darf doch nicht so auftreten, als ob die christliche Religion nur die Aussicht in das Ewige zu eröffnen und sicherzustellen hätte; dann wäre sie selber nur eine Euthanasie, welche den sterbenden Menschen, nicht den lebenden tröstend in die Hand nimmt. Mit dieser Auffassung hängt denn auch zusammen, dass die christlichen Gesellschaftsformen und Wirkungen in dieser Schrift fast gar nicht zur Sprache kommen.

B. Keckermanni Opera omnia, Genev. 1614, II Tomi, woselbst im zweiten Bande p. 250 Systema ethicum tribus libris adornatum. Der Standpunkt erhellt aus p. 253. 54: Tuemur autem sententiam affirmativam, quod nempe Ethica revera sit distincta a sacrosancta theologia. — Nam theologia versatur circa interiorem hominis affectum ad imaginem Dei penitus reformandum atque adeo circa cultum Dei internum: Ethica vero versatur circa mores externos in civili hominum societate atque adeo concluditur terminis hujus praesentis vitae et tradit praecepta pro mensura hujus vitae. Theologia autem neutiquam hujus vitae terminis concluditur, sed rationem monstrat bene moriendi et in aliam vitam ingrediendi. — Etsi ergo Ethica differt a Theologia, tamen cum ea neutiquam pugnat, nam boni mores non repugnant pietati, sed potius ad pietatem animum hominis praeparant. — Est inter virtutes Ethicas et Theologicas distinctio gradualis. — Virtus moralis sola et per se considerata non est vitium sed honestum quid, considerata autem per accidens, ratione personae Ethicae et Deo non placentis quoddam in se vitium recipit. Die Stelle von der Tapferkeit und Todesverachtung s. p. 322. Vgl. auch Schweizer a. a. O. S. 45.

Damals näherte sich die Herrschaft des Aristoteles ihrem Ende, die absterbende Scholastik drohte auch ihn ihrer eigenen Vergänglichkeit zu opfern. Und gerade jetzt am Schlusse seiner grossartigen Mission sollte sein Name nochmals und zwar von einem Protestanten mit den höchsten Ausdrücken gefeiert werden. Keckermann nennt ihn den Ersten aller Ethiker, ja den Offenbarer der Philosophie, weil er wie in göttlichem Auftrage das Menschengeschlecht zuerst mit der Reihe der Disciplinen bekannt gemacht, die Menge der Observationen und Operationen unterschieden und gezeigt habe, wie sie sich unter die einzelnen Fächer vertheilen; kein Zweiter sei ihm ähnlich geworden, nur der Neid könne ihn antasten, Petrus Ramus aber, sein neuester Widersacher müsse neben ihm verstummen. Das Verdienst dieses Letzteren, heisst es weiter, besteht nur darin, dass er ein besseres Studium des Aristoteles angeregt und die scholastischen Pseudoperipatetiker wie Ludwig Vives verurtheilt habe. Wenn aber Ramus die sublimste philosophische Wissenschaft, die Metaphysik, verschmäht: so wirft er damit eine grosse Zahl ganz unentbehrlicher Begriffe weg, Begriffe ohne deren Hülfe auch die christliche Lehre, z. B. von der Trinität, nicht verstanden werden kann. Diese höchst energische Zurückweisung hängt damit zusammen, dass allerdings die Ramistische Lehre auf mehreren Kathedern Hollands, Englands und Deutschlands Beifall gefunden hatte; sie empfahl sich durch ihre Fasslichkeit, auch Theologen benutzten sie, nachhaltige Früchte hat sie nicht gebracht. Als in Helmstädt Daniel Hofmann mit Caselius und Martini als den strengen Aristotelikern und Humanisten in Streit gerieth, wurde gesagt, der populare Ramismus diene dazu, um mit der philosophischen Kunst und Schwierigkeit die Wissenschaft selber zu verdächtigen. Vgl. Keckerm. Opp. I, p. 113—15. 422. Schweizer, a. a. O. S. 69ff. Henke, G. Calixt, I, 73—75. 95. 109. II, 1, 111—15. Ritter, G. d. Phil. IX, S. 493. Sehr brauchbar zur Vergleichung mit Aristoteles ist ein Vortrag von J. Münzer, die Ethik des Ar. und ihr Werth auch für unsere Zeit, Separatabdruck aus Nr. 4 der Monatsblätter des wissensch. „Club“ vom 15. Jan. 1883. Wien 83.

§ 32. Amesius, Polanus, Waläus.

Nachdem Danäus und Keckermann, obgleich in sehr ungleicher Weise noch eine philosophische Hülfskraft für diese Wissenschaft statuirt hatten, ist die Ethik ähnlich wie im Lutherthum sammt ihren Principien und Lehrsätzen ganz in die Schranken der Theologie eingeführt worden; diese aber gewann dadurch eine Selbständigkeit, deren sie für die nächste Epoche bedurfte. Denn für einen allgemeineren anthropologischen Unterbau, welchen wir Neueren auch in der Ethik nicht entbehren wollen, fehlte es noch an Einsicht.

Keckermanns Versuch reizte zum Widerspruch. Wilhelm Amesius († 1602 zu Cambridge), der eifrige Puritaner und Gegner der Arminianer, opponirte zuerst. Es ist falsch, das bürgerlich Gute von dem der Gnade zu scheiden, als ob nicht schon die Tugend selber die Bestimmung habe, dem Ziele der Beseligung zuzustreben, falsch die Annahme, dass die Ethik nur die äussere Sittenbildung, die Theologie aber die inneren Affecte betreffe, falsch endlich die Grenzbestimmung, nach welcher die Ethik sich nur innerhalb des gegenwärtigen Lebens bewege, das jenseitige Heil aber der Theologie zu überlassen habe. Die Tugendlehre kann daher nur eine theologische sein, und mag ein Aristoteles sich auf das Urtheil verständiger Männer stützen: wir Christen wissen, dass nach dem Falle nur dunkle Reste der Erkenntniss im Menschengeiste zurückgeblieben sind. Mit dieser Gegenerklärung war zwar nicht die ganze Meinung Keckermanns entkräftet, aber der behauptete „Dualismus" von Ethik und Theologie, wie Schweizer sagt, richtig zurückgewiesen. Nunmehr musste also die beabsichtigte Unterscheidung in das theologische System selber fallen; die Theologie wird als zweitheilige gedacht, sie handelt vom geistlichen Leben, welches zunächst dem religiösen Glauben, dann aber auch der sichtbaren Bethätigung angehört, diese aber, um den Willen zu einer rechtmässigen Handlungsweise geschickt zu machen, muss aus einem christlich bestimmten Habitus hervorgehen. Trotz aller Scheu vor dem Antiken verschmäht jedoch Amesius die alte Vierzahl nicht; es ist eine Gerechtigkeit, welche die Tugendübung gründet, eine Klugheit, die sie leitet, eine Tapferkeit, die sie unter Hindernissen beschützt und befestigt, eine Mässigung, welche sie gegen störende Regungen sicherstellt.

Aehnlich verhält sich der etwas früher schreibende Polanus von Polansdorf († 1610). Das göttliche Wort, sagt er, umfasst zwei wesentliche Bestandtheile, den Glauben und die Werkthätigkeit, folglich muss sich auch die christliche Theologie über beiderlei Angelegenheiten erstrecken, aber sie haben in dem Princip der Gottesverehrung ihren Einheitspunkt. Es ist ein unmittelbarer geistiger Cultus, in welchem Glaube, Hoffnung und Liebe wirken, ein mittelbarer, in welchem die Nächstenpflicht sammt den Kräften der Tapferkeit, Maasshaltung, Selbstbeherrschung, Wachsamkeit bethätigt wird. Dieselbe Unterscheidung von Glaubens- und Sittentheologie, jene nach Maassgabe des Apostolicums, diese nach der Norm des Dekalogs, war aber schon von dem Philosophen Ramus befolgt worden, man kann also mit Schweizer annehmen, dass sie von ihm aus auf Amesius und Polanus übergegangen sei. Indessen bedarf es einer solchen Vermuthung nicht, denn es lag eben so nahe auf den Vorgang der Kirchenväter zurückzugreifen, die oft genug Glaube und Werke wie zwei Hälften des christlichen Wesens aufgeführt hatten.

Zwischen der summarischen Anerkennung oder Ablehnung des Aristoteles war noch eine dritte kritische Stellung möglich, welche von dem Niederländer Waläus († 1639), Schüler des Gomarus und Vertheidiger des strengen Calvinismus zu Dordrecht eingenommen wird. Er unterzieht die Nikomachische Ethik einer scharfen Prüfung und findet sie nicht allein in der Benennung der Tugenden unzulänglich und fehlerhaft, sondern auch in Grundgedanken mit dem christlichen Princip unverträglich. Aristoteles hat weder das höchste Gut gekannt, noch die Mittel es zu erreichen. Er verselbständigt den Menschen, indem er ihn ohne Beistand der göttlichen Gnade dem Ziele zustreben lässt, und er leiht ihm eine Freiheit, welche er nicht besitzt; denn mag man auch eine menschliche Spontaneität und ein Wahlvermögen gelten lassen: so muss doch die sittliche Bewegung selber nach Inhalt und Ertrag den Fügungen des göttlichen Decrets unterworfen sein. In einigen Beziehungen hat Plato weiter gesehen als sein grosser Schüler. Waläus will also die Schranken philosophischer Wissenskraft bestimmter wieder aufrichten, ohne darum mit dem Aristoteles gänzlich zu zerfallen. Die Eintheilung in intellectuelle und ethische Tugenden lässt er stehen, die letzteren haben ihr natürliches, bürgerliches und ökonomisches Gebiet, die anderen sind vollendender und geistlicher Art, und sollen alle diese Thätigkeiten dem Verlauf des Dekalogs zugeordnet werden: so entstehen zwei Gruppen, die vier ersten Gebote haben die religiöse und intellectuelle, die sechs anderen die praktische-sociale Tugend unter sich, — womit dann eine Vertheilung gegeben war, welche auch anderweitig mit Modificationen Beifall gefunden hat.

Guil. Amesii Medulla theologiae Amstel. 1627 und oft wiederholt, Lond. 1630, dazu Schweizer a. a. O. S. 50, woselbst der Protest gegen Keckermann angeführt wird. Virtutum disciplina non alia potest esse quam theologica. Qui contra sentiunt, theologiae, inquiunt, „finis est bonum gratiae, ethicae vero bonum morale s. civile" quasi bonum, beatitudo aut finis hominis esset multiplex, quasi virtus esset, quae non ducit hominem ad suum finem et summam bonum; — „theologiam versari citra interiorem hominis affectum, ethicam vero circa mores externos", quasi vero non spectaret ad internum affectum vel theologia non aeque externam atque internam obedientiam doceret; — „ethicam concludi terminis hujus vitae praesentis, theologiam vero ad futuram extendi", quasi vita beata non esset una.

Polani Syntagma theologiae christianae, 1609. Hannov. 1624. p. 411. 12. Verbi Dei scripti duae sunt partes essentiales, prima de fide, altera de bonis operibus. — Theologiae christianae sunt partes duae, prima de fide et rebus credendis, altera de bonis operibus et rebus faciendis, dies mit Berufung auf den Heidelberger Katechismus, auf Beza und Danäus und die Kirchenväter.

Antonii Walaei Compendium ethicae Arist. ad normam veritatis christianae revocatum, 1620, auch in dessen Opp. II, p. 259. Genaueres bei Schweizer, a. a. C. S. 53—59.

§ 33. Amyraut.

An Geist und Erfahrung überragt alle diese Vorgänger Moses Amyraut, († 1664) der berühmte Führer der Schule von Saumur, welcher die Lehre von der absoluten Gnadenwahl annehmlicher zu machen sowie einige andere dogmatische Schärfen zu mildern unternahm, — eine der gebildetsten Persönlichkeiten seiner Zeit, zugleich ein religiös weitherziger Mensch, der den Lutheranern friedfertig die Hand reichte und selbst mit den Katholiken in achtendem Verkehre stand. Seine Theilnahme an der Sittenlehre ging aus seinem christlichen Charakter hervor, als Ethiker wollte er mehr dem Leben dienen als der Theorie; es hat acht Jahre gedauert, bis er sein ausführliches, unter vielen Unterbrechungen abgefasstes Werk mit Worten demuthsvoller Anerkennung der hohen Aufgabe beschliessen konnte. Für manche Ungleichmässigkeiten der Darstellung entschädigt der Reichthum des Inhalts.

Natürliche, heidnische, mosaische und evangelische Sittlichkeit sind die vier Stufen einer Entwicklung, welche die Menschheit in den Stand setzt, ihre Bestimmung auf dem Wege des Handelns zu erfüllen. Aber man muss erst wissen, was der Mensch ist, bevor man über dessen Ziel Auskunft geben kann; mit diesen Worten dringt Amyraut auf eine anthropologische Grundlegung der Ethik, eine Forderung die noch gegenwärtig aufrechterhalten werden muss. Auch nach unserer Meinung betrifft die erste Frage der Ethik das Verhältniss des Menschen zu sich selbst. Nach Aristoteles entspringt alle menschliche Thätigkeit aus einem Wissen, ein Intellect steht an der Spitze, zunächst der theoretische, der sich rein betrachtend verhält dann der praktische, der von einem vorangehenden Wissen aus den Willen in Bewegung setzt. Denn dieser ist von der Vernunft durchaus abhängig, man muss das Gegenständliche kennen, bevor das Wollen sich ihm zuwendet. Darauf beruht die Spontaneität und Freiwilligkeit der Handlungen; die Uebertretung Adams war eine spontane, weil sie ein Wissen vor sich hatte, eine freiwillige, weil sie durch Willensthätigkeit erfolgte, eine sittlich qualificirte, weil sie zu dem letzten Ziel in eine, obwohl gegensätzliche Beziehung trat. Hier folgert nun Amyraut etwa wie aus einem cogito ergo sum, dass schon der reine Naturmensch eine Beziehung auf das schlechthin Bestimmende in sich getragen; wenn wirklich der Mensch von der Vernunft aus regiert wird: so muss auch sein höchstes Gegenständliche intellectueller und geistiger Art sein, und es wäre verkehrt, etwas Sinnliches, Irdisches, Vergängliches zum obersten Gut zu erheben.

Schon damit sind die beiden Pole der rationalen wie der sittlichen Entwicklung gegeben, und wir werden an die Anfangsworte Calvins in der Institutio erinnert: Tota fere sapientiae summa, quae vera demum et solida sapientia censeri debeat, duabus partibus constat, Dei cognitione et nostri. Als Offenbarer seiner selbst und der Unsterblichkeit hat der Schöpfer ein Ziel der Beseligung aufgerichtet, daraus folgt das Pflichtgebot der Anbetung, welches sofort an einen bestimmten Wochentag gebunden wird. Die Erkenntniss des Nächsten schliesst das geschlechtliche Verhältniss auf und führt zu den Ordnungen der Familie, und mit der Selbstpflicht ist gesagt, dass der Einzelne unter dieser doppelten Bethätigung doch sich selbst angehören soll, „er soll leben, als ob er einzig auf der Welt wäre“.

Der Verfasser hat also dieser ersten Stufe schon sehr Vieles als allgemeine Basis sittlicher Obliegenheiten anvertraut, jetzt muss er einen Schritt zurückthun. Das Heidenthum versetzt ihn in ein Leben der Laster und Leidenschaften, also in einen Zustand der Vereitelung dessen, was das erste Stadium auferlegt hatte. Allein er darf, — und hier zeigt sich die Gewandtheit des Schriftstellers, — den angeknüpften Faden nicht wieder fallen lassen. Selbst wo alle Handlungen sündhaft verschlechtert an's Licht treten, kann und muss eine Lehre noch fortbestehen, zumal wenn sie von der Nothwendigkeit allgemeiner Ordnungen herausgefordert wird. Auch damals durfte es an einem Aristoteles nicht fehlen, ihm lag es ob, Gerechtigkeit, Recht und Vergeltung als unentbehrliche Grundlagen des Völkerlebens zu wahren, aber auch dianoetische und ethische Tugenden zu unterscheiden und einzuschärfen, weil ein gedeihlicher Menschenverkehr erst durch sie ermöglicht wird, und den Werth des Staats und der Freundschaft aufzuzeigen, und Amyraut denkt von diesen moralischen Anweisungen keineswegs gering.

Drittens hat Gott den abgebrochenen Verband durch den Mosaischen Bund wieder aufgenommen, also durch die Medien des Gesetzes und der Verheissung höchst einflussreich auf die sittliche Erziehung der Gemeinschaft gewirkt. In diesem Abschnitt ist der Schriftsteller bemüht, die inneren und religösen Motive der Moral in höherem Grade zur Geltung zu bringen. Der Glaube soll nicht theologisch allein verstanden werden, er ist zugleich die Quelle der Hoffnung, des Gehorsams und der Treue. Wenn die erste Hälfte des Dekalogs das religiöse Verhalten normirt: so umfasst die zweite die wichtigsten Bestandtheile der Nächstenpflicht, welche dann nach Anleitung des Deuteronomiums noch weiter auf sociale Angelegenheiten ausgedehnt werden. Aber auch die öffentliche Ordnung und Rechtsverwaltung unterliegt einer göttlichen Bürgschaft, und wie der Krieg als Nothwehr Berechtigung verdient und die Tapferkeit einen Tugendcharakter für sich beansprucht: so sind in Israel Moral und Politik in einer Verbindung gepflegt worden, welche auch spätere Nationen aufrecht zu erhalten haben. An dieser Stelle spricht durchaus der Reformirte, nicht weniger in der Verknüpfung der gesetzlichen mit den evangelischen Bestandtheilen des A. T. Tempeldienst und Sabbath, Festzeiten, Fastengebote und Opfer und alle sonstigen äusseren Veranstaltungen dienen zur Erhaltung der Religion, und mögen Einige dem Buchstaben verfallen und mit äusserlichem Werk nur ihre eigene Blösse decken: so werden doch viele Andere durch solche Mittel in ausharrender Geduld und Treue geübt werden; und was als Satzung keinen Bestand mehr hat, erhebt sich zum Vorzeichen eines Zukünftigen. Denn das ist ja die höchste Bestimmung der Mosaischen Stiftung, durch Prophetie und bedeutungsvolle Typen eine letzte Entfaltung des Gottesbundes vorzubereiten.

Für diese vierte Stufe der evangelischen Sittlichkeit bleiben nunmehr noch Zuthaten doppelter Art übrig. Zunächst ist nöthig, den evangelischen Geist nach der Innerlichkeit und Lauterkeit seiner Beweggründe zum vollen Ausdruck zu bringen, damit der Glaube als Gottvertrauen, die Frömmigkeit als Gesinnung, als Hoffnung und Liebe in derselben Richtung des Handelns sich vereinigen. Die Tugenden bleiben stehen als dianoetische und ethische, aber sie bedürfen einer neuen Auslegung; die evangelische Tugend überstrahlt die des alten Bundes, und was der Dekalog nicht hevorgebracht, schöpfen wir aus der Bergpredigt. Mit eindringendem Ernst werden unter Anderem die Forderungen der Wahrhaftigkeit und die Sünden ihres Gegentheils vorgetragen, gottesdienstliche Verrichtungen haben den Zweck der Belebung. Sodann aber verzweigt sich das christliche Leben nach verschiedenen Richtungen der Thätigkeit; Beruf und Beschäftigung verleihen ihm Gestalt, sollen es aber nicht seinem gemeinsamen Wesen entfremden; daher wendet sich der Ethiker zuletzt an Krieger, Aerzte, Apotheker, Kaufleute und Handwerker, um ihnen vorzuhalten, was ihrem Stande die Weihe giebt.

Amyraut ist hundert Jahre nach Calvin's Tode gestorben, er darf als ein veredelter Calvin und als ein reformirt geschulter Calixt bezeichnet werden. Das Sittliche war ihm Herzenssache, es gereicht ihm zur Ehre, dass er mit seiner Moral nicht allein von Pflichten und Tugenden Zeugniss geben, sondern bessernd auf das Leben einwirken wollte. Der wissenschaftliche Vorzug ist mit Recht in der Anlage selber gefunden worden, sofern sie den Gegenstand in seiner historischen Fortschreitung offenbar werden lässt. Es lautet sehr naiv, wenn Amyraut Adam, Aristoteles, Moses und Christus als ebenso viele Repräsentanten für die Lösung der sittlichen Aufgabe auf einander folgen lässt. Er gewinnt aber damit einen Rahmen, welcher es möglich macht, das Getheilte und specifisch Verschiedene einer gewissen Einheit unterzuordnen. Das Heidenthum ist Abfall, aber die Aristotelischen Eintheilungen und Definitionen machen es wieder zu einem werthvollen Mittelglied; das Christenthum ist Vollendung, aber zugleich im Besitz älterer Erkenntnisse, die es für seine Zwecke zu verwenden hat. Daher hätte nur noch gefehlt, dass auch die christliche Sittlichkeit nach ihren verschiedenen Epochen erläutert worden wäre, womit freilich das Werk in eine Geschichte der Ethik übergegangen sein würde, ganz gegen die Absicht des Verfassers. Diesem ist jedoch für seine Behandlung die reformirte Bundesvorstellung zu Hülfe gekommen; wie Coccejus das Glaubenssystem in das Gefüge der fortschreitenden Bundesverhältnisse einordnet: ähnlich und nur noch weiter greifend vertheilt Amyraut seine Stoffe, um sie mit dem Gange des göttlichen Rathschlusses in Zusammenhang zu bringen. Auch in anderer Beziehung kann sich der confessionelle Standpunkt nicht verleugnen; aus diesem erklärt sich die Typologie, die Beurtheilung des Statutarischen, die Werthschätzung der nationalen und politischen Züge im alten Bunde; die Deutung des Sabbathsgebotes ist grüblerisch, die dem vierten Theile vorangestellte Eschatologie phantastisch und grell.

M. Amyraut, La morale chrestienne — à Mrs. Villarnoul, Saum. 1652—60 in sechs Theilen, sehr selten geworden, mir nur von Alters her bekannt, jetzt nicht wieder zugänglich geworden, weshalb ich mich an die Mittheilungen von de Wette und Schweizer halten musste und besonders an den Auszug von Marthaler: M. A. als Ethiker, Berner Beiträge zur Geschichte der schweizerischen Reformationskirchen, hrsg. von Nippold, Bern 1884, S. 329ff. Schweizer hat den Wunsch ausgesprochen, dass das Werk vermöge seines lehrreichen Gehalts in deutscher Sprache erneuert werden möge. Zu vgl. noch Syntagma thesium — in academ. Salm. — disputatarum, Salm. 1664.

§ 33. Schluss.

Nach diesen verdienstlichen Bearbeitungen gehen die reformirten Studien auf unserem Gebiet ziemlich gleichmässig in demselben Gleise weiter; gemeinsam ist ihnen die Wahrung eines harmonischen Verhältnisses zur confessionellen Glaubenslehre, gemeinsam aber auch die auf die Sammlung und Erläuterung des ethischen Materials verwendete Sorgfalt. Die Darstellung ist bald compendiarisch, bald geht sie weitschichtig ins Breite. Der orthodoxe Amesius hat auf die Nachfolger maassgebend gewirkt, deren Einige zugleich als Dogmatiker namhaft geworden sind. Auf den Niederländer Hoornbeek, der nur Fragmentarisches hinterlassen, folgte mit höchst ausführlichen Erklärungen Petrus van Mastricht. Die Theologie, lehrt er, umfasst Glauben und Beobachtung (observantia), und in der letzteren muss die theologische Moral als Tugend- und Lasterlehre, als praktisch-religiöses Verhalten, als Nächstenpflicht und endlich als richtige Askese oder Uebung und Ausübung enthalten sein. Daran ist ja Alles gelegen und darauf kommt das ganze Kunstwerk christlicher Wiedergeburt hinaus, dass wir als die geistlich Todten geweckt werden, um dann für Gott zu leben. Artificium vivendi Deo, quod theologiae christianae notione designavimus, his duobus conficitur, ut ex spiritualiter mortuis vivi reddamur, tum ut vivi jam Deo vivamus. Theoretisch mögen sich die Tugenden von einander abzweigen, die asketische Praxis führt sie dennoch zusammen. Darin geben wir dem Verfasser Recht, denn immer siud es sittliche Kraftmittel und Fertigkeiten, deren jede Bethätigung, wie sie auch heissen möge, bedarf. Die weitere Ausführung dieses Schemas geräth jedoch wieder in's Statutarische und Künstliche, der Anschluss an den Dekalog beschränkte, statt nur zu ordnen. Als Thätigkeit angesehen soll sich die Tugend zweitheilig bewegen, entweder im Verhältniss zu Gott oder zu den Mitmenschen; sie wird in der ersten Richtung zu einer theologischen, und zwar nach den drei Formen der Frömmigkeit, der Anhörung des göttlichen Wortes und des Gebets; schon damit ist der Uebergang zum Cultus als der moralischen Bezeugung gemacht, und zwar geht der natürliche Cultus voran, dann erst folgt der kirchlich-positive, innerhalb dessen wieder die Heiligung des Sabbaths eine hervorragende Stellung einnimmt. Denn die Auszeichnung des siebenten Tages wird dadurch positiv, dass sie lediglich von der Willkür (arbitrium) des Gesetzgebers ausgegangen ist. Die zweite sittliche Entfaltung nach der Seite der Nächstenpflicht heisst Gerechtigkeit, und die einzelnen Bestandtheile derselben müssen sich gefallen lassen, der Abfolge der zweiten Gesetzestafel vollständig einverleibt zu werden, das neunte Gebot „regelt die Zunge, das zehnte das Herz“.

Einigen anderen Werken liegt dasselbe Schema zum Grunde. Der bekannte Wolleb, der in seinem Compendium beide Disciplinen berücksichtigt, sagt abermals von der Theologie, dass sie von der Gotteserkenntniss und der Gottesverehrung handele, für die erste Obliegenheit habe die Dogmatik, für die andere die Ethik zu sorgen, denn Gottesverehrung (colere Deum) sei Tugend. Er fragt also nicht, ob nicht dem Erkennen auch ein Verehren und diesem wieder ein Reflex der Erkenntniss einwohne, und ebenso ob es nicht inadäquat sei, die ganze Tugendübung unter den Gesichtspunkt des Cultus Gottes zu stellen. Das Princip der gloria Dei hatte darauf hingeleitet, und nur insofern soll ein Unterschied stattfinden, als einige Tugenden diesen Cultus unmittelbar, andere nur mittelbar zum Gegenstand haben. Aehnlich der talentvolle Deutsche Wendelin, welcher die sittliche Thätigkeit dem Gesetz des Gehorsams unterwirft, mit der Erklärung dass dieser ebenso dem Herzen einwohnen wie in Thaten versichtbart werden müsse. Es sei eine Frömmigkeit, was Gott dienen solle, eine Rechtschaffenheit, was dem Wohl der Brüder gewidmet werde.

Man hat den reformirt dogmatischen Lehrbüchern dieser Zeit nicht ohne Grund Einförmigkeit vorgeworfen. Auch die ethischen wie namentlich die letztgenannten leiden an einer solchen; das durchgeführte Gesetzesprincip giebt ihnen eine ernste Haltung, macht sie aber auch eintönig und steif, und Schweizer bemerkt mit Recht, dass unter solcher Herrschaft des Dekalogs entweder das wissenschaftliche Verfahren oder das Verständniss des Gesetzes und seiner nächsten historischen Bestimmung Abbruch erleiden müsse. Tugenden und Pflichten werden nicht unterschieden, und zur Bildung einer Güterlehre bleibt kein Raum. Freier gehalten sind mehrere andere Werke, deren wir im folgenden Abschnitt gedenken wollen.

Petrus van Mastricht, Theoretico-practica theologia, ed. nova, Traject. 1699. Joh. Wollebii Christ. theol. compendium Bas. 1634. Frieder. Wendelini Comp. theol. christ. 1665. Dazu die Mittheilungen von A. Schweizer, a. a. O. Stud. u. Krit. 1850, I, 2 S. 288 ff., woselbst noch andere Beiträge zur Moral benutzt werden wie Forbesii a Corse Theol. moralis in dessen Opp. Amstel. 1703, Andreae Riveti Praelectiones in dessen Opp. theol. 1651, le Coque, Tropologie et discours des moeurs Dauphin. 1606 als populare Sittenlehre.

§ 34. Reformirte Casuisten.

Man sollte denken, dass die protestantische Ethik, nachdem sie sich als Ganzes befestigt, nun auch im Einzelnen das praktische Urtheil soweit leiten und beherrschen würde, um keiner weiteren Unterstützung zu bedürfen, aber es war nicht der Fall. Die Casuistik als der Lückenbüsser der Moral hat sich, obgleich von Luther, Calvin und Melanchthon scharf gemissbilligt, nicht allein über die Scheidelinie der Reformation gerettet, sondern auch diesseits derselben in beträchtlichem Umfange beiden Confessionen angeschlossen. Diese Wiederaufnahme scheint sich aus zwei Umständen zu erklären. Die Systeme, obwohl vieltheilig ausgeprägt, waren doch nicht biegsam noch empfindlich genug, um dem Frager bei allen Gelegenheiten Rede zu stehen. Von Oben herab wurden nicht alle Bedenken erledigt, auch nicht von Unten herauf, denn soweit war die Sitte noch nicht erstarkt, noch die öffentliche Meinung hinreichend entwickelt, dass das persönliche Verhalten von ihr aus selbst unter Schwierigkeiten hätte geregelt werden können. Daher entstand das Bedürfniss, den systematischen Körper zu zerschellen, dann aber aus Fragmenten desselben nach ganz anderer Eintheilung ein neues Ganze zusammenzufügen. Im Zeitalter des Streits wurde auch das sittliche Betragen streitig. Während das Leben neue Verwicklungen in sich aufnahm, blieb die Gemeinde noch unmündig, der Einzelne also war in sich selbst nicht fest genug, um die besondere Lage, in welcher er sich befinden mochte, aus einem höheren Gesichtspunkt zu beurtheilen; es lag ihm immer noch nahe, nach einer Sammlung moralischer Besonderheiten zu greifen. Und, von diesem Aggregat oder Conglomerat Kenntniss zu nehmen, kann für das Verständniss der sittlichen Denkweise nur von Nutzen sein.

Johann Heinrich Alsted in Herborn und Weissenburg († 1638), hat als höchst fruchtbarer Schriftsteller und Encyklopädist fast alle theologischen Disciplinen bis zur Apokalyptik behandelt; er wollte auch ein christlicher Streiter und Berather sein, dazu seine „Theologie der Fälle“. Sündhafte Anwandlungen, Drohungen der Aussenwelt, Schrecken des Gewissens, Reizungen des Satans und Schickungen jeder Art machen in ihrem Gedränge das ganze Leben zu einer Schule der Versuchungen, wir bedürfen einer Waffenrüstung und haben sie aus der höchsten Werkstätte zu entnehmen. Von Nöthen ist aber auch eine „übernatürliche Klugheit“, welche die Erhaltung der Gewissensruhe unter tausend Fährlichkeiten sich zum Ziele setzt. Hiernach erwartet der Leser, dass nun die Menge der Anfechtungen aus dem Gebiete des Handelns, nicht des religiösen und dogmatischen Wissens geschöpft werden würden, allein diese Grenzlinie ist damals nicht geschont worden, auch Alsted verwischt sie, indem er die Lehre der moralischen Praxis gleichstellt. Sollen Demuth, Glaube, Gehorsam, Besserung gedeihen: so muss dass Verhältniss zum kirchlichen Dogma von jeder subjectiven Unruhe befreit werden. Das apostolische Symbol stellt zwölf Artikel vom Dasein Gottes an bis zum ewigen Leben auf, an jeden knüpfen sich Betrachtungen, ernst genug um die etwaige Versuchung zu bannen, und ebenso soll es mit anderen Glaubensartikeln gehalten werden. Fürwahr einen mittelbaren Antheil des Gewissens haben wir auch nach dieser Richtung einzuräumen, weil auch das Denken von activen Momenten begleitet ist; kann doch selbst die Variante eines Textes zum Gewissensfall erhoben werden, aber freilich nur mittelbar, nicht unmittelbar, als ob das Gewissen die Vollmacht hätte, einen objectiven Sachverhalt rein von sich aus zu entscheiden. Wir begegnen also hier einer uns schon bekannten Vermischung des Ungleichartigen. — Indem Alsted hierauf zu dem anderen Princip nämlich des Dekaloges übergeht, stehen ihm natürlich die Versuchungen leichter zu Gebote. Wer Pflichten erfüllen will, muss seinen inneren Menschen unbewegt erhalten, mag auch der äussere sich in Aufregung befinden, dennoch kann jeder Schritt wieder eine innere Erschütterung hervorbringen. Die Anbetung Gottes fordert Erhebung und Selbstverleugnung zugleich, beide werden gefährdet, die eine durch allzugrosse Erniedrigung des eigenen Selbst, die andere durch pharisäischen Stolz. Dieselbe Gottesverehrung schliesst ebenso den unchristlichen Hass wie die Berührung mit dem Fremdartigen aus; es geziemt sich nicht, mit Heiden, Türken und Juden in einer Weise zu verkehren, die uns selber in falsches Licht stellt, z. B. wenn wir Speisen, die von den Juden verschmäht werden, aus ihren Händen annehmen wollten. Vier Gründe verbieten uns den Umgang mit excommunicirten Häretikern, es ist strafbar, ihre Meinungen zu verbreiten, folglich auch ihre Schriften zu drucken. Das Sabbathsgesetz lässt vor den Zwecken der Andacht alles Vergängliche in die Ferne rücken; nur Noth- und Pflichthandlungen, geistliche Lectüre und Musik sind gestattet, die Verpflichtung selber aber dehnt sich auf 24 Stunden aus, beginnt also schon mit dem vorangehenden Abend. Das Gebot des politischen Gehorsams darf nicht schrankenlos ausgedehnt werden, daher bemerkt Alsted, dass ein Tyrann ohne Rechtstitel, nicht etwa ein nur tyrannisch verfahrender Regent — auch ohne Weiteres aus dem Wege geräumt werden darf. Wenn hierauf eine Art von moralischem Criminalrecht vorgetragen wird, welches drei Fälle erlaubter Nothwehr und zwölf Ursachen eines berechtigten Krieges aufzählt: so überzeugen wir uns abermals, dass die reformirte Kirche, ihrer historischen Schicksale eingedenk, von den Befugnissen der Selbstvertheidigung einen herzhaften Gebrauch machen wollte. Zuletzt verweilt der Casuist bei den Unterschieden der natürlichen Lebenslage und socialen Stellung, es ist seine Absicht, Tod, Kreuz, Krankheit, Greisenalter, Armuth, Hässlichkeit darauf anzusehen, was sie Versucherisches in sich tragen.

Heutigen Tages würde dieser Inhalt theilweise der Predigt zufallen, welche aber damals dogmatisch und exegetisch allzusehr beschäftigt war, um Fragen dieser Art aufmerksam zu verfolgen. — Etwas anders verhält sich der schon genannte Amesius, ein Puritaner, im Einzelnen aber doch von milder Gesinnung; sein „Gewissensrecht“ ist wiederholt aufgelegt und durch mehrere Decennien im Gebrauch geblieben. Auch er will auf dem Wege einer „Anatomie“ ein Regulativ für die moralische Praxis herstellen. Lange Reihen von Bedenken werden an dem Richteramt des Gewissens vorübergeführt; denn von diesem muss beides ausgesagt werden, dass es auf sich selbst ruhe, aber auch dass erst das Evangelium ihm sicheren Gehalt verliehen habe. Der „Lehrer“ hat dafür zu sorgen, dass die Fragen richtig vernommen, die Antworten genau präcisirt werden, — das deutet auf einen didaktischen Zweck. Einiges bezieht sich auf den Verlauf des Heilsweges. Darf Jemand nach gefasster guter Entschliessung noch länger im Stande der Sünde verharren wollen? Wie hat er den Uebergang zur Besserung einzuleiten, zu erleichtern, an welchen Merkmalen zu erkennen, wie sich zum Kampfe gegen das Fleisch zu rüsten, und was kann ihm zustossen mitten unter den Fortschritten der Besserung? Anderes betrifft die Gesinnungstugenden wie Gehorsam, Demuth, Wachsamkeit, Mässigung, oder greift schon in sociale Verhältnisse. Die Gottespflicht beginnt mit der Religion selber, also auch mit der Abkehr von Irrthum und Unglauben, doch wolle man unter Häresie nicht jede Abweichung von biblischer Lehre verstehen, sondern, — man bemerke den Unterschied, — erst den Widerspruch gegen die Substanz des Glaubens und der Sitte. Der Papismus ist constante und verderbliche Häresie, aber selbst Ketzer und Abtrünnige haben Anspruch an unsere Menschenpflicht. Das Fasten, heisst es anderwärts, ist wohl zu unterscheiden von der blossen Temperanz, jenes dient dem wahren „Cultus“, diese soll das ganze Leben beherrschen; dem Einen wird also eine religiös gesetzliche, dem Anderen eine allgemein sittliche Bedeutung geliehen. In solchem Zusammenhang darf es uns nicht wundern, wenn selbst Dinge, die der Fachbildung, dem Takt und Geschmack näher liegen, dem Gewissen abgefragt werden. Auch der Prediger unterliegt einer solchen Obhut. So entsteht vel quasi eine moralische Homiletik, in welcher erwogen wird, ob es gestattet sei, klassische Aussprüche oder Stellen der Kirchenväter der Predigt einzuflechten, von Metaphern und Allegorieen Gebrauch zu machen und die Rede selber rhetorisch zu schmücken. Amesius giebt diese Erlaubniss, und ich glaube, er durfte es wagen in einer Zeit, wo rednerische Uebertreibungen kaum zu fürchten waren. Wie weit der Dekalog seine Arme ausbreiten musste, wissen wir bereits; wenn aber alle Verkehrs- und Rechtsangelegenheiten in diesen Bereich gezogen werden: so sehen wir uns stellenweise um Jahrhunderte zurückversetzt. Völlige Geschäftslosigkeit eines befähigten Menschen ist nicht zu entschuldigen. Unvermeidliche Armuth muss als Schickung ertragen werden, während die willkürlich auferlegte zur Thorheit wird, die Mönche aber haben nur eine simulirte Armuth getrieben. Es steht uns frei, durch Schweigen mit der Wahrheit zurückzuhalten, wenn Frömmigkeit oder Liebe es gebieten, frei sogar nach Apgesch. 23, 6—9 Worte zu gebrauchen, welche den Hörer wahrscheinlich zu einem falschen Schluss verleiten werden, doch nur unter Umständen (aliquando), wenn dadurch Veranlassung zum Irrthum, nicht zur Sünde, vielmehr zu deren Vermeidung gegeben wird.

Andere Sammlungen mögen auf sich beruhen, diese aber wolle der Leser dem Jesuitismus zur Seite stellen, denn gerade in dem formell Aehnlichen muss sich der specifische Unterschied grell offenbaren.

Joh. Alstedii Theologia casuum, quae exhibet anatomen conscientiae et scholam tentationum etc. Hanov. 1621 und mehrmals wiederholt. Wichtig ist bei Alsted p. 107 die Stelle von der Imitatio Christi, woselbst ἀμίμητα, δυσμίμητα, εὐμίμητα unterschieden werden; die wahre grosse Idee der Nachfolge Christi soll aus den Schranken der blossen Nachahmung herausgezogen werden. — Guilielmi Amesii De conscientia ejusque usu libri quinque Amstel. 1630. 40. 70, zuletzt 1697, auch von Harsdörfer deutsch übersetzt. Eine ausführliche Theorie des Gewissens geht voran. Conscientia judicium hominis de semetipso, prout subjicitur Dei judicio, — es ist keine facultas, auch kein habitus, denn nur die synteresis h. e. apprehensio legis Dei, quae est omnium hominum cordibus naturaliter inscripta, darf als habitus bezeichnet werden. Soweit schliesst sich Amesius den scholastischen Definitionen an. Obligare, impellere, dirigere, discernere sind die natürlichen Funktionen des Gewissens, welches formell jederzeit verpflichtet, weil es auf dem an sich gültigen Rechte des Sittlichen beruht, materiell aber dem Irrthum ausgesetzt und daher einer biblischen Controle bedürftig bleibt. Nun folgen die Distinctionen der conscientia opinans, dubitans, speculativa, practica, antecedens, concomitans, consequens, bona et mala. In den folgenden vier Büchern wird zuerst die Heilslehre, dann die Pflichtenlehre durchgegangen. — Temperantia debet esse perpetua, sed jejunium extraordinarium est, a religione imperatur — ut medium quo verus cultus promovetur. — An patrum sententias in concionibus promiscue offerre liceat, an ornamenta rhetorica locum habeant in concione sacra? Verboten ist das Duell als eine dimicatio ex condicto et conventione cum periculo occisionis vel mutilationis, verboten die ludi scenici, weil sie consistunt in vitiorum et scelerum viva repraesentatione, und zwar sind die geistlichen Schauspiele schlimmer als die weltlichen, die Histrionen aber nach bürgerlichem Recht infam. — Den Jesuitismus hat Amesius nicht in allen Stücken verurtheilt, er erklärt in der Vorrede: Multum hic laborarunt Pontificii ad instructionen suorum confessariorum et cum multo luto superstitionum nonnullas venulas habent argenti, ex quibus non contemnenda eruisse quaedam me confido. Verum enimvero destituuntur illi hujus doctrinae vita, et mors est in ipsorum olla. Res ipsa postulat, ut ab aliis alia et illa eadem alio modo tradantur. Conatus hoc ego sum ex parte, et praestare alii sine dubio idem conabuntur. — Andere reformirte casuistische Schriften von Perkins, Joseph Hall, Jeremias Taylor werden von Walch erwähnt Bibl. theol. sel. II, 1132.

Wie die Reformatoren über diese Methode dachten, erhellt aus Melanchthons Erklärung: Onerata est respublica christiana theologastrorum sententiis de conscientiae casibus inextricabilibus, ubi nunquam non ex quaestione quaestio oritur. — Atque haec sunt illa conscientiarum cauteria, quae jam olim prudenter caveri jussit apostolus (1. Tim. 4, 2). Neque enim ulla ratione certius Christum dediscas quam illo ipso doctrinae genere, quo solo ajunt theologastri formari conscientias. Aehnlich urtheilt Calvin Instit. IV, 10. 1. 2. Anspielungen darauf finden sich auch bei Luther: Resolutiones contra conclusiones Eccianas, conclus. 2. Ich entnehme diese Stellen aus A. de Ligorio, Theol. mor., dissertationis apologeticae pro casuistis cp. 1.

Zweites Kapitel.

Fortleitung der ethischen Interessen im Lutherthum.

§ 35. Moralische Einschaltungen bei Joh. Gerhard.

Den zahlreichen Moralschriften der Reformirten hat die Lutherische Confession während der ersten Decennien des XVII. Jahrhunderts nichts Gleichartiges zur Seite gestellt. Der Antrieb fehlte oder wurde durch die gemeinsame und als oberste Kirchenpflicht Allen obliegende theoretische und polemische Betriebsamkeit niederghalten. Die Concordienformel hatte die Confessionen gespalten, durch den Streit über dieselbe wurden sie zu Anfang des folgenden Jahrhunderts völlig verbittert. Die subtilen Verhandlungen der Kryptiker und Kenotiker verschlangen jedes andere Interesse und die Schule Hutters wirkte bestimmend und beschränkend auf die Folgezeit. Als Glaubens- und Lehrkörper war das Bekenntniss zum Abschluss gelangt, als praktische Wirksamkeit sollte es selbst ohne weitere Nachhülfe für sich sorgen. Aber auch wo das System verstummt, kann doch die Theilnahme an seinem Gegenstande niemals aufhören. Wir haben nachzuweisen, wie die einzelnen Bestandtheile der Moral, indem sie sich unter das schützende Dach der Dogmatik zurückzogen, in diesem Verbande allerdings fortgeleitet worden sind.

Der ehrwürdige Johann Gerhard in Jena († 1637), der hochgeschätzte und bis in unser Jahrhundert benutzte Schriftsteller, war bei seiner frommen Gesinnung ein zu umfassender Kopf, um die praktischen Zwecke des Christenthums ausser Acht zu lassen; er widmete ihnen zwei Schriften, die vielgelesenen, theilweise aus Quellen des Mittelalters geschöpften Meditationes sacrae von 1606 und die höchst pedantisch angelegte, von Spener nachmals kalt aufgenommene Schola pietatis von 1632. Wir halten uns aber an sein Hauptwerk, die Loci theologici von 1610 bis 29, welches bei seiner ziemlich unsystematischen Gestalt desto mehr Material beherbergen konnte. Hier verweilt

Gerhard höchst ausführlich bei dem Gesetz, um durch Einflechtung von Definitionen der Tugenden, Uebertretungen und Sünden, von natürlichen, völkerrechtlichen und bürgerlichen Normen eine Art von Sittenlehre zu gewinnen. Er übersieht die Literatur in weitem Umfange; Luther und Chemnitz sind seine Gewährsmänner, sein wichtigster Gegner Bellarmin neben dem Tridentinum. Zwischen ihm und dem Reformirten Ursinus behauptet er sich siegreich in der Bilderfrage, indem er nach beiden Seiten die Grenzlinie zieht. Die εἰκονοποιία, — so sagten auch die Griechen, — darf nicht mit der εἰδωλοποιία verwechselt werden, und ein schicklicher Bildergebrauch ist noch weit von der Verehrung entfernt. Auch andere Artikel wie der von der Heiligung des Festtages verrathen die freiere Haltung des Lutherthums, während aus den Vermahnungen gegen Simulation und Zweideutigkeiten in der Eidesleistung hervorgeht, dass die Jesuitische Kunst bereits im Gange war. Das grösste Interesse knüpft sich aber an den Antinomismus und dessen Bestreitung sowie an die Thesis des Tridentinums, dass das Gesetz erfüllbar sei; denn an diese Momente sollte sich eben die weitere Entwicklung der sittlichen Idee im protestantischen Sinne anschliessen. Ausser vielen anderen von Bellarmin aufgebotenen Gründen wird gefragt, wie sich die behauptete Unerfüllbarkeit mit den Aussprüchen vom sanften Joch und vom leichten Gebot (Matth. 11, 30. 1 Joh. 5, 3) vertrage. Darauf erwidert Gerhard, dass bei der ersten Stelle nur an das Kreuz Christi, nicht an das Gesetz gedacht werden müsse, für die zweite aber solle man theils die Zurechnung des Verdienstes Christi in Anschlag bringen, theils die Einwirkung des heiligen Geistes, welche namentlich am Anfange des Heilsweges das freudige Gefühl der Erneuerung und Erleichterung im Bewusstsein entstehen lasse. Allein diese Erklärung genügt nicht, und so lange vom Gesetz nichts weiter gesagt wird, als dass es unerfüllbar sei, bleibt die Schwierigkeit stehen, aber auch der dritte Gebrauch des Gesetzes verliert seine Bedeutung. Das Recht des protestantischen Grundgedankens wird erst von denen vollständig gewahrt, welche mit der Unendlichkeit der sittlichen Idee, anders ausgedrückt mit der Unerfüllbarkeit des Gesetzes zugleich eine relative Erfüllbarkeit desselben, die sich niemals streng begrenzen lässt, verbunden denken wollen, der Antheil des göttlichen Beistandes bleibt dabei stehen. Immerhin macht die ungewöhnliche gelehrte Kenntniss diese Kapitel selbst für den heutigen Leser nachschlagenswerth. Und dasselbe gilt von dem letzten Theile des Werks, wo die bereits von Melanchthon angefügten politischen und kirchlichen Artikel sehr vervollständigt wieder aufgenommen werden.

Blicken wir weiter: so hat Gerhard selbst den eigentlich dogmatischen Kern mit lauter Nutzanwendungen durchschossen. Was Andere im Grossen voraussetzen, dass die Lehre in keiner Beziehung für das Leben gleichgültig sei, — denn sonst würde die Definition der Theologie als eines praktischen Habitus keinen Sinn haben, — soll bis ins Kleine nachgewiesen werden, daher schliesst jeder Artikel mit einem usus practicus. Die Meinung war gut, die Ausführung wurde durch die damalige Methode äusserst pedantisch und erregt sogar Bedenken. Allgemeinere Lehrsätze tragen ihre Anwendbarkeit ohne Weiteres in sich. Die Einigkeit Gottes deutet auf eine solche des Menschenwesens, wie sie das Erlösungswerk zur Voraussetzung hat. Göttliche Eigenschaften wie Unwandelbarkeit und Geistigkeit gestatten ebenfalls die Hervorhebung eines sittlichen Moments, welches vom Verfasser auch mehrfach mit Geschicklichkeit definirt wird. Trivial aber klingt es, wenn die Anschauung Christi, nachdem ihr dogmatischer Inhalt dargelegt worden, zuletzt noch von Seiten der Brauchbarkeit empfohlen wird, — führwahr eine magere Kategorie, wenn es sich darum handelt, den Heiland als religiöse und sittliche Geistesmacht hinzustellen. Und ferner sollen auch die ganze orthodoxe Christologie, die Einigung der Naturen, die Personalpropositionen, ja alle drei Arten der Idiomenlehre einen Nutzen sei es der Tröstung oder der Mahnung abwerfen, denn alle diese Aussagen, meint Gerhard, haben in der Verbindung Christi mit den Gläubigen und der Gemeinde ihr Analogon. Wer also gelernt hat, dass dieselbe menschliche Natur, welche Christus zu unserem Bruder macht, zugleich die Idiome der Allmacht und Allgegenwart in sich aufgenommen hat, muss den Schluss ziehen, dass auch die mit Gott geeinigte Menschheit durch den Glauben göttlicher Werke fähig geworden, — dies der usus didacticus et paraeneticus. Allein diese an sich sinnreichen Folgerungen erreichen nicht ihr Ziel; denn wenn auch Gerhard auf diesem Wege der Reflexion eine Anzahl von ansprechenden Parallelen darbietet: so beweist er damit doch nicht, dass diese in ihrer Einzelheit schon praktisch werden, dass sie den Willen zu bestimmen vermögen, der doch immer erst durch einen Totaleindruck, nicht durch schwerverständliche Einzelvorstellungen in Bewegung gesetzt wird. Zugleich enthielt diese Specialisirung etwas Versucherisches; sobald sich ein heftiger Polemiker, was Gerhard keineswegs war, dieser Fingerzeige bediente, konnte er auch Consequenzen ziehen, als ob jede Abweichung von der dogmatischen Construction auch einen Abzug von christlicher Sittlichkeit oder Kraft bedeute. Ein Werk wie dieses konnte seines Umfanges ungeachtet eine Ethik keineswegs ersetzen, war aber geeignet, die Verselbständigung einer Disciplin, für welche sich schon so zahlreiche Materialien oder doch Atome angesammelt hatten, auf's Neue zu empfehlen.

Man vgl. den Abschnitt De lege bei Gerhard Loci theol. ed. Cotta, V, p. 217—388. Die Behandlung der Bilderfrage ist sehr vorsichtig, führt aber p. 263 zu dem Satz: Maneat ergo firmum fixum, non omnem εἰκονοποιΐαν absolute et simpliciter lege Dei prohiberi ac proinde non omnem imaginum usum esse interdictum, worauf die Bedingungen kirchlich zulässiger Bilder angegeben werden. De sabbato, p. 317, An lex Dei perfecte impleri possit? p. 349 ff.

Die utilitas doctrinae oder der usus practicus findet sich Tom. III, z. B. p. 2, 82, 96, 109, 121, 162, 372, 446, 469 etc.; er ist theils selbstverständlich, theils gesucht und künstlich, verräth aber das Streben, die Lehre mit dem religiösen und sittlichen Leben in Verbindung zu setzen. Mit besserem Recht als wo nur Naturverhältnisse zu erklären waren, konnte sich Gerhard in der Ständelehre seiner Nutzanwendungen bedienen, z. B. p. 576 bei der Erniedrigung: usus informatorius ad imitandam Christi humilitatem, und 586: Christiani a Christo dicimur, aequum igitur est, ut Christo capiti nos conformemus. Bei solchen Gelegenheiten werden Augustin, Chrysostomus, Bernhard citirt.

§ 36. Lutherische Casuistik. Balduin.

Ein zweites Ersatzmittel für das fehlende System sollte die casuistische Methode darbieten, welche sich gleichzeitig auch auf das Lutherthum verpflanzte. Ueber die Bedenken der Reformatoren setzte man sich hinweg.

Friedrich Balduin, ein eifriger Wittenberger Polemiker, war der Erste, welcher den Stoff in dieser Weise bearbeitete, und er meinte damit nur ein längst gefühltes Bedürfniss zu befriedigen. Zur Rechtfertigung des Unternehmens beruft sich die Vorrede auf rechtliche und ärztliche Gutachten, die ebenfalls einer geordneten Zusammenstellung fähig seien. Das Product ist jedenfalls merkwürdig in seiner Art. Der Lehrer wendet sich an die gesammte „christliche Republik“, unter welcher er jedoch nicht etwa die evangelische Gemeinde überhaupt, sondern nur die Lutherische verstanden wissen will, weil diese allein ein wahres, biblisch und symbolisch normirtes Gewissen haben könne und solle, und nach Möglichkeit wird dieser Standpunkt auch durchgeführt. Ein Gewissen sagen wir, denn dieses Princip steht voran; aus dieser Quelle aller Bedenklichkeit werden die Fragen geschöpft, diesem Forum aber auch, damit der Zweifel schwinde, die Entscheidungen zugewiesen; das zögernde und unentschlossene Gewissen soll sich in ein zweifelloses verwandeln. Man möchte diesen Rahmen wieder entfernen, damit das einzelne Fragliche seiner eigenen sei es intellectuellen oder praktischen, liturgischen und selbst kirchenrechtlichen Beurtheilung anheimgegeben werde, aber die Aufgabe nöthigte zu der Festhaltung desselben Sammelpunktes sogar für die heterogensten Erwägungen. Dabei ist Balduin ähnlich und noch weit ungenirter zu Werke gegangen als die Reformirten. Dass bei solcher Anlage der Lutherische Casuismus dem Jesuitischen formell angenähert wurde, dass zwischen beiden selbst sachliche Berührungspunkte stattfinden, wird später erhellen; wer jedoch den inneren Charakter prüft, muss sich sofort von einer specifischen Verschiedenheit überzeugen; ein Abstand ergiebt sich schon aus der Hinweglassung aller priesterlichen oder gar päpstlichen Urtheilssprüche. Das Gewissen, sagt Balduin, kann sich auf ungleiche Weise regen; verpflichten, antreiben, zurückziehen, bezeugen, anklagen, entschuldigen, tadeln, loben, trösten sind seine eigentlichen Geschäfte: daraus ergeben sich ebenso viele Anknüpfungen, denn eine von diesen Aeusserungen muss sich für jeden Fall benutzen lassen. Ebenso ist Balduin verständig genug, um einzusehen, dass das Gewissen in der Erfahrung lebt, dass es empirische Momente sind, sei es Vergangenes, Gegenwärtiges oder Bevorstehendes, welche dessen Stimme zu erwecken pflegen. Und in einer unruhigen und streitsüchtigen Zeit stellten sich dergleichen faktische Anlässe nach allen Seiten zu Gebote. Um so mehr hielt sich der Schriftsteller für ermächtigt, die ganze Summe seiner Sätze wie eine Reihe von Lehr-Artikeln dem Gewissen vorzuhalten, und er fragte nicht darnach, ob dasselbe nach dem Inhalt dieser Fälle unmittelbar oder erst in zweiter oder dritter Linie betheiligt sei; die Gleichmässigkeit der Behandlung lässt die ungleiche Herkunft der Controversen vergessen. Wenn man so will: so wird am Ende der ganze überlieferte Apparat der Religion und Moral ohne Rücksicht auf die Art der Aneignung über denselben Leisten geschlagen werden müssen, und das wäre der volle Gegensatz zu den Ergebnissen einer tieferen Einsicht in das Verhältniss des Religiösen zum Sittlichen, des Gemeinsamen zum Individuellen, und in die Bedeutung einer persönlichen Gebundenheit oder Freiheit.

Das Werk selber beschreibt seinen Weg vom Himmel durch die Welt zur Hölle, durch sichtbare und unsichtbare Gebiete. Innerer und äusserer Cultus, Gebet, Gelübde, Feste, Fasten, Gebrauch der Sacramente, Verkehr mit der dämonischen Welt, Körper- und Seelenpflege, Familie, Obrigkeit und Umgang, so lauten die Ueberschriften. Der Casuist hat viel zu viel zusammengescharrt oder auch er hat zu wenig gethan, denn eine Vollständigkeit wird aus solcher Zerstückelung niemals hervorgehen. Zuerst wird behauptet, dass die sogenannte fides implicita vom Uebel sei; wer nicht überzeugt ist, dass die „Kirche“, welcher er glaubt, nicht irre, wird unter Versuchungen niemals Ruhe finden, folglich müssen alle fundamentalen Artikel — und damals bildeten sie die Mehrzahl — auf's Genaueste (exactissime) gewusst werden und selbst von Laien, auch von einer ignorantia invincibilis kann nicht die Rede sein. Hier vermag das protestantische Urtheil dem katholischen gegenüber sich nur dadurch aufrecht zu erhalten, dass es seine Forderung auf die Spitze treibt. Rein kirchliche, den „äusseren Cultus“ betreffende Bedenken versetzen uns auf den historischen Schauplatz; wenn also gefragt wird, ob in demselben Lande mehrere Confessionen zuzulassen, ob Juden zu dulden seien: so tritt der Verfasser aus dem unmittelbar sittlichen Bereich heraus und rechnet mit den Thatsachen. Grosses und Kleines zusammenzustellen, war den Scholastikern stets geläufig gewesen; die Casuistik musste sich ebenfalls auf beides einlassen, da sie noch keine Sitte vorfand, die ihr die Kleinigkeiten abgenommen hätte. Es ist ein Wichtiges, zu untersuchen, ob und warum die durch Christus hervorgebrachte Erlösung uns Anderen zu Statten kommen kann, während doch nach biblischen Worten (Ezech. 18, 30) der Sünder die eigene Schuld auch selber zu sühnen hat, aber ein sehr Geringes, sich nach der angemessenen Körperstellung beim Gebet zu erkundigen, und es erinnert an alte Zeiten, wenn der Betende wissen will, womit er fremdartige Gedanken abwehren soll, oder was er zu thun hat, um den guten Erfolg einer Predigt zu sichern. Darüber, dass der Fromme die richtigen Mittel selbst schon in sich trägt, der Unfromme aber sie nicht ohne Weiteres herzustellen im Stande ist, hätte doch innerhalb der „christlichen Republik“ kein Zweifel obwalten sollen. Einige Kapitel geben Gelegenheit, Jesuitische Verkehrungen zurückzuweisen, z. B. über den Eidschwur, ob es richtiger sei, zwei oder drei Finger bei diesem Act emporzuhalten (p. 251. 52). Es sei genug, aus der grossen Menge der Propositionen nur soviel herauszuheben. Und was soll ich sagen von der nachfolgenden Phantasmagorie, in welcher Engel und Dämonen und deren Einwirkung auf die Menschen ausgemalt, Mirakel des Satan aufgezählt, Kirchen-, Hof- und Hausteufel unterschieden, Dämonenbesitzungen aus menschlicher Verschuldung hergeleitet, Melancholie und Divination ausführlich besprochen werden. Grossentheils verhält sich Balduin beistimmend zu diesen Vorstellungen, doch mit dem Bemerken: Cum multi verbis aut factis testentur, se non credere esse diabolos vel saltem non tam atros esse ut pinguntur etc. (p. 425); so also konnte schon um 1620 gesagt werden. Wo jedoch Magie und Hexerei, schussfeste Körper oder Rüstungen erwähnt werden, hat er einige dieser Wahngebilde ausgefegt.

Die meisten dieser Einzelfragen werden als wirkliche Streitsätze behandelt und gegen Katholiken, Reformirte oder Irrgläubige verfochten; streng genommen hätte Balduin die gegentheiligen Meinungen auf die gemeinsame Ursache eines schlechteren Gewissens zurückführen müssen, er enthält sich dieser Folgerung. Der Geist des Ganzen ist aufrichtig und ernst; religiöse Beschränktheit und kirchlicher Absolutismus haben dem Verfasser die Feder geführt, nicht Leichtsinn oder falsche Klugheit. Daher sucht man auch nach unbefangenen Entscheidungen nicht umsonst. Vor der Taufe gestorbene Kinder werden der göttlichen Liebe empfohlen, Verdammniss haben sie nicht zu fürchten. Der Christ, heisst es anderwärts, wird mit frommer Scheu auch der jenseitigen Vergeltung eingedenk bleiben, aber Furcht vor der Strafe darf nicht sein oberstes Motiv sein; und was am Schluss über eine selbstsuchtslose Lüge oder Simulation bemerkt wird, würde der rigorose Kant nicht gebilligt haben. Wir brauchen also nur hinzuzufügen, dass ein Gewissen, das dergestalt hin und hergezogen wird, schwerlich in dem, was Noth thut, erstarken wird, in dem einfachen Verständniss von Recht und Unrecht, von Tugend und Pflicht, von Dingen, die hier grade am Wenigsten gewürdigt werden.

Fried. Balduini Tractatus luculentus posthumus toti rei publicae christianae utilissimus de casibus conscientiae, Vitemb. 1628, Francf. 1654. Die Vorrede beginnt mit den Worten: Casuum conscientiae professio — uti pernecessaria est et quotidiani usus, — — ita suscipi tractarique a theologo γνησίως Lutherano, qui cum judicio acerrimo eruditionem variam multorumque annorum experientiam conjunxisset, in votis hactenus plurimorum fuit. In der Einleitung p. 5 wird gefragt, ob das Gewissen auf die Seite des Intellects oder des

Willens gehöre; B. entscheidet sich für das Letztere und definirt: Est ergo conscientia facultas mentis operativa, quae principia actionum vel ex lumine naturae vel ex lumine scripturae ipsi insita applicat ad aliquod factum, quod a nobis fieri aut non fieri debere aut debuisse ratio dictitat. Also facultas operativa quia pertinet ad intellectum practicum. Die Unterscheidung von conscientia und synteresis findet auch Balduin statthaft. Die Distinctionen von conscientia recta, erronea, opinabilis, scrupulosa etc. entsprechen nur theilweise den Jesuistischen. — Aehnliche casuistische Sammlungen von Fink, Kesler, Dunte finden bei Walch, Bibl. theol. sel. II. p. 1128 Erwähnung. Vgl. Stäudlin, Gesch. d. Moral seit dem Wiederaufleben etc. S. 285 ff.

§. 37. Erweiternde Richtung. Valentin Andreä.

Die genannten Schriften werfen ein Licht auf den gesammten kirchlichen Zustand, darum mussten sie genauer berücksichtigt werden. Sie lassen schliessen auf eine allseitig befestigte Kirchlichkeit, welche Glauben und Leben mit derselben Klammer umgeben sollte, aber nicht auf eine mündige und in sich selbst lebendige Gemeinschaft. Alle Aufmerksamkeit war auf die Peripherie der Satzungen gerichtet, und alles praktische Interesse knüpfte sich an die Menge der Specialfragen, deren richtige Beantwortung über die Schwierigkeiten und Wechselfälle des sittlichen Wandels hinwegzuhelfen bestimmt war. Die Moral war ebenso complicirt geworden wie das Dogma, und sie verlegte sich auf die Feststellung des Besonderen, während das Allgemeine und Wesenhafte sich selbst überlassen wurde, in der Meinung dass es mit dem wahren Glauben schon gegeben sei. Die Literatur gewährte den Schein der Vollkommenheit, die Erfahrung aber liess eine innere Schwäche offenbar werden, wobei wir nicht an die Menge der oben aufgeführten moralischen Unarten und Ausschreitungen, sondern an den Mangel an Gesinnung und Selbstbestimmung zu denken haben. War dies wirklich eine „christliche Republik“, wie sie Balduin vor Augen hatte? Die Trübsal des öffentlichen Lebens, die unheilvolle kirchenpolitische Verwicklung, der beginnende Kriegslärm verschlimmerten den Zustand. Eine Wolke lagerte sich über das gesammte Vaterland, düster genug um die Sterne des Gottesreiches auf eine Weile zu verdecken. Viele Namenlose, die wir nicht mehr kennen, mögen diese Drangsale nur wie einen schweren Druck empfunden haben; Einigen aber hatte Gott ein starkes Herz gegeben, und sie schöpften aus sich selbst, indem sie es wagten, ein anderes Bild dessen, was christlich sei und woran es erkannt werde, vor dem Bewusstsein der Zeitgenossen zu entwerfen.

Wer mit seiner Zeit unzufrieden ist, kann auf doppeltem Wege Befriedigung suchen, indem er entweder sich und seinen Geist aus deren Verderbnissen zurück zieht mit offener Erklärung seiner Beweggründe, oder auch von einer bestimmten Stelle aus helfend, bessernd, vielleicht reformatorisch auf die von ihm erkannten Uebelstände eindringt. Es ist die erstere Richtung, welche Johann Valentin Andreä († 1654), der Enkel des Concordisten, der geistreiche Idealist, vorzugsweise eingeschlagen hat. Wie einsam er dastand, nur mit wenigen Geistesverwandten in engerem Austausch, ist bekannt. Er war weder Confessionalist noch Unionist im gewöhnlichen Sinn, überhaupt kein strenger Gelehrter, obgleich die halbe Welt in seinem Gedächtniss lebte, auch kein geschulter Kritiker und Philosoph, wohl aber ein höchst gebildeter und zugleich religiös angeregter Mensch und scharfblickender Beobachter der Dinge, empfänglich und verletzlich zugleich, aber stets bereit, Materialien zu sammeln zur Erkenntniss und Aneignung dessen, was er als wahren Lebensgehalt in sich aufzurichten suchte und wofür er auch Freunde zu gewinnen hoffte. Mit ihm beginnt die universelle Geistesbildung von der engbegrenzten Fachgelehrsamkeit sich culturhistorisch zu unterscheiden. An einer kirchlichen Basis fehlte es ihm nicht, er ist stets Lutheraner geblieben; Luther ist sein Heros, sein Herkules, und an ihm hängen noch einige andere treue Zeugen; auch die Augsburgische Confession sammt der Concordienformel, dem Werke seines Grossvaters, behauptet ihr Recht. Aber indem Andreä sie bestehen lässt, fügt er sogleich hinzu, dass diese Vorbilder entstellt seien durch willkührliche Zuthaten der Streitsucht, der kleinlichen Sophistik und

Vielrederei, dass sie Pfeilern gleichen, überwachsen von dem wilden Gestrüpp der Leidenschaft. Was christlich sei als „Religion“ und deren Ausübung, liegt gar nicht mehr zu Tage, man muss es erst von der trüglich gewordenen Schale ablösen. Für ihn war es unentbehrlich, das alte Thema von der Weltentfremdung wieder aufzunehmen, zu diesem Zweck stellt er seinen Kosmoxenos, Civis christianus, Theopilus auf den Schauplatz. Nur im Kampfe wächst der christliche Athlet empor, losgerissen von falschen Banden findet er Frieden in sich selbst, wo Glaube, Liebe und Geduld ihn des Heiles gewiss machen. Kein Gottesglaube ohne Gottvertrauen, kein Vertrauen ohne Bethätigung! Man zählt Andreä, weil er in sich selbst Einkehr suchte, zu den Beschaulichen, aber zu den Müssigen gehört er nicht, davor bewahrte ihn seine praktische Natur, sein grosses Talent, sich in den verschiedensten Redeformen mitzutheilen. Auch ging er nirgends so weit, mit den Geistesinteressen des Protestantismus überhaupt zu brechen, er wollte sie nur vereinfachen, in dass sittliche Leben einführen und von Einmischungen sei es des Menschenwitzes oder der feindseligen Eifersucht befreien.

Wir begnügen uns, die Intentionen dieses Mannes nach zwei Schriften zu beleuchten; die eine soll in das Wirkliche nach tausend möglichen Beziehungen lehrreich und kritisch einführen, die andere ein Ideales veranschaulichen, jene verräth den gewandten und oft sarkastisch gereizten Beurtheiler, diese den sinnvollen Darsteller, den Poeten. Ich meine zunächst die „Christliche Mythologie“, eine Sammlung von Tugend und Lasterbildern nach alphabetisch geordneten Ueberschriften. Man höre den Anfang: Die Menschen haben die schlechte Gewohnheit, wen sie lieben, durchweg zu bewundern, wen sie hassen, vollständig zu verwerfen. Die Philosophie als die Sittenlehrerin bemühte sich einst, eine richtigere und mehr abwägende Schätzung in Gang zu bringen, aber sie drang nicht durch, denn Niemand entschloss sich zu loben oder zu beschuldigen, wo er das Gegentheil sich vorgesetzt hatte. Einem der wohlgesinnten Christen stimmten sie leicht zu, wenn diese alles Gute als Gaben des heiligen Geistes ehrten, alles Schlechte als Anfälle des Satan beklagten, inzwischen aber ihren Bruder oder Nächsten, wer er auch sein mochte, geduldig ertrugen und klug zu bessern suchten. Als sie nun gefragt wurden, wie sie eine solche Paradoxie sich selber einzuprägen vermöchten, lautete die Antwort: sehr leicht, denn alle Menschen sind Wohlthäter, man braucht nur die Guten als liebenwürdig, die Schlechten als beachtenswerth, die Freunde als Begleiter, die Feinde als Lehrer, die Ehrlichen als Tischgenossen, die Verkappten als Wächter anzusehen, daraus entsteht das nöthige aequilibrium. Und auf diesen Titel folgen viele andere von sachlicher oder persönlicher Beziehung wie alchymia, antipathia, arabica lingua, Arndus, astrologia u. s. w.; wir befinden uns in einer bunten Gesellschaft, und jede kleine Fabel hat ihre eigene Pointe. Nach göttlicher Vorschrift, heisst es anderwärts, sollte niemals ein hinkendes oder krüpelhaftes Thier geopfert werden; unsere Zeit drängt sich zwar geflissentlich zum Tempel, aber sie hinkt zu stark, um nur gradaus zu gehen; so ist das Gesetz Gottes durch eine „menschliche Novelle“ antiquirt worden. Ein seekranker Mensch eignet sich nicht um ein Schiff zu lenken, wie Seneka sagt. — Der Zweifel (dubitatio) war eine unschuldige Jungfrau, nur vielleicht in Dingen, die er nicht begriff, allzu skrupulös; als er sich nun auch mit den Theologen einliess und gegen Einige ein Bedenken hegte, sah er sich sofort als Ketzer ausgewiesen, und nicht besser ging es ihm bei den Politikern und Literaten, bis er zuletzt von Allen verlassen seine Sache Gott anheim stellen musste. — Der Antichrist, nachdem er die Kirche erobert, entbrannte heftig gegen die Tugenden, welche ihn so lange gehemmt hatten; Glaube, Scham, Gerechtigkeit mussten auswandern, sie räumten ihren Widersachern das Feld, die dann das Schlimmste geheiligt haben. Aber auch an Lichtblicken soll es nicht fehlen; denn es wird erzählt, dass während die Menge der Secten und Parteien in endlosem Streit mehr der Eifersucht als der Wissbegierde huldigten, die Bescheidenen dennoch im Worte Gottes ihre Eintrachtsformel gesucht haben. Es ist eine „Concordia“ unter deren Leitung es allein möglich werden würde, dass Luther und Zwingli und andere feindselige Paare paradiesisch neben einander weiden;

und Eins bleibt den Christen offen, dass sie selbst nach einem beschwerlichen Leben noch selig zu sterben wissen. Indessen kann die „Wahrheit“ unter so gemischten Umgebungen nicht ausdauern, sie zieht sich also zurück, und es wird ihr nachgerufen, nach dieser Selbstverbannung werde sie doppelt ersehnt werden.

So grell wird das Gegenwärtige gezeichnet, aber in weiter Ferne entfaltet sich ein anderes und schöneres Gemälde. Ein Peregrinus besteigt das „Schiff der Phantasie“, ein Schiffbruch nöthigt ihn Land zu suchen; er sieht eine „Christianopolis“ vor sich, die ihm nach scharfen Verhören Einlass gewährt. Bei der Beschreibung dieses christlichen Musterstaates wollte Andreä den klösterlichen Zuschnitt vermeiden, das christliche Leben behauptet eine innere Universalität, die nur durch höchste Normen theokratisch beherrscht wird; möglich dass hier und da eine apokalyptische Erinnerung in der Darstellung mitgesprochen. Es ist also ein Gemeinwesen von 400 Bürgern, von den Banden der Frömmigkeit und des Friedens umschlungen, nach drei Richtungen der Thätigkeit organisirt, die „Contemplation“ nimmt die dritte Stelle ein. Uebrigens aber ist für jeden leiblichen und geistigen Bedarf gesorgt; die ganze Stadt gleicht einer Officin von Uebungen, Fertigkeiten und Beschäftigungen, die Pausen der Arbeit dienen der Erholung und dem Gespräch. Nur der Staat ist vermögend, nicht der Einzelne, und nur die Tugend adelt, nicht die Geburt, doch überträgt sich der christliche Stempel bis auf die Münze. Unter allen Künsten steht keine höher als die der sittlichen Behütung (ars artium), welche dafür einzustehen hat, dass die Sünde nicht vor der Thür liegt, weshalb denn auch die Strassen bei Nacht beleuchtet sein müssen, um der Macht der Finsterniss den Eingang zu erschweren. Die Verfassung kann nur aristokratisch sein, daher stehen Triumvirn an der Spitze, ein Richter, ein Theologe und Gelehrter, jeder mit seinem eigenen Berufskreis, zugleich mit der gemeinsamen Verpflichtung dahin zu wirken, dass Religion, Gelehrsamkeit, Beredtsamkeit ein friedfertiges Regiment führen; aber auch die weibliche Hälfte als die immer bescheidene und geschickte

Verwalterin des Guten soll ihnen zur Seite stehen. Die Bibliothek umfasst Beiträge aus mehreren Zungen, soll aber stets nur das Nothwendige und Heilsame darbieten, denn die Einfältigen dürfen nicht übersättigt werden, noch die Druckerei ihre eigenen Güter in Uebel verwandeln, — typographia saeculi nostri commodo et incommodo adinventa est. Gelegentlich wird auch ein Glaubensbekenntniss eingeschaltet, welches jedoch nur den alten Text paraphrasirt, und wichtiger ist das politische Bekenntniss, nach welchem alle Gemeinschaftspflichten Gott dargebracht werden. Zuletzt wird der Ankömmling mit Lehrern und Schülern bekannt gemacht und durch alle Auditorien hindurchgeleitet; Dialektik und Metaphysik, Geometrie, Astronomie, Astrologie und Theosophie haben jede ihren eigenen Hörsaal, auch die Ethik. Wie der Theologe nichts fordert, was er nicht selber zu üben bereit wäre, — und nur um Christ zu sein, soll er Lutheraner werden: so hat der Ethiker die Aufgabe, das höchste Gut in die Herzen aller Bürger einzupflanzen; ein imaginäres soll es freilich nicht sein, erst die Liebe Christi macht es lebendig, indem sie uns freundschaftsartig zusammen hält, nach allen Seiten ausbildet und zuletzt in den Adelstand „vollkommner Humanität“ erhebt.

So dachte sich Andreä seine respublica christiana. Mit welcher Innigkeit er diese Lieblingsideen pflegte, beweisen alle seine Schriften. Leider aber wird jene Christianopolis, wie wir gesehen, nur auf dem Fahrzeuge der „Phantasie“ und noch dazu vermittelst eines Schiffbruchs erreicht, sie liegt also weit ab. Was aus der „Contemplation“ geschöpft war, konnte auch nur auf Contemplation wirken, die Zustände liess es unverändert. In Freundeskreisen hat dieser unvergessliche Mann fortgelebt, aber er hat nicht die Glückseligkeit gefunden, welche wir Allen gönnen, die mit frommer Heiterkeit über die Leiden ihrer Zeit emporstreben.

J. V. Andreae Mythologiae christianae sive virtutum et vitiorum vitae humanae imaginum libri tres, Argentor. 1619. Vgl. bes. Manipul. II, § 4. 6. 9. 12. 14. 16. 19, sehr wichtig § 21. 30. 49 (Phoebi judicium). Manip. III, 13 (exemplar Christi.) Manip. V, 14 (evangelium).

Manip. VI, 7; zum Schlusse das Gespräch Alethea exul. — In demselben Jahre erschien Reipublicae christianopolitanae descriptio, Argentor. 1619; das Ganze soll eine civitas Dei mit allen ihren Bedingungen, Eigenschaften und Früchten darstellen. Aus dem Glaubensbekenntniss p. 70ff. notiren wir nur die Worte: Credimus in spiritum s., quo erudimur supra naturam, armamur contra naturam, conciliamur cum natura. Von dem auditorium ethicum handelt § 73, p. 155. Id cum probe intelligerent optimae urbis cives, noluerunt summum bonum nisi intra pectus suum alibi residere, quod quia imaginarium nolunt, Christum esse credunt et agnoscunt, cujus amore inter se perfecta amicitia junguntur, perfecta veritate formantur, perfecta civilitate potiuntur, perfecta liberalitate perfunduntur, perfecta, ut omnia dicam, humanitate nobilitantur. Das theologische Auditorium soll sich nach p. 161. 64 jeder Ueberladung enthalten und den cultus Dei disputatorius aufgeben. Nisi nos desinamus, non incipit Christus, nisi sileamus, non loquitur Deus, nisi quiescamus, non agit spiritus sanctus. — Zur Ergänzung des Obigen dienen abgesehen von Hossbachs bekannter Monographie die Artikel von Henke in der deutschen Zeitschrift für chrl. Wissenschaft 1852, S. 260, und in der Allgemeinen Deutschen Biographie, Bd. I, S. 441. — Auf Andreä's Lebensverhältnisse, seine literarischen Verbindungen, die von ihm beabsichtigte Stiftung eines Christenbundes und die streitig gewordenen Schriften: Fama fraternitatis und Confessio einzugehen, liegt ausserhalb unseres Zwecks. Vgl. noch Joh. Val. Andreae, Theophilus und Civis christianus, herausgegeben von Oehler, Heilbronn 1878.

Von eigentlichen Mystikern wie Weigel und Böhme haben wir in dieser Reihenfolge absehen zu dürfen geglaubt. Beide waren Widersacher der protestantischen Scholastik. Der Erstere wollte zwar die Namen der Freiheit und des Willens nicht fallen lassen, hat sich aber überwiegend als Physiker, Metaphysiker und pantheistisch speculativer Denker, nicht als Ethiker entwickelt. Böhme war ein inniger und phantasiereicher Gemüthsmensch, der sich weit tiefer als jener in religiöse Erfahrungen eintauchte; aber auch er ist nicht dazu gelangt, die sittliche Bewegung als solche in Untersuchung zu ziehen.

§ 38. Johann Arndt.

Man konnte aber auch dem Grundübel der Zeit ohne Umschweife entgegentreten, und dazu waren diejenigen Charaktere geeignet, welchen zwar der reizvolle geistige Universalismus und

Idealismus eines Andreä fehlte, die sich aber nicht begnügen wollten, die wahre Gotteskindschaft wie ein jenseitig gewordenes Gut abzubilden und zu preisen; ihr eigener einfacher Ernst nöthigte sie, die Gegenwart für dessen Verlust verantwortlich zu machen. Was nutzt eine Religion ohne entsprechende Bethätigung, ein Glaube ohne gottgefälliges Handeln, sie gleichen einem Abfall. Ein kunstvoller, aber unfruchtbarer Paulinismus muss sich die Einrede des Jakobusbriefes gefallen lassen.

Die dogmatische Zurückstellung der „guten Werke“ konnte unmöglich länger als Ausrede dienen für die freche öffentliche Vernachlässigung der christlichen Pflichten; auch hatten ja die Werke nach wie vor ihre necessitas, ihr debitum, es fehlte nur an der nöthigen Willensthätigkeit. Viele empfanden die Härte dieses Widerspruchs gar nicht, Andere liessen ihn auf sich beruhen, Einige nöthigte ihre sittliche Erregbarkeit zu lauten Anklagen.

„Was für ein grosser und schändlicher Missbrauch des heiligen Evangelii in dieser letzten Welt sei, bezeuget genugsam das gottlose unbussfertige Leben derer, die sich Christi und seines Wortes mit vollem Munde rühmen und doch ein ganz unchristliches Leben führen, gleich als wenn sie nicht im Christenthum, sondern im Heidenthum lebten“.

Mit diesen Worten eröffnet Johann Arndt, gest. 1621 als Superintendent zu Celle, sein zuerst 1609 vollständig herausgegebenes, in Spener wieder auflebendes und bis auf die Gegenwart gelesenes Werk: „Vier Bücher vom wahren Christenthum“, mit den Ueberschriften: Die Schrift, Christus, der innere Mensch, die Natur; das „Paradiesgärtlein“ von 1607 nahm die Stelle eines erbaulichen Commentars ein. Er hat damit seinen kirchlichen Charakter stark blossgestellt, nicht weil er anders lehrte, — die Bekenntnissschriften werden nicht angetastet, — wohl aber weil er anders folgerte, den Schwerpunkt verrückte, den ganzen Betrieb der Theologie der Unzulänglichkeit und falschen Selbstzufriedenheit beschuldigte. Allerdings schafft das Christenthum Wiederherstellung des verlorenen göttlichen Ebenbildes durch den Glauben, und wo der Glaube, da ist auch Christus mit seiner Gerechtigkeit; aber eben diese gehört zur Wahrheit, schon ihr Name fordert Bethätigung, sie muss vorhanden sein und zum Ausdruck kommen, durch Zeugnisse, Buchstaben und Normen wird sie nicht verbürgt, so lange das „äusserlich“ Anerkannte nicht wahr gemacht wird. Jedermann möchte gern Christi Diener sein, aber Christi Nachfolger will Niemand sein. Wer nicht Christus in sich aufnimmt noch ihm nacheifert in seinem Wandel, hat keinen Anspruch auf den Namen der Kinder Gottes, ebenso wenig der Andere, der nur den Heiland in ihm erblickt, nicht aber den neuen Menschen, welcher in jedem seiner Bekenner Gestalt gewinnen soll. Ein einfacher aber vielsagender Ausspruch, welcher darauf hinauslief, dass der versöhnende Heiland des Dogma's jenen Anderen, der zur Nacheiferung auffordert, nicht unkräftig machen dürfe, so wenig als der religiöse Trost die sittliche Spannkraft lähmen darf. Die schwebende Frage war damit bis in's Innerste berührt, die schadhafte Stelle der herrschenden doctrinalen Glaubenserklärung blossgelegt. Ohne heiligen Wandel ist alle Weisheit, Kunst und Erkenntniss werthlos; man kann Völker überwinden, darum aber noch nicht sich selbst, zuerst muss der Baum gepflanzt sein, ehe er Früchte bringen kann. Es bedarf einer inneren Wandelung, wir müssen der Welt und ihrer Lust und Ehre absterben; verlasse sie, ruft Arndt, ehe sie dich verlassen wird; er geht aber noch weiter, indem er ganz gegen die gewöhnliche Meinung von den Verirrungen oder Schwächen des Willens auf die des Glaubens zurückschliesst. Gerade weil so Viele Christi Lehre nicht in's Leben verwandeln wollen, gerathen sie auf falsche Bahnen, unhaltbare Vorstellungen dringen auf sie ein und werden zur Quelle des Wahns und der Häresie, die sich dann durch blosses Disputiren nicht wieder verbannen lässt; nur Reinheit des Lebens kann gegen Unreinheit der Lehre sicherstellen. — Hierauf wird der alte sündhafte mit dem neuen evangelischen Zustand verglichen, Christus selbst tritt auf den Schauplatz. Er ist das wahre Lebensbuch, in ihm gewinnen wir uns selbst als die Verachteten, aber auch als die Sieger über Fleisch und Hass, die Pfleger der edelsten Tugenden, der Demuth und der Liebe, welche allein die Kunst versteht, Freude zu haben an allem Guten, zu trauern über alles Unheil, den Sünder niemals über der Sünde zu vergessen, das „höchste Gut" zu „schmecken", so oft sich Gott der Seele als höchste Schönheit offenbart. Und damit wird der inwendige Mensch erschlossen. Das dritte Buch handelt von diesem Schatz. Nirgends duldet die Natur eine leere Stelle, ist die Weltsucht ausgewiesen: so kann es Gott nicht lassen, er muss selber den offenen Raum einnehmen, folglich haben wir in uns selbst zu forschen, um die Eigenschaften der geistlichen Armuth wie eine Blüthe des Geistes in uns emporkommen zu sehen, um sie wie eine Wirkung der „Einsprache" Christi in die gläubigen Herzen in Empfang zu nehmen. Zuletzt wird das „Weltbuch der Natur" aufgeschlagen. Das Sechstagewerk war lange nicht zur Anschauung gelangt, hier erhalten wir wieder einmal eine halb allegorische halb buchstäbliche Deutung. Das erstgeborene Licht, wie es schon Dionysius feiert, die Veste des Himmels mit den schönen Wohnungen der Seligen, die Ausscheidung der Gewässer von der Erde, woselbst der Mensch aus der grossen „Apotheke" und dem Kräuterbuche seinen Unterhalt bezieht, wo die heilsamen Sauer- Bitter- und Salzbrunnen fliessen, wo Brodt und Wein für Alle gespendet werden, wo endlich der Mond als der zuverlässige „Regulator" die Zeiten verwaltet, — alle diese Güter sind dem Menschen dargebracht, und die ganze Natur „schreit", dass der höchste Gegenstand der Liebe Gott selber sei, welchem wir aber erst wahrhaft danken können, nachdem wir Hoffahrt, Wollust und Geiz als die Hauptlaster aus Seele und Leib ausgetrieben haben. Man beachte die Lebhaftigkeit dieser Darstellung, wir dürfen schliessen, dass der Verfasser grade durch die Abwendung vom Weltlichen zu einer desto frommeren Naturbetrachtung hingedrängt wird.

Theilweise klingt dieses Buch wie eine Stimme aus vergangener Zeit. Nach eigener Aussage hat Arndt die Schriften von Bernhard, Tauler, Thomas von Kempen und die deutsche Theologie reichlich benutzt und ohne Sorge vor einer Beeinträchtigung der kirchlichen Bekenntnisse. Mit diesen Quellen im Einverständniss nimmt er das alte Thema wieder auf, verfolgt die Stadien der Demuth und Entsagung, lässt aus dem Schoosse des inwendigen Menschen ein neues sittliches Gepräge hervorgehen. Ueberschwängliche Ausdrücke werden nicht vermieden, wir hören vom Schmecken Gottes, von der liebhabenden Seele, in welcher die höchste Schönheit Gottes wahrgenommen wird; zuweilen knüpft sich die Ermahnung an Zahlenverhältnisse und Tabellen, — lauter Anzeichen, in denen die ältere Literatur als contemplative oder mystische Rede nachklingt. Damit hängt zusammen dass in diesen Betrachtungen Welt und Weltlichkeit nicht, wie es damals nöthig gewesen wäre, unterschieden werden. Auch hat der Schriftsteller mehr das Gedeihen der einzelnen religiösen und sittlichen Persönlichkeit als der Gemeinschaft im Auge gehabt. Dennoch wird sich kein aufmerksamer Leser verhehlen, dass und warum Arndt seine Ermahnungen gerade an die damalige Zeit richten wollte; seine Schrift gleicht einem indirecten Protest gegen die gewöhnliche Art christlicher Einwirkung und Lehranwendung. Zu diesem Zweck weist er auf die Urlaute des Evangeliums, das unmittelbar praktische, unreflectirte und gleichsam vorpaulinische Christenthum der Worte Christi zurück, da mit dem buchstäblichen System allein nicht Alles gethan sei, lässt Natureindrücke und „Fünklein" des Gewissens mitsprechen, scheut sich nicht, wohlgesinnte Persönlichkeiten des Alterthums wie Perikles, Phocion, Titus, Cato in Erinnerung zu bringen, und schärft namentlich die Pflicht der Nachfolge Christi ein, damit sie nicht unter den stets wiederholten Vorhaltungen einer lossprechenden Rechtfertigung Abbruch erleide, — Alles zur Belebung der sittlichen Impulse.

Man vergegenwärtige sich den Zeitpunkt. Schon im folgenden Jahre 1610 erschien Hutters Compendium, welches die zweite Epoche der dogmatischen Literatur eröffnet; auf die feindseligen Verhandlungen über Concordia discors und concors folgten andere dogmatische Fehden, die Polemik blieb im vollen Gange auf die Gefahr hin, dass durch fortgesetztes „Disputiren" auch die Zahl der Häresieen sich vermehren würde. Wenn dennoch das „Wahre Christenthum" grossen Anklang fand: so ist anzunehmen, dass im Geist der Gemeinden sich doch noch ein anderes

Verlangen regte, als welches die theologische Presse zu befriedigen im Stande war. Von Arndt hat sich ergeben, dass er nur indirect und der Gesinnung nach einer Ethik Vorschub geleistet, doch sei hinzugefügt, dass in seinem letzten Buch die Idee der Güter und des „höchsten Gutes" in bemerkenswerther Weise hervortritt, auch Andreä, der Freund und Gesinnungsgenosse Arndts, den wir diesem absichtlich vorangestellt, hat sie aufgenommen.

Soweit lassen wir diesen Abschnitt reichen, der keinen Abschluss in sich selber hat. Die schon angelegten Tendenzen nahmen ihren Fortgang, aber in ihrer schroffen Einseitigkeit begegneten sie einer wohl berechtigten Reaction. Was Arndt und Andreä wollten, brachte noch keine Veränderung hervor, wohl aber werden wir dadurch auf grössere Bewegungen der nächsten Folgezeit vorbereitet.

Fr. Arndt, Joh. Arndt, Berl. 1838. Wildenhahn, Joh. Arndt, Lpz. 1847. 58. 2. Th. H. L. Pertz, De Johanne Arndtio etc. Hann. 1852. — Aus dem Werke selbst (Magd. 1609) einzelne Stellen auszuzeichnen ist schwierig, doch vgl. I, Kap. 12. 20. 28. 39. II, 7. „Ein jeder Christ ist zweifach, und befinden sich in ihm zweierlei widerwärtige Menschen, dazu die Tabelle II, 58 über Astrologie. Dass Himmel und Gestirn natürlicher Weise keine Wirkung haben sollten im menschlichen Leben, Wandel und Geschäfte, weiss ich nicht, ob mans verneinen könnte. III, 2. „Die Natur leidet keine leere Stelle, sie erfüllet alle Dinge mit ihr selbst. Es müsste ehe die Natur brechen, ehe etwas Leeres in ihr sein und bleiben sollte." IV, 30 ff. Von Gott und Natur.

Drittes Kapitel.

Moralschriften der katholischen Kirche. Tridentinum.

§ 39. Fortpflanzung der Scholastik.

Als hierarchisch-päpstliche Macht ist der Katholicismus durch die Reformation bis in's tiefste Innere erschüttert worden, als gelehrter Schulbetrieb fuhr er fort an seinen Methoden zu zehren, und wer die scholastische Literatur des XVI. Jahrhunderts mit der vorangegangenen vergleicht, wird den im Schoosse des kirchlichen Bewusstseins eingetretenen Bruch nicht sogleich und nicht überall wahrnehmen. Begriffliche Untersuchungen wie die scholastischen hatten mit der Zeitfrage wenig zu schaffen, um so mehr wurden sie durch den Wetteifer der Bettelorden lebendig erhalten. Die Dominicaner, wie früher gezeigt worden, hatten sich der Ethik mit grossem Erfolge bemächtigt, sie behaupteten vor und nach dem Tridentinum ihr Ansehen; Martin Becanus, Gregor von Valentia waren Dominicaner, Andere wie der Spanier Roderich Arriaga brachen selbst im Anschluss an den Jesuitismus noch nicht mit dieser Ordenstheologie. Späterhin erlangte auch der Skotismus und Nominalismus, z. B. durch den Casuisten Caramuel Lobkowitz, ein zweitweiliges Uebergewicht. Der Streit selber ist auf eine bestimmte Zahl metaphysischer und dogmatischer Controversen zurückgeführt worden, doch repräsentirt er zugleich eine beträchtliche Verschiedenheit der ganzen Denkweise, auch überträgt sich die Differenz auf das moralische Gebiet, und wir benutzen diese Gelegenheit, um sie von der letzteren Seite kürzlich in's Auge zu fassen.

Thomas Aquinas darf als der grosse Vertreter einer gleichmässig durchgeführten und in sich selbst befriedigten Glaubens- und Denkwissenschaft hingestellt werden, welche im Einklange mit der kirchlichen Autorität alle höchsten Angelegenheiten der menschlichen Bestimmung zusammenzufassen unternahm. Vor seinen Augen bauen sich die Lebenskreise bis zum Absoluten empor, nach der Anordnung des Universums dringt der denkende Geist aufwärts; an jedem Wissbaren hängt ein Nutzen, eine Zweckmässigkeit, und selbst der höchste Zweck beseligender Gottesanschauung befindet sich in einer erkennbaren Richtung. Zwar kann derselbe nur durch den Glauben und den Zufluss der göttlichen Gnade erreicht werden, aber der philosophische Verstand arbeitet nicht allein der Offenbarung vor, sondern er umgiebt deren Inhalt mit entsprechenden Denkbestimmungen und analogischen Beweisen, welche um so zuversichtlicher vorgetragen werden dürfen, da zwischen den Anlagen der Menschennatur und den Erleuchtungen der christlichen Religion ein Widerspruch nicht stattfinden kann. Von der Spitze der Contemplation aus ergiesst sich auf alle vorangegangenen Folgerungen eine religiöse Zuversicht, auch als Wissender ist Thomas religiös bewegt, während er als Frommer fast überall die philosophische Begründung herbeizieht. Was Thomas erstrebt, ist eine speculative Wissenschaft, welche zugleich die Antriebe des Handelns in sich trägt; Wissen und Verstand sind es ja, denen der Wille stets zu folgen hat.

Auf die Erhaltung dieses Gleichgewichts zweier geistigen Aneignungsmittel, des Glaubens und des philosophischen Erkennens, hat Duns Skotus mit Ueberzeugung verzichtet, daher entzieht er der natürlichen Theologie oder Philosophie Einiges von der ihr eingeräumten Vollmacht, um es der positiven zuzuweisen, damit diese die rechte, aber zugleich die praktische Wissenschaft werde. Zwar fordert auch er für das höchste Wesen gewisse allgemeine und unverlierbare Attribute, eine Metaphysik bleibt in ihren Grundzügen stehen; aber aus diesen ontologischen Bestimmungen wird der christliche Gott noch nicht verstanden, weit mehr aus der Stellung, die er sich zur Menschheit gegeben hat. Ein höchstes freies und nur sich selbst folgendes Wollen steht an der Spitze der Bewegung, ihm gegenüber ein anderes creatürliches, und der göttliche Rathschluss ist darauf hingerichtet, dass das eine dem anderen eingeordnet werde. Das Willensprincip in der Form des Indeterminismus ist der Schlüssel der Offenbarung, weil von ihm aus alle Realitäten ihre Gültigkeit erhalten; dem Menschen, welchen die Sünde nicht wesentlich verderbt, sondern nur einem selbstischen Hange und weltlichen Genügen unterworfen hat, kann nur dadurch geholfen werden, dass er in die ihm auferlegte gottgemässe Richtung des Willens zwanglos eingeht, dass er die Gnadenwirkungen in sich gewähren lässt. Demgemäss bedürfen auch die Glaubenswahrheiten einer anderen und positiveren Begründung, denn aus abstracten Begriffen ergeben sie sich nicht; die natürliche Theologie versagt grade an den Stellen ihren Dienst, wo sie bisher am Glänzendsten gearbeitet hatte, bei der Erklärung der offenbarenden Thatsachen. Daher kann Skotus der Theorie von der Genugthuung als solcher - keine Evidenz zuschreiben; was Gott thun musste, lässt sich nicht ermessen noch darthun nach der Maassgabe von Rechts- und Schuldbegriffen, was er in dem Opfer Christi wirklich gethan hat, entsprang einem freien Rathschluss und verdient nur im Sinne höchster Angemessenheit in ein rationales Licht gestellt zu werden. Aber damit nicht genug, auffälliger ist dass selbst die sittlichen Normen nicht einfach auf ihrer eigenen Nothwendigkeit beruhen sollen, erst die höchste Willensbestimmung verbürgt sie, und aus ihrer Positivität schöpfen sie ihre Entscheischeidungskraft. Damit will der Denker durchaus keinen moralischen Leichtsinn begünstigen, er will nur jeden Schein verbannen, als ob in letzter Instanz das Gute etwas Anderes sein könne als das von Gott Gegebene, der Determinismus etwas Anderes als der schlechthin freie Indeterminismus der Gottheit. Im Uebrigen liefert Duns eine der Thomistischen ähnliche und höchst complicirte Tugend- und Werklehre. Nach unserer Meinung verliert diese Wissenschaft, indem sie sich von jedem ethischen Platonismus abwendet, an innerer Wahrheit, und sie lässt die Frage unbeantwortet, warum der Schöpfer, wenn er nothwendig sich selber lieben muss, sich nicht auch in der Welt und durch sittliche Anlage der Natur geliebt, und ebenso warum Gott die Willkür seiner Positionen von der anderen Willkür gewisser Umstände abhängig gemacht habe. Wie jedoch die Dinge damals lagen, wird dieser innere Schaden dadurch aufgewogen, dass Duns sein ganzes Lehrsystem aus dem schon zweifelhaft gewordenen philosophischen Rahmen allgemach heraustreten liess, wodurch es theils verdeutlicht theils auf die Anerkennung des kirchlich Sanctionirten noch entschiedener hingelenkt wurde. Und auf demselben Wege ist auch der Nominalismus einen beträchtlichen Schritt weiter vorgedrungen. Von dem Franciscaner Wilhelm Occam sei bemerkt, dass er die natürliche Theologie und Moral von ihren bisherigen Obliegenheiten völlig dispensirt hat. Die Philosophie, auf empirische und logische Untersuchungen angewiesen, soll nicht mitsprechen, wo sie nichts Eigenes zu sagen weiss; den Glauben, dessen Gegenstand dem Wissen unerreichbar ist, hat sie sich selbst und seinen eigenen, vor Allem den biblischen Zeugnissen zu überlassen. Die Gebiete scheiden sich also und werden nur durch psychologische Fäden noch verknüpft. Wie aber die höchste Wesenheit dem Denken verborgen bleibt: so auch der Grund des Guten. Gewissen und Gesetz sind durchaus positive Grössen, der sittliche Gegensatz hat seine Gültigkeit nicht in sich selbst, eine göttliche Verfügung setzt, verwaltet und begrenzt ihn, vermag hn aber auch momentan zu suspendiren, und so kann es geschehen, dass selbst unmoralische Handlungen den Weg zum ewigen Leben vermitteln. Es ist folglich nur eine absolute göttliche Willkür, von welcher das Recht jeder sittlichen Entscheidung abhängt, ein Indifferentismus, welcher über den des Skotus noch hinausführt. Von dem Standpunkte eines Thomas sehen wir uns durch den Nominalismus bis zur weitesten Entfernung abgelöst. Thomas hatte den Willen vollständig dem Verstande untergeordnet, Occam kehrte das Verhältniss um; das Wollen ruht schlechthin auf seiner eigenen Thesis, kann also das Gegentheil dessen ergreifen, was der Verstand dictirt hat. Von diesem Extrem mussten allerdings spätere Nominalisten wieder umlenken, so Buridan, welcher doch ein Wesen Gottes statuirt, in welchem die Nothwendigkeit des Guten schon enthalten sei; doch ist derselbe als Commentator des Aristoteles nicht zu einer festen Haltung gelangt. Wollten wir hier die sociale Ordnung als Gründerin des Sittlichen an die Stelle des höchsten Willens treten lassen: so würden wir an den moralischen Empirismus und Positivismus unserer Tage erinnert werden.

Das Zeitalter der Reformation empfing die Nachkommenschaft der alten Meister; in mehreren Gegenden der katholischen Kirche setzten die beiden gelehrten Orden ihr esoterisches Sonderleben unter gegenseitiger Reizung fort. Von den Streitschriften des Protestantismus unterscheiden sich ihre Verhandlungen sehr, sie gleichen dialektischen Uebungen, welche auch die leerste Abstraction nicht zu scheuen haben. Es wird gefragt, ob dieselbe Menschennatur von mehreren göttlichen Personen hätte angenommen werden können; es wird discutirt, ob in Bezug auf Judas den Verräther, welcher doch zur ewigen Seligkeit hätte ausersehen werden können, die Annahme erforderlich sei, dass Gott einen Willensact in sich hervorzurufen unterlassen habe, den er hätte erzeugen können. An solchen Erörterungen betheiligten sich Thomisten und Skotisten; von der alten Subtilität liessen sie noch nicht ab. Die Denkformen machten sie einander ähnlich, dagegen verräth sich der Tendenz nach ein ungleiches Verhältniss zur kirchlichen Ueberlieferung. Auf die Thomistische Schule wirkte noch der ältere kirchliche Geist, sie wurden die Antiken, von welchen sich die späteren Richtungen im Interesse einer praktischen Brauchbarkeit ablösten. So entstand eine Differenz, welche in der Folgezeit bis zum schroffen Antagonismus gesteigert werden konnte. Schon jetzt darf darauf aufmerksam gemacht werden, dass die jüngeren Jesuiten, obgleich anfangs mit den Dominicanern eng verbündet, sich nach und nach von ihnen zurück zogen, dass sie überhaupt, um polemisch und pädagogisch desto kräftiger in den Nothstand der Kirche eingreifen zu können, zu den Grundsätzen der bisherigen Ordenstheologie eine freie Stellung einnehmen wollten.

Ueber Duns Skotus s. Ritter, Gesch. der christl. Philosophie, IV, S. 354 ff. 574 ff., dazu K. Werner, Geschäfte der kathol. Theologie, München 1866 im ersten Abschnitt, desselben Werk über Thomas von Aquino Bd. III, Geschichte des Thomismus, S. 45. 64 ff. 88 ff., leider nur ein stofflich und literarisch überladenes, unübersichtliches und unsäglich trocknes Referat wie alle Arbeiten dieses Verfassers. Dazu noch K. Werner, Die nachskotistische Scholastik, Wien 1883.

§ 40. Humanistische Ansicht. Vives als Moralist.

Gleichzeitig bezeugten auch einige Männer von entgegengesetzter Herkunft ein lebhaftes Interesse für das sittlich-religiöse Princip in seinem unverlierbaren Recht, unter ihnen der klassisch unterrichtete Humanist und Ciceronianer Johann Ludwig Vives, von Geburt ein Spanier, der kurz vor dem Tridentinum gestorben ist (1540). Schon in unserer Einleitung wurde er kurz erwähnt. Er vereinigte katholische Bildung mit frommer Gesinnung, war also einem Morus und Erasmus nicht unähnlich. Protestantischen Streitsätzen scheint er nicht ernstlich nachgefragt zu haben, aber er sucht seine Ehre darin, die Wahrheit des christlichen Glaubens als einen Schatz in unscheinbarem Gewande gegen Islam und Judenthum zu vertheidigen. Daher lehrt er ein Christenthum ohne Papst und Hierarchie, ohne sacramentliches System, eigentlich auch ohne Dogmen, aber mit Einschluss der Mysterien, welchen er einen fasslichen Ausdruck abgewinnt; es ist ihm eine göttliche Macht, ein bestes Heilmittel zur Rettung der irregeleiteten und sündhaften Menschheit, welcher nur durch Christus das verlorene Gefühl ihrer Bestimmung wiedergegeben und das herrliche Ziel des seligen und unsterblichen Lebens erschlossen werden kann. Diese Berufung auf die Menschenwürde war einer sehr ungleichen Deutung fähig, dem humanistischen Bewusstsein aber unentbehrlich. Weder um höherer noch geringerer Wesen, nur um seiner selbstwillen ist der Mensch geschaffen, d. h. er ist von Gott und nicht von der Natur ausgegangen, was könnte ihm Besseres frommen, als zu seinem Urheber zurückzukehren! Das Hauptwerk De veritate fidei ist rational eingeleitet und ethisch ausgeführt. Wie vollständig, ruft Vives, ist die Quelle des Heils und der Erkenntniss im Evangelium aufgethan, wie universell und aller Welt zugänglich der katholische Glaube! Weisheit, Macht, Güte Gottes bilden dessen Grundlagen, den vorchristlichen Geschlechtern waren sie unbekannt, so fleissig sie auch über das Gute (honestum) im Verhältniss zum Nützlichen nachdenken mochten. — Eine Schrift wie diese gewährt unter den Verwirrungen der Zeit einen wohlthuenden Ruhepunkt; freilich aber wenn solche Beherzigungen genügt hätten, um die schwankenden Gemüther aufzurichten, die brennenden Fragen zu lösen und mit der gutmüthigen Vernünftigkeit und weitherzigen Gläubigkeit eines Vives sich von dem menschlichen zum göttlichen Lichte zu erheben: so würde eine kirchliche Umwälzung überhaupt nicht eingetreten sein. Den besten Gebrauch macht dieser Mann von seinem Talent, wenn er die Verderbnisse der Scholastik aufdeckt und über die Verwerflichkeit endloser Disputationen Gericht hält. Im Princip wollte er nominalistisch denken. Die Dialektik ist eine schlechte Kunst. Wer disputirt, will nur schlagfertig sein, um den Streich des Gegners als seines Feindes zu pariren; daher wird über dem Streit selber dessen Inhalt, Gegenstand und Zweck vergessen, Ueberzeugungen entstehen auf diesem Wege nicht. Die Dialektik haben jene unseligen Zänker zu einer Sammlung logischer Kunstgriffe gemacht, ihrem Aristoteles nichts als zweideutige Vorstellungen abgelernt. An dieser Stelle wie in der Werthschätzung des Cicero würde Luther selbst einverstanden gewesen sein, woraus jedoch nicht zu schliessen, dass Vives ihm habe nachsprechen wollen. Von Valla unterscheidet sich der Letztere durch ernstere Frömmigkeit und Vermeidung aller Anstössigkeiten; auch auf einzelne Bestandtheile des sittlichen Lebens hat er ein Augenmerk gerichtet, die Abhandlungen von der Pflicht des Ehegatten und die Unterweisung der Frauen werfen gute Gedanken ab. Er selbst war ein friedfertiger Mensch, dem das λάθε βιώσας als Wahlspruch wohlgefiel.

Joh. Ludovici Vivis Valentini Opp. Bas. 1550, woselbst De veritate fidei libri V. Vom Aristoteles wird p. 337 gesagt: si Aristotelica beatitudo commentitia est, quid laboramus, quomodo eam tueamur. — Non possumus Christo servire et Aristoteli contraria praecipientibus, illi attollenti nos ad caelum, ad Deum patrem suum et per contemptum vitae hujus ad curam illius sempiternae, huic prementi animum nostrum, ut arctius complectatur hoc corpus, curas et cogitationes suas omnes in hac aevi brevitate consumat. — Erwähnenswerth noch: De disciplinis libri, Exercitationes animi in Deum, De officio mariti, De institutione foeminae Christianae. S. Ritter a. a. O. IX, 438. Ueber den Spruch λάθε βιώσας s. Erasmi Opp. IV, p. 51—54 nach Plutarch.

§ 41. Sylvester Prierias.

Neben Vives könnte auch Erasmus, weil er alle Frömmigkeit sittlich beleben und verwenden wollte, nochmals in Erinnerung gebracht werden. Einige bedienten sich noch der scholastischen Form, Andere bestritten sie, auch die Privatansicht durfte sich hören lassen. Die specielle Bearbeitung des Moralstoffes blieb während der reformatorischen Bewegung so gut wie liegen, der protestantische Angriff forderte sie nicht heraus, weil er an bestimmte Glaubensfragen anknüpfte. Doch hat der Widersacher Luthers, der Dominicaner Sylvester Prierias eine berühmt gewordene Summa von 1515 herausgegeben, die ich nirgends beschrieben finde; nach seiner Aurea rosa zu schliessen muss sie äusserst phantastisch und grüblerisch geartet sein. Die Form ist casuistisch. Weit nützlicher konnte es wirken, wenn Andere wie Jakob Wimpheling, Franz von Victoria, Cardinal Sadoletus über einzelne Kapitel wie Keuschheit und Kindererziehung mit Ernst und Aufrichtigkeit sich verbreiteten. Es fehlte in diesem Zeitpunkt an zweierlei, an kirchlicher Schärfe und an pädagogischer Leichtigkeit der Methode; für das Erste wurde durch das Concil, für das Andere von einem einzelnen Orden gesorgt.

Summa Sylvestrina de peccatis aut casuum conscientiae vel summa summarum, Bol. 1515, Antv. 1580, Lond. 1593. 2 voll. Ejusdem Aurea rosa i. e. praeclarissima expositio super evangelia totius anni, Bol. 1503. Auch ein Commentar über die ersten Kapitel des Lucasevangeliums von Seyssel Erzbischof von Turin (1520) wird als grosses moralisches Werk verzeichnet. Uebrigens vgl. Ständlin, a. a. O. 660.

§ 42. Das Tridentinum.

Während dieser literarischen Bewegungen und unter den schwierigsten Umständen ist das Tridentinische Concil 1545—63 zur Ausführung gekommen. Seine innere Geschichte verweist uns auf den weitesten Schauplatz. Was es erreichte, war kein Bekenntniss dessen, was die katholische Gemeinschaft glaubt, sondern eine hierarchische Feststellung dessen, was sie, um ihrer Römischen Vergangenheit treu zu bleiben, zu glauben, zu lehren und zu verdammen hat. Die Decrete dienen der Absicht der kirchlichen Selbsterhaltung; die überlieferte Lehre musste geschont, aber sie durfte nicht dergestalt verengt werden, dass sie das Nebeneinanderbestehen feinerer Differenzen ausschloss. Soweit stellte sich das Concil über die Schulmeinungen der letzten Jahrhunderte, sie erreichte jedoch kein vollständiges Gleichgewicht, ältere Autoritäten wurden zurückgesetzt oder doch erweicht, der jüngere Indeterminismus bevorzugt. Nur sehr wenige Hauptstücke wurden thetisch und selbständig vorgetragen, für die meisten anderen genügte die negative Form der Abwehr. Das Anathem blieb nach allen Seiten unverrückbar und ohne Abstufung der Gegensätze stehen.

Wir beschränken uns hier auf eine dreifache Beobachtung. Zunächst verdienen die anthropologischen Sätze unsere Aufmerksamkeit. Sie suchen in der Beurtheilung der Sünde ein Mittleres; der Mensch ist der Erlösung durchaus bedürftig, aber er ist auch fähig sie sich anzueignen, jenes folgt aus der erblichen Verschlechterung der Menschennatur, dieses aus der immer noch vorhandenen Willensfreiheit und beides dient dazu, die Rechtfertigung als einen Process von mehreren Stadien nach der Abfolge der göttlichen Hülfsleistungen verständlich zu machen. Ist aber die Gerechtigkeit aus Glaube, Geist und Taufe erlangt: so macht sie ihren Empfänger ungeachtet der ihm noch anhaftenden Mängel auch Gott wohlgefällig und vermögend, das höchste Gesetz zu erfüllen. Niemand rühme sich selbstgewiss einer ihm zugesprochenen Seligkeit und Sündenvergebung, aber Niemand wähne auch, dass Unerfüllbares von ihm gefordert werde, und er vergesse nicht, dass selbst ohne Verlust des Glaubens die Gnade verscherzt, dass sie aber auch wiedergewonnen werden kann (Sess. VI, can. 28). Vielmehr sollen wir frei von Selbstüberhebung wie von unfrommer Verzagtheit Alles vollbringen, was zum Lauf in der Rennbahn (ad currendum in stadio) nöthig erscheint, um die Aussicht auf Verdienst und ewigen Lohn zu nähren.

Unzweifelhaft haben diese Bestimmungen ihren moralischen und pädagogischen Werth; die grossen Probleme mögen liegen bleiben, für die praktischen Zwecke wird gesorgt und der sittlichen Natur soviel an Fähigkeit zugesprochen als der handelnde Mensch bedarf, um in Athem erhalten zu werden, Und wenn von der Concupiscenz (Sess. V, cp. 5) gesagt wird, sie sei in den Wiedergeborenen eigentlich keine Sünde mehr, sondern stamme nur aus ihr und neige sich zu ihr hin: nunquam intellexisse (ecclesiam) peccatum appellari, quod vere et proprie in renatis peccatum est, sed quia ex pecato est et ad peccatum inclinat: so ist diese Bezeichnung stets in sich widersprechend gefunden worden, aber eine Wahrheit enthält sie doch, denn sie deutet auf jenes zweideutige Ferment der Entwicklung, welches an beide Seiten des sittlichen Gegensatzes anknüpft, also Gefahren und Versuchungen schafft, aber auch als Reizmittel sie überwinden hilft.

Ein zweites durchgreifendes Merkmal besteht in der Verflechtung der religiös-sittlichen Wandelungen mit den kirchlichen Institutionen und den sacramentlichen Kräften, welche das Leben des Einzelnen von Anfang bis zu Ende beherrschen und umfassen. Die Rechtfertigung wird als ein durchaus realistischer Verlauf beschrieben, die Persönlichkeit sieht sich auf sich selbst verwiesen, aber sie wird nicht in sich eingeführt noch in den Stand gesetzt, dem Zeugnisse des eigenen Inneren zu vertrauen oder von sich aus das Verhältniss zu Gott herzustellen; gerade dieses Recht wird dem Menschen als trüglicher Subjectivismus abgesprochen. Er soll übernatürliche Wirkungen in sich aufnehmen, aber erst das Sacrament verbürgt sie ihm, er soll kämpfen, aber erst die Disciplin verleiht ihm Gewissheit göttlicher Genehmigung, er soll Werke üben, die aber erst durch den priesterlichen Stempel gültig werden, und endlich Busse thun, die ebenfalls erst unter Aufsicht des Priesters zum Ziele führt. Der „Seelenschmerz“ über das Begangene wird in eine Gedächtnissarbeit für den Beichtstuhl gezogen, aber vor diesem gilt nur das Einzelne und Zählbare; der innere Mensch besitzt keinen Zugang zu Gott, ehe er ihm nicht durch die Medien der kirchlichen Heilsanstalt gewährleistet worden.

Denken wir uns einen praktischen Moralismus durchzogen und umgeben von den strengsten hierarchischen und sacramentlichen Banden: so ist damit die Tendenz der Decrete ausgesprochen. Das Tridentinum lehrt daher eine zwar ernste und achtungswerthe, aber völlig gesetzliche und nur für einen gewissen Zustand der Menschenbildung ausreichende Moral, und von diesem Standpunkte ist denn auch die nachfolgende katholische Wissenschaft stets abhängig geblieben. Dass sich fromme Gesinnungen und unermüdlicher Tugendeifer an diese Vorschriften anschliessen konnten, brauchen wir nicht erst einzuräumen, die Thatsachen beweisen es. Auch darf für die nachfolgenden Verderbnisse des Jesuitismus der Wille und Geist des Concils nicht verantwortlich gemacht werden; wohl aber bot dasselbe mehrere Handhaben, deren sich eine eingerissene Laxheit und Aeusserlichkeit der sittlichen Auffassung bedienen konnte. Und in dieser dritten Beziehung ist der Artikel von der Busse bemerkenswerth. Nach wie vor werden die Sünden in lässliche und Todsünden eingetheilt, aber beide Gattungen bleiben unerklärt, und daraus entsteht die Möglichkeit, die Grenzen des Verzeihlichen ungebührlich auszudehnen, zumal wenn der Name Todsünde doch als allzu schrecklich für den gewöhnlichen Lebenslauf erfunden wurde. Die leichteren Fehltritte dürfen, die schweren müssen in der Beichte aufgezählt werden; ein erlaubtes Schweigen stellt sich neben das pflichtmässige Eingestehen, ein Nützliches (utile) neben das Vorgeschriebene (necessarium); der Sünder wird in einigen Punkten gebunden, übrigens darf er mit sich selbst abrechnen und den Rest seines Schuldgefühls seiner eigenen Beherzigung überlassen. Die Folge ist eine Halbirung der Gewissensthätigkeit, unschädlich vielleicht für den Aufrichtigen, aber auch sehr benutzbar für die Zwecke der Erleichterung. Vollends wenn der Beichtende angehalten wird, auch die Umstände (circumstantiae) seiner Sünden darzulegen: so entstehen eben daraus zahlreiche Modificationen, welche je nach der ihnen gegebenen Deutung ebenso wohl dazu dienen können, den Charakter der Handlung zu verwischen, als ihn zu verdeutlichen oder zu verschärfen. Endlich hat die Synode verordnet, dass schwere Vergehungen der höheren Instanz der obersten Priesterschaft und des Papstes unterliegen müssen. Sie reservirt nur wenige und ungewöhnliche Fälle (casus), allein die Kategorie selber war brauchbar genug, um auch noch weiter ausgedehnt zu werden, und in Verbindung mit ihren Umständen wird jede Sünde zu einem besonderen Falle, — lauter Anknüpfungen für eine rein empirische Behandlung des Sittlichen.

Sess. VI, can 24 wird gesagt: Si quis dixerit, justitiam acceptam non conservari atque etiam non augeri coram Deo per bona opera, sed opera ipsa fructus solummodo et signa esse justificationis adeptae, non autem ipsius augendae causam, anathema sit. Dieser Kanon folgt der operativ-moralischen Ansicht des Tridentinums und widerspricht der Lutherischen Lehre, nach welcher die in Christus angeschaute, von dem Sünder ergriffene und dessen Sünden zudeckende (tegere) Gerechtigkeit immer dieselbe bleibt, keiner werkthätigen Erhaltung bedarf, keines Wachsthums fähig ist. An dieser Stelle begegnen sich die beiderseitigen Consequenzen in ihrer ganzen Sprödigkeit. Aber auch der protestantische Satz lässt sich in solcher Fassung nicht halten, er beruht auf einer veralteten Psychologie; denn wenn auch die Gerechtigkeit ihrem religiös-historischen Grunde nach nicht wächst: so wächst doch indirect die sittliche Persönlichkeit dessen, welcher sie sich aneignet, der Mensch selber wird stärker, indem er immer neue Kräfte des Willens und der Selbstbestimmung in sich aufnimmt.

Wir berührten vorhin die antiprotestantischen Glaubenssätze des Tridentinums; was aber das Concil schon vorfand, was von ihm vollständig sanctionirt und als sicherer Stamm der Ueberlieferung auf die Folgezeit vererbt wurde, war die längst herrschend gewesene Versichtbarung des Heilsweges und die damit zusammenhängende operative und äusserliche Darstellung der Sittlichkeit. Wie die göttliche Gnade im Cultus sinnlich veranschaulicht wird: so gehört auch der handelnde Mensch ganz in die werkthätige Erscheinung. Tugenden und Pflichten, Acte der Geduld wie der Anstrengung, der Entsagung und der arbeitsvollen Liebesübung fallen unter den Namen der guten Werke und haben die Bestimmung, die Rennbahn des Lebens anzufüllen, damit die sittlichen Kräfte Allen in gleichem Umfange und gleicher Höhe ihrer möglichen Verwirklichung vor Augen stehen mögen. Als Summen gedacht sind sie der Vermehrung fähig und bedürftig, als Schätze vorgestellt verdienen sie Abwägung und Vergleichung, als Opfer endlich fordern sie Anerkennung. Das höchste Opfer aber wird Gott gewidmet, die Darbringung um Gotteswillen giebt den Werken den Werth der Verdienstlichkeit, sie gewinnen Anspruch auf einen vergeltenden göttlichen Lohn, sei es aus Gründen der Billigkeit oder des Rechts, der Gipfel der Heiligkeit ist erreichbar. Aus der Fülle der Leistungen schöpft und nährt die Kirche ihr Selbstgefühl und das Bewusstsein ihrer Productivität; sie übernimmt aber auch die Oberleitung oder, wie sich Feuerlein ausdrückt, die Assecuranz und besitzt die Mittel, um die dennoch zurückbleibenden grossen moralischen Abstände durch Uebertragung und Zuleitung auszugleichen, also dafür zu sorgen, dass der Strom nicht versandet. Das ganze Lehrstück, welches ebenso gut die leere Wiederholung vorgeschriebener Exercitien begünstigte, wie es auch auf sittlich gestimmte Gemüther anfeuernd wirken konnte, hat damals keinen besseren Verfechter gefunden als Robert Bellarmin.

Vgl. die von Feuerlein gesammelten Belege a. a. O. S. 75ff. aus Bellarmini De bonis operibus libri tres, Ejusd. De controv. christ. fidei, in dem Artikel de justificatione. Sein kritisches Urtheil knüpft Feuerlein S. 101 an den treffenden Satz: „Das sittliche Handeln nach den Principien des Katholicismus ist: 1, wo es sicher sein sollte, unsicher, 2, wo es frei sein sollte, unfrei, 3, wo es gebunden sein sollte, ungebunden.

Viertes Kapitel.

Fortsetzung. Jesuitenmoral.

§ 43. Einleitung.

Wir haben im ersten Bande das Mönchthum unter zwei Richtungen, die darstellende und die praktische, welche letztere sich im Abendlande vorzugsweise entwickelt hat, vertheilt. Es hatte zuerst sich selbst und seiner Idee leben wollen, dann auch zum Nutzen Anderer, und zuletzt stand es mitten in der Gemeinschaft, um innerhalb der Welt noch eine Welt- und Bedürfnisslosigkeit fortzusetzen und mit Dienstleistungen jeder Art zu verbinden. Dieser Stufengang mönchischer Lebensformen bezeichnet zugleich die Grade einer Wirksamkeit, welche sich in immer weiteren Kreisen auf den ganzen Umfang religiöser und sittlicher, kirchlicher und gelehrter Interessen und auf vielerlei sonstige Culturzwecke ausdehnte. Alle bisher entwickelten Eigenschaften, auch Askese und Entsagung, Mystik und Contemplation und literarische Betriebsamkeit sind auf den

Jesuitenorden übergegangen, aber mit dem grossen Unterschied, dass derselbe mit überraschender Schnelligkeit eine Bestimmung fand, die alle seine Kräfte in Spannung versetzte und alle Opfer reichlich verlohnte, dass er sie mit eminentem Erfolg durchführen konnte, und dass er endlich sich selbst eine einheitliche Gestalt gab, wie sie keine ältere Congregation auch nur annähernd besessen hatte. Zugleich ist sein Geschäftsleben durch Befreiung von früheren mönchischen Beschwerden und Zwangspflichten erleichtert worden.

Was die Jesuiten geworden, verdanken sie der gleichzeitigen Lage der katholischen Kirche, nicht ihrer Willkür. Das Mönchsideal sank um eine Stufe herab; veredelt wurde es nicht, aber es hörte auf ein Ideal zu sein, eine Wirklichkeit und zwar eine höchst prosaische, harte und gebieterische trat an die Stelle. Der Uebergang aus dem weltlichen in ein geistliches Ritterthum ist in dem Leben des Stifters oft genug nachgewiesen worden; was Ignatius aus seiner militärischen Jugend in dies neue Stadium mitbrachte, war ein schwärmerischer Thatendrang, ein heisses Verlangen nach Unterwerfung unter einen höchsten Zweck. Die oft citirten Exercitia spiritualia entwerfen ein überirdisches Bild. Der Kampfbereite schaut Christus und Lucifer, Babylon und Jerusalem; beide Orte sind von einer Kriegsschaar umgeben, Christus aber ermahnt die Seinigen zur Armuth, Selbstverleugnung und Demuth. Et ita tres consurgunt perfectionis gradus, videlicet paupertas, abjectio sui, humilitas, quae ex diametro divitiis, honori et superbiae opponuntur ac virtutes omnes statim introducunt. Hierauf folgt eine Unterredung mit der h. Jungfrau, welche angefleht wird, für die Aufnahme der kampflustigen Jünger in die Fahne Christi Sorge zu tragen, ein Gespräch der Maria mit Christus dem Menschen, und endlich eine Anrede an Gott den Vater, dass er diesem Gesuch Beifall schenken wolle. Aus dieser dem Ignatius zugeschriebenen Vision wird Niemand die nachherige Laufbahn des jungen Vereins erschliessen wollen, sie ergab sich aber aus dem Zeitpunkt seiner Entstehung. Es brauchte nur gesagt, nur handgreiflich gemacht zu werden, was an der Zeit sei, so war die Aufgabe entschieden; die überreichlich Privilegirten haben die päpstliche Gunst mit unerhörten Anstrengungen bezahlt, sie wurden die streitbaren Vertheidiger des Papismus als des alleinigen Katholicismus, die erbitterten Verfolger und Feinde der ganzen protestantischen Glaubensrichtung, die Werkzeuge der Restauration. Das Losungswort des Kampfes (ἀγών) klingt durch alle Jahrhunderte, jetzt stand ihm die dringendste Anwendung und das glänzendste Verdienst bevor. Die Gelübde der Keuschheit, Armuth und Entsagung retteten den historischen Zusammenhang und liessen sich auch nach dieser Richtung verwerthen, aber sie wurden vervollständigt durch das vierte der unbedingten Anschliessung an das monarchisch-kirchliche Princip, und der Name Jesuiten lieh dem Institut einen unanfechtbaren Stempel. Im Sinne der Ausdauer, Rüstigkeit und Bereitwilligkeit hat der kriegerische Ursprung fortgewirkt, aber er sollte sich auch mit der Kunst des Verstehens und mit allen Fähigkeiten des Weltverkehrs vereinbaren.

Seiner Tendenz nach ist der Jesuitenorden der specifisch-kirchlichste und der eigentlich Römische der neueren Zeit, seiner Thätigkeit nach der schlechthin praktische und zweckmässige, der ganz für seine Ziele lebte. Dazu befähigte ihn der kunstvolle Organismus der Verfassung und die blinde Unterordnung jedes Einzelwillens unter die Leitung des Generals, während durch kluge Benutzung der Talente und Neigungen immer noch ein Gefühl persönlicher Selbstbefriedigung erhalten wurde. Religiöse Phantasie und Mystik wurden durch einen überschwänglichen Mariendienst fortdauernd genährt, die Arbeit selber fiel dem nüchternen Verstande, der gelehrten Wissbegierde und Fertigkeit zu. Dass der Zweck die Mittel heilige, ist bekanntlich nur sehr selten als leitende Maxime und mit dürren Worten ausgesprochen worden; desto ungescheuter handelten die Jesuiten nach diesem Grundsatz, und es konnte nicht fehlen, dass die Virtuosität der Praxis auch auf die Auffassung des Zwecks zurückwirkte. Für einen Bellarmin fiel wirklich der „Ruhm Gottes“ mit dem der Römischen Kirche zusammen, aber wie Wenige waren ihm an Stärke der Ueberzeugung gleich! Die grosse Mehrzahl klammerte sich mit grösstem Wetteifer an die Menge der einzelnen ihnen zufallenden Beschäftigungen, welche geeignet waren, ihren Einfluss zu erhöhen, bis zuletzt alle Zweckbestimmung an der Ehre des Ordens selber haften blieb.

Unser gegenwärtiges Interesse kann nur ein einseitiges sein. Die Geschichte des Jesuitismus ist zugleich die gleichzeitige der katholischen Kirche selber, so eng ist sie mit dieser verflochten; seine Wirksamkeit verläuft in Thaten, Rathschlägen, Instructionen wie in Schriften. Durch ihn und seine gewaltige Hülfskraft sind die dogmatischen Ergebnisse des Tridentinischen Concils durchgesetzt, die Siege des Protestantismus in allen Ländern wesentlich verkürzt, durch ihn die Gegenreformation bewerkstelligt, die Wünsche nach kirchlicher Besserung grösstentheils vereitelt, die Waffen der Inquisition neu gestählt und geschwungen, durch ihn der Papismus auf die Spitze getrieben, die gallicanischen Kirchenfreiheiten suspendirt und die theokratische Weltanschauung wieder aufgenommen worden, — lauter Erfolge, die bis auf den heutigen Tag gedauert haben. Auch die in ihrer Art staunenswerthe Missionsarbeit steht, weil sie das kirchliche Territorium erweiterte, mit jenen Leistungen noch im Zusammenhang. Dagegen verhält es sich etwas anders mit der nach Innen gerichteten Thätigkeit. Angriff und Vertheidigung forderten in jedem Augenblick schriftstellerische Mittel; ohne gelehrte Studien konnten weder die Mitglieder des Ordens nach Maassgabe ihrer Befähigung beschäftigt, noch konnte die Concurrenz mit den älteren Congregationen, zumal den Dominicanern ausgehalten werden. Bellarmin vereinigte noch die Eigenschaften eines klassisch gebildeten Gelehrten, eines Thomisten, Jesuiten und Polemikers. Einmal in Gang gebracht verbreitete sich die Jesuitische Literatur auf alle und selbst die entlegensten Fächer; alle Wissenschaften unterlagen ihrer methodischen Bearbeitung, nach allen Seiten wollte sich der Orden als der unentbehrliche Träger der höheren Intelligenz wie als Meister in der Technik des Unterrichts darthun; und sogar auf Kunst und Geschmacksbildung erstreckte sich sein Einfluss. Daraus erhellt jedoch immer noch nicht, warum sie gerade aus der Moral ihr vornehmstes Lieblingsstudium entnommen haben; nach unserer Meinung kann dies nur aus dem Verhältniss der Sittenbildung zu dem neu befestigten kirchlichen Standpunkt erklärt werden. Als kirchliches Institut war der Römische Katholicismus wieder vollständig mit sich einig geworden; die Hierarchie unterwarf sich anstandslos den Vorschriften des Tridentinums, die katholischen Staaten gaben ihre Zustimmung meist nur mit Vorbehalt; beide Kreise hatten sich also nur unvollständig geeinigt. Während die Päpste seit Paul IV zu dem Geiste strenger Andacht zurückkehrten, entwickelte sich das Weltleben unter staatlicher Oberleitung heiterer, freier und empfänglicher für irdischen und geistigen Genuss; Viele glaubten der alten Censur nicht mehr zu bedürfen, Andere verschmähten sie, Alle hatten den Humanismus der Lebenslust in sich und ihren geselligen Verkehr aufgenommen. In diese Lockerung der disciplinarischen Bande, wie sie seit Anfang des XVII. entschiedener hervortrat, warfen sich die Moralisten des Ordens mit einer ausgleichenden und erleichternden Lehranweisung. Glauben und Denken ruhten auf einer unerschütterlichen Autorität: das Handeln aber sollte in seiner Biegsamkeit und individuellen Freiheit geschont, jede einzelne Handlung als ein Besonderes, von Bedingungen und Umständen Abhängiges beurtheilt und dennoch wohl oder übel an das kirchliche Gesetz herangezogen und an die unantastbare Pflicht des Gehorsams gebunden werden. Die Moraltheologie ist die innere Mission des Jesuitismus, sein wirksamster Lehrbetrieb und der Inbegriff seiner raffinirt praktischen Geschicklichkeit. In Schulen haben die Jesuiten die Jugend beherrscht, durch den Beichtstuhl das Volk und die höheren Stände bevormundet; ihre Moral aber breiteten sie aus wie ein weites Netz, welches sich über alle Möglichkeiten des Betragens erstrecken und allen Graden der Nachsicht Raum geben sollte, nur ohne Verlust, ja ohne Gefährdung des kirchlichen Grundprincips, welches vielmehr in alter Starrheit festgehalten wurde.

Das Hauptwerk älteren Datums ist: (Perault) La morale des Jesuites extraite fidélement de leurs livres, 3 Tomes 1669. Von neueren Darstellungen ist mir, abgesehen von Harenberg, Stäudlin, de

Wette, Orelli, besonders nützlich gewesen: Huber, Der Jesuitismus, München 1875. Ellendorf, Die Moral und Politik der Jesuiten 1840 ist mehr eine Sammlung von Skandalosen. Feuerlein, a. a. O. S. 55 ff. hat einzelne Gesichtspunkte treffend zusammengestellt. Reichliche Quellenbelege liefert Gieseler, K. G. III, 2. S. 629 ff. Dazu Wuttke, a. a. O. S. 162—72. — Ignatius von Loyola von Eberhard Gothein, Halle, 85.

§ 44. Allgemeine Charakteristik.

Ein Gegenstand wie dieser wird nur durch Vergleichung und sorgfältige Beobachtung zum Verständniss gebracht. Was vor uns liegt, ist eine kleine Bibliothek, ein beträchtlicher Bruchtheil des ganzen Jesuitischen Schriftthums. Wollte man alle früheren Beiträge zur Ethik zusammenhäufen: so würden sie gegen diese Bändereihe der Masse nach immer noch zurückstehen, und vollends die protestantischen Schriften dieses Inhalts, die systematisch geordneten dieses Zeitalters meinen wir, kämen daneben nicht in Betracht. Für theoretische Zwecke war in verhältnissmässig so kurzer Zeit niemals eine ähnliche Rüstkammer aufgethürmt worden. Der aufgebotene Fleiss war ein industrieller, vielfach nur mechanischer, methodisch eingelernter und durch Wiederkehr der gleichen Operationen und Distinctionen erleichterter; als solcher muss er dennoch bewundert werden, und wir dürfen das Geständniss hinzufügen, dass ein heutiger Leser nur äusserst mühsam dem damaligen Schreiber nachhinken wird. Die Zeit der Blüthe umfasst das ganze XVII. Jahrhundert bis in die Anfänge des folgenden. Die Schriftsteller sind Portugiesen, Spanier, Italiener, Franzosen und sehr wenige Deutsche. Im Ganzen wollten Alle eine zusammengehörige Ordensmoral repräsentiren. Zwar sind in ihrem Innern auch bedeutende Gegensätze aufgetaucht; der Jesuit Gonzales hat 1671 den Probabilismus offen bekämpft, auch wurde ausgesprochen, dass nicht jede Meinung des Generals für die Mitglieder bindend sei. Genauer angesehen löst sich diese vermeintliche Einheit selbst wieder in zahlreiche Ungleichheiten auf; die Art geht in Varietäten und Individuen auseinander; was einfach hingestellt war, verwandelt sich in tausend kleine Differenzen, die jedoch nicht als Widersprüche im Grossen aufgeführt, sondern nur als abweichende Ansichten zur Verfügung gestellt und verglichen werden. Zuweilen vernehmen wir ein einfaches ja oder nein, denn das Machtgebot der Kirche darf in keinem Punkte angetastet werden. Ueber den Werth einer Handlung entscheidet nicht der sittliche Inhalt als solcher, weit häufiger deren kirchlicher oder unkirchlicher Charakter. In Einer Beziehung aber sehen alle diese Schriften dennoch einander ähnlich, durch Tendenz, Geist und Gesinnung werden sie solidarisch verbunden. Man darf sich nicht wundern, wenn z. B. bei Escobar nicht weniger als 24 von ihm benutzte Jesuitische Moralisten vorangestellt werden, er wollte eben die ganze Schaar der Seinigen als eine vielstimmige Autorität mitsprechen lassen. Schliesslich will die Jesuitenmoral, weil sie von ihren inneren Divergenzen immer wieder denselben zweckmässigen Gebrauch macht, als concordia concors, nicht discors, angesehen werden.

Was ferner den Zusammenhang mit der früheren Literatur betrifft: so reicht derselbe weiter als gewöhnlich angenommen wird. Die ältere systematische Form war allzu schwierig und unpraktisch, sie musste also wegfallen, durch sie wäre die Aufmerksamkeit auf tiefere psychologische Untersuchungen und allgemeine Probleme hingelenkt worden, welche gerade zurücktreten oder mit kargen Worten abgethan werden sollten. Die Wissenschaft im höheren Sinne kommt vollständig in Wegfall; die Menge der Specialitäten verdrängt jede eingehende Erwägung. Nicht als denkender Mensch wird der Leser gefördert noch über das Wesen des Sittlichen aufgeklärt, nur als Handelnder sieht er sich bis in alle Lebenslagen verfolgt; momentan ist er als der Sittliche gesetzt, er soll das Rechte thun, mag er auch als Persönlichkeit unentwickelt und unmündig bleiben. Das pädagogische Princip der Römischen Kirche, nach welchem ihre Untergebenen in Unselbständigkeit erhalten werden sollen, tritt in seiner ganzen Nacktheit auf. Einem so zerstückelten Inhalt konnte aber nur eine ebenso vereinzelnde Methode entsprechen, für ihre Zwecke mussten sich also die Jesuiten der schon längst vorhandenen casuistischen Form bedienen. Ihre Schriften schliessen sich den früher besprochenen casuistischen Summen und Nachschlagebüchern an, jedoch mit Unterschied; denn die letzteren sind weit ernster und unschuldiger gemeint, in den ersteren aber wird nicht allein die Atomistik der Behandlung viel weiter getrieben, sondern es wird auch dafür gesorgt, dass das Sittliche seiner inneren Nothwendigkeit entkleidet, in die Kategorie des Bedingten, Relativen, Umständlichen und selbst Willkürlichen herabrückt.

Uebrigens bleibt der Stoff grösstentheils derselbe, die Ueberlieferung trägt ihn. Noch Antoninus von Florenz, der letzte Darsteller im grossen Stil, nicht minder die erwähnten Summisten hatten sich über alle kirchenrechtlichen, disciplinarischen, rituellen und statutarischen Angelegenheiten verbreitet, auch die Pflichtübung standesmässig abgegrenzt und vertheilt; dasselbe geschieht noch jetzt. Nach wie vor ist die Moral eine klerikalische, mönchische, laienhafte, und Escobar und Andere handeln vom Richter und Advocaten in gleicher Reihe wie vom Contract und der Miethe, indem sie ihre Bücher mit der Sacramentslehre beschliessen. Dass Sittliches und Rechtliches oder Conventionelles nicht in Einen Topf geworfen werden dürfen, dass besondere Obliegenheiten des Berufs erst auf dem Boden einer gemeingültigen Pflichtmässigkeit eine sichere Stellung einnehmen, dass es vor Allem nöthig sei, sittlich und christlich zu wollen in dem Vertrauen, dass sich demgemäss auch die kanonistischen Ordnungen werden vereinbaren lassen, dieser grossen Erkenntniss der neueren Zeit hat sich der damalige Katholicismus unzugänglich erwiesen, und hätte er sie sich aneignen wollen: so würde er das hierarchische System selber aus den Fugen gebracht haben. Die Lehrbücher des Ordens, indem sie fortfuhren, das bloss Positive, d. h. das von der Kirche Verordnete dem an sich, also moralisch Verbindlichen gleichzustellen im Einzelnen sogar überzuordnen, haben sie den alten Irrthum vererbt und gesteigert.

Der Jesuit will nach allen Seiten Rathgeber und Richter sein, und er will es in solchem Umfange, dass er weit über die gewöhnlichen Grenzen einer moralischen Lehrbefugniss hinausgreifend, auch das Allgemeine und Politische vor sein Forum zieht. Gewiss ist es im höchsten Grade bemerkenswerth, dass derselbe Orden, welcher sich mit aller Gewalt darauf geworfen hatte, das Privatleben vom Beichtstuhl aus bis ins Kleine zu leiten, alle Schritte des Einzelnen mehr nachsichtig als mit Strenge zu beaufsichtigen, die Regungen des Gewissens zu belauern, das Geheime und Unzüchtige schamlos blosszustellen, — auch in die Verhältnisse des Staatslebens mit dreistem Urtheil einzugreifen wagte. Das Eine ist Mikroskopie, das Andere fordert einen weiten Blick, die Jesuiten erlaubten sich, beides zu ihrer Aufgabe zu rechnen. Es war die Fürstengewalt, welcher der Protestantismus einen grossen Theil seiner Fortschritte verdankte, um so nöthiger schien es, die weltliche Oberhoheit grundsätzlich und mit Berufung auf die Bulle Unam sanctam herabzusetzen. Die Theokratie kennt nur ein einziges monarchisches und göttlich beglaubigtes Oberhaupt, das kirchliche; dieses allein besitzt die Jurisdiction über alle Welt. Der Papst allein regiert unmittelbar von Gottes Gnaden, der Fürst empfängt seine Rechte und Pflichten vom päpstlichen Stuhl, aber auch — aus der Hand des souveränen Volks; täuscht er dessen gerechte Erwartungen, versäumt er seine Pflicht: so ist seine Stellung und bei schwerster Verschuldung sein Leben verwirkt. Der Tyrann darf getödtet, ja er soll wie ein grausames Unthier von den Geschossen selbst eines einzelnen Bürgers gejagt und getroffen werden; der grösste Bösewicht aber ist der Ketzer auf dem Thron. Hiernach bedurfte es nur noch einer Berufung auf den Policraticus des Johann von Salisbury und auf den uns erinnerlichen Process des Costnitzer Concils, um die Lehre vom Tyrannenmord zu einem stehenden Artikel zu machen. Mariana, der scharfsinnigste Staatslehrer dieses Ordens, entwirft und zwar, wie wir einräumen, mit ungewöhnlichem Verständniss und in wohlthuenden Farben, das Bild eines wahren, väterlich gesinnten Königs, hätte er nur auch den Papst gezeichnet wie er sein soll, diesen nahm er wie er war. Aber alles Frevels unbeschadet können die anhaftenden politischen Doctrinen, indem sie sich dem öffentlichen Urtheil aussetzen, eher imponirend wirken als die gemeine Kleinmeisterei des Beichtstuhls. Aus blossen Lehrern sind die Jesuiten sogar zu Thätern oder doch Mitschuldigen geworden, mag es auch unbestimmbar bleiben, in welchem Grade ihnen die Ermordung Heinrichs des Vierten zur Last fällt. Um so mehr erscheint es als historische Gerechtigkeit, wenn die in ihren Fundamenten angetastete Staatsgewalt zuletzt an den modernen Gönnern eines selbst zu Widerstand und Empörung aufgelegten Volkswillens Vergeltung übte.

Doch sei dies nur nebenbei bemerkt. Nochmals in die vergleichende Erörterung zurücklenkend begegnen wir einer anderen höchst wichtigen und grundzüglichen Eigenthümlichkeit der neuen Moral. Der alte Augustinismus hatte im Laufe der Jahrhunderte sein Ansehen weder vollständig verloren noch behauptet; eine breite Ueberlieferung nahm ihn auf, durch Erweichung der zugehörigen Begriffe wurde die ursprüngliche Gnaden- und Sündenlehre theils gemildert, theils wie von den Skotisten zu Gunsten der menschlichen Freiheit und Selbstbestimmung förmlich umgebogen. Soviel war klar geworden, dass die Vorstellung einer allwirksamen Gnade und unbedingten Vorherbestimmung den kirchlichen Forderungen des Katholicismus schlechthin widerstrebte, und was der Protestantismus ergriffen hatte, musste das Tridentinum verwerfen. Aber offene Stellung zu nehmen zu der Theologie des fünften und sechsten Jahrhunderts, sich selbst und die Welt über die eingetretene Veränderung aufzuklären, vermochte es nicht; eine Unbestimmtheit der Erklärungen musste der Gefahr eines Bruchs innerhalb der Ueberlieferung vorbeugen; aber wie bald und wie verhängnissvoll sollte die Kirche aus ihrer Sicherheit aufgeschreckt werden! Bisher waren die Dominicaner die rechten Stammhalter der Ethik gewesen; Thomas ihr Haupt war schon als Bekenner einer unbeschränkten Vollmacht des Papstes ehrwürdig und unantastbar. Auch die Jesuiten hielten ihn hoch, wie ihnen andererseits der Gebrauch des Aristoteles willkommen war. Allein die Concurrenz beider Orden ergab entgegengesetzte Neigungen; jene wollten noch Augustinisch denken, diese als die

Modernen klammerten sich an ein praktisch brauchbares Freiheitsprincip, Folge war, dass sie sich und ihre Lehre aus dem religiösen Nimbus und Determinismus der immer noch ernst gesinnten Thomisten herauszogen, sie vertheidigten Molina und bekämpften Bajus. Auf die Berührung mit diesen Beiden kommen wir nochmals zurück. Die theologische Stellung der Jesuiten war damit im Allgemeinen gegeben. Ihr ganzes Moralgeschäft hatte den handelnden Menschen zum Gegenstand; daher statuirten sie keine andere Moralwissenschaft als die schlechthin praktische, auf Verstand und Willensgebrauch gegründete, nur in diesem Element der Freiwilligkeit bewegte sich ihre Theorie; es wird später erhellen, ob und wie weit dieser nüchterne und dem Augenblick dienende Indeterminismus noch religiöse Motive in sich aufnahm. Im Allgemeinen lässt sich das eingeschlagene Verfahren schon jetzt bezeichnen. Der Moralist bedarf einer Aufmerksamkeit doppelter Art, welche ihn durch die Menge der Fragen und Entscheidungen begleitet. Er untersucht zuerst die That als solche, zweitens den Thäter. In jener ersten Beziehung herrscht die empirische Beobachtung, die Thätlichkeit ist die Leiblichkeit der Handlung, sie muss als eine freiwillige, einzelne und von Umständen umgrenzte beschrieben und erwogen werden, nach der andern Seite soll der Moralist ermitteln, wie sich der Thäter zu der ihm anzurechnenden Sünde verhalte, verhalten werde oder auch verhalten haben könne, wobei die subjectiven Bedingungen eines moralischen Antheils in Betracht kommen. Die Jesuiten haben die Handlung als solche sehr eigentlich und äusserlich verstehen wollen, die Schuldfrage dagegen so uneigentlich, dass sie, obwohl in verschiedenem Grade, bereit waren, die anhaftende Schuld zu verringern und der Nichtschuld anzunähern.

Endlich sei noch auf die besonderen theoretischen Kunstgriffe hingewiesen, an welchen diese Ordensmoral erkannt zu werden pflegt, und die zu ihrer Verurtheilung stets benutzt werden. Es sind in der That Missgeburten der Definition und der Distinction, aber die Jesuiten haben sie nicht erzeugt, sondern nur adoptirt, gepflegt und gemeinschaftlich grossgezogen.

Man darf immerhin sagen, sie seien zwar im höchsten Grade die Nutzniesser und meisterlichen Ausführer, aber nicht die eigentlichen Erfinder dieses ihres Jesuitismus gewesen, so wenig als der Pharisäismus der Gesinnung nach mit den Pharisäern seinen Anfang genommen hat. Eine Abstufung sittlicher Gewissheit, opinio probabilis und probabilior, haben wir schon bei Antoninus von Florenz nachgewiesen; den bestimmteren Probabilismus benutzten die Thomisten gegen Ende des XVI. Jahrhunderts, Gabriel Vasquez aber führte ihn 1604 mit grösstem Erfolge in die Doctrin seines Ordens ein. Die Kategorie einer philosophischen Sünde galt der jüngeren Scholastik als Seitenstück philosophischer Tugend. Von der intentio animi als dem Prüfstein alles Sittlichen war seit Augustin und Abälard in ehrlichstem Sinne die Rede gewesen; jetzt wurde sie wieder aufgenommen, aber freilich auch verzerrt und in ihr Gegentheil verwandelt. Denn sobald es einmal erlaubt wurde, die Intention von dem Augenschein und Inhalt einer Handlung abzulösen: so liess sich Alles mit ihr machen; täuschende Lenkung der Gedanken, Restriction, Reservation, Zweideutigkeit der Rede erhielten Zulass. Dazu kamen noch andere Handhaben wie die Klassification der Sünden, die Abstufungen der Busse, die Vorstellung einer unbezwinglichen Unwissenheit, auch diese Vorstellungen waren schon gegeben und eröffneten sich nur dem weitschichtigsten Gebrauch und Missbrauch.

Wir haben es demnach mit einer literarischen Erscheinung zu thun, welche an zahlreichen Fäden mit der Vergangenheit zusammenhängt, und die dennoch sich selber gehört als ein Neues, nie Dagewesenes, Unerhörtes. Ihre Neuheit besteht in der Concentration schon gegebener technischer Mittel, welche bis zum äussersten Raffinement fortentwickelt und auf die Zwecke einer möglichst laxen casuistischen Praxis angewendet werden. Die Schriftwerke selber haben ihren eigenen unverkennbaren Duft. Man kann wohlgemuth in einen solchen Stollen einfahren, um dennoch bald genug wahrzunehmen, dass man von einem eigenthümlichen beklemmenden Dunstkreis umgeben ist.

Die wichtigsten Moralwerke werden aufgezählt und beschrieben bei Schorekh, K. G. seit der Reformation, III, S. 104ff. Ueber die Anfänge der Doctrin, namentlich des Probabilismus in der Ratio studiorum von 1586 s. Gieseler a. a. O. S. 635ff., besonders aber Apparat. ad theol. christ. dogm. moral. Rom 1755, II, 164 sqq. Diese Casuistik ist nur der Pendant zu jenen an das Frivole anstreifenden spitzfindigen Erörterungen, welche uns namentlich seit Duns Skotus und insbesondere in den dialektischen Paradoxieen des Centiloquiums von Occam auf dem Gebiete der Glaubenslehre begegnen. — „Die casuistische Behandlung der Moral war seit dem XIII. Jahrhundert durch Raimund von Pennaforte, welcher ein Compendium der Casuistik zur Anleitung für die Praxis und Disciplin des Beichtstuhls verfasste, in Aufnahme gekommen, und seit dem XIV. und XV. Jahrhundert wuchs fortwährend die Zahl solcher Werke. — „Die Jesuiten lenkten um so leichter in diese Richtung ein, als bei ihnen die scholastische Dialektik schon um der Polemik willen, die sie gegen die Gegner des römisch-katholischen Lehrbegriffs zu führen hatten, in Schwung geblieben war.“ S. Huber S. 284. 306.

§. 45. Doctrin und Methode im Einzelnen nach Escobar.

Nun zur Prüfung der Lehrweise im Einzelnen. Eine erschöpfende Reproduction des Stoffes würde ein Werk für sich allein fordern, kann also von uns nicht erwartet werden; wir beschränken uns auf solche Belege, welche in Geist und Methode dieses Pseudomoralismus einen scharfen Einblick gestatten. — Die Franz von Toledo, Immanuel Sa, Johann Azor, Gregor von Valentia, Gabriel Vasquez, Thomas Sanchez, Paul Laymann, Leonhard Hess, Bauny, Ferdinand des Castro, Vincenz Filliuti, Johannes de Lugo, La Croix, Herrmann Busenbaum, Tanner, Henriquez, Hurtado, Antonius Diana u. A. bilden eine stattliche Reihe, drei Vornehmste unter ihnen mögen als Repräsentanten der ganzen Gattung gelten.

Trotz aller Trockenheit greifen diese Schriftsteller zuweilen nach den Hülfsmitteln der Allegorie und Vision, sie waren ja halb phantastisch gestimmt, halb prosaisch und verstandesmässig entwickelt. Escobar stellt ein apokalyptisches Bild an die Spitze; wir werden in die himmlische Scene versetzt, wo vier Lebewesen und 24 Presbyteren den Thron des Allerhöchsten umgeben. Unter diesen sollen die mächtigsten Gewährsmänner des Ordens verstanden werden, und er selbst versichert, nichts lehren zu wollen, was er nicht von Einem unter ihnen empfangen habe. Nun erscheint Jesus selbst als das Lamm, welchem allein die Eröffnung des geheimnissvollen Buches zukommt, womit denn gesagt ist, dass das ganze folgende Werk sich unter die sieben Siegel vertheile, der Inhalt also von Jesu verbürgt werde. Das siebenfältige Mysterium wird demgemäss in sieben Abschnitten: Leges, peccata, justitia, censurae, virtutes, status, sacramenta erschlossen; man möchte fragen, wozu der Verfasser jene Aeltesten noch braucht, wenn er sich doch auf Christus stützen will.

Antonio Escobar († 1669) ist gross in seiner Art, sein Liber theologiae moralis, obgleich von Innocenz XI. an vielen Stellen censurirt, hat sich mit rasender Schnelligkeit zwischen 1646 bis 1651 in 32 Auflagen verbreitet. Der Vortrag verläuft in Fragen und Antworten, in Behauptungen und praktischen Anwendungen. Objectiv genommen ist Gott selbst das Ziel der Seligkeit, formell aber besteht es in der menschlichen Handlung, welche von beiden intellectiven Vermögen, wahrscheinlicher aber vom Verstande allein ausgeht, von der Existenz des Leibes ist sie nicht abhängig. Die Fähigkeit zum vollkommenen Handeln besitzt der Mensch oder richtiger er besitzt sie nicht, sondern verdankt sie erst einem ihm zufliessenden göttlichen Beistande. Handlung (actio) heisst jede willensgemässe und freie Bethätigung (operatio); alles Freie hat im Wollen seine Form, im Verstande seine Wurzel, so dass die dem Verstandesgebrauch vorangehenden Regungen noch nicht als freie gelten dürfen. Auch kann jedes Voluntarium durch Gewalt, Unwissenheit, Furcht oder Begierde aufgehoben oder doch beschränkt werden. Einige Handlungen sind als solche gut oder schlecht, andere werden schlecht, indem sie — man höre! — wider ein kirchliches Gebot, also etwas Statutarisches verstossen, alle aber empfangen aus Umständen oder Accidenzien ihre besondere Gestaltung. Wer sieht nicht, dass das sittliche Princip zur Hälfte in sich selbst anerkannt, zur anderen Hälfte in das Positive eingeklemmt, also verunstaltet, und ebenso dass alles Thun nur in seiner empirischen Bedingtheit vorgetragen wird. — Ein zweiter Artikel betrifft das Gewissen als das über Alles, was freiwillig geschehen soll oder hätte geschehen sollen, endgültig entscheidende Urtheil des praktischen Intellects. Verum conscientia de agendis seu omittendis actus est a prudentiae virtute elicitus, — ein einzelner Act, welchen die Tugend des Verstandes hervorruft. Subjectiv betrachtet ist jeder Verstoss gegen das Gewissen sündhaft, — das klingt vortrefflich, wird aber mit wenigen Worten abgethan, denn sofort zerfällt das Gewissen in die Abtheilungen des irrigen, probabeln, zweifelhaften, skrupulosen, von seiner dauernden Wirksamkeit, von der Entstehung und Ueberwindung innerer Conflicte, kurz vom Leben des Gewissens erfahren wir nichts. Demnächst folgt die Gnade als die Quelle des Uebernatürlichen und das Verdienst als die höhere, von dem Gottesgedanken aus bestimmte und darum der Belohnung würdige Leistung. Dies also sind die constituirenden Sätze, auf welche gelegentlich zurückgegangen wird, und wir würden immer noch Respect haben, wenn sie nur im Zusammenhange entwickelt würden, wozu es bei der Menge der Einschränkungen nicht kommen kann. Schon die Frage, ob alle „Umstände“ einer Handlung auch bekannt (confiteri) werden müssen, versetzt uns in die Nähe des Beichtstuhls. Die Welt und Menschheit mag noch so gross sein, der Umfang der Handlungen noch so weit reichen, Gott und Seligkeit, Gewissen, Gnade und Verdienst mögen als imponirende Grössen voranstehen: dennoch erhebt sich das Gute in deren Mitte nicht zu seinem universellen Recht, der Beichtstuhl bearbeitet die Begriffe, d. h. er zerstückelt sie, und es wird dafür gesorgt, dass Niemand weder mit sich selbst noch mit Gott zu einem freien Verkehr gelangt.

Der weitere Verfolg bringt viel längst Bekanntes in Erinnerung, wie die Artikel vom Gesetz und vom Dekalog nebst

Anhängen, und es darf uns nicht mehr wundern, dass bei Gelegenheit der Dispensationen auch die Kreuzbulle (Bulla cruciata) vermöge ihrer Privilegien eingeschaltet wird, sie verdient eine Stelle in der Moral. Ebenso consequent ist die sorgfältige Behandlung der Thatsünden, denn an dem Einzelnen und Actuellen ist eben Alles gelegen, nicht an dem Allgemeinen. Die Laster behaupten sich in ihrer Siebenzahl sammt ihrer Sippschaft, wie sie schon früher als proles und filiae aufgezählt worden, während die Tugenden auf die drei theologischen beschränkt werden. Aber die Religion ist selber nur eine „Moraltugend", ein gesetzlicher, dem letzten Grund der Dinge dargebrachter Cultus und Dienst, und kaum ist sie genannt: so hören wir schon von der Beobachtung der kanonischen Stunden, von Zeit und Ordnung der Recitationen, von Entschuldigungsgründen, wenn etwa in der Kirche das Bevier fehlen oder eine Blindheit am Lesen verhindern sollte, — das ist also Religion, das Sinnenfällige! Den Klassenunterschied treibt Escobar so weit, dass er Fürsten, Klerikern, Magistraten, Aerzten, Soldaten, Landleuten, Künstlern zwar nicht ihre Pflichten, wohl aber ein Verzeichniss der Vergehungen vorhält, denen sie ausgesetzt sind. Dem Rechte werden Contracte, Census, Wucher, Geldwechsel, Miethe, Verträge zugeordnet. Wollte man das Heterogene abziehen, weil es nur mittelbar zur Sittlichkeit gehört: so würde ein grosser Theil des Ganzen in Wegfall kommen. Ueber den Unwerth einer solchen Verquickung kann sich der denkende Leser selbst Rechenschaft geben, aber zum Selbsturtheilen wird er hier nicht angeleitet, er soll hören und befolgen.

Namen und Werke der bedeutenderen Schriftsteller dieser Gattung finden sich verzeichnet bei Walch, Bibl. theol. sel. II, p. 1113 sqq. und Stäudlin, G. d. chr. M. S. 464 ff., Mayeri Bibl. scr. theol. mor. p. 66.

Escobar's Hauptwerk ist Universa theol. moralis, Lugd. 1663, weit berühmter aber dessen Liber theol. mor. ed. noviss. Brux. 1651, woraus wir citiren. Vgl. zum Obigen die ersten Abschnitte p. 3 sqq. De actibus humanis, voluntario et libero. Actio proprie loquendo est hominis operatio voluntaria ac libera aut ejus omissio. — Voluntarium id quod a principio intrinseco fit cum cognitione particularium, in quibus actio consistit, — directum et indirectum. — Liberum quod positis omnibus requisitis ad agendum absque eo quod ulla fiat in se mutatio, potest agere vel non agere. Hinc libertas in voluntate formaliter sita est, in intellectu vero radicaliter. — Profecto actus alii per se et praecise ex objecto mali sunt, alii vero propter legis positivae prohibitionem. Actus morales alii interne consummantur, alii vero in externam transeunt operationem. Externa moralis operatio objective quidem prior est actu interno, sed ut exercita ab actu interno posterior tanquam participans bonitatem et malitiam ab interno actu. — Die Methode selber offenbart sich dann in Beschränkungen der Freiheit wie coactio, metus, ignorantia. — Conscientia est actus intellectus practici judicantis aliquid hic et nunc agendum esse vel fuisse tanquam bonum honestum, vel fugiendum esse aut fuisse tanquam inhonestum. Man denke an die scholastische Frage, ob das Gewissen als Act oder Potenz zu denken sei. Ueber Religion p. 653. Est moralis virtus exhibens debitum cultum Deo tanquam primo rerum omnium principio. — Objectum proximum quidem aliqua actio ad Deum directa, remotum vero Deus: materiale humanae actiones, quibus cultu et honore Deus afficitur, formale vero, Deo cultum eum exhibere.

Hiermit haben wir jedoch nur die theoretischen Hauptsätze angeben wollen; ihnen aber sind schon bei Escobar andere eingeschaltet mit der Ueberschrift: praktische Anwendungen. Und in diesen erst wird das Verfahren recht lebendig. Die Praxis des Ordens will sich von jeder anderen ablösen, in sich selbst aber entwickelt sie einen grossen Reichthum. Sie giebt sich für ein zusammengehöriges Ganze aus, das aber doch höchst ungleichen Auffassungen Raum gewährt; innere Einheit der Tendenz mit Unterschieden der Application zu verbinden und eben dadurch der Mannigfaltigkeit des Lebens zu entsprechen, darin sucht der Moralist seinen Stolz und seine Meisterschaft. Jede Handlung gleicht einem Individuum für sich und fordert als solches seine Taxe, daher kann es geschehen, dass was der allgemeine Satz festgestellt hat, in der Application wenn nicht zurückgenommen, doch stark beschränkt wird. Mehr hiervon im Folgenden.

§. 46. Der Probabilismus nach Busenbaum.

Von der inneren Einrichtung ist, wie gesagt, bemerkenswetrh, dass jeder Abschnitt von einem wenn auch magern, doch bestimmt formulirten Satze ausgeht; das sind also die Haltpunkte und sichern Pfeiler des Systems, aber sie sind umgeben von den Untiefen der Casuistik, in welche wir unter der Ueberschrift: Praxis ex societatis Jesu schola eingeführt werden. Es wird nöthig sein, diesen Sumpf an einigen Stellen zu durchwaten.

Nicht weniger Ruhm als Escobar erndtete der Deutsche Herrmann Busenbaum, indem er seine Medulla theologiae moralis, Monast. 1645 in mehr als 50 Ausgaben verbreitete; durch die uns vorliegende Bearbeitung von la Croix ist dieses Compendium zu einem grossen siebentheiligen Opus angewachsen. Die Freundschaft mit Friedrich Spee († 1635) und die Verwerfung der Tortur, weil durch sie jede Besinnung unterdrückt werde, sprechen zu Gunsten dieses Mannes, der auch wirklich hier und da einen ernsteren Sinn verräth, während er andrerseits als Vertheidiger des Tyrannenmordes dem französischen Parlament anstössig geworden ist und zur öffentlichen Befehdung des Ordens gereizt hat. Methodisch war er im höchsten Grade entwickelt und ist daher auch sehr geeignet zur Einweihung in das casuistische Labyrinth. Seine Zergliederung des Gewissens, um dieses nochmals zur Sprache zu bringen, ist fürchterlich. Seiner Bestimmung nach soll das Gewissensurtheil ebenso richtig wie gewiss sein, Eigenschaften, die ihm jedoch in jedem Augenblick abhanden kommen. Die Richtigkeit ist entweder eine physische, d. h. objective und dem Gegenstande anhaftende, oder sie ist ethisch, d. h. aus den richtigen Motiven geschöpft; aber auch der Irrthum kann doppelter Art sein, ja es ist möglich, dass das physisch Angemessene ethisch verfehlt ist. Es fragt sich also, ob ein so zwischen Wahrheit und Schein schwebendes und vielleicht mit einer „unbezwinglichen Unwissenheit“ zusammenhängendes Urtheil noch jenen Namen verdient, und ob es eine Handlung zu rechtfertigen, eine Sünde zu mildern, ja zu entschuldigen vermag. Darauf antwortet Busenbaum doppelt, denn — seine Gelehrten sind uneinig. Nicht besser steht es um die Gewissheit als das andere Moment. Um ehrenhaft zu handeln sucht Jeder ein dictamen certum im eigenen Herzen, allein zahlreiche Gründe sprechen dafür, dass er sich zuweilen auch mit einer Instanz der Ungewissheit behelfen muss. Zweifel tauchen auf und nehmen mancherlei Formen an; es giebt einen speculativen und praktischen Zweifel, Lehren, Ansichten und Thatsachen werden beanstandet, und hiermit deutet der Verfasser, hier nämlich la Croix, auf die Jansenistische Unterscheidung der quaestio facti von der quaestio juris; — dann wird der also Angefochtene sich erst durch langwierige Abwägungen den Weg zur Entscheidung bahnen müssen. Die eben genannte Distinction selber wird natürlich als eine unkirchliche verworfen. Endlich aber wenn das Gewissen perplex auftritt, der Zweifel also an zwei Stellen zugleich sich regt, und wenn unter zwei dubiösen Handlungen die eine nothwendig gewählt werden muss: — welche verdient den Vorzug? Man soll so lange als möglich zaudern, dann aber die zweifelhafte Sünde der gewissen vorziehen, d. h. lieber lügen als die Fasten übertreten oder das Almosen unterlassen, — denn dieses Letztere ist ein Unrecht unter allen Umständen. Steht es so, fügen wir hinzu: so wird der Mensch eben dadurch unglücklich, was ihn beruhigen und stärken soll, und es wäre ihm heilsamer, gar kein Gewissen zu haben und auf die Funktionen des Denkens und Wollens allein angewiesen zu sein. Dürfen wir uns einen Scherz erlauben: so gleicht das Gewissen, wie es hier behandelt wird, dem des Lancelot Gobbo, welcher es für „gewissermaassen hartherzig" erklärt, um ihm schliesslich den Laufpass zu geben.

Von nun an versuchen wir eine Blumenlese aus beiden Werken und mit Berücksichtigung einiger wichtigsten Materien. Busenbaum gelangt von seiner Gewissenslehre aus sofort zum Probabilismus, zu jener weitschichtigen Mittelgrösse, welche die Kluft zwischen dem Gewissen und dem blos Neutralen und Möglichen oder Plausibeln ausfüllen soll. Schon in der Ratio studiorum war die Probabilität empfohlen worden, auch konnte eine solche Kategorie nicht füglich entbehrt werden. Wollten unsere Schriftsteller ihre eigene Solidarität mit der Menge ihrer Auskunftsmittel vereinbaren: so bedurften sie eines Mittleren und der Abstufung Fähigen, welches der strengeren wie der laxeren Praxis Vorschub leisten kann, das also nach beiden Seiten schielt. Das Probable ist jener heillose Uebertrag aus dem

Gebiet der Erfahrung, Vermuthung und Untersuchung, woselbst die Wahrscheinlichkeit immer eine Stelle haben wird, auf das Sittliche; zwar auch in diesem Letzteren können derartige Abwägungen selbst in redlichen Menschen stattfinden, aber ist es erlaubt, sie zu benutzen oder gar ein Princip zu schmieden aus den Anwandlungen schwacher Stunden oder falscher Ausreden? Das Probable ist weder einfach geboten noch beliebig, es hat seinen Grund nicht in sich selbst, kann ihn aber aus gewissen Merkmalen, Rücksichten, Vorurtheilen und Autoritäten empfangen, — welch' ein Werkzeug in der Hand der Jesuitischen Praxis! Busenbaum behandelt die Probabilität wie der Textkritiker eine angefochtene Lesart, deren Echtheit ohne innere Gründe und aus blosser Zählung der Handschriften entschieden werden soll. Probabel, sagt Busenbaum, ist die Meinung, welche Jemand ohne Leidenschaft vorträgt, — für kalte Gemüther eine nichtssagende Bedingung, — die er mit ansehnlichen Argumenten oder mit anerkannten Gewährsmännern unterstützt, sie wird es noch mehr, wenn er selbst als bedeutender Lehrer gilt, oder wenn seine Ansicht der Offenbarung zur Ehre gereicht oder der Würde eines Gesetzes Vorschub leistet. Doch kann dieses Plausible durch ein anderes noch stärker und reichlicher Beglaubigtes überboten werden; so entstehen die Grade des probabile, probabilius, ad summum probabile, und besonders der Comparativ ist von grosser Wichtigkeit. Im Allgemeinen wird der Rath gegeben, das nach Zahl und Werth der Gewährsmänner am Besten Accreditirte aufzusuchen, aber schlechthin nothwendig ist es nicht; man kann auch bescheiden sein, und neben jenen Probabilioristen haben selbst die Freunde des einfachen Probabile noch eine Berechtigung, zumal vielleicht das probabilius selbst nur auf einem probabile beruht. Dass durch Billigung der untergeordneten Meinung die vollständiger verbürgte eo ipso verworfen wird, dass überhaupt diese Vergleichung auf disjunctive Urtheile keine Anwendung findet, daran wird nicht gedacht. Der Beichtvater darf diejenigen nicht verurtheilen, die unter der Zahl der Gelehrten so lange umherschauen, bis sie die ihnen am meisten zusagende Meinung vertreten gefunden haben. Ist jedoch mein

Gewährsmann ein Klassiker ersten Ranges und bedient er sich neuer Beweismittel: so vermag er durch sich allein den Ausschlag zu geben. Eine ausreichend erwiesene Probabilität wird sogar durch die Sentenz einer kirchlichen Versammlung noch nicht hinfällig, es müsste denn die Stimme des Papstes hinzukommen; durch ihn und die Decretalen werden selbst probablere Behauptungen entkräftet; seinem Ausspruch zu widerstreben ist Todsünde, und was er verdammt, soll in dem Sinne, welchen die betreffenden Worte an sich haben, nicht im Sinne des Schriftstellers verstanden und verdammt sein, — abermals eine Beziehung auf den Jansenistischen Streit. Gewiss entschuldigt eine unbezwingliche Unwissenheit denjenigen, welcher annimmt, dass man aus probabeln Gründen eine probable Meinung gegen die probablere festhalten dürfe. Selbst das Auffälligste, nebenbei gesagt, wird belegt, und Busenbaum kennt 16 Stimmen für die Möglichkeit, ohne Taufe selig zu werden. In verschiedenem Sinne können sogar contradictorisch entgegengesetzte Sätze zugleich probabel erscheinen. Hiernach kann man mit der Probabilität um so mehr spielen, je weniger das Princip des Gehorsams dabei mitspricht. Ein Untergebener ist gehalten, dem Oberen zu gehorchen, wenn ihm dieser etwas nur probabel Erlaubtes anbefiehlt, das er selbst jedoch noch probabler für unzulässig erklären muss, und er besitzt höchstens das Recht einer Rückfrage. Der Beichtvater dagegen befindet sich in der Lage, wenigstens provisorisch Absolution zu ertheilen, wenn er auf eine Ansicht stösst, die er selbst verwerfen, also seiner eigenen als der noch probableren unterordnen müsste. Und damit noch nicht genug, er darf sogar das minder Probable, sobald es nur von einigen Gelehrten noch zugelassen wird, mit Vorbehalt seines eigenen Urtheils zur Verfügung stellen und anrathen. Damit erreicht der ganze Kunstgriff des Probabilismus den höchsten Grad von Maasslosigkeit, denn er setzt den zu Richtenden in den Stand, sein eigener Richter zu werden, sei es nun in der Form des Gewissens, oder, was viel näher lag, des Leichtsinns und der Gewissenlosigkeit.

H. Busenbaumii Medulla casuum conscientiae seu theol. moralis, Monast. 1645, die spätere Bearbeitung von la Croix: Theol. moralis, Colon. 1757, in 7 Bänden, eine noch glänzendere des Redemtoristen Liguori, Rom 1757. Im ersten Bande nach la Croix werden Gewissen i. e. dictamen rationis seu actus intellectus, und Probabilität mit der grössten Geschicklichkeit auspunktirt, aber auch in der Absicht, mitten in diesem Meer der Ungewissheit die Autorität des Papstes als das einzige Feste und Unantastbare hervortreten zu lassen. Keine Congregation kann eine als probabel bezeugte Meinung ihres Werthes berauben, nur der Papst schlägt sie nieder; Sätze also die in der Bulle Vineam domini verdammt werden, damnari debent eo sensu, quem verba habent per se etc., non in sensu auctoris, der Zuwiderhandelnde sündigt tödtlich.

Schon in jener Zeit ist der Probabilismus als der eigentliche Kern dieser Moral betrachtet und zum Gegenstande eines besonderen Studiums gemacht worden. Einige Jesuiten bestritten ihn, Andere wollten ihn beschränken, die Mehrzahl hielt ihn fest, und auf den Vorwurf der Willkür wurde geantwortet, dass ihrerseits nichts für probabel ausgegeben werde, was nicht Jedermann als empfehlenswerth einleuchte. Sanchez soll die Consequenz am Weitesten getrieben haben, Escobar aber bewundert die grosse Menge verschiedener moralischer Ansichten wie eine göttliche Veranstaltung, weil alle dazu dienen, das Joch Christi annehmlich zu machen. Profecto dum video tot diversas sententias in rebus moralibus circumferri, divinam reor providentiam fulgurare, quia ex opinionum varietate jugum Christi suaviter sustinetur. — Ausführliche Zusammenstellungen des Materials liefert Perrault, Morale des Jésuites, I, p. 276, Lobkowitz, De probabilitate, Stäudlin, a. a. O. S. 489, Feuerlein, S. 57 ff., Huber, a. a. O. 112 ff., woselbst über das Princip der Heiligung der Mittel durch den Zweck citirt wird: Busenb. Medulla theol. mor. lib. IV, c. 3, dub. 7. Licet enim saltem in foro conscientiae custodes (praecisa vi et injuria) decipere tradendo v. g. cibum et potum, ut sopiantur, vel procurando ut absint, item vincula et carceres effringere, quia quum finis est licitus, etiam media sunt licita.

§. 47. Das Gesetz nach Busenbaum und Filliuti.

Alle Gesetzgebung nach Escobar empfängt ihren Umfang aus den Rechtsbefugnissen ihrer Urheber; man muss wissen, wie weit ein Kaiser und König, ein Bischof, Concil und Collegium und selbst ein Tyrann, ohne mit seinem Berufe moralisch zu zerfallen, gehen darf, und die „Praxis" schärft ein, dass Niemand von einem geistlichen Forum auf das weltliche Recurs nehmen dürfe; statthaft ist nur das Umgekehrte, wie denn überhaupt in jedem Competenzstreit die Kirche das Vorrecht hat. Ist aber der Gesetzgeber gehalten, seine eigenen Gebote zu befolgen? Keineswegs, denn er hat keine Machtvollkommenheit über sich selbst, und alle Verbindlichkeit (obligatio coercitiva, nicht directiva) hängt von dem „Willen" des Legislators ab, von dem nicht anzunehmen, dass er sich selber dergestalt habe belasten wollen. Wer gegen das Staatsgebot Geld oder Waffen herbeischafft, sündigt nicht tödtlich, so lange es in mässigem Umfange geschieht.

Der Dekalog beginnt mit der Gottesverehrung. Intensiv braucht man Gott nicht über Alles zu lieben, sondern nur appretiativ durch Erhebung der Gottheit über das Geschöpfliche; und ebenso wenig ist erforderlich, im Acte dieser Liebe beständig auszuharren, dazu dient die Busszeit. Dagegen begeht eine Todsünde, wer ausdrücklich (praecise) darum Gott liebt, weil er geistliche oder zeitliche Güter von ihm zu erlangen hofft, so weit also soll man die Lohnsucht nicht treiben. — Der Eidschwur ist eine rechtlich geforderte und religiös ausgesprochene, aber doch völlig aus freiem Willen hervorgehende Versicherung. Schlechte Gewohnheitseide sind lässliche Unsitten, ein Stossseufzer: Gott, wie kalt es ist! nicht schwer zu nehmen. Es ist gestattet, eine Sache zu beschwören, die ich nur probabel für wahr halte; auch bedarf es nicht der sorgfältigsten Untersuchung, um einen Thatbestand, der eidlich bezeugt werden soll, zuvor festzustellen, moralische Ueberzeugung genügt. Verboten kann es nicht sein, Jemanden zu einer Eidesleistung aufzufordern, von dem zu fürchten steht, dass er ihn falsch schwören werde. Uebertretungen eines bereits Gelobten und Beschworenen hängen sehr von ihrem Maasse ab, es darf nicht zu viel Wein sein, welchen ich nach vorangegangener Betheuerung, keinen Wein trinken zu wollen, dennoch geniesse; so lange befinde ich mich noch im Bereich des Lässlichen. Darf ich aber bei eidlicher Erklärung mich einer Zweideutigkeit (aequivocatio, amphibolia) bedienen? Allerdings, antwortet Busenbaum, aber nur aus ehrenhafter Absicht oder in ernster Lage. Ich habe einen Franz getödtet, ist es aber zum Zweck meiner Selbstvertheidigung geschehen: so steht mir frei, diese Tödtung eidlich abzuleugnen, indem ich nämlich hinzudenke: im verbrecherischen Sinne; das Wort homicidium kann also doppelt verstanden werden. In solchen Fällen bleibt die That allerdings stehen, dem Thäter aber ist gestattet, sie durch Ableugnung des ihr beigelegten Schuldcharakters so zu erklären, als ob sie gar nicht begangen wäre. Busenbaum beruft sich in Betreff der Zweideutigkeit beispielsweise auf den Ausdruck lingua bovis, Ochsenzunge. Wer sich im Schlachthause befindet, versteht wahrscheinlich das Wort im eigentlichen Sinn, wer in der Apotheke, denkt vielleicht an ein gleichnamiges Heilkraut. Aber das ist unentschieden und kann unter Umständen unaufgeklärt bleiben. Die Auslegungen des fünften Gebots verbreiten sich über Selbstmord, Selbstverstümmelung, Selbstvertheidigung, Duell und Krieg und beweisen, dass die Verfasser mit der öffentlichen Meinung nicht zerfallen wollten. Auch in diesen Fragen bleibt eigentlich nichts Festes mehr übrig. Erlaubt sind alle Tödtungen nach Escobar, welche zu gerechter Vergeltung oder zur Befestigung eines Friedens nothwendig befunden werden, probabel die Tödtung des Tyrannen, wenn er sich an dem Staate vergreift; aber auch andere Arten des Angriffs verfallen demselben Rechte der Abwehr, und was dem Laien unter Umständen freisteht, darf noch weniger dem Religiosus, d. h. dem Kleriker oder Mönch versagt werden. Bekanntlich unterliegt der Diebstahl einer ähnlichen Beurtheilung, es giebt zwingende Umstände, welche ihn in eine Schadloshaltung oder einen Act der Noth verwandeln. — Die Verstösse gegen das sechste Gebot sind mit entsetzlicher Liebhaberei zergliedert worden; Herz, Mund, Gesicht, Gehör, Tastsinn werden der Reihe nach vorgefordert. Am Wenigsten ist der Mund betheiligt, da es an sich indifferent ist, von schimpflichen Dingen zu reden (?!); gefährlicher ist schon der Anblick des Unzüchtigen, aber auch dieser kann ein verweilender oder ein momentaner und flüchtiger sein (per transennam). Von einigen Sinneseindrücken gilt daher: Speculative non damnarim, sed practice, z. B. von wollüstigen Schauspielen, die auch in löblicher Absicht besucht werden können und selbst ohne eine solche nicht über das Lässliche hinaus wirken. Nach solchem Vorgange kann die Behandlung der Spielregeln und der Fastengebote nicht mehr auffallen. Eine Jungfrau geht ihrer Hochzeit entgegen, soll sie fasten, obgleich sie weiss, dass ihre Schönheit darunter leidet? Busenbaum will diese Besorgniss zerstreuen. Man weiss von einem Petrus, dass er geneigt ist, die Fasten zu brechen, darf er dennoch zum Gastmahl eingeladen werden? Alter ait alter negat. Jemand ist gewohnt, im Spiele zu betrügen, nachher wird ihm zweifelhaft, ob er es auch diesmal gethan, muss er den Gewinn zurückerstatten? Nein, wenn er ihn in gutem Glauben empfangen, anders wenn ihm der Zweifel schon bei der Aneignung gekommen ist. Schwieriger erscheint das Verhältniss einer persönlichen Schuld zu der etwaigen Mitschuld eines Anderen, ob also ein Diener seinem Herrn auch wenn sich dieser auf unerlaubten Wegen befindet, noch behülflich sein dürfe, ob gefangene Christen zum Kampfe gegen ihre Glaubensgenossen Mauern aufrichten helfen dürfen. Auch hier geht es ohne ein Ja und Nein nicht ab. Unter tausend Nichtigkeiten taucht auch hier und da etwas Tüchtigeres auf, z. B. bei der Erwägung, ob der Arzt lieber den allgemeinen Grundsätzen oder seiner besondern Erfahrung zu folgen habe, — eine allerdings aufzuwerfende Frage, hier wird sie zu Gunsten des auf eigene Erkenntniss gestützten Verfahrens entschieden. — Mit den Täuschereien der Eidesleistung steht das Kapitel der Absichtslenkung (intentio voluntatis) im engsten Zusammenhang; die methodus dirigendae voluntatis führt zu jeder Art der Restriction und Mentalreservation. Erst der zutretende Wille stempelt die Handlung; fehlt derselbe oder wird er durch mitwirkende Unwissenheit oder Zwangsverhältnisse geschwächt: so bleibt nur der äussere Körper der That übrig, welche alsdann einer anderen und milderen Deutung zufällt. Dieser Umstand darf nicht nur von dem Richter zu Gunsten des Thäters in Anschlag gebracht werden: sondern dem Letzteren wird mit der Freiheit der inneren Direction das Werkzeug des Egoismus geradezu in die Hand gegeben. Nach den gegebenen Fingerzeigen verfügt er über den weichen Gedankenstoff; nicht die Handlung wie sie ist, soll wider ihn aufstehen, er hat es in der Hand, durch Reserve des Denkens deren Realität zu verringern, seine eigene Absicht aus deren Schuldcharakter herauszuziehen oder auch ihr einen untadelhaften Zweck, welcher sie ganz oder theilweise zu entsündigen vermag, unterzuschieben. Selbstbetrug und Unaufrichtigkeit werden durch Methode geheiligt.

§. 48. Fortsetzung: Sündenlehre und Beichte.

Nach solchen theoretischen Vorkehrungen unterlag nun auch die Sündenlehre einer völlig veränderten Bearbeitung. Die kirchlichen Kategorieen blieben dieselben, aber die alte Scheidung der schweren und der leichten Sünden wurde dergestalt gehandhabt, dass immer mehr Einzelfälle aus der ersteren Abtheilung in die andere herabsanken, bis praktisch genommen nicht viel übrig blieb, was nicht mit Hülfe des Probabilismus, der Restriction und anderer Mittel hätte zum Verzeihlichen abgeschwächt, also der Vergessenheit übergeben oder mit leichter Mühe abgebüsst werden können. Busenbaum ist aufrichtig genug, diese Ausgleichungen für ein höchst gefährliches und schwieriges Geschäft zu erklären. Tödtlich ihrer Art nach (ex suo genere) sind Unglaube, Mord, kirchliche Delicte wie Asotie, Bruch des Siegels, die lässlichen Leichtsinnigkeiten jeder Art, Excesse, durch die der Einzelne sich selber schadet, Verletzungen der Pflicht der Freigebigkeit, Grossmuth, Dankbarkeit, Aufrichtigkeit, ebenso Geiz, Verschwendung, zuweilen selbst Heuchelei, dazu Verstösse gegen die evangelischen Rathschläge, — sie bilden ein langes Verzeichniss. Allein die Art entscheidet nicht immer; wo die Requisite einer überlegten und freien Handlung nur unvollständig vorhanden oder das Material zu gering ist, wird selbst das Mortale zum Veniale. Ein eigenes Genre bilden ferner die philosophischen Sünden, d. h. die Uebertretungen dessen, was die Natur oder die richtige Vernunft vorschreibt; durch sie, weil sie Gott nicht formell beleidigen noch ein göttliches Gesetz ausdrücklich antasten, liess sich das Gebiet des Verzeihlichen in's Unbegrenzte erweitern, namentlich wenn es dem Thäter überlassen war, sich durch Lenkung der Gedanken zum philosophischen Sünder zu qualificiren. Die alten sieben Hauptsünden waren theilweise schon von Gerson weit nachsichtiger beurtheilt worden; dasselbe geschieht jetzt z. B. bei Nennung der Detraction; denn wenn es nach Escobar und Filliuti kein schweres Vergehen sein soll, einen Häretiker fälschlich zu beschuldigen, dass er das Bild des Gekreuzigten verletzt habe, weil derselbe ohnehin schon nach dieser Richtung im übelsten Rufe stehe: dann in der That hatte es auch mit der Schmähsucht nicht mehr viel auf sich. — Zuweilen wird noch an Thomas Aquinas angeknüpft. Den Satz desselben, dass alle Venialia der Welt noch nicht einem einzigen Mortale an Schwere der Verschuldung gleichkommen, haben die Jesuiten nur bedingungsweise gelten lassen. Wenn Jemand 20 Thaler stiehlt, und zwar thalerweise, doch mit der Absicht, nach und nach die ganze Summe an sich zu bringen: so hat er freilich etwas Todeswürdiges begangen; sind aber die 20 Diebstähle unabhängig von einander ausgeführt, jeder mit seiner eigenen Intention: so kommen nur ebenso viele lässliche Dinge heraus. Doch genug, jetzt verstehen wir die Bedeutung der von Allen gepriesenen devotion aisée, sowie der relachements und addoucissements, welche von Pascal so meisterlich gegeisselt worden.

Sollte jedoch trotz dieser Erleichterungen noch ein brennendes Schuldgefühl im Bewusstsein zurückbleiben: so wäre das Sacrament das geeignete Mittel es zu dämpfen. Die Busse wird unter den Händen eines Filliuti zu einer Caricatur der alten, von Luther begrabenen, im Tridentinum wieder auferweckten Theorie. Die Definitionen lauten abermals ernst; Contrition ist Verabscheuung des Begangenen, Attrition ist Sündenschmerz, jene ist mit einer vollkommenen, diese mit einer unvollkommnen Gottesliebe verbunden, jene ein übernatürlicher Act, diese natürlich entstanden; allein was wird aus dieser Gravität der Erklärung! Beide Formen sind brauchbar und verdienen Anerkennung.

Die Contrition soll nicht an einen bestimmten Zeitpunkt gebunden sein, sie lässt sich vertagen wie ein Geschäft, auch besitzt sie eine sehr veränderliche extensive und intensive Stärke und wird sogar in der Beichte durch die Gnadenverleihung entbehrlich gemacht. Nur eine allgemeine Erinnerung an die Sünden muss dem Schmerzgefühl vorangehen, sogar jeder Grad der Attrition genügt, um Trost zu empfangen. Und wenn dann von dem Schmerz selber und dessen Wahrheit noch weitere Abzüge gemacht werden, wenn es heisst: dolorem existimatum sufficere, modo oriatur ex ignorantia inculpabili, — wenn dem Geistlichen freigegeben wird, sich der Meinung des Beichtenden, sobald sie nur probabel, anzubequemen: so erreicht der Schacher mit den sittlichen Herzensangelegenheiten die weiteste Ausdehnung. Uebrigens verräth Busenbaum praktischen Verstand genug, wenn er bemerkt, dass der geistliche Berather nicht der höchsten Wissenschaft bedürfe, weit nützlicher sei ein natürliches Urtheil und vollkommene Kenntniss der Menschen und der Lebenslagen. Um Allen beizukommen, muss er jederzeit wissen, wen er vor sich hat, ob Männer oder Frauen, Knaben oder Erwachsene, Vornehme oder Geringe, weiche oder harte Naturen, Sanguiniker oder Verzagte. Zu der Mannigfaltigkeit der Individuen tritt alsdann, wie wir hinzusetzen, auch die der zur Wahl dargebotenen Meinungen und Auskunftsmittel in ein natürliches Verhältniss; das Joch Christi kann nicht drückend werden, wenn es Jedem nach Maassgabe seiner Tragfähigkeit auferlegt wird. Wir wiederholen daher Escobar's schon erwähnten und häufig citirten Ausspruch Theol. mor. II, sect. 1. c. 1. 23, nach welchem gerade aus der Menge der sittlichen Urtheile die göttliche Vorsicht hervorleuchten soll; divinam reor providentiam fulgurare, quia ex opinionum varietate jugum Christi suaviter sustinetur.

Schon Stäudlin hat darauf aufmerksam gemacht, dass die Jesuiten sich ihres von der früheren Bearbeitung des Moralstoffes weit abweichenden Verfahrens sehr wohl bewusst waren; sie legten grossen Werth auf die von ihnen in Gang gebrachte Neuerung. Glaube und Dogma müssen auf alter Autorität ruhen bleiben; die Handlungsweise dachten sie weniger von strengen Gesetzen beherrscht und mehr in lebendiger Fortschreitung begriffen, sie fordert also eine beweglichere Wissenschaft, wenn dem Zeitalter Rechnung getragen werden sollte. Der Mönch im alten Gewande, sagt Reginald, scheint uns kaum noch menschenwürdig, und er fügt hinzu, dass auch übrigens durch Vervielfältigung und Verfeinerung der Thätigkeiten, Fähigkeiten und Sitten (polita et elegantia ingenia) Alles anders geworden sei. Mit der Neuheit der Dinge muss die Anwendbarkeit der moralischen Vorschriften oder Rathschläge gleichen Schritt halten. Zwar die Kirche als solche lässt nicht mit sich handeln, sie überragt alles Irdische und entzieht sich und ihre Prärogative jedem Vergleich. Dagegen eröffnen sich tausend andere Verhältnisse für eine Schonung persönlicher Ansprüche, für strengere oder gelindere Durchführung der Grundsätze; auch der Einzelne hat sein Interesse zu wahren, er darf mitten unter Beschwerden und Anfechtungen Entschädigung suchen und ein verletztes moralisches Gleichgewicht selbst von sich aus und indirect wiederherstellen. Schon aus diesem Gesichtspunkt wie aus vielen anderen konnte versucht werden, die Kunst und die Pflicht einer bis dahin unerhörten Application, Accommodation und Modification zu rechtfertigen.

Von der Ehe und den übrigen geschlechtlichen Handlungen haben wir so gut als geschwiegen, hoffentlich ohne Verletzung unserer Pflicht, da die Theologie Einiges der allgemeinen Sittengeschichte überlassen darf. Doch sei bemerkt, dass die schamlosen Enthüllungen, — man denke an Sanchez, De sacramento matrimonii und Aehnliches, — den lasciven Darstellungen einiger Humanisten sehr unähnlich sind. Die Letzteren haben sinnlich und verführerisch gemalt, die Jesuiten mit raffinirter Trockenheit zergliedert, jene dienten der Lust, diese folgten der Herrschsucht. Busenbaum gesteht, dass er den Wunsch gehabt, an dem sechsten Gebot rascher vorbeizugehen, aber durch die Nothwendigkeit der priesterlichen Instruction daran verhindert worden sei.

Für die Beurtheilung dieser Moral ergiebt sich aus unserer

Uebersicht ein doppelter Gesichtspunkt, zuerst ein wissenschaftlicher. Sophistik und übertriebene Disputirkunst sind den Jesuiten stets zum Vorwurf gemacht worden; sie waren allerdings die geübten Techniker, deren ganze Schulung darauf eingerichtet wurde, alles Wissbare durch Theilung und specielle Beobachtung zu verdeutlichen; ihre Virtuosität war die der Zerstückelung. Uebertrug sich diese Kunst auf das sittliche Gebiet: so wurde die Mannigfaltigkeit des Handelns einer Atomistik unterworfen, welche jedes factische Moment für sich zu taxiren unternahm; entstehen dabei Zweifel: so werden sie gleichsam zur Abstimmung gebracht in dem Vertrauen, dass die Stimmen des Ordens nicht weit vom Rechten abirren können. Dieser Weg führte zur Casuistik und schliesslich zum Probabilismus. Wir können aber zweitens die Jesuiten als die Praktiker ansehen, dann haben sie ihre Stärke nicht eigentlich in der Distinction, wohl aber in der Accommodation und Application. Sachliche Verhältnisse werden in persönliche eingekleidet, wir befinden uns in der Mitte der Individuen, auf welche die Moral wirken wollte. Dieser Zweckmässigkeit der Anwendung leistete keine ihrer Lehren grösseren Vorschub als die von den lässlichen Sünden, die sich soweit ausdehnen liess, dass der Sünde selber zum grossen Theil ihr Stachel geraubt wurde. Der Protestantismus hatte die wahre evangelische Gesetzerfüllung als etwas Unerreichbares hingestellt; diese Behauptung drängte die Jesuiten auf die entgegengesetzte Seite; nein, antworteten sie, Jesu Gebote sind nicht allein erfüllbar, sondern man braucht nur unseren Anweisungen zu folgen, um sein Joch als sanft, seine Last als leicht zu empfinden.

Die Ethik hat die Bestimmung, das Gute als Wahrheit und als Macht zu gründen und in das Bewusstsein einzuführen. Verlegt sie aber die grössere Mühe auf die Beobachtung der einzelnen Handlungen: so tritt sie aus dem Centrum in die Peripherie, der Gegenstand wird parcellirt, Einheit, Zusammenhang, Nothwendigkeit, Innerlichkeit der sittlichen Bewegung gehen verloren. Dieser Abweg führt aber auch zu positiven Verderbnissen. Durch den Probabilismus ist der sittliche Gegensatz verdunkelt, also die objective Wahrheit des Sittlichen verfälscht, durch die Mentalreservation die subjective, d. h. die Aufrichtigkeit preisgegeben worden. Was die Jesuiten geleistet, war keine Ethik mehr, sondern nur eine Nachweisung von den speciellen Bedingungen, Umständen, Schwierigkeiten, Hülfsmitteln des Handelns im Einzelnen. Sodann liegt der praktischen Ethik ob, vom Guten aus zur Ueberwindung des Schlechten anzuleiten und anzufeuern. Begnügt sie sich aber damit, die Sünden in viele lässliche und wenige unverzeihliche oder tödtliche einzutheilen: so wird sie zwar Einige in Schrecken setzen und Viele beruhigen oder in ihrem Leichtsinn bestärken, aber Kräfte der Besserung nicht zu erwecken vermögen. Und damit meinen wir wieder die mehrmals erwähnte und dem sittlichen Ernst widersprechende Leichtmacherei, welche den Jesuitismus verführt hat, sich als der Verkäufer der Seligkeit um ein Billiges zu betragen. Und damit wollte er der katholischen Kirche Dienste leisten, welche sich diese wohlfeile Art der inneren Mission gefallen liess.

Statt weiterer Citate verweisen wir hier auf die von Gieseler a. a. O. S. 629 gegebenen Quellenbelege, welche namentlich die Lehre von der Busse und Beichte betreffen.

§. 42. Schlussbetrachtung.

Von ansteckenden Krankheiten ist bekannt, dass sie einmal überwunden den betroffenen Organismus gegen ihre eigene Wiederkehr sicher zu stellen pflegen. Auch die eben charakterisirte Moraltheologie gleicht einem epidemischen Fieber, welches ein grosses Zeitalter beherrschend zuletzt seiner eigenen pestartigen Heftigkeit erliegen musste, indem es den Eindruck völliger Entartung zurückliess. Zwar wird diese Vergleichung nur unvollständig passend gefunden werden; die nachfolgende katholische Literatur hat sich keineswegs aus jeder Aehnlichkeit mit der Jesuitischen Sittenlehre herausgezogen, und die Wiederherstellung des Ordens hat in unserem Jahrhundert unverkennbare Nachträge jener Art zur Folge gehabt; die jüngsten Sprösslinge gehören der Gegenwart an. In gleicher Ausdehnung aber wird dasselbe Uebel voraussichtlich die Christenheit nicht mehr heimsuchen. Die griechische Kirche ist ihrer Lehre nach stets kunstlos geblieben, ihre Simplicität schützte sie gegen die Erfindungen der schlechten, mindestens der schlechtesten Kunst. Der Protestantismus, selbst wo er die casuistische Form zu Hülfe nahm, konnte vermöge seiner Grundrichtung der Ansteckung nicht füglich oder nur in geringen Ansätzen verfallen; dagegen besitzt er die Pflicht, ernst und nachdenklich bei dieser Erscheinung zu verweilen.

Jede erkenntnissmässige Sittenlehre bringt die Aufgabe mit, dem Leben, aus welchem sie schöpft, hülfreich zur Seite zu stehen; ihre Begründung sittlicher Wahrheit erhebt sie nothwendig über das Zuständliche, welches dennoch nicht aufhören wird, Belehrung und Aufrichtung von ihr zu erwarten. Mit dem Universellen hat der Ethiker zu beginnen, und erst wenn er innerhalb desselben sich und Andere heimisch gemacht, soll er die Dinge darauf ansehen, was sie sind und wie sie sich bestimmten Gebieten der Tugend- und Pflichtübung einordnen lassen. Stürzt er sich sofort in die Besonderheit und deren täglichen Wechsel: dann verliert er den Verkehr mit dem Idealen, welches immer an sich selbst erkannt wird. Das sittliche Princip verlässt seinen hohen Sitz, es kriecht am Boden, weil es nur für einen jedesmaligen Umstand oder Nothbehelf in Anspruch genommen wird. Nicht darin fehlten die Jesuiten, dass sie auf die praktischen Bedürfnisse eingingen, auch den Rahmen der Handlung beachteten und selbst dem duo cum faciunt idem, non est idem, also dem Individualismus des sittlichen Betragens einen gewissen Sinn abgewannen, sondern sie versündigten sich durch die frevelhafte Aeusserlichkeit ihrer Abschätzungen. Der Mensch wird von ihnen nur momentan als der Handelnde gesetzt, um in der Verlegenheit berathen und mit leichter Hand über Schwierigkeiten hinweggeleitet zu werden; in sich selber kann er nicht fortschreiten. Das Gute hat keinen Bestand, indem es sich unter probable Meinungen vertheilt, die Sünde keinen Ernst, wo sie so häufig entschuldigt, zweifelhaft gemacht und mit dem weiten Mantel der Lässlichkeit zugedeckt wird; der Verband mit der Frömmigkeit löst sich auf bis auf einen problematischen Rest. Grosses wird herabgesetzt, Kleines aufgebauscht, Vergleichungen und Abmessungen erschweren die Selbständigkeit des Urtheils, die sittliche Qualität muss ein quantitatives Moment in sich aufnehmen. Der Moralist selber schweigt, wo er reden sollte, und wo es darauf ankäme, dem Bewusstsein zur Mündigkeit emporzuhelfen, er redet aber, wo er schweigen sollte; untriftige Fragen werden aufgeworfen, leere Möglichkeiten gewähren das Scheinbild einer gründlichen Belehrung. Grade da, wo der Mensch am Ersten das Recht hat, mit sich selbst allein zu sein, damit er mitten im Drang der Sinnlichkeit das Gefühl des Geziemenden in sich herstellen und bewähren lerne, — gerade in diesen zartesten Angelegenheiten entreisst ihm eine unkeusche Spürsucht den Schleier. Dem Bessergesinnten kann es nur gefährlich sein, auf Ausflüchte und Hinterhalte des Gemüths aufmerksam gemacht zu werden, die er sonst ignoriren würde, jetzt aber zum Vortheil der moralischen Bequemlichkeit ausnutzen lernt. Wir bezeichnen hiermit das tiefste innere Gebrechen des Jesuitismus in der Moral, und es wurde noch gesteigert durch den statutarischen Charakter der in ihr vertretenen Kirchlichkeit, denn diese sprach überall mit und gab stets Gelegenheit, auf Observanzen zu bestehen, als ob sie Tugenden oder Kräfte seien. Auf diesem Wege wurde die Doctrin schlechter als das Leben, dessen Leitung sie übernommen hatte; nicht als Pfleger des Guten haben diese Meister gewirkt, sie wurden Förderer der oberflächlichen, ja sogar der gemeinen Gesinnungen; indem sie die Freiheit und Freiwilligkeit im Munde führten, lähmten sie den Menschen in dem Bestreben, frei zu werden in sich selbst.

Wir fügen noch eine Bemerkung anderer Art hinzu. Man hat häufig die Frage aufgeworfen, ob die genannten Männer auch persönlich so charakterlos gewesen, wie ihre Werke schliessen lassen; haftete die Unlauterkeit der letzteren auch ebenso in ihren Herzen, und wollten sie wirklich die Moral in eine Nichtmoral zur Ehre Gottes verwandeln? Dies ist von P. Ph. Wolf zuversichtlich behauptet worden, Andere wie schon Pascal und nachher Stäudlin, Feuerlein, Huber haben es mit gutem Grunde verneint. An seinen Früchten wird Jeder erkannt, folglich kann ihr Geist auch nach dieser Richtung nicht reiner gewesen sein als er überhaupt war, nämlich angesteckt von der Sucht Eroberungen zu machen, flach uud ohne wahre Liebe zum Guten. Allein daraus folgt noch nicht, dass sie das Unheil, das sie angerichtet und das durch ihre gelesensten Schriften ausgestreut wurde, sich klar gemacht oder gar dass sie es beabsichtigt hätten; die Meisten waren gewiss verblendeter als böswillig. Von dem ehrbaren Wandel der grossen Mehrzahl liegen hinreichende Zeugnisse vor; selbst Moja und Sanchez, welche vielleicht den meisten Unrath aufgehäuft, sollen tadellos gelebt haben; ihr Unglück haben sie würdiger getragen als das Glück. Persönlich genommen waren sie besser als ihre Werke, während von manchen Humanisten das Umgekehrte behauptet werden muss. Dass sie zuweilen auch Nützliches gerathen, dass Einzelne unter ihnen durch Verwerfung der Tortur und der Hexenverbrennung sich den Dank der Nachwelt verdient, ist bereits erwähnt. Man bedenke jedoch, dass diese für uns so anstössige Betriebsamkeit durch die Lage der Kirche und deren gesteigerte disciplinarische Erfordernisse sehr begünstigt wurde. Wie viel konnte der Beichtstuhl leisten, wenn er mit solcher Meisterschaft verwaltet wurde! Das Unternehmen, den Moralstoff bis ins Kleinste zu verarbeiten und zugänglich zu machen, die Zahl der Eingänge in den Bereich der Kirche möglichst zu vervielfältigen, damit Keiner draussen bleibe, die Meinung zu zerstreuen, als ob die Kinder der Welt ihre vergnüglicheren Sitten preisgeben müssten, um dem Gebote Gottes und der kirchlichen Pflicht zu genügen, mit einem Wort für alle Menschenarten und Fälle „assortirt sein“ zu wollen, — dieses Vorhaben hatte viel Bestechendes und wurde durch Erfolge begünstigt. Einmal in Gang gebracht, reizte diese Methode zur Nacheiferung, die Ehre des Ordens warf sich hinein; das in sich selbst Maasslose bleibt immer unvollständig, aber die Geschicklichkeit Vieler wird herausgefordert, eine Virtuosität wird von der anderen überboten.

Einige Schriftsteller wurden schwindelhaft bis zum Aeussersten getrieben, während Andere sich in Grenzen stellten. Der Kirche selber konnte das eingeschlagene Verfahren im Allgemeinen nur willkommen sein, weil es ihren Einfluss bis auf die fernstehenden Kreise ausdehnte. Dies Alles möchte zur Erklärung dienen, doch führen diese Wahrnehmungen noch über das Gebiet der Ethik hinaus. Auch andere Wissenschaften leiden Abbruch an sich selbst, wenn sie die Schwierigkeit ihres Gegenstandes vergessend sich einer leichtfasslichen und wohlgefälligen Technik überlassen; ihr Gehalt steht alsdann mit der Geschicklichkeit der Ausführung in einem gefährlichen Missverhältniss. In diesem Sinne sind immer noch Verhältnisse denkbar, unter welchen alle Parteien Ursache haben, auf die Warnungstafel hinzublicken, welche die Gesellschaft Jesu inmitten der Christenheit und Menschheit für alle Zeiten aufgerichtet hat.

Fünftes Kapitel.

Der Jansenismus.

§. 50. Entstehung und Tendenz.

Im Obigen ist die Wirksamkeit des Ordens für sich allein und in einer bestimmten Richtung von uns beschrieben worden, aber erst der hinzutretende Gegensatz bringt sie vollständig zur Erscheinung; und damit eröffnet sich uns der Einblick in eine Streitbewegung, geistvoller und für den Sammler moralischer Beobachtungen ergiebiger als alle anderen der neueren katholischen Kirchengeschichte. Während die Jesuiten ihren kirchlichen Vertheidigungs- und Angriffskrieg und ihre Missionsthätigkeit mit glänzendem Erfolge fortsetzten, erlitt ihre innere Geschäftigkeit Angriffe der ernstesten Art; die wiedererlangte Einigkeit des Römischen Katholicismus wurde in einem Grade in Frage gestellt, dass selbst der umgebende Protestantismus aufhören musste, sich unbetheiligt zu fühlen. Die Jesuiten hatten im Vertrauen auf ihre kirchlichen Verdienste zu viel gewagt, zu leichtsinnig sich ihrer Praxis als der allein zeitgemässen überlassen, ihre Sünden kamen zu ihnen zurück. Eine andere und ehrwürdige Gesinnung tauchte auf und wurde von den Frommen wie eine halbvergessene Wahrheit begrüsst, die Geister mussten sich vergleichen, sich herausfordern. Mit einigem Recht, obgleich nicht völlig zutreffend, sind Jansenismus und Jesuitismus auf den Gegensatz des Pelagianismus und Augustinismus zurückgeführt worden, zugleich aber verhalten sie sich wie die ältere zur jüngeren Lehrtradition, wie die religiös geweckte zu der eingelernten und eingeübten Frömmigkeit, wie das persönliche zu dem hierarchisch bevormundeten Gewissensrecht, wie die Mystik zum nüchternen Verstande, endlich auch wie der bedingte zum unbedingten Papismus. Dennoch konnten diese Bestrebungen nicht gänzlich von einander scheiden, da sie durch gemeinsame sacramentliche und disciplinarische Schranken auf demselben Boden festgehalten wurden. Der Schauplatz war Frankreich, damals das Land der aufstrebenden Cultur und literarischen Blüthe, der Sammelplatz der Talente, aber zugleich eine Stätte ungewöhnlicher religiöser Erregbarkeit; Andacht, frommer Eifer und gelehrtes Studium standen im höchsten Ansehen, und Jeder weiss, welche Tugenden die reformirten Gemeinden sammt ihren Nationalsynoden als ecclesia pressa gleichzeitig bethätigt haben.

Das Verhältniss zum Augustinischen System war schon seit dem sechsten Jahrhundert unklar geworden, die Scholastik hatte es noch mehr in's Unbestimmte und Breite gezogen, ihre Theorieen vertheilten sich unter die beiden Wege der relativen Anschliessung an den kirchlichen Standpunkt oder der offenen Entfernung von ihm; die üblichen Begriffe waren fügsam genug, um einen veränderten Inhalt in sich aufzunehmen, gleichlautend genug, um einen Bruch zu verhüten. Vereinzelte Stimmen wie die eines Thomas von Bradwardina († 1349) konnten den Gang der Lehre nicht ablenken, und der Determinismus eines Wiclif und Huss wurde zur Opposition gerechnet. Das Tridentinum begnügte sich, wie wir gesehen. durch verwerfende Sätze einen Raum zu gewinnen, innerhalb dessen neben der Skotistischen Lehre auch die Thomistische bestehen konnte; ihre Erklärung der Concupiscenz bewies hinreichend, dass die Tridentinischen Väter an die eigentliche Meinung Augustins keineswegs gebunden sein wollten. Leugnung der Willensfreiheit wurde verworfen, unbedingte Gnadenwahl erschien unvereinbar mit der höchsten Mittlerschaft der Kirche. Daher wurde soviel klar, dass weder die rein subjective noch die schlechthin objective und nur im göttlichen Rathschluss gegebene Heilsgewissheit die kirchliche Genehmigung erhalten sollten; beide Auffassungen konnten selbst ohne alle hierarchische Bürgschaft begründet werden und fielen eben darum dem Protestantismus anheim, — ein Umstand, welcher nicht wenig dazu beitrug, um die Jesuiten in ihrer neukirchlichen Stellung zu befestigen. Mit dem Ende des Jahrhunderts kündigte sich bereits eine Sonderung der Parteien an; Michael Bajus († 1589) unterlag der päpstlichen Censur, als er den Standpunkt Augustins erneuern wollte. Aber schon etwas früher (1588) hatte Jakob Molina († 1600) durch eine verstandesmässige Theilung der Gebiete und der Wirkungskräfte das ganze Problem auf's Reine zu bringen gesucht. Schon der sündhafte natürliche Mensch, behauptete Molina, nur getragen von einem allgemeinen göttlichen Concurses und unter richtiger Anleitung, vermag sich zur Anerkennung der göttlichen Geheimnisse zu befähigen. Sein eigenes Vermögen reicht bis zur Empfänglichkeit und zur Bereitwilligkeit der Annahme; gelangt er dahin: so hat er die Gnade als Helferin neben sich, denn sie ist die allgegenwärtige Begleiterin und Beobachterin des Seelenlebens, und die scientia media setzt sie in den Stand, alle möglichen Ausgänge der menschlichen Willensthätigkeit zu überschauen, zu verfolgen und im richtigen Augenblick durch die Gabe des Glaubens unterstützend einzugreifen. Man lasse nur, meinten die Molinisten, die natürliche Freiheit vollständig gewähren: dann wird sich die Gnade mit ihr in Einvernehmen setzen, man ziehe die richtigen Grenzen, dann sind beide Factoren vereinbar, sie lassen sich wenigstens

— zusammen leimen. In der That war diese Erklärungsweise ganz von Angelegenheiten des Wissens entlehnt, und fast werden wir an einen Unterricht erinnert, der Lernbegierde und häusliche Arbeiten voraussetzt, welche dann durch den Lehrer eine höhere Weihe und Werthschätzung erhalten. Was sollte geschehen? War es räthlich, die menschliche Willensfreiheit dergestalt zu verselbständigen, dass die göttliche Gnade zwar unentbehrlich blieb, aber doch von jener abhängig wurde, oder musste der letzteren nach wie vor die Herrschaft über die andere zuerkannt werden; sollte die religiöse oder die moralisirende und praktische Anschauung die Oberhand gewinnen? Papst und Kirche sahen sich zwischen zwei Feuer gestellt, die Verlegenheit war peinlich. Die Congregatio de auxiliis gratiae (1599—1606) sann lange Zeit über diese neue Fragstellung, die gewünschte Erleuchtung blieb aus. Die Jesuiten aber, immer unabhängiger von dem Einfluss der Dominicaner, entschlossen sich nach einigem Zögern, die Auskunft der Molinisten zu billigen, ihr eigener Indeternimismus war damit entschieden. Ihre Kunst war das Harmonisiren und Aneinanderpassen des Ungleichartigen, ihre Absicht die möglichste Benutzung der menschlichen Willensthätigkeit, sie hatten also nur dafür zu sorgen, dass die Nothwendigkeit einer letzten effectiven Zuthat des göttlichen Beistandes gewahrt blieb. Der göttlichen Gnade liegt ob, zu vollbringen was wir selbst schon gewollt haben, sie läuft hin an der Reihe menschlicher Willensacte und wird durch sie bedingt und herangezogen, indem sie sich die ihr eigenthümlichen vollendenden Wirkungen vorbehält; ein begleitendes und für alle Fälle ausgestattetes göttliches Wissen umfasst die ganze Mannigfaltigkeit der Erfolge. Dahin lautete das allgemeine dogmatische Programm des Ordens. Wie unwillkommen, wie beschwerlich musste es für ihn sein, wenn dennoch bald genug eine völlige Umgestaltung dieser modernen Erlösungslehre höchst energisch beantragt wurde, noch dazu im Namen der ehrwürdigen alten Kirche und ihres vornehmsten Vertreters, wenn gesagt wurde, dass sich die übernatürlichen Einflüsse von der menschlichen Selbstbestimmung in der angegebenen Weise gar nicht ausscheiden lassen, dass der h. Geist in das menschliche Subject bestimmend eindringe, dass es unzulässig sei, dem Sünder wie er ist sogar die Hervorbringung einer Regung der Gottesliebe zuzutrauen.

Demgemäss nimmt die Bewegung von religiös-dogmatischen Gegensätzen ihren Ausgang, dann greift sie tief in's Moralische, um zuletzt mit kirchlichen Entscheidungen zu endigen; ihr Element ist das literarische, obwohl auch Scenen anderer Art dazwischen treten.

Der ganze Verlauf umfasst ungefähr ein Jahrhundert und vertheilt sich unter die Papstregierungen von Urban VIII. bis zu Clemens XI. Veranlasst und verlängert wurden die folgenden Conflicte durch zwei Schriften, zunächst durch die Herausgabe des vom Bischof Cornelius Jansenius von Ypern († 1638) hinterlassenen dreibändigen Werks: Augustinus, seu doctrina Augustini de humanae naturae sanitate, aegritudine medicina etc., 1640, einer mit Gründlichkeit und Begeisterung unternommenen Darstellung der Augustinischen Lehren. So umfänglich war vor Petavius (1644) noch kein Stück der patristischen Literatur reproducirt worden; jetzt konnte das alte System in seiner Consequenz auf's Neue lebendig werden, und die Vergleichung der wirklichen Ansicht Augustins mit dem damaligen Lehrbestande wurde erleichtert. Allein eben diese Blosslegung der Sachlage gereichte zum Anstoss, daher die sofortigen Gegenmaassregeln der Jesuiten, das Verdammungsurtheil Urban's VIII., der Protest gegen die Bulle In eminenti, — lauter Schritte, welche den Bruch zur Entscheidung brachten und die Fehde verschärften. Viel willkürlicher ist nachher die zweite Schrift, das französische Neue Testament mit den Anmerkungen des Paschasius Quesnel († 1719) in den Streit verwickelt worden.

Doch wir wenden uns an den kundigen Leser, dieser wolle sich die Gruppirung der Parteien auf jenem denkwürdigen Schauplatz vergegenwärtigen. Nicht etwa nur zwei Orden stritten mit einander, auch nicht Kleriker mit Klerikern, sondern Laien und Kleriker, Aebte und Bischöfe, Rechtskundige Gelehrte und klassische Dichter; Männer und Frauen fielen der Richtung des frommen Jansenius zu, sie sammelten sich um das Kloster von Portroyal, und durch die Arnauld's und deren Verwandte wurden sie fast familienhaft verknüpft; es war eine Gemeinde, die freilich schon als solche und unter solchen Umgebungen nicht den Sieg davontragen konnte. Karge Lebensordnung, strenge asketische Frömmigkeit und mühevolle pädagogische Pflichtübung pflegen sich von andern socialen Tugenden zu isoliren, aber durch die ausgezeichnete Begabung einiger Persönlichkeiten traten diese Eigenschaften mit den Zierden der Wohlredenheit und des kritischen und satirischen Freimuths und mit den Vorzügen der Theilnahme an höherer Bildung und Poesie in Verbindung, daher der geistige Reiz des ganzen Kreises und seines inneren Verkehrs. So hoch gestimmt und innig erregt war noch keine katholische Kirchenpartei aufgetreten; es war eine Aristokratie des Talents, eine Priesterschaft des Geistes und der Gesinnung, welche die Häupter der Jansenisten über die Menge erhob. Auf der Gegenseite befanden sich die bald schwankenden und einlenkenden, bald unbeugsamen Päpste, der bigotte König, die allmächtigen Minister, die Inquisition, die Sorbonne, endlich die ewig intriguirenden und agitirenden Jesuiten; man muss bewundern, dass die Jansenisten solchen Gewalten einen so langdauernden Widerstand entgegengesetzt, und es wäre unmöglich gewesen, hätten sie nicht im Volke selbst so zahlreiche Sympathieen auf ihrer Seite gehabt. Sanfte geräuschlose Ausdauer der Frauen wetteiferte mit männlicher Kraft. Das Schauspiel ist ergreifend, so lange es im Grossen betrachtet wird; verfolgen wir aber den Hergang genauer: so knüpft er sich an die bänglichsten Auftritte. Der päpstliche Stuhl, unfähig eine so weitreichende Verhandlung gewähren zu lassen, beschränkte die Controverse sofort auf einzelne Sätze, zugleich aber boten die Päpste ihre ganze Autorität auf, eine Autorität die von den Jansenisten geschont werden musste, aber doch nicht ganz ohne Vorbehalt anerkannt wurde; die Folge war eine beiderseitige Verwahrung in dem Streitverfahren, reine Verhältnisse waren ausgeschlossen. Fünf Propositionen wurden aus Jansenius,

101 Sätze aus Quesnel ausgezogen und verurtheilt, aber wie sollten sie erklärt werden? Etwa aus dem Geiste der Werke selber und aus der Meinung des Schriftstellers oder, wie die Jesuiten forderten, nur aus dem speciellen Wortlaut des Textes? Im letzteren Falle war das Gesetz gesunder Interpretation angetastet. Die Angegriffenen suchten Rettung aus ihrer inneren Bedrängniss. Die Unterscheidung der Thatfrage von der Rechtsfrage hatte eine allgemeine Wahrheit, war aber völlig vergeblich, da die rechtliche Entscheidung gerade in Bezug auf ein angenommenes Thatsächliche in Kraft treten sollte (1653—56). Darauf folgten andere und noch beklemmendere Auskunftsmittel, die bedingte (ad modum, wie es jetzt heisst) Unterschrift der Propositionen, das „ehrfurchtsvolle Schweigen“ Vieler (la silence respectueuse), ferner der berüchtigte cas de conscience von 1702, der in eigenen Schriften erörtert wurde, und endlich die päpstliche Forderung, man solle die antijansenistischen Sätze nicht nur mit dem Munde nachsprechen, sondern mit dem Herzen bekennen, also die eigene Meinung in die entgegengesetzte auf päpstlichen Befehl verwandeln. Mit solchen Zumuthungen wird freilich jede noch etwa mögliche Vereinbarung von Gehorsam und Ueberzeugung abgeschnitten, zumal für nichtjesuitische Köpfe, und es kann nicht befremden, wenn zuletzt nur Wenige aus einer so fürchterlichen Gewissensprüfung ohne Fehl hervorgegangen sind. Es war, als sollte sich die ganze conscientia dubia, scrupulosa, perplexa auf die Thatsachen übertragen. Unter dem Einfluss einer casuistischen Lehrart wird auch casuistisch gelebt und gehandelt. Die Executionen der blutigen Maria hatten einst die Wirkung gehabt, die zerrütteten Gewissen durch Feuer wieder herzustellen, wer aber sollte jetzt das Recht der Ueberzeugung nach so vielen und so qualvollen Krümmungen wieder in's Gleiche bringen!

Vor einigen Decennien hat der verstorbene Bischof Ketteler die Meinung ausgesprochen, dass das subjective Gewissen von seiner Kirche überhaupt nicht anerkannt werde, was wir jedoch nicht einräumen. Es ist nicht katholisch, von dieser inneren Instanz, die ja von den Jesuiten stets an die Spitze gestellt wurde, überhaupt abzusehen, wohl aber ist es katholisch, die Gewissen priesterlich zu bearbeiten, zu beugen und nöthigenfalls zu ermüden.

Durch die „Provinzialbriefe" (1656—57) ist die Reihe dieser Quälereien eine Zeit lang heilsam unterbrochen worden (Pax Clementina 1660). Ein hoher Geist wie Pascal musste sich Bahn brechen, ein scharfes kritisches Licht verscheuchte die düsteren Schatten, eine Beredtsamkeit wie diese wirkte hinreissend auf die Mehrzahl. Doch hat es für uns kein Interesse, von der Wiederaufnahme des Kampfs, von der Verfolgung des Quesnel'schen Werks (1699), der Bulle Unigenitus (1713), der Nachgiebigkeit des alten Noailles und der letzten Parteistellung zu berichten. Pascal hatte der Tod schon 1662 ereilt, der ermattende Geist der Jansenisten suchte in trüber Mystik und Wundersucht eine letzte Zuflucht.

Die Jesuiten haben somit dennoch gesiegt, aber nur als Vertheidiger der Papstgewalt, nicht als Moralisten; ihr Sieg war ebenso unrühmlich wie für sie selber verhängnissvoll. Zur Sammlung von Materialien und zur Anwendung ihrer Sophistik gab ihnen das Zeitalter reichliche Veranlassung, aber sie haben auch die Stimme der Wahrheit wachgerufen, statt sie zu unterdrücken; Charaktere wie Arnauld und Pascal lagen ausserhalb ihrer Berechnung. Schon mit 1641 begann eine Opposition, an welcher ausser der Sorbonne zahlreiche Bischöfe und selbst der Erzbischof von Paris sich betheiligten; die Beichtväter wurden angehalten, zu den Instructionen des Karl Borromeo zurückzukehren. Nicht weniger verwerfend lauteten auswärtige Urtheile wie das des Prinzen Eugen, welcher die türkische Moral für tauglicher als die Jesuitische erklärte. Die Jansenisten standen also keineswegs allein mit ihrem Widerspruche, und Vertheidigungen wie die von Moja vermehrten nur das öffentliche Aergerniss. Sogar die Päpste durften nicht schweigen, Alexander VII. erliess 1659 ein Decret gegen 45, Innocenz XI. 1679 ein solches gegen 65 schädliche Sätze; freilich galten diese Censuren abermals nur einzelnen Spitzen, nicht der ganzen Richtung, weil eben von Oben her kein einziges Princip unzerstückelt gehandhabt werden sollte als das der Autorität und des Gehorsams. Eine gründlichere Kritik beginnt mit dem Werke von Perault; doch fragt sich nun, welche andere Moral sich dieser modernen zur Seite stellte.

Bekannt sind die Werke von Leydecker, Bouvier, Fontaine, Sainte-Beuve, Port-Royal, Par. 1840, 2 T. Die gründlichste, obwohl nicht in jeder Beziehung beifallswerthe Bearbeitung ist immer noch die von Reuchlin, Geschichte von Port-Royal, Hamb. 1839—44, 2 Bde. Unbedeutend und ganz im päpstlichen Interesse: A. Schill, Die Constitution Unigenitus, Freib. i. Br. 1876. — Henke, Neuere K. G. II, S. 89 erwähnt eine Stelle von Stäudlin: „Das waren die beiden Pole der Jesuitischen Richtung, die grosse Masse des niederen Volkes und die höchsten Kreise bei Hofe, während der französische Bürgerstand mit seiner Liebe zu gemischten Verfassungen, zu gegenseitiger Anerkennung und Garantie derselben ihr überall als ein beinahe feindseliges Element entgegentrat." „Das Parlament hatte durch die Heftigkeit in Verfolgung derselben dem Absolutismus die Bahn bereitet; um die Jesuiten recht in die Enge zu treiben, hatte es den Satz, dass alle zeitliche Gewalt dem Könige unbeschränkt gehöre, zum Symbol gemacht, wer davon Nutzen hatte, waren die Jesuiten."

§ 51. Jansenistische Moral.

Als eine religiös angeregte, kirchlich berechtigte und sittlich wirkende Verbrüderung suchten die Jansenisten ihre Befriedigung in sich selbst. Durch strenge Lebensordnung, Trachten nach Selbsterkenntniss und Selbstverleugnung verbunden mit geräuschlosen Beschäftigungen und Uebungen der Nächstenpflicht wollten sie das Vorbild des antiken Klosterlebens als einer Stätte der Gottesliebe und der Eintracht in veredelter Weise wieder aufnehmen. Der Beistand des Sacraments blieb in Ehren, aber durch eine leichtfertige Behandlung schien es herabgewürdigt; die leere Observanz kann den ernsten Priesterdienst, den Jeder an sich selbst zu verrichten hat, nicht ersetzen, daher der Widerspruch gegen die Jesuitische Praxis. Arnauld's Schrift De la fréquente communion von 1643 liess als ein erster offener Fehdebrief den Gegensatz der Tendenzen offenbar werden. Der Verfasser setzt die Busse mit evangelischem Ernst wieder in ihre Rechte, sie ist eine selbstthätige innerliche Handlung, ohne welche auch die priesterliche Lossprechung keine Wahrheit hat. Die wohlfeile Attrition muss wieder zur Contrition werden, und die fast alltäglich gewordene Theilnahme an der Communion zerstört die Scheu vor dem Heiligen. Wenn Arnauld hiermit den Pharisäismus der Jesuiten bekämpfte: so richtete sich Pascal gegen deren Sophistik; das verfängliche Spiel mit Worten verwirrt die Geister, der unredliche Handel mit Glaubenssätzen eröffnet der Lüge und Verleumdung den Zugang, aber auch der falschen Zurückhaltung und schmeichlerischen Accommodation; durch die Willkür des Probabilismus wird die Urtheilskraft zerstört, durch Veräusserlichung der Handlungen und maasslose Indulgenz die sittliche Gesinnung untergraben; — dies zu beweisen und die Erfinder satirisch zu züchtigen ist der Zweck der Provinzialbriefe.

Also schon diese kritischen Angriffe zogen den Streit in das ethische und praktische Gebiet, aber auch ihre ganze Stellung war sehr geeignet, die Jansenistischen Schriftsteller auf derselben Bahn festzuhalten. Wollten sie bestehen: so mussten sie sich mit denen messen, welche gleichzeitig die Moraltheologie wie ihre Domäne beherrschten; es lag ihnen ob darzuthun, dass aus ihren eigenen religiösen Grundgedanken die reinste Darstellung des Sittlichen entspringe, und selbst die Berührung mit dem Calvinismus durfte sie nicht abhalten.

Arnauld und Nicole haben sich als Moralschriftsteller vor Allen ausgezeichnet. Der Letztere, den wir, obgleich er der Jüngere und der weniger Geistvolle war, zunächst hervorheben, versetzt uns sofort auf einen altkirchlichen Boden. Er beginnt mit dem tiefsten Lebensgrunde, a principio, nicht a fine wie die Jesuiten, welche Alles auf den Leisten der Zweckmässigkeit schlugen; seine theologischen und moralischen Instructionen sind völlig dem alten Symbol einverleibt. Er verherrlicht Gott in seinen Eigenschaften, erläutert die Trinität und deren menschliches Abbild und verfolgt die entgegengesetzten Wege der abtrünnigen und der treuen Engel. Bei der Schöpfung und Menschheit angelangt, schaltet er die Artikel vom Sündenfall und der Erbsünde ein, der Uebergang zu der streitig gewordenen Prädestination ist damit gegeben. Sind etwa die Menschen mit ihrer Selbstbestimmung die Urheber ihrer Seligkeit? Nein, es ist das ewige, vollgültige und auf alle Creatur bezügliche Decret der Gnade, welchem wir sie verdanken. Dies also die principale Ursache nicht allein der letzten Entscheidungen, sondern auch der Wege zum Ziel, denn die Gnade reicht uns auch die Kräfte und Mittel des Heils, statt deren Beschaffung von uns zu erwarten. Dies zu glauben, denn erdenken lässt es sich nicht, hat in Augustin und Thomas eine bessere Autorität als in einem Vasquez und Amicus. Die gnadenvolle Erwählung hat in Christus seiner Menschheit nach ihren Gründer und ersten Vorgänger, auch deren Medien fliessen von ihm aus. Nachdem Gott anfänglich den Menschen seiner Willkür überlassen, muss er jetzt den Rathschluss des Gottesreichs unverrückbar durchführen; er selbst schafft also den Gehorsam und das Verdienst, statt sie nur von uns anzunehmen oder in uns vorauszusetzen. Niemand scheue sich, dieselbe Ueberzeugung auch dem Volke mitzutheilen, sobald es nur zur Belebung des Gottvertrauens, nicht zum Schrecken der Gemüther, noch zur Unterstützung einer leichtfertigen Sicherheit geschieht. Diese Sätze werden auch dogmenhistorisch unterstützt, und Nicole nimmt keinen Anstand, seine Belege von Petavius dem Jesuiten zu entlehnen. Allerdings, fährt er fort, könnte der Mensch jenem göttlichen Einfluss auch widerstreben, dass er aber nicht widersteht, ist Wirkung der Gnade. Wie der Affect selbst den Willen zu übermannen vermag: so besitzt der Geist Gottes eine wenn auch nicht immer fühlbare, doch siegreiche Gewalt, und Gott ist lebendiger in ihm thätig als in der Naturbewegung. Es ist Pelagianisch, nur die anerschaffene Möglichkeit des Wollens und Thuns oder den Beistand des Gesetzes von der Gnade herzuleiten, und es ist verkehrt, zwischen dem Wollen und Vollbringen dergestalt zu scheiden, als ob lediglich das Letztere von Oben her verliehen werde. Zum Beweise dient Phil. 2, 13, ein Ausspruch, welchen ein Jesuit, nicht wissend, woher die Worte stammen, als anstössig bezeichnet hatte.

Aber was wird aus der Freiheit unter der Herrschaft dieser Determination? Es giebt eine natürliche Bestimmung Aller zur Glückseligkeit, aber sie ist nur die Unterlage der Freiheit, kann diese also nicht aufheben. Aehnlich verhält es sich mit der göttlichen Verfügung über die Persönlichkeiten. Die keusche Frau, der gerechte Richter, der treue Unterthan sind auf gewisse Richtungen ihres Handelns unweigerlich hingewiesen, und dennoch folgen sie ihnen mit Freiheit, denn sie bleiben Herren ihrer selbst. Wie sollte es nicht eine stärkste Liebe geben, die alle niederen Passionen überwiegt und selbst unbezwinglich zur Gottesliebe treibt! Dei servitus, sagt Jansen, vera libertas est, die Vollkommenheit der Heiligen ist kein Hinderniss ihrer Freiheit, steigert sie vielmehr. Von hier aus beschreibt der Verfasser die fortschreitenden Dispositionen der Seele, sie bilden eine natürliche Reihenfolge, da immer die eine Passion oder Affection die vorherrschende sein wird; um so mehr werden ihnen die Gnadenwirkungen, wie Augustin sie unterscheidet, entsprechen; alle betreffen dasselbe Ziel, und jede nimmt doch ihre eigene Stelle ein.

Auch im zweiten Theil dieser Instructionen wird der Verband mit den Artikeln des Apostolicums fortgeführt. Frömmigkeit und Sittlichkeit bedürfen eines „körperlichen Gegenstandes" statt eines nur geistigen, um vollständig in uns befestigt zu werden. Auf der Menschwerdung und dem Opfer Christi ruht nicht allein der Glaube an alle Mysterien, sondern auch die moralischen Kräfte nehmen von daher ihren Ursprung, dies die Quelle der Hoffnung, der Liebe und des Friedens. Christus selbst, indem er das Verständniss des höchsten Rathschlusses erschliesst, wird zugleich zum lebendigen Vorbild der Demuth und Gerechtigkeit, und wer fromme Menschen nicht nachahmen will, der möge sich von der gnadenvollen Herablassung Gottes zur menschlichen Natur ergreifen lassen; dann wird er aus der Veränderlichkeit des menschlichen Wandels herausgezogen und mit unabweislichen Eindrücken erfüllt werden. Aehnlich werden die Artikel vom Geist, von der Kirche und dem Gericht ausgebeutet; der katholische Standpunkt des Ganzen tritt immer bestimmter hervor, doch hören wir zuweilen wieder ganz den Jansenisten reden, z. B. wenn von den Päpsten gesagt wird, dass sie durch ihre Verbrechen vor Gott schuldbar geworden, ein Umstand, der jedoch nicht im Stande sei, die rechtmässige Succession der Päpste zu unterbrechen, noch deren Weihe und Befugniss zu entkräften.

Tüchtigkeit der Rede, Innigkeit und Aufrichtigkeit der Ueberzeugung machen diese Schrift durchaus wohlthuend, sie besitzt gerade die Eigenschaft, welche den Jesuitischen auf jeder Seite abgeht. Vergleichen wir beide Richtungen: so verhalten sie sich wie das Selbsterfahrene zu dem Gemachten, Berechneten, das Einfache zu dem Complicirten und ewig Zweideutigen, das warm Empfundene zu einer herzlosen Kälte der Doctrin. Es ist charakteristisch, dass der Name des Unbezwinglichen auf beiden Seiten in entgegengesetzter Absicht gebraucht wird; der Jesuit will mit diesem Wort, nämlich mit der ignorantia invincibilis, vielfach das Sündhafte entschuldigen, der Jansenist mit der gratia invincibilis die Kraft des Guten und Göttlichen erklären. Aber indem wir der Gesinnung nach den Letzteren rühmen und hochstellen, fordert doch die Unbefangenheit, den Mangel in der begrifflichen Entwickelung dieser Ansicht aufzuzeigen. Nicole in seinen Instructionen bringt es immer nur zu einer Moral der Wirkungen und Kräfte, nicht der Handlungen, und in dieser praktischen Welt lebten die Jesuiten. Nicole lässt den Menschen aus der ersten leeren Willkür völlig in den Bereich der unwiderstehlichen Gnadeneinflüsse übergehen, in diesen verharren und Befriedigung finden; das ist seine ganze Freiheit, es genügt aber nicht, wenn der Faden der Selbstbestimmung und Mitthätigkeit durch alle Stadien fortgesponnen werden soll, wie es die Ethik fordert. Und dazu kommt ferner noch, dass Nicole durch die Reihenfolge der Symbolsätze allzusehr eingeengt wird, um sich des Moralstoffes im Zusammenhange bemächtigen zu können. Zwischen seinem Princip einer consequenten Unbezwinglichkeit der Gnade und dem Alles zerstückelnden Indeterminismus auf der andern Seite bleibt Raum genug für eine dritte Gestaltung der Sittenlehre, wenn sie auch damals nicht zur Ausführung gelangt ist.

Auch der ehrlichste Hasser des Jesuitismus muss dies anerkennen, doch geht unsere Meinung nicht dahin, als ob die Jansenisten ungeachtet des gerügten Mangels nicht sehr viel Treffliches hätten leisten können. Sie als die in sich gekehrten Menschen waren auch die Kenner der Herzensbildung und ihrer Mittel, von welcher A. Arnauld wie von der Beherrschung der Affecte und von den Bedingungen seelischer Harmonie in seinen „Abhandlungen über die Moral" (Essais de morale, 5 Thle seit 1671) Zeugniss gegeben hat. Seine Betrachtungen sind vorzugsweise conservativer und bildender, nicht productiver Art, sie versetzen uns in die damaligen Umgangsformen und gleichsam in den Salon der Frau von Sévigné, und wohl mag Frankreich das erste Land gewesen sein, welches dem Moralisten Gelegenheit gab, auch auf eine geistreiche Geselligkeit zu wirken. Von der Pflege des eigenen Selbst sollen auch Andere sich heilsam berührt finden; daher wird eine Wohlgefälligkeit oder Höflichkeit, civilité, empfohlen, welche von Kälte wie von Schmeichelei gleich weit entfernt, in jedem Betragen eine Schätzung fremder Tugenden oder Gnadengaben mitsprechen lässt und daher den Empfänger ebenso zu fördern vermag wie den Anderen, der sie darbringt. Weltflüchtige Zurückhaltung wird nicht zur Pflicht gemacht, — denn grade im gemischten Verkehr und unter den Gefahren des Aergernisses bethätigt sich die christliche Beständigkeit, — um so wichtiger aber ist eine strenge Behütung des sittlichen Bewusstseins. Aus diesem Grunde haben Nicole und Arnauld die Theilnahme an Schauspiel und Komödie, welche selbst dem Lasterhaften ein lockendes Gewand leihen, streng untersagt. Sie widersprachen damit den Neigungen der Bevölkerung; daher mussten die Jesuiten ihr Veto beschränken und von Umständen abhängig machen, auch kam es ihnen nicht darauf an, einmal Beichte und Ballvergnügen dicht auf einander folgen zu lassen; es war ja ihre Art, die Handlungen zu vereinzeln, damit jede ihrer eigenen, vielleicht löblichen Absicht dienen könne. Es scheint also in der Jansenistischen Moral Zweierlei zusammenzutreffen, eine geduldige, stetige und zugleich zartsinnig gewissenhafte Tendenz der Sittenbildung, ein geschmackvoller Sinn für den Werth geistiger Wechselwirkung in der Gesellschaft, dieser aber im Einzelnen gebunden an die härtesten Mittel asketischer Selbstzucht. Wie weit Pascal in dieser Beziehung gegangen ist, und was er sich als freiwillige Peinigung auferlegt, ist zu bekannt, um hier wiederholt zu werden.

Widerwille und Bewunderung, Freude an edeln Bestrebungen und Trauer über geknickte Seelen und entmuthigte Gewissen versetzen den historischen Beobachter dieses Zeitalters in eine äusserst gemischte Stimmung. Die letzten Schicksale der Jansenisten zu erzählen, ist Sache des Kirchenhistorikers. Ihre Unterdrücknng, wie sie mit Hülfe des Staates roh und gewaltsam erfolgt ist, hat der katholischen oder richtiger der Römischen Kirche bedeutenden Abbruch gethan; sie verlor an geistigem Reichthum und freier Lebendigkeit innerhalb der Gemeinschaft, aber ihr eigenes Princip forderte Verengung und gesteigerte Autorität, das machte sie unvermögend, eine tiefere Differenz zu ertragen und fortzuleiten. Eine Jansenistische Ethik hätte, wie schon bemerkt, noch fernerhin segensreich wirken können, würde sie aber die herrschende geworden sein? Das glauben wir deshalb nicht, weil im Allgemeinen die beiden letzten Jahrhunderte das Bedürfniss mitbrachten, eine selbständigere und praktischer geartete Moral, nur ohne Jesuitische Befleckung, zu fördern, als sie die Jansenisten aus ihrer Augustinischen Ueberlieferung würden geschöpft haben.

Wir benutzen im Obigen Nicole, Instructions théologiques et morales sur le symbole, Par. 1761, 2. Tom. Vgl. z. B. I, 260. 321. II, 33. 51. 253. 426. A. Arnauld, Essais de morale, Par. 1671. Dazu Stäudlin, a. a. O. S. 573 ff. Vom Theater handelt Escobar S. 649. Einige leugnen, dass der Besuch desselben eine Todsünde sei, Andere wie Escobar selber wollen ihn angesehenen Männern und zumal Priestern untersagen, doch mit dem Zusatz: quando turpiter exponuntur (comoediae). Die ganze Frage wurde öffentlich und lebhaft discutirt. Stäudlin, S. 605.

Sechstes Kapitel.

Die Mystik und das Mönchthum.

§ 52. Der katholische Quietismus.

Die Aufregung innerhalb der französischen Kirche desselben Jahrhunderts steigerte sich noch durch die Ausbildung einer eigenthümlichen Form der Mystik, wie sie zuerst in Rom, dann in Paris unter starker Mitleidenschaft des Hofes Ludwigs XIV. literarisch verkündigt wurde. Es war eine Theorie religiöser Liebes- und Ruheseligkeit, Quietismus ihr Tadelname, Spanien ihre erste Heimath. Einige mystische Züge liessen sich auch in dem Jansenismus nicht verkennen, auch begegneten sich beide Denkarten in ihren strengen asketischen Neigungen, aber der kirchlich historische und wissenschaftliche Geist der Jansenisten fehlte dem Quietismus durchaus; es waren nur Vorgänge des inneren Lebens, welche dieser beschrieb, nur subjective Beobachtungen, die er an einander reihte und wie eine geistliche Kunst mit grosser Zuversicht empfahl. Denkwürdig wird diese Erscheinung der Frömmigkeit durch die Heftigkeit der Opposition, die sie hervorrief, und den Conflict, in welchen sie einige ausgezeichnete Persönlichkeiten zu einander treten liess. Die Unmündigkeit der Gemeinde, die Schwankungen des päpstlichen Urtheils, die Herrschsucht der Jesuiten sollten auch bei dieser Gelegenheit zu Tage kommen.

Der Spanier Michael Molinos fand in Rom mit seinem „geistlichen Wegweiser“ von 1675 grossen Anklang. Wie oft war nicht schon das Problem der Einigung mit Gott erörtert worden! Molinos knüpfte dieses Ziel an die Medien des Gebets, des Gehorsams und des häufigen Abendmahlsgenusses, er nahm aber auch die Kräfte der Meditation und Contemplation zu Hülfe; jene sollte die geringere und vorarbeitende, diese die höhere, freiere und geniessende Geistesthätigkeit bezeichnen. Das fromme Schweigen ist besser als die Rede, die Ruhe führt näher zu Gott als die Geschäftigkeit, folglich muss der Mensch in sich selbst einkehren, erst die Stille statt der äusseren Verrichtung befähigt ihn zu vollkommener Hingebung an Gott, von dieser Tiefe gelangt er zu einer Gottesliebe, die über dem höchsten Besitz das eigene Selbst vergisst. Einzelne Ausdrücke wie die von der Trockenheit oder Finsterniss der Seele machten diese Anleitung äusserst auffällig. Zunächst die Jesuiten in ihrer kahlen Verständigkeit wurden zum Widerspruch gereizt; sie waren gewohnt, mit der Gottesliebe den schnödesten Kleinhandel zu treiben, während sie auf die kirchliche Pflichtübung den grössten Werth legten; in dem Wegweiser fanden sie also das volle Gegentheil ihrer eigenen Praxis. Indessen beabsichtigte Molinos keine kirchlichen Störungen, und da sein Freund Petrucci die laut gewordenen Vorwürfe lebhaft zurückwies, das Dogma und den Werth des äusseren Cultus anerkannte: so geschah es, dass die über Beide verhängte Untersuchung von 1681 mit Freisprechung endigte. Der Papst Innocenz XI. konnte nichts verurtheilen, wozu er sich selber hingezogen fühlte. Aber seine Gunst war vergänglich, nicht lange, so schlug der Wind um. Sechs Jahre später gelang es dennoch dem Pater la Chaise unter Anführung des Königs die Verdammung des Molinismus durchzusetzen, Molinos selbst musste abschwören und lebte unter Aufsicht bis zu seinem Tode 1697. Es war das Elend jener Zeit, keine Unterschiede zu kennen als die der Ketzerei und der Rechtgläubigkeit, also auch keine Mittel zu besitzen, um einer solchen auf die Länge vielleicht irreleitenden, aber doch aufrichtig gemeinten Abart der Frömmigkeit beizukommen, als die der Tortur und des Anathems, womöglich unter der Anklage der Gotteslästerung. Die Vergleichung dieser Heilsmethoden ist leicht. Die Jesuiten wollten ihre Seligkeit erhandeln oder erarbeiten, die Jansenisten sie dankbar von Oben her empfangen, die neuen Mystiker sie nach der Abfolge gewisser Symptome sich selber abmerken und abgewinnen. Jede dieser Richtungen hatte ihre Antecedentien, aber die erste operative hing weit enger als die beiden anderen mit der gewöhnlichen Kirchlichkeit zusammen.

Noch individueller gestaltete sich derselbe Quietismus in dem Gemüth einer weiblichen Persönlichkeit. Frau von Guyon (gest. 1717) war eine begabte, feinsinnige und redselige Schwärmerin, welche nach einander Bewunderer, Widersacher und scharfe Richter gefunden hat, niemals aber einen einsichtsvollen Berather, auch nicht in dem Pater Lacombe. Daher der Roman ihres Lebens, welches durch den Wechsel ihres Aufenthalts, durch zweimalige Gefangenschaft, Einmischung der Frauen und des Hofes, Intriguen jeder Art und peinliche Verhöre, zuletzt durch die Herbeiziehung der beiden vornehmsten Stimmführer der Kirche zum tragischen Abenteuer geworden ist. Der scharfsinnige Bossuet, der Bischof von Meaux († 1704), trat ihr mit der Ausrüstung eines correcten Kirchenlehrers gegenüber; indem er sie streng beim Worte nahm und phantastische Frauengedanken, welche den Werth individueller Erfahrungen hatten, einem durchdachten Systeme gleichstellte, erklärte er die Angeklagte für weit gefährlicher als sie war. Fenelon († 1715), vernünftiger und wohlwollender zugleich, protestirte gegen eine so unbillige Art der Vernehmung, er drang nicht durch, noch weniger fand er Beifall, als er einige der angefochtenen Vorstellungen selber vertheidigte; und gleichwohl ist moralisch angesehen und trotz der erlittenen Niederlage gerade Fenelon als die lauterste Persönlichkeit aus dem Streite hervorgegangen.

In den zahlreichen Schriften der Guyon wird Gott als selige Ruhe gedacht, es muss also auch eine Ruhe sein, welche die um Gottes Willen und nach dem Ebenbilde seines Sohnes geschaffenen Menschen als Ziel zu erstreben haben, und zu der sie in Folge des Sündenfalls zurückkehren sollen. Der Pfad dieser Heimkehr führt wie schon nach Molinos durch die Stationen der Busse und Entsagung sowie der freiwilligen Uebernahme von Peinigungen bis zu einer Art von Abtödtung. Die Seele wird von allen Regungen der Unruhe und des Verlangens abgelöst, um nur sich selbst zu gehören, und erst diese Stille macht das „unerschaffene Wort“ in uns vernehmlich; davon zeugt das wortlose Herzensgebet, an welches sich ein Bewusstsein unmittelbarer liebevoller Gottesgemeinschaft anschliesst. Dies war das Wesentliche ihrer Ansicht, und mit dieser Darlegung wäre es auch eigentlich genug gewesen, allein die Guyon wusste noch Genaueres auszusagen. Sie unterscheidet mehrere Arten der Aneignung dieses höchsten Gutes; der schwierigste Pfad, erklärte sie, sei zugleich der gründlichste, welcher aber mit dem Gegentheil seines eigenen Zieles beginne. Nochmals soll nämlich ein Gefühl der Entfremdung dazwischen treten; das Herz fühlt sich abermals beklemmt und mit den Banden des Natürlichen, Einzelnen und Nachweisbaren behaftet, allein dieser Umweg dient dazu, selbst die geheimsten Schäden der Selbstsucht und des Eigenwillens aufzudecken, damit die Seele sich ganz ihrer irdischen Belastung entledige. Das Ende ist Entblössung, Vernichtigung, Abstreifung alles dessen, was die Hingebung an Gott noch hemmen mag; selbst der Glaube wird nackt, dunkel, beweislos, er bezeugt nichts weiter als das Gefühl der Vollkommenheit in diesem einen Entbunden- und Gebundensein. Die Verfasserin war der Meinung, dass mit diesem Ergebniss nur der Grundgedanke von der Innerlichkeit des Gottesreichs bewahrheitet werde. Bossuet hatte nicht Unrecht, wenn er entgegnete, dass auf diesem Wege die historische Offenbarung entbehrlich gemacht werde; auch der Weltstoff, in welchem sich doch die Nächstenpflichten bewegen, kommt in Wegfall, und wir behalten nichts übrig als die unabsehbare Gesellschaft schwebender und magnetisch zur Gotteinheit emporgezogener Seelen, welche von empirischem Ballast entkleidet, von Christus überkleidet in den Aether der Ruhe aufgenommen werden. Der Besitz göttlicher Gegenwart ist ihr Eins und Alles geworden, für andere Wünsche bleibt keine Aeusserung zurück. Denn aus dieser Entleerung, die zugleich eine Fülle und Allheit sein soll, erblüht zuletzt die Frucht einer „uninteressirten Liebe zu Gott", welche selig in sich selbst keine Ursache mehr hat, nach dem jenseitigen Lohn zu fragen, weil sie überhaupt nicht mehr auf Fragen und auf Hoffnungen gestellt ist. Diese letztere Vorstellung erklärte Bossuet für geradezu monströs, er hätte jedoch wissen sollen, dass sie nicht neu war, und dass schon viele ältere Idealisten und Mystiker behauptet hatten, von einer religiösen

Befriedigung zu wissen, in welcher das Verlangen nach einstiger Belohnung nicht mehr als eigener Impuls wirke; sie waren nicht die Kirchlichen im gewöhnlichen Sinne, aber für Unchristen wurden sie darum nicht gehalten. Wie sich überhaupt diese halb grüblerischen halb schwelgerischen Erfahrungen der Guyon mit dem katholischen Glaubens- und Kirchensystem vertragen sollten, ist allerdings nicht klar geworden, doch hätte die Einigung füglich der Schriftstellerin überlassen werden sollen, nachdem sie sich der kirchlichen Autorität mehrfach und ausdrücklich unterworfen hatte.

Ihrer Tendenz nach kann diese Form der Mystik, soweit sie sich nicht aus blosser Fortpflanzung älterer Neigungen erklärt, nur im Verhältniss zu einer geräuschvollen Kirchlichkeit verstanden werden, sie war eine Flucht vor der Observanz. Die Religion hört niemals auf, an ihr subjectives Geheimniss zu mahnen, und ihre inneren Wirkungen drängen sich an die Stelle einer kirchlichen Operation, die nicht soviel leistet als sie verspricht. Einige werden in solchem Falle zur Opposition, Andere zur friedlichen Zurückziehung genöthigt; sie werden alsdann ihre eigenen Priester und die Ausleger ihres Herzensgebets, sie lassen Dogma und Praxis unangefochten, aber das höchste Werk der Erlösung kann sich nur in der Form von gewissen Wandelungen, Befreiungen und Beruhigungen des Gemüths vollziehen. Die schärfere Deutung dieses Processes und seiner Fortschritte haben wir auf die Individualität der Urheberin zurückzuführen.

Der ganze Quietismus der Guyon war weder so übersinnlich wie sie meinte, denn sie musste sich immer wieder mit dem Sinnlichen abfinden, noch auch so überweltlich, denn ihren Lebenspflichten wollte sie darum nicht entsagen. Dagegen hat der Ethiker in ihren Bekenntnissen Zweierlei als werthvoll hervorzuheben, das eine Antijesuitische in der Annahme einer inneren Action statt der lediglich geschäftlichen, das andere Allgemeinere in dem steigenden Verlangen nach Abklärung des Bewusstseins. Doch bedeutet diese Seelenruhe nach protestantischen Begriffen mehr ein sittliches Symptom als einen Zustand, denn wir wissen ja, dass das Herz ganz stille sein kann mitten in dem Drang der Dinge und mitten in der Gefahr. Zuständliche Monotonie hat Christus nicht gewollt, noch wird sie durch die christliche Frömmigkeit der Natur aufgenöthigt. Die Vorstellung einer „uninteressirten Gottesliebe" konnte die katholische Kirche nicht genehmigen, wenn sie nicht selber zu kurz kommen wollte, weiterhin werden wir demselben Gedanken in anderer Gestalt begegnen. Uebrigens hat Fenelon in den „Maximen der Heiligen" nur die einfacheren Gedanken der Frömmigkeit in den Schriften der Guyon aufrecht erhalten wollen, nicht die genaueren Einkleidungen; die reine Gottesliebe nimmt er in Schutz im Unterschiede von der begehrlichen und selbstischen, doch ohne sie von den Pflichten des kirchlichen Gehorsams ablösen zu wollen. Dass in der päpstlichen Verurtheilung mehrerer Stellen seiner Schrift der Ausdruck häretisch vermieden wurde, war nur eine schwächliche Auskunft. Dass Fenelon sich dem gegen ihn gerichteten Breve einfach unterworfen hat, ist ihm mit Recht als sittliche That angerechnet worden, aber das Lob kann nur ihm selber gelten, nicht seiner Kirche noch dem Papst.

Heppe, Geschichte der quietistischen Mystik in der katholischen Kirche, Berl. 1875, — eine sorgfältige aber zu sentimentale Darstellung. Vgl. 386 ff. Fenelon's Schrift: Auslegung der Maximen der Heiligen und 449 ff. Die Schriften und Lehren der Guyon. Wuttke, a. a. O. 191 ff.

§ 53. Die Mönchsstudien nach Mabillon.

Es würde etwas fehlen, wenn wir dieses historische Gemälde nicht noch um einen anderen moralisch bedeutungsvollen Zug bereichern wollten. Mitten unter den Parteikämpfen eines in sich selbst gespaltenen Katholicismus eröffneten die Klostermauern dem gelehrten Talent eine glückliche Freistätte, woselbst ebenfalls ein Quietismus gedeihen sollte, aber ein arbeitsfreudiger und unermüdlicher, auch eine uninteressirte Liebe, aber eine unanfechtbare. Nächst der Polemik und Systematik war inzwischen die Sammlung und Sichtung der älteren literarischen Schätze und der historischen Denkmäler zum höchsten Erforderniss geworden. Diese Quellen wurden massenweise an's Licht gezogen, um in stattlichen Bändereihen und kritisch gereinigt den Bibliotheken einverleibt zu werden; die Frucht ihres Fleisses ist Gemeingut der Confessionen geworden, es war die beste katholische Propaganda in dieser Zeit. Die Congregationen der Benedictiner und Oratorianer umgaben sich mit dem Glanze einer Academie, die literarische Welt, in der sie lebten, konnte von den kirchlichen Zerwürfnissen der Umgebung im Ganzen unabhängig erhalten werden. Auch versäumten die gelehrten Mauriner die gewöhnlichen klösterlichen Pflichten, z. B. des Unterrichts und der Erbauung nicht; der Verband mit dem alten Gelübde der Entsagung und der Liebesübung sollte fortbestehen. „Gedenket, lieben Brüder, des Apostel Paulus, der nichts wissen zu wollen erklärte als Christum den Gekreuzigten, lasset eure gelehrten Arbeiten auch darauf hingerichtet sein, dass der neue Mensch nach dem Vorbilde Christi in uns gegründet werde.“ Mit solcher Mahnung eröffnet Mabillon seine berühmte Schrift von den „Mönchsstudien“ (1702). Er wollte ein Sprecher und ein Anwalt seines Berufes sein, und er konnte nichts Besseres thun, als indem er als Einer der Wissenden auch die Reinheit der Motive für die wissenschaftliche Ausrüstung in Anspruch nahm; denn dieses Erforderniss durften sich Alle zu Herzen nehmen, die Protestanten nicht ausgenommen. Zu Zeiten des Humanismus hatten die Klöster nur ihre handschriftlichen Schätze dargeboten, jetzt wurden sie selbst wieder zu geräuschlosen und glücklichen Arbeitsstätten. Mabillon blieb durchaus mönchisch gesinnt, denn er hört nicht auf, die Geringschätzung des Weltlichen im Munde zu führen und den Werth der Abgeschiedenheit zu rühmen. Aber es ist wirklich nicht so, dass wir das Weltgeräusch als den alleinigen Hebel der Charakterbildung anzusehen hätten; einige Tugenden gedeihen auch in einer ungestörten Musse, wie Sanftmuth und Treue und selbst Unbefangenheit und Freimuth. Daher haben die Namen der Montfaucon, de la Rue u. v. A. allerorten einen friedlichen, aber Ehrfurcht gebietenden Klang, während wir durch Bellarmin,

Bossuet, Baronius stets an den Kirchenstreit erinnert werden.

Die genannte Schrift ist historisch gehalten mit eingestreuten theils moralischen Betrachtungen theils gelehrten Excursen. Der Leser empfängt einen Ueberblick der Mönchsgeschichte, entworfen vom Standpunkte eines obgleich nicht überall unparteiischen Wohlwollens; an den schlimmsten Verderbnissen dieser „Solitarii" geht er einfach vorbei, dagegen greift er weit zurück und lässt Stimmen laut werden älter als die, welche Jansenius geweckt hatte. Die sittlich religiöse Bestimmung dieser Institute wird zum Voraus gewahrt. Nicht als Schulen sind diese Anstalten in's Leben getreten, Tugenden waren ihr Ziel, Erhebung über die Weltlust ihr Heroismus, Sorge für Eintracht und Gemeinschaft ihre ernste Obliegenheit, um so leichter konnten sich an die Liebespflicht die Mittel des Unterrichts anschliessen. Ohne Studien wäre eine Oberleitung unmöglich gewesen, und welche Fülle von ausgezeichneten Persönlichkeiten sind aus diesem Schoosse hervorgegangen, aber was sie beseelte, war eine praktische Weisheit verbunden mit richtiger Schätzung des Lebens. Mabillon will also darthun, dass die Mönche erst nach und nach zu Gelehrten geworden, aber ohne darum ihren Beruf zu verlassen, weil die wahre Pflege der Wissenschaft zur Demuth treibt. An einem einzigen Schriftwort hat sich mancher Mönch jahrelang geistig genährt; Einige erreichten einen höheren Grad von literarischer und wissenschaftlicher Wirksamkeit und durften sich deshalb von sonstigen Geschäften zurückziehen, so lange sie nur das Trachten nach Heiligung mit den Uebrigen verband. Der alte Benedict kommt gebührend zu Ehren, auch ist Mabillon der Meinung, dass die Vernachlässigung der Schriftstudien die Klöster zurückgebracht, weil zum Müssiggang verführt habe, und er verhehlt sich nicht, dass ein einseitiger literarischer Betrieb zuweilen schädlich gewirkt, weil manche Köpfe durch das Wissen aufgebläht, zum Hochmuth und zur Streitsucht gereizt worden, — daher auch die Nothwendigkeit der Reformen. Allein schadhaft gewordene Glieder abzuschneiden, kann nicht das richtige Heilmittel sein, wie wäre es sonst möglich, dass kein Concil und kein Papst an dieser Lebensführung Anstoss genommen. Lesung der Bibel und wohlbemessene Vertheilung der Pflichten sind die besten Grundlagen des klösterlichen Wandels; daran schliesst sich leicht eine Disciplin der Herzen, welche von den Weltsorgen ablenkt und gegenüber dem stürmischen Drang der Parteien den Werth des Schweigens und der Einsamkeit schätzen lehrt. Wollte man einwenden, dass die Mönche gar nicht dazu bestimmt gewesen, um Andere zu unterrichten, sondern nur um zu trauern und Busse zu thun: so antwortet Mabillon, dass der nächste Zweck der Mönchsstudien, statt nach Aussen zu treiben, allerdings der gegenseitigen Unterweisung innerhalb der Klostermauern gewidmet sein müsse, auch nach dieser Seite also erkennt er die Schranken an. Zuletzt scheint es dem geistreichen Gelehrten zweifelhaft zu werden, ob es nicht den Solitariern besser gezieme, zu den Handarbeiten der ersten Epoche zurückzukehren, und erst nach weitläuftigen Erörterungen giebt er der Lectüre und literarischen Beschäftigung den Vorzug.

Im zweiten Theile des Werks werden die einzelnen theologischen Fächer sammt ihren Methoden durchgegangen, das biblische, patristische, kirchenhistorische und philosophische, zuletzt die Casuistik, von welcher gesagt wird, dass sie die christliche Sittlichkeit schmählich verunreinigt, und es sei nützlicher, den Cicero zu lesen, als bei „gewissen Casuisten" in die Lehre zu gehen. Hier also vernehmen wir, und zwar mitten aus der katholischen Kirche, einmal ein offenes Wort über die gelehrten Sünden des Jesuitismus.

Wer von dieser Darstellung aus auf das gleichzeitige literarische Leben des Protestantismus hinüberblickt, wird einräumen müssen, dass es diesem letzteren an der Sammlung, Stetigkeit und Zucht, wie sie von Mabillon gepriesen wird, und wie sie innerhalb der Congregationen gedeihen mochte, damals gebrach, aber er soll auch, — und dies gilt für jede derartige Vergleichung, — nicht vergessen, dass die protestantische Cultur und Wissenschaft vermöge ihrer Oeffentlichkeit und freieren Concurrenz weit grösseren Schwierigkeiten ausgesetzt war, und dass sie ungleich höhere Ziele auf rauhen Pfaden verfolgte.

Johannis Mabillon Tractatus de studiis monasticis in latinam linguam translatus ab Udalrico Staudigl, Compoduni 1702. — Von dem Zweck des Mönchthums heisst es p. 8, jeder Kundige werde einräumen: amorem solitudinis virtutisque et non scientiarum pruritum, mundi rerumque mundanarum contemptum, ejusdem fugam corruptionis et non ambitum gloriae harum fundationum sanctitati occasionem praebuisse. p. 11: Exinde facile conjici potest, quae fuerit principalis primorum Solitariorum scientia, — scientia nimirum et practica vitae poenitentis, mundi suique contemptus, rerum aeternarum amor et desiderium, verbo tota et omnis ipsorum scientia fuit scientia sanctorum. Dazu vgl. p. 32. 34. 77. 78. 123 sqq. 131. Das Urtheil über die Casuistik p. 369: visumque cum dolore, quod moralitas paganorum pudore suffuderit illam quorundam Casuistarum, und mit offenbarer Beziehung auf die Jesuiten p. 372: Tantum igitur abest, quod studium Casuistarum congruens medium sit, quo valeat comprehendi moralitas Christiana, ut ferme nihil periculosius, nihil nocentius sit, quam eosdem legere indifferenter, incurraturque periculum non modicum, cor et animum turpiter inquinandi, nisi perquam bene sciatur, bonum inter ac malum distinguere. Ut adeo nunc utilius longe censeatur, officia Ciceronis legere quam certorum quorundam Casuistarum studio incumbere.

Siebentes Kapitel.

Die späteren Moralisten.

§ 54. Alexander Natalis.

Wir schauen auf die innere Erschütterung zurück, welche der neuere Römische Katholicismus durch die Bewegungen innerhalb der französischen Kirche erlitten hat. Vier Arten der Sittlichkeit lassen sich unterscheiden, deren je zwei eine innere Verwandtschaft sei es mehr kirchlicher oder religiöser Art haben. Der Jesuitismus, von seiner antiprotestantischen Kampflust ganz abgesehen, war nur eine verflachte und bis zur Frivolität entartete Kirchlichkeit, diese aber so eifrig und so betriebsam, dass sie lieber dem sittlichen Gesetz Hohn sprach, um die christliche Gesellschaft in allen Schichten der Bildung und Intelligenz vollständig in äusserlichem Gehorsam zu erhalten. Er trat in nothwendigen Conflict mit dem Jansenismus, welcher umgekehrt die Pflichten der kirchlichen Unterwürfigkeit in Schranken stellte, um Frömmigkeit, Demuth und Selbstverleugnung desto vollständiger zu pflegen. Die Mystik zog sich von allen Aufregungen zurück, sie suchte nur Stille und Einkehr, aber indem sie den religiösen Menschen völlig isolirte, verlor sie den Zugang zu den praktischen Aufgaben des Lebens; selbst ohne Gewaltmittel würde dieser Quietismus bald erloschen sein. Und endlich waren die genannten Congregationen bemüht, in und mit ihrer gelehrten Arbeitsthätigkeit auch die unentbehrlichen Tugenden sittlicher und religiöser Gesinnung fortzupflanzen. Während jener bitteren Entzweiung bestand das gewöhnliche Kirchenthum im Sinne des Tridentinums fort, aber es kam darauf an, die Tradition sicher zu stellen, damit Körper und Geist gewahrt würden, jener durch Verbannung der Ungehorsamen und Beschränkung des Gallicanismus, dieser durch eine obgleich sehr behutsame literarische Berichtigung des Jesuitismus. Das Erstere ist vollständiger gelungen als das Andere, von jeher hat die Körperlichkeit der Römischen Kirche zu deren Erhaltung mehr beigetragen als die Geisteskraft; ganz anders verhielt es sich auf Seiten des Protestantismus, welcher durch Unterschätzung seiner sittlichen Kraftmittel im Verhältniss zu der behaupteten Lehrvollkommenheit Abbruch erlitten hat. Nachdem die Päpste Innocenz XI., Alexander VII. und VIII. bereits die krassesten Behauptungen der Jesuitenmoral verurtheilt hatten, wurde es immer dringender, diese Schmutzflecken auch in der Form gelehrter Widerlegung zu tilgen; aber es fehlte viel, dass auch die methodischen Fehler damit überwunden worden wären. Die nachstehenden Moralisten versetzen uns an das Ende des XVII. Jahrhunderts und in die erste Hälfte des folgenden; ihr Streben war conservativ, aber auch hingerichtet auf die eingedrungenen Schäden. Zwei unter ihnen verdienen Auszeichnung unter einer grösseren Zahl.

Alexander Natalis, geb. zu Rouen 1639, gest. 1724 zu Paris, war Franzose und Dominicaner, folglich auch Thomist; der Zusammenhang mit diesem Orden bewog ihn, den ehrwürdigen Thomas Aquinas wieder zu Ehren zu bringen und von ihm aus auf den Augustinismus zurückzugehen. Indem er annahm, dass beide Autoritäten derselben einheitlichen und im Tridentinum abgeschlossenen Ueberlieferung angehören, wandte er sich eben so wohl gegen die Jansenisten, welche den Versuch gemacht, den echten Augustin seiner Vergessenheit zu entreissen und einem anders gesinnten Geschlecht zur Nachachtung vorzuhalten, wie er auch den Jesuiten widerstand, die aus Leichtfertigkeit dem Thomas untreu geworden waren. Der Riss soll geheilt, die kirchliche Vergangenheit als harmonische Grösse gedacht werden. Soweit war Natalis katholisch schlechtweg, seine Gesinnung ernst, sein Urtheil streng bis zur Rigorosität. Zwar war er als Franzose gallicanisch unterrichtet, hat daher zuweilen durch Befehdung des päpstlichen Absolutismus Anstoss gegeben, was jedoch auf seine Sittenlehre keinen Einfluss übte. Derselbe Natalis ist aber auch durch sein Hauptwerk zum berühmten Kirchenhistoriker geworden; massenweise strömte ihm der historische Stoff zu, er konnte mit besseren Mitteln als Frühere seinen Sittenspiegel in einen Geschichtsspiegel verwandeln. Ueberhaupt finden sich alle gelehrten Eigenschaften dieses Zeitalters in ihm vereinigt; der alte Rahmen ist mit neuem Detail ausgestattet, die casuistischen Zuthaten mässig, die Belege aus allen Jahrhunderten überreichlich, die Sprache fasslich und von altscholastischer Beschwerde befreit.

Wir meinen hiermit die zweite Hälfte seines zweiten und grossen systematischen Werks, eine theologia moralis, die als Summa Alexandrina grosse Verbreitung gefunden hat.

Der Ethiker stellt Licht und Schatten dicht neben einander; zwei Haupttheile behandeln zuerst die Sünde, dann das Gesetz sammt den von ihm geforderten Tugenden, und beiden wird ein weitläuftiger dogmatischer und kirchenrechtlicher Excurs über die

Sacramente vorangestellt. Was nach Anderen den Beschluss macht, steht hier an der Spitze, — eine auffällige Umkehrung, die ich mir nur daraus zu erklären weiss, dass die sacramentlichen Einflüsse als übernatürliche Basis angesehen werden, auf welcher die christliche Sittlichkeit erst ruht und mit deren Hülfe sie erreichbar wird. Wie die altprotestantische Doctrin den wiedergeborenen Menschen als das Subject der Ethik betrachtet: so wäre es hier der sacramentlich umgeschaffene Mensch; immer aber nimmt es sich sehr incorrect aus, wenn die ethischen Wirkungen schon vor ihrer rechtmässigen Erwägung vollständig zur Anwendung kommen.

Nicht weniger befremdlich ein Zweites. Man erwartet zunächst vom sittlichen Princip und dessen Verletzung zu hören, statt dessen werden wir sofort auf den kirchlichen Schauplatz verwiesen. Der Priester ist der Wissende, mit der urtheilenden verbindet sich in ihm eine heilskräftige Wirksamkeit, er wird Verwalter einer göttlichen Medicin, welcher eine eindringende Diagnose vorarbeitet. So steht es also um die sittliche Welt, dass sie erst vor den Augen des priesterlichen Tribunals klar wird, erst nach dessen vorausbestimmten Maassstabe verstanden werden soll. — Nach der Eintheilung des Lombarden folgt alles menschliche Leben einem doppelten Verlangen, theils des Geniessens theils des Gebrauchens (frui et uti), Gott wird genossen, die Creatur nur verwendet; man kann sich also auch doppelt versündigen, nach der einen Richtung ergeben sich todeswürdige, nach der anderen verzeihliche Fehltritte, woraus man schliessen sollte, dass gegen das Weltliche keine Todsünde begangen werden kann. Die Jesuiten hatten fast Alles in's Lässliche gezogen, Natalis nimmt die Sache ernster, doch vermag auch er nicht, beide Gattungen schroff auseinander zu halten; Complicationen und Modificationen hatten sich längst eingestellt, mit Rücksicht auf Unwissenheit, Schwäche oder auch Böswilligkeit des Thäters wurde das Eine gemildert, das Andere verschärft. Im Allgemeinen wiederholen sich hier die bekannten Eintheilungen; beispielsweise hat der Verfasser die Sünde wider den h. Geist förmlich secirt und unter vier und mehr Möglichkeiten vertheilt.

Sie wird von denen begangen, welche im Vertrauen auf die göttliche Barmherzigkeit nur desto frecher sündigen, oder die wie Judas gänzlich an der Gnade verzweifeln, oder welche die christliche Wahrheit mit klarem Bewusstsein und böswillig verneinen, oder die den Segnungen der Tugenden mit Neid zuschauen, oder die auf alle Mahnungen zur Besserung nur mit Verhärtung antworten, oder endlich die Diabolischen, die sich von vorn herein gegen jede Regung des Guten verschlossen haben. Viel einfacher lautet meist die protestantische Erklärung, indem sie sich an die dritte Definition anschliesst.

Wie soll man nun den Jesuitischen Künsten beikommen? Das Gewissen, heisst es weiter, als die Application unseres Wissens auf ein pflichtmässiges Handeln oder dessen Gegentheil hat im göttlichen Gesetz seinen Grund, an sich gebietet es mit Nothwendigkeit, aber von Unwissenheit, Irrthum und Zweifel umgeben kann es leicht bei der niedrigen Stufe der Probabilität anlangen. Desto verwerflicher ist das lose Spiel mit ihm (ludus vagus); nur so lange das Gewisse fehlt, darf uns ein Probables oder Plausibles gefallen; es ist verkehrt, es aus vermeintlichen Gründen noch länger festzuhalten; das Wahre, wenn einmal erkannt, entreisst ihm jede Berechtigung, und welcher Arzt dürfte sich an eine geringere Wahrscheinlichkeit halten, nachdem er die grössere oder die alleinige gefunden hat, er würde der Willkür huldigen statt des Gesetzes. Ein Hauptfehler der Jesuitischen Lehrart war damit aufgedeckt, und Natalis trifft das Richtige, wenn er bemerkt, dass es zwar erlaubt sei, zur Erforschung der Wahrheit zahlreiche Kenner zu Rathe zu ziehen, nicht aber durch Umherfragen auf die „bequemste“ praktische Auskunft Jagd zu machen, weil dadurch die Natur des sittlichen Urtheils verdunkelt und mit den subjectiven Interessen heillos vermengt werde. Die Jesuiten werden hier und anderweitig nicht genannt, aber sie sind gemeint, und mit der Rede von dem sanften Joche Christi sollen sie sich nicht decken wollen, denn sanft wird das Joch erst durch die Macht der Liebe, nicht durch die Beliebigkeit unserer Entschliessungen. Hinweg also mit den eingeschlichenen Licenzen, auch die philosophische Sünde wird abgelehnt und die Kategorie von der unbezwinglichen Unwissenheit in Schranken gestellt; schon die Auskehrung des schlimmsten Unraths war eine Wohlthat. An diese achtungswerthe Folgerichtigkeit schliesst sich dann allerdings noch eine andere Consequenz, nach welcher die eben anerkannte Objectivität des Guten sich den kirchlichen Kanones und den päpstlichen Reservationen unterwerfen muss.

Ueber das Verhältniss der einzelnen Sünde zu der vorangehenden Intention sowie zu ihrer Ausführung hatte schon Thomas mühsam nachgedacht, Natalis folgt ihm mit entsprechenden aber einfacheren Erklärungen. Leib und Seele gehören zusammen, erst die zur That (actus externus) gewordene Willensbestimmung ergiebt eine vollständige Handlung; wo also beide Factoren verbunden sind, gelangt die Sünde auch zu einer numerischen Einheit, während wenn Absicht und Vollziehung sich zeitlich von einander ablösen, ein doppeltes Sündhafte entstehen muss. Die Böswilligkeit einer Sünde ist bei vorhandener Gelegenheit nicht eher eine vollkommene, als bis sie in einem äusseren Werk offenbar geworden, sie wächst also mit der That, aber nicht mit dem Schaden, welchen sie anrichtet. Auch muss es dabei bleiben, dass ohne Freiwilligkeit (voluntarium) keine Sünde diesen Namen verdient. Schlechthin indifferente Handlungen kann es individuell angesehen nicht geben.

Das weitere System der Sünden versetzt uns ganz in den alten Schematismus zurück, was Thomas sanctionirt, behauptet auch nach vielen Jahrhunderten seinen nahezu unveränderten Bestand. Wir lesen abermals von den sieben Capitalsünden (superbia, inanis gloria, avaritia, luxuria, invidia, gula, acedia) und von ihren Töchtern oder Adoptivtöchtern, deren Zahl zwar gelichtet ist, die aber immer noch eine bunte Reihe bilden. Selbst die Akedie wird beibehalten als letzte Todsünde (desperatio boni interni), als Mutter jener Symptome schwerer moralischer Erschlaffung, aus welchen sie doch selbst erst hervorgegangen war. Niemandem, heisst es unter Anderem, ist gestattet, seinen Sohn zum Mönchsstande zu nöthigen, damit die übrigen Kinder desto reichlicher erben können, — sehr richtig, aber dies wird, damit es unter den Hauptlastern nicht fehle, als eine avaritia sub specie pietatis eingeschaltet. Auch der Wucher verharrt in seiner antiken Definition, es ist jederzeit Wucher und wider das Naturrecht, wenn Jemand an Geld oder in einer anderen Angelegenheit mehr verlangt, als er gegeben hat (plus exigit quam dederit). Die Verbreitung „famoser“ Bücher wird zu den Töchtern des „Neides“ gezählt, auch giebt es keine schlimmere „Detraction“ als die Antastung der katholischen Lehre.

Vor einer solchen Zähigkeit selbst des rein theoretischen Traditionalismus, der sich mit denselben Incorrectheiten durch Jahrhunderte fortschleppt, kann man keinen grossen Respect haben; doch enthält auch der zweite Theil als Gesetzes- und Tugendlehre mehreres Beachtenswerthe. Es ist eine begriffliche Strenge, mit welcher das gesetzliche Princip durch alle seine Abwandlungen verfolgt, auf ewige und zeitliche Verhältnisse angewendet, unter beide Testamente vertheilt und mit dem Werth oder Unwerth eines Gewohnheitsrechts verglichen wird. Sein allgemeines Wesen hat das Gesetz darin, dass es aus einer höheren Rationalität stammt und in einer Gemeinsamkeit Geltung erheischt. Im Alten T. ist es der irdische Lohn, im Neuen die ewige Seligkeit, was als Verheissung hinzutritt. Bürgerliche Statute bezwecken Ordnung, strafrechtliche werden stets durch moralische Verschuldung in's Leben gerufen. Göttliche und menschliche Verordnungen dürfen niemals einander widersprechen, auch ist, — und hier hören wir den Gallicaner sprechen, — der Kleriker an die nothwendigen Forderungen des Staats durchaus gebunden. So fährt der Schriftsteller fort bis er zuletzt die Jesuitische Sentenz verdammen muss: ein Volk sündige noch nicht, wenn es selbst ohne jede Ursache einem von dem Tyrannen promulgirten Gesetz die Annahme verweigert.

Dass die Religion den Tugenden beizuzählen sei, bezweifelt Niemand, aber als Gottesverehrung, d. h. thätige Darstellung unseres Verhältnisses zum höchsten Princip, ist sie nur eine moralische, keine theologische, weil sie Gott nicht unmittelbar zum Gegenstande hat. Mit diesem Gedanken eröffnet

Natalis die Auslegung des Dekalogs, nicht anders hat späterhin Tournely geurtheilt, indem er zwar das Theologische dem Moralischen überordnet, innerhalb des Letzteren aber doch der praktischen Religion, weil sie eine Beziehung zu Gott, nicht zum Menschen noch zum Nächsten ausdrückt, die oberste Stelle einräumt. Beide weisen auch an dieser Stelle auf Thomas Aquinas zurück, Natalis aber knüpft daran noch die Folgerung, dass selbst die speciell theologischen und übernatürlichen Gaben eine moralische und praktische Bedeutung haben und insofern der Gesetzeserfüllung einzuverleiben sind. Auch Glaube, Hoffnung und Liebe tragen eine sittliche Bewegung in sich, es sind Acte des Gemüths, und je stärker der Wille in ihnen wirkt, desto lebendiger wird die allem Glauben unentbehrliche Zustimmung, — gewiss eine löbliche Bemerkung, möglich auch immerhin, dass Natalis vom Protestantismus, den er übrigens ignorirt, in der Stille gelernt hat. Was den Inhalt des Glaubens betrifft: so will er sich mit der Jesuitischen Phrase: semel mysteria credidisse sufficit, nicht abfinden lassen. Gleich darauf muss es wieder befremden, dass er die Erfüllung des ersten Gebotes nicht mit der einfachen Anrufung Gottes, sondern mit dem Gelübde (votum) beginnen lässt, als ob dieses erst den Zugang zu dem naturgemässen Ausdruck der Gottesverehrung eröffnen müsste.

Für alles Folgende genüge die Hervorhebung eines doppelten Charakterzuges. Die Erklärung der Gebote führt an den anstössigsten Sätzen der Jesuiten vorüber, und Natalis giebt ihnen im Anschluss an die Declaration des Gallicanischen Klerus die stärksten Namen; der so leichtsinnig verschwendete Kanon der Lässlichkeit muss einem anderen weichen. Wie von dem Gebrauch der zweideutigen Ausdrücke (aequivocationes) gesagt wird, sie seien nicht plötzlich vom Himmel gefallen, sondern die alte Schlange habe sie angestiftet und das delphische Orakel sie eingeführt: so soll der Sünder in vielen anderen Fällen erfahren, dass er sich in der Nähe des Lethalen, nicht des Venialen befindet. Naive Ausflüchte, wie z. B. dass der Genuss des Flüssigen die Fasten nicht bricht (liquidum non frangit jejunium), fallen dahin; ist doch die Trunkenheit selber Todsünde, und der Richter versündigt sich, wenn er den Angeklagten trunken macht, damit er redselig und geständig werde. Sodann werden wir mit den herrschenden Sitten und Unsitten, zumal den französischen bekannt gemacht; verpönt werden Würfelspiel und Lotterie (ollae ludus), schlechte Künste der gageures, der Wettspieler, üppiges Betragen der Frauen, gescholten die Bedrückungen des Volks durch Advocaten und Pächter; scharfe Rügen, die mit denen der protestantischen Casuisten vielfach zusammentreffen, fallen auf die Uebervortheilung im Handelsverkehr. Kaufleute sollen nicht mit geheimer Verabredung Monopol treiben, die Fehler ihrer Waaren nicht verschweigen, noch diese bis zum Zeitpunkt des dringendsten Bedarfs zurückhalten, nicht wohlfeil kaufen, um dann desto mehr aufzuschlagen; dagegen ist es kein Betrug, wenn sie zum laufenden Preise verkaufen, obgleich sie schon dessen baldiges Sinken voraussehen. Schauspieler müssen, um zum Abendmahl zugelassen zu werden, ihr Metier zuvor niederlegen.

Das ganze kritisch verdienstliche und culturhistorisch beachtenswerthe Werk hat den Zweck, die Ethik zu desinficiren und ihrem kirchlichen Ernst zurückzugeben. Aber bedeutungsvoller als alle Einzelnheiten ist dessen Stellung innerhalb des mit sich selbst uneinig gewordenen kirchlich historischen Bewusstseins. Schon oben haben wir darauf hingedeutet. Natalis besteht auf der Anerkennung antiker Vorbilder, denen sich die jüngeren Doctrinen nicht entfremden dürfen. Das Gute hat das Vorrecht der Würde und Ursprünglichkeit, von den Alten muss also die Ethik gelernt werden. Er widersprach damit den Freunden der Neuerung, welche umgekehrt behaupteten, dass man gerade diese Disciplin von den späteren Lehrern zu empfangen habe, welche den Stoff weit besser untersucht haben; für die Glaubenslehre dagegen mögen die Alten aufkommen. Sie fügten hinzu, dass keine Ansicht deshalb Tadel verdiene, weil sie vor Zeiten noch unbekannt gewesen. „Aus den Lehren der Alten können wir uns nicht vollständig unterrichten, da sie sich nur unvollständig ausgesprochen haben; wir müssten den

Augustin und Thomas u. A. von den Todten erwecken; besser also die Lebenden befragen als zu den längst Verstorbenen zurückgehen, welche ihren Geist nicht mehr darlegen können.“ In Sachen des Lebens, meinten sie, hat der Lebende Recht. Dieser zweite Grundsatz, nämlich der Jesuitische, welcher eine Anbequemung an die Zeitverhältnisse empfiehlt, war von den Academieen zu Paris und Löwen perhorrescirt worden; Natalis lehnt ihn ebenfalls ab, an dem Vorhandensein einer doppelten Strömung kann also kein Zweifel sein. Und bei der Flüssigkeit und Mehrdeutigkeit der Tradition liessen sich beide Interessen vertheidigen. Die Jesuiten hätten leichtes Spiel gehabt, wenn sie den Abstand zwischen der scholastischen und der Voraugustinischen Behandlung der Sittenlehre hätten darthun sollen. Aber für eine Kirche, welche sich einer unbefangenen Geschichtsbetrachtung ohne eigene Gefahr nicht überlassen durfte, war diese Schwankung auf die Länge unerträglich; daher hat die Römische Hierarchie seit dem Tridentinum ihre Antiquität und unveränderliche Continuität für Glauben und Leben versichert oder vorausgesetzt, ohne sich jedoch für Einzelbestimmungen die Hände binden zu wollen. Oder war es etwa ein Archaismus, welcher zum Vaticanischen Concil gedrängt hat, und nicht vielmehr ein Zugeständniss an die modernen absolutistischen Bestrebungen, welche zugleich dem neueren Zeitgeist nach allen Seiten die Spitze bieten sollten! Vom Standpunkt der päpstlichen Unfehlbarkeit hört ohnehin der Streit auf, das Unfehlbare ist zeitlos, lässt sich also vorwärts und rückwärts schieben.

Natalis Alexandri theol. dogmatica et moralis secundum rationem concilii Tridentini in quinque libros distributa, Par. 1694, erneuert Par. 1703, 2 voll. fol. Dazu der Auszug: Summa Alexandrina sive Nat. Al. theol. moralis compendium absolutissimum, tom. I—VIII, Bergomi 1751, wonach wir citiren.

Vgl. zur Kritik der Probabilität V, p. 43 sqq. 51. Jugum Christi suave est ratione caritatis non ratione libertatis eligendi minus probabiles opiniones in concursu probabilium. Prudentiae non est certis incerta praeponere. p. 69. 83. 92. Non licet varios adire doctores seu casuum arbitros ea intentione, ut ex eorum opinionibus ea eligatur, non quae probabilior et tutior, sed quae commodior visa fuerit. — At vero plures doctores adire, plures casuum arbitros consulere laudabile fuerit, si id fiat studio cognoscendae veritatis etc. — Ueber ältere und jüngere Moral sagt Natalis ibid.: Doctrina morum a veteribus et sanctis magis quam a recentioribus auctoribus petenda est. Entgegengesetzt die propositio confixa p. 63: Doctrina fidei a veteribus, doctrina morum magis a junioribus petenda. — Non ergo opinio improbanda eo quod ab antiquioribus non fuerit tradita. De sententia doctorum antiquorum aut Augustinus aut alii excitentur a mortuis. Praestat igitur adire vivos quam recurrere ad mortuos, qui nequeunt mentem suam explicare. Haec objectio: opinio nova videtur, doctum urgere nequit. Nam tota moralis theologia nova est. Ueber Intention, Einheit und Mehrheit der Sünde vgl. V, p. 115 sqq. Von der moralischen Religion im Verhältniss zur theologischen Tugend VII, 58. Religio est virtus moralis, qua Deo cultum et honorem exhibemus ipsi tanquam supremo omnium rerum principio et ultimo fini debitum. — Non est virtus theologica, quia circa Deum ipsum ut proprium objectum immediate non versatur sicut fides, spes, caritas, sed circa cultum et honorem Deo debitum. Auf die Zeitsünden wird hauptsächlich in den beiden letzten Theilen Rücksicht genommen. Ueber den Privatbesitz der Mönche urtheilt Natalis sehr streng, er nennt ihn ein detestabile vitium proprietatis, aber ein kaum auszurottendes, desto leichter über Irrthümer des Volksglaubens, daher die Bemerkung: Nullius peccati rei sunt, qui reliquias unius sancti pro reliquiis alterius bona fide habent.

Wir stellen noch einige propositiones damnatae zusammen, die meist sehr krass ausgewählt sind. Num liceat ex solo rationis lumine dijudicare, quando quis privatus pro tuenda vita vel bonis vel honore aliquem occidere possit? An peccet mortaliter, qui actum dilectionis Dei semel tantum in vita eliceret? — condemnare non audemus. Probabile est, ne singulis quidem rigorose quinquenniis per se obligare praeceptum caritatis erga Deum. Tunc solum obligat, quando tenemur justificari et non habemus aliam viam qua justificari possimus. — Cum causa licitum est jurare sine animo jurandi, sive res sit levis sive gravis. — Qui dormire nequit nisi vespere sumpta coena, non tenetur jejunare, imo neque in prandio collationem sumere, quamvis hoc modo isti incommodo obviare posset, quia non tenetur pervertere ordinem refectionum. Defessus ex quocunque labore licito vel illicito — —, liberatur a lege jejunii. — Non tenemur proximum diligere actu interno et formali. Praecepto proximum diligendi satisfacere possumus per solos actus externos. — Causa justa utendi amphibologiis est, quoties id necessarium aut utile est ad salutem corporis, res familiares tuendas vel ad quemlibet alium virtutis actum, ita ut veritatis occultatio censeatur tunc expediens et studiosa.

§ 55. Tournely's Moralwerk.

Etwas später lebte Honoratus Tournely, gest. 1746 zu Paris. Er war Gegner der Bulle Unigenitus, Bestreiter des Copernicanischen Weltsystems und galt zu Anfang dieser Zeit als Einer der bedeutendsten Katholiker, zugleich als Verbesserer der scholastischen wie der Jesuitischen Methode. Beides nicht ohne Grund, er suchte eine sichere Bahn und einen höheren Grad von Fasslichkeit. Der metaphysische Ballast wird weggeworfen, logische Mittel treten an die Stelle, Propositionen, Objectionen, Quästionen, Probationen füllen eintönig jeden Tractat, nur daraus erklärt sich die Ausdehnung der „Vorlesungen" auf mehrere Quartanten. Den Natalis Alexander muss Tournely gelesen haben, da er sich sichtlich an ihn anschliesst, aber er fasst seine Aufgabe allgemeiner und will nach allen Seiten Stand halten. Luther und Calvin werden ebenso bestritten wie Jansenius, Thomas Aquinas wird gerühmt, aber nicht so einseitig zum Grunde gelegt, und von den Jesuiten will der Verfasser, was ihm jedoch nur unvollständig gelungen ist, sich und das Seinige unterscheiden. Wir benutzen dieses Werk, um das Gesammtbild seiner Gattung in dem angegebenen Zeitpunkt nochmals in's Auge zu fassen. Ob wir es wirklich hier mit einer Ethik oder nicht ebenso sehr mit einem Rechtsbuch, einer Kirchenordnung oder einem disciplinarischen Statut zu thun haben, darüber bleiben wir immer noch im Unklaren; durch Einschiebung fremdartiger Artikel von den Contracten, den Beneficien und der Simonie, den Dispensationen und Censuren wird der natürliche Gang der Untersuchung unterbrochen. Die kirchliche Observanz gestattete eben noch keine Ausscheidung des Heterogenen, weil die gleichmässige Verbindlichkeit alles Gebotenen dadurch Abbruch erlitten hätte. Ebenso werden wir gleich anfangs auf der alten Fährte festgehalten. Dass alles Moralische auch ein Freies, das Freie auch ein Moralisches sein müsse, dass das sittliche Wesen durch Uebereinstimmung mit der höchsten Vernunft (suprema ratio), welche aus Gott selber spricht, bedingt werde, steht als leitender Gesichtspunkt voran. Der eigentliche Gegenstand der Ethik ist die menschliche Handlung (actio humana), diese aber in ihrer Einzelheit; nichts also nöthiger, als sie von Anfang bis zu Ende sammt ihren Bedingungen, Coefficienten, Hindernissen kennen zu lernen. Das Verfahren ist ein beschreibendes. Die Freiwilligkeit im Unterschiede vom Unwillkürlichen, das Wissen im Verhältniss zur Unwissenheit, die Freiheit unabhängig vom Zwang und von der Nothwendigkeit, das gegensätzliche Vermögen der Wahl, das Ziel der Glückseligkeit und deren Affectionen für Leib und Seele, die Proprietäten der Handlung als Güte und Schlechtigkeit, die drei Principien der Moralität nach Gegenstand, Ziel und Umständen, — diese Momente liegen für jeden Artikel bei der Hand, und in dem Umständlichen soll die empirische Aussenseite alles Thuns zur Anschauung kommen. Dies die Anatomie der Handlung, die sich tausendfältig wiederholen muss. Diese Acte erwachsen zu Körpern oder Körperchen, deren jedes sein eigenes Blutgefäss als das Voluntarium in sich trägt. Was wird aber dann und bei solcher Vieltheiligkeit aus dem Menschen selber, was aus dem Leben, in welchem unzählbare solche Molecüle umherschwimmen, die doch wieder zählbar sein sollen, denn an der Vielzahl der Sünden wie der Verdienste ist Alles gelegen! — Die katholische Kirche hat von jeher von Aussen herein moralisirt, und pädagogisch angesehen, da sie den sittlichen Menschen bei der Leistungsfähigkeit fassen wollte, wurde sie für lange Zeiten dazu hingedrängt. Direction der Handlungen von ihrem ersten Anstoss bis zum Ziele galt als Beherrschung der Sittlichkeit überhaupt. Was dazwischen lag, entzog sich der Beobachtung, und eben dazu will Tournely Stellung nehmen, der Missbrauch nöthigt ihn dazu. Anfang und Ende, Beweggrund und Gegenstand, sei es Gott oder der Mensch oder etwas Sachliches, drücken im Allgemeinen die Qualität der Handlung aus; wer also durch schlechte Mittel zum guten Ziele gelangen will, befindet sich noch nicht in der verwerflichsten

Lage, weil es doch eine löbliche Absicht war, die ihm jene Medien annehmlich machte. Dies wird von Tournely festgehalten, aber er leugnet auch nicht, dass die blosse Zweckmässigkeit nicht ausreicht, um die Unlauterkeit der Mittel aufzuwiegen, reingewaschen werden sie damit nicht. Indem der Verfasser beides bedenkt, will er seiner Sache gewiss sein.

Wie nun Tournely schon an dieser Stelle der Gefahr ausweicht: so hat er namentlich den Probabilismus obwohl mit grossem Vorbehalt noch geduldet. Für Gott, sagt er, giebt es nichts Probables, wie für die Sonne keinen Schatten. Dem Menschen aber kann es begegnen, dass er sich auf ein Mittleres hingewiesen sieht, welches, ohne als unfehlbar aufzutreten, sich dennoch hören lässt und den Augenschein der Wahrheit (apparentia veritatis) soweit für sich hat, um für annehmbar zu gelten. Soviel ist einzuräumen, und ebenso dass diese Probabilität ihre Grade habe und mit Gründen und Gewährsmännern unterstützt werden könne, eine allgemeiner herrschende Ansicht also gerechten Anspruch habe, als beherzigenswerth, vielleicht als acceptabel empfohlen zu werden. Auch Tournely lag es nahe, das moralische probabile mit dem intellectuellen und unanfechtbaren verosimile auf gleiche Linie zu stellen. Aber weiter soll man auch nicht gehen; denn hat sich einmal die eine Meinung über die andere als die weniger beifallswerthe gestellt: so wirkt sie entscheidend und lässt keine beliebige Wahl mehr übrig, und Niemand kann ohne Sünde das weniger Approbirte bevorzugen, nachdem es mit dem besser Beglaubigten in Collision getreten. Stehen zwei Auffassungen einander an Annehmlichkeit gleich: so haben wir der sichreren zu folgen, weil sie dem Gesetz statt der subjectiven Neigung dient. Ebenso hatte Natalis geurtheilt, von Tournely wird zuletzt die ganze Lehre aufgegeben, weil sie der alten Kirche unbekannt gewesen und höchstens den Werth einer Privatansicht habe, auch von Alexander VIII. gemissbilligt worden sei, und er lässt sich auch nicht durch den naiven Einwurf beirren, dass wenn der Probabilismus so abscheulich wäre, wie er von Manchen genannt werde, Gott seine Kirche während eines ganzen Jahrhunderts verlassen haben müsste.

Im Anschluss an die Sünden und Censuren begegnet uns hier wie in ähnlichen Schriften der weitschichtige kanonisch-moralische Mittelbegriff von den „Irregularitäten". Körperliche und geistige Makel, Findelkinder, Uneheliche, Schwachsinnige, Bescholtene verstossen wider die kirchliche Integrität und sollen innerhalb des Klerus nicht geduldet werden. Wenn aber auch Vergehungen, freiwillige oder unfreiwillige Tödtung bis zum Morde zu den Unregelmässigkeiten gezählt werden: so fragt man sich, wo die Disciplin aufhört und das Strafrecht beginnt; das sittliche Urtheil hört auf, oder wir sehen uns in die Zeiten der Bussbücher und um ein Jahrtausend zurückversetzt. Das Recht der päpstlichen Dispensation erstreckt sich auf alle Richtungen der Abnormität, und ebenso bleibt der Grundsatz stehen: quae pure mentalia sunt, per se sunt extra forum ecclesiae.

Von Natalis wurde gesagt, dass er seine Sacramentslehre zu einer kirchlich normirten Ethik erweitert habe. Dieselbe Betrachtung liesse sich in besonderem Grade auf die Busslehre nach Tournely anwenden; der Traktat umfasst zwei Quartanten, welche durchzulesen allein schon einer Büssung gleicht. Das ganze Leben thut sich auf mit seiner Sehnsucht, seinen Gebrechen und Heilmitteln, Wegen, Umwegen und Anstrengungen, aber durch alle endlosen Excurse von der Reue und dem Bekenntniss, von der Absolution und Satisfaction und ihren Modalitäten und bis zur Indulgenz zieht sich der Gedanke, dass es keine Sünde giebt, welche nicht durch die Macht der göttlichen Gnade gesühnt und überwunden werden kann, — fürwahr ein christlicher Gedanke, schade nur, dass sich die Römische Kirche nach wie vor zur ausschliesslichen Verwalterin desselben aufgeworfen hat.

Honorati Tournely Universae theologiae moralis tractatus, XIII partes, Venet. 1746 sqq., nach dem Tode des Verfassers herausgegeben und mehrmals wiederholt. Die Reihenfolge der Artikel lautet: De actibus humanis, De justitia et jure, De contractibus, De virtute religionis, ganz nach Natalis bearbeitet, De beneficiis et simonia, De sacramentis in genere etc., De legibus, De peccatis, De censuris, De irregularitatibus, De dispensationibus, De praecipuis praecipuorum statuum obligationibus, De fide spe et charitate, De praeceptis secundae tabulae decalogi, De praeceptis ecclesiae.

Von der Probabilität handelt der Verfasser I, p. 155: Opinio probabilis definiri potest: Actus quo mens ob motivum grave sed tamen fallibile prudenter judicat, aliquid esse licitum vel illicitum. p. 158. Non potest quis sine peccato sequi opinionem minus probabilem in concursu opinionis alterius stantis pro lege et simul probabilioris. p. 165. Iugum Christi est suave, quia per gratiam efficitur, item lex ejus est lex libertatis, quia nos liberat a servitute tum legis Mosaicae tum diaboli et peccati, — concedo. — Itaque suave est, quia quidquid durum est in praeceptis, ut sit leve charitas facit, — sed non ideo jugum Christi leve est sensu probabilistarum, qui mendacem faciunt Christum dientem, arctam esse coeli viam etc.

§ 56. Eusebius Amort und Andere.

Ungefähr in dieselbe Zeit fallen die Schriften von Cassianus a Sancto Elia, einem eifrigen Gegner der Jesuiten, Bonus Merbisius, Augustinus Michel, Antonius Godeau, Dominicus Viva, Gabriel Antonius, einige theoretisch geordnet, andere casuistisch eingerichtet und den Confessariern in die Hand gelegt. Die Gesinnungen blieben schwankend, in Frankreich und Italien haderten die Dominicaner mit den Jesuiten, welchen Letzteren es nicht an Vertheidigern fehlte; Indifferenz der Handlungen, scientia media, ignorantia invincibilis waren geläufige Controverspunkte. Indessen wurde doch nach den vorangegangenen Kritiken die schlimmste Ausgeburt des Probabilismus, nämlich die Genehmigung eines beliebigen Austausches innerhalb des Probablen, auch von ihnen preisgegeben. Gegen die gewöhnliche Scheidung des Mortalen und Venialen hatten Calvin, Wolleb, Hollaz u. a. Protestanten Widerspruch erhoben; noch Tournely nimmt sie weitläufig in Schutz und verlangt nur eine ernstere Behandlung, indem er an dieses doppelte „Genus“ ein nach beiden Seiten mögliches Accidens anknüpft. Das kirchliche Forum bedurfte unstreitig dieser beiden Kategorieen, und indem es seine Nachsicht ebenso wie seine Strenge theoretisch begründen wollte, hielt es an der begrifflichen Trennung der

Gattungen fest, während in der Praxis die eine Species der andern angenähert werden konnte.

Hervorgethan hat sich damals noch Eusebius Amort, dessen Moralwerk von 1758 als ein geniessbares und mit wissenschaftlicher Sorgfalt gearbeitetes von K. Werner gerühmt wird. Schon darin lag ein ansehnliches Verdienst, dass er endlich einmal von den kanonistischen Materien absah und in den juristischen, liturgischen und disciplinarischen Angelegenheiten das eigentlich sittliche Moment betonte. Er liefert also eine doctrina agibilium, eine kirchliche Pflichtenlehre, welche ausgehend von Gewissen, Gesetz und Dekalog und den Kirchengeboten, hierauf die allgemeinen und die specifisch christlichen Tugenden folgen lässt; den Beschluss machen die Sünden und wieder die sieben Hauptlaster und die Sacramente. Von seiner Tendenz wird bemerkt, dass er zwischen „Rigorismus und Laxismus" eine richtige Mitte angestrebt habe. Allerdings will Amort weder dem Jesuiten Daniel, dem Gegner der Provinzialbriefe zustimmen, noch den Sorbonnisten, welche gar keine entschuldbare Unwissenheit in Sachen der natürlichen Moral statuiren wollten, unbedingt Recht geben; auch beruft er sich stets auf die älteren Gewährsmänner wie Augustin und Thomas. Wenn er jedoch die „merkbaren" Amphibolieen und Restrictionen, sobald sie nur durch eine gerechte Sache veranlasst werden, gestattet und nur die rein mentalen ohne Weiteres verwirft: so war dies eben keine gute Mitte, sondern schon ein Zugeständniss an den vorangegangenen Leichtsinn. Merkbare Zweideutigkeiten wird sich Niemand in ernsten Dingen erlauben, ausser indem er annimmt, dass sie vielleicht unbemerkt bleiben. Auch der quietistische Streit war noch nicht ganz verklungen; Amort erklärt sich gegen Fenelon, also gegen die Vorstellung einer uninteressirten Gottesliebe ohne Begehren der eigenen Seligkeit als eine unzulässige, ja unvollziehbare, sowie er auch behauptet, dass die Visionen und Offenbarungen, deren sich einige Frauen gerühmt, nicht ohne Prüfung auf Glaubwürdigkeit Anspruch haben.

Vgl. Walch, Bibl. theol. sel. II, p. 1120, woselbst citirt werden: Georgii Gobati Opera moralia, 3 tomi, Monach. 1681. 1700. — Boni

Merbisii Summa christiana seu orthodoxa morum disciplina, Par. 1683. — Bartholomaei Mastrii Theol. moralis ad mentem seraphici et subtilis doctoris Bonaventurae et Scoti continuta, Venet. 1683. 1700. — Cassiani a Sancto Elia theologia moralis, Venet. 1684. — Augustini Michelii Theol. canonica moralis, August. Vindel. 1707. — Antonii Godeau Morale chrétienne, Par. 1709. — Dominici Viva Opuscula theol. moralia, Patav. 1721. — Gabrielis Antonii Theol. moralis universa, Par. 1732.

Von Eusebii Amort Theol. moralis, August. 1758, 2 voll. habe ich keine Kenntniss als durch Werner, Geschichte der katholischen Theologie, Münch. 1866, S. 115 ff., welcher auch den bekannten Kanonisten und Casuisten Reiffenstühl erwähnt.

Dritter Abschnitt.

Deutsche Religionsbewegungen und Fortbildung der Ethik.

---

§ 57. Einleitung. Das Sittenbild.

Der vorige Abschnitt veranlasste uns, den Geist der Confessionen und besonders ihrer Streitschriften in Betracht zu ziehen; diesmals scheint es zweckmässig, die sittlichen Zustände, wie sie um die Mitte des XVII. Jahrhunderts und noch etwas später herrschend wurden, einleitungsweise und in Andeutungen zu vergegenwärtigen. Die Menge der Blutopfer, mit denen die schweizerische Reformbewegung ihren Rundgang durch die europäischen Länder Frankreich, England, Niederland und Italien erkaufen musste, die ihr aber auch die Ehren des Märtyrerthums reichlich eingetragen haben, ist unserer deutschen Heimath von wenigen Fällen abgesehen erspart worden. Desto fürchterlicher büsste diese als Schauplatz eines Krieges, welcher unter dem Namen der Religion alle Triebe nach Besitz- und Machterweiterung und alle Leidenschaften der Gewinnsucht entfesselte. Der kirchliche Gegensatz hatte den höchsten Grad der Spannung erreicht, jetzt wurde er durch profane Absichten jeder Art verdunkelt und überboten. Die Evangelischen zerfielen und wurden erst durch Gustav Adolf wieder gesammelt; ihre Uneinigkeit erleichterte die Erfolge einer gewaltsam eindringenden katholischen Gegenmacht. An allen Stellen drängte sich die Weltfrage in die Schicksale des Gottesreiches; selbst dem sorgfältigen Studium gelingt es kaum, den Knäuel der Tendenzen zu entwirren und die Menge der sich durchkreuzenden Motive auf ihre Herkunft zurückzuführen. Frommer Glaube und Liebe und christliche Gesinnung sollten nicht aussterben, wir suchen sie im Rücken des öffentlichen Treibens, unter der Decke eines wüsten Gesteins schimmern sie fort. Aber es war nicht das erste Mal, dass wo Vernunft, Religion und Gerechtigkeit als Geistesmächte nicht ausreichen, um einem Nothstande zu helfen, der bewaffnete Leib, der Mensch mit dem Schwert in der Hand an die Stelle treten muss. Der Friede von 1555, für die gleichzeitige Lage der Dinge eine grosse Wohlthat, hatte an einer beschränkenden Positivität gelitten, er gewährte Freiheit in den Formen einer gesetzlichen Unfreiheit. Der geistliche Vorbehalt hemmte den kirchlichen Fortgang, das Reformationsrecht der Fürsten konnte beiden Theilen zu Gute kommen. Einzelne Landeskirchen, wie die pfälzische, erfuhren inzwischen grosse Umgestaltungen, während die Unionsversuche dieser Zeit bewiesen, dass das Verlangen nach evangelischer Einigung immer noch fortwirkte. Denken wir die Gegenreformation hinweg: so würde vielleicht eine stetige Fortentwicklung möglich geworden sein; erst der Jesuitismus hat Deutschland völlig gesprengt, den Frieden gebrochen und die Einmischung des Auslandes begünstigt. Der westphälische Friede von 1648 aber ist in seinen Ergebnissen noch weit complicirter ausgefallen als der erste, man muss dieses schwierige Instrument studiren, um die Menge der Sonderbestimmungen zu verstehen, welche nöthig befunden wurden, um alle Betheiligten in einer wohlverwahrten Stellung zu erhalten. Unter allen Vorkehrungen politischer Klugheit sollte sich jedoch das religiöse Grundmotiv durch Zweierlei offenbaren, durch die rettende That Gustav Adolf's und die nachherige rechtliche Gleichstellung der beiden protestantischen Confessionen.

Die sittliche Zerrüttung, welche der Krieg theils hervorgebracht, theils zurückgelassen und auf die nächste Folgezeit vererbt hat, bedürfen keiner Beschreibung; Zeitgenossen wie Grimmelshausen in dem bekannten Roman und Betkius in dem Christianismus ethnicus, auch J. V. Andreae bezeugen sie bis zu haarsträubender Deutlichkeit, neuere Historiker wie G. Freitag, Tholuck und Wachsmuth haben aus den Quellen schreckhafte Detailbilder zusammengestellt. Eine gleiche Anhäufung von Greueln soldatischer Wuth, Wollust und Grausamkeit kennt die neuere Geschichte nicht weiter. Ganze Länderstrecken lagen wüste, die Folgen der Verödung und Entvölkerung erstreckten sich auf Decennien. Im Gemeindeleben wurden Unordnung und Ungebundenheit allgemein. Auf den Universitäten herrschte ein rüpelhaftes Junkerthum, ein Pennalismus, gegen welchen zuletzt die Hülfe des Reichs aufgeboten werden musste. Einzelne Stimmen haben alle Schuld des Verderbens auf das „Priesterthum" häufen wollen, mit Unrecht, denn eine derartige wuchernde Verwilderung pflegt mehrere Quellen zu haben. Wenn aber neuerlich von Sachsse bemerkt wird, dass unter solchen Umständen nichts übrig geblieben sei, als die „gemeinsame Lehre, als das einigende Band aufzustellen": so meinen wir, dass bei dieser Erklärung die Ursache nur allzusehr als Wirkung erscheint. Denn dafür hatte ja schon das vorige Jahrhundert gesorgt, dass eben die Lehreinheit zu einer den sittlichen Pflichteifer schwächenden Hauptsache gemacht wurde; die Gebrechen der Geistlichen waren seit Luthers Zeiten vielfach gerügt und beklagt worden, allein der Widerstand gegen deren Nachlässigkeit reichte als ein vereinzelter nicht aus. Die der Eintrachtsformel voraufgehenden theologischen Fehden waren weder geeignet, auf die Gemeinden einen achtunggebietenden Eindruck zu machen, noch liessen sie ihren Theilnehmern für die zweite Hälfte ihres Berufs Kraft und Aufmerksamkeit genug übrig. Kein Zweifel also, dass an der Kirche selber eine bedeutende Mitverantwortlichkeit haftet.

Mit diesen Verderbnissen verband sich noch ein anderes nicht weniger schweres Ungemach. Ueber den wahren Glauben hatten sich die Confessionen nicht einigen können, wohl aber begegneten sie sich in dem gemeinsamen Aberglauben. Bekanntlich waren die Hexenprocesse vorreformatorischen Ursprungs, aber auch protestantische Fürsten und Gelehrte genehmigten sie, und schon die Carolina hatte sich auf diesen Standpunkt gestellt; daher verbreiteten sich diese Gerichte in unserer Zeit wie eine fürchterliche und ebenso acute wie chronische Krankheit, von welcher Deutschland am Heftigsten befallen wurde. Den Lastern der Unzucht waren einst Luther und Calvin muthig entgegengetreten, den Hexenprocessen haben sie und ihre Nachfolger ebenso wenig zu steuern oder vorzubeugen vermocht wie die Humanisten; und nehmen wir die Anwendung der Tortur mit ihren Graden hinzu: so entsteht ein zweites Schreckensbild, ein Seitenstück der katholischen Inquisition. Phantastische Vorstellungen von der örtlichen Gegenwart des Satan und von dem Verkehr mit ihm dienten zur Unterstützung, Kläger und Angeklagte unterlagen dem gleichen Wahn; schwerlich würden jedoch diese Executionen eine so lange Dauer erlangt haben, wären sie nicht durch stabile Rechtsbegriffe legitimirt worden. Die Ketzer hatte Luther vom peinlichen Gericht freigesprochen, jetzt traten Zauberer und Hexen, die man früher als Geistesverwandte der Häretiker betrachtet hatte, massenweise an deren Stelle. Wie viele tausend Todesurtheile der Jurist Benedict Carpzov († 1666) eigenhändig unterzeichnet hat, kann uns gleichgültig sein, katholische Gerichtshöfe wetteiferten mit ihm. Aber auch die Bekämpfung des Unheils ist von mehreren Facultäten und von beiden kirchlichen Hauptrichtungen ausgegangen; der Arzt Johann Weier, der Jurist Thomasius, der Theologe B. Bekker, die Jesuiten Tanner und Spee, der treffliche Bischof J. Ph. von Schönborn, der sich von diesen Proceduren gänzlich zurückhielt, sind Wohlthäter der Menschheit geworden. Den Ausschlag gab nach und nach die öffentliche Meinung, die zwar auch nicht confessionellen Ursprungs war, wohl aber zu einer Macht erstarken sollte. Zuletzt verweigerte der Staat den Henkerdienst.

Nun fehlt noch ein dritter Characterzug. Vieljährige Kriegszustände pflegen sich für ihr eigenes Elend durch schrankenlose Genusssucht schadlos zu halten, was auch damals geschehen ist. Doch befand sich Deutschland bei aller Verwilderung zugleich auf dem Wege zu einer verfeinerten Cultur, wie sie theils durch die reichere Ausbeute des Handels ermöglicht, theils durch den Einfluss Frankreichs gefördert wurde; daher musste die Sittenbildung die grellsten Gegensätze in sich aufnehmen. Derselbe Mensch, der an Scheiterhaufen und Tortur gewöhnt, vor keiner Grausamkeit zurückbebte, wollte doch in sorgfältiger Kleidung einhergehen, erlesene Speisen geniessen, durch Spiel und Lustbarkeit jeder Art unterhalten sein. In der Verschwendung gingen die Höfe voran. Von der Tapferkeit einiger deutschen Fürsten im Weintrinken lesen wir schon weit früher Erstaunliches; von nun an aber wurden die Hoffeste schwelgerischer, die Vergnügungen gesuchter. Das Leben aber wird zum Zerrbild, wenn eine unüberwundene Rohheit den Firniss modischer Wohlgestalt und Zierlichkeit annimmt.

In entfernterem Zusammenhang mit dem Gesagten stehen die ungefähr gleichzeitigen und ziemlich zahlreichen Uebertritte zur Römischen Kirche. Die Lockerung der kirchlichen Bande, wie sie unter dem Einfluss eines unlauteren Parteitreibens nicht ausbleiben konnte, macht sie begreiflich. Auch lag darin an sich immer ein Fortschritt, wenn eine nicht improvisirte, sondern schon erstarkte persönliche Ueberzeugung von den Pflichten kirchlicher Treue zu entbinden im Stande war. Aber selbst zugegeben, dass der Protestantismus in seiner dermaligen Beschaffenheit die Segnungen, die er der Römischen Hierarchie gegenüber in sich trug, nicht Allen fühlbar machte, von Einzelnen also wie eine neue Last empfunden werden konnte: so waren doch die Beweggründe, welche diese Apostaten, — theils fürstliche Personen, theils Literaten und Gelehrte, — von so gemischter Art, dass sie nur in sehr wenigen Fällen auf eine einfache Nöthigung des Gewissens schliessen lassen. „Soll ich einmal etwas Bestimmtes glauben: so will ich es mir am Ersten noch in Verbindung mit einem grossartigen Kirchenthum auferlegen lassen", — Erklärungen wie diese haben wir auch nachmals oft genug vernommen.

Das ist der Schauplatz, auf welchen wir uns durch zwei grosse Bewegungen des protestantischen Geistes versetzt finden, den Synkretismus und Pietismus; beide dienten dem Verlangen nach Besserung, der eine in kirchlicher und wissenschaftlicher Richtung, der andere in religiöser und praktischer. Der Kirchen- und Dogmenhistoriker hat sie vollständig zu überschauen; wir schalten sie ein, weil und soweit sie einen ethischen Factor in sich tragen.

W. Wachsmuth handelt in seiner Europäischen Sittengeschichte V, 1, S. 158 von dem segensreichen Einfluss, welchen die Reformatoren durch heiligen Eifer und frommen Wandel auf die Sitten ihrer Umgebung und besonders auf das Familienleben geübt haben. „Es war, sagt er, nicht Luther's Ruf von Busse und Besserung, nicht Calvin's Rigorismus allein, es war die gesammte Erhebung der edleren Anlagen und Gesinnungen, die gesammte Höherstimmung des geistigen Daseins, welche damals die Sittlichkeit förderte." Dann fährt er mit Recht fort. „Als nun aber die Herzenswärme der Reformatoren abnahm, als die Nachfolger derselben kalt und starr dem Buchstabenglauben fröhnten, lieblos, ja mit scharfem Hasse ihre Glaubensgenossen um einer Meinungsverschiedenheit willen anfeindeten und verfolgten, da ist auch der Segen von der Theologie gewichen, und die Sittlichkeit des Volks konnte nicht daher sich befruchten. Ein Glück, dass mit den Erstlingen der Reformation ein Hauptschritt geschehen war, im Volke war ein guter Geist erwacht; die Entartung der Theologie war diesem minder nachtheilig als das erste Feuer der Reformation erwecklich für ihn gewesen war."

Ueber die Hexenprocesse vgl. Soldan, Gesch. d. H. Stuttg. u. Tübingen 1843, Carl Meyer, Der Aberglaube des Mittelalters und der folgenden Jahrhunderte, Bas. 1884. — Vom Pennalismus und den kirchlichen Uebertritten Henke, Neuere K. G. II, 394. 193 ff., von der Wuth der Soldaten Wachsmuth, a. a. O. 149 ff. S. auch Sachsse, Ursprung und Wesen des Pietismus, 1884. S. 13—15.

Erstes Kapitel.

Der synkretistische Streit.

§ 58. Georg Calixt.

Während der Kriegsunruhen wurde die deutsche Theologie durch Vorgänge in Aufregung versetzt, welche mit der Politik nichts zu schaffen hatten und selbst die Gemeinden fast unbetheiligt liessen, nur den Eingeweihten war diese Reaction verständlich. Prediger wie Andreä und Arndt hatten in lebendiger Rede von der Ueberschätzung dogmatischer Sonderlehren zur einfachen Wahrheit des Evangeliums, von der Streitlust des Katheders zur Friedensliebe und von der Versäumniss der sittlichen Pflichtübung zu einem ernsten Wandel in der Heiligung zurückrufen wollen. Wer hätte nicht diesen Stimmen eine durchgreifendere Wirkung wünschen sollen; aber sie verhallten, ein einzelner Weckeruf reichte nicht aus, um den kirchlichen Willen umzustimmen. Nun waren aber gerade die Universitäten vorzugsweise die Gründer der Reformation gewesen und auch nachher deren wichtigste Leiter geblieben, — wie also wenn aus der Mitte der confessionellen Fachtheologie ein ähnlicher und kräftiger Anstoss gegeben wurde, wenn die orthodoxen Facultäten, die sich ihrer vollen Uebereinstimmung versichert hielten, von Einem ihrer Collegen eine Vorhaltung hören mussten, nach welcher selbst die Lutherische Confession, obgleich verhältnissmässig die reinste, Ursache genug habe, mit sich und ihrem Verhalten unzufrieden zu sein; denn es sei, wenn nicht das Band der christlichen Eintracht gänzlich zerrissen werden solle, dringend geboten, das Glaubensbewusstsein zu erweitern, das sittliche Gewissen aber zu verschärfen, auch werde diese Verbesserung selbst ohne kirchliche Untreue möglich sein.

Die synkretistische Bewegung beherrscht die ganze Mitte des Jahrhunderts, wir betrachten sie als einen bedeutungsvollen Versuch, den Lutherischen Protestantismus über sich selbst, seinen Lebensgang und dessen letzte Ergebnisse aufzuklären und zwar zu Gunsten einer richtigeren Erkenntniss des christlich Nothwendigen. Von der Universität aus wurden Landeskirchen und Fürsten zur Stellungnahme aufgefordert. Der Anführer dieser Bestrebungen, Georg Calixt († 1656), übertraf alle Lutherischen Fachgenossen an Umfang und Gediegenheit der wissenschaftlichen Bildung, die Mehrzahl auch an Stärke der Gesinnung, und den sonstigen Unionisten war er deshalb überlegen, weil er mehr in sich trug als blosse Friedensgedanken. Er erhob sich zum Haupte seiner Facultät zu Helmstädt, aber nur Wenige traten entschieden auf seine Seite, und Keiner brachte dieselben Eigenschaften mit. Dagegen konnte er die zurückgedrängte Melanchthonische Richtung wieder aufnehmen, und dieser historische Verband setzte ihn in den Stand, seine Sache an dem ihm verhassten Concordismus vorbei bis in das erste Stadium der Reformation zurückzuleiten. Der Protestantismus hatte sein erstes Jahrhundert überschritten, es war gerechtfertigt, seine Leistungen mit den ersten Absichten, die jüngeren Resultate mit den Anfängen und zuletzt mit dem Wesen des Christenthums zu vergleichen. Für einen weitsichtigen, philosophisch und historisch entwickelten Kopf war es nicht schwierig, einen Abweg und Widerspruch in diesem Verlauf aufzuzeigen. Dazu, ruft Calixt, haben die Reformatoren nicht gearbeitet, um ihrem Werk für immer einen Zwiespalt einzuimpfen, der in einen feindseligen Dualismus, ja in Zerreissung des evangelischen Glaubens ausarten sollte, noch auch dazu, um später entstandene, der Menge unverständliche, dem Kundigen problematische oder ganz unannehmbare Subtilitäten wie die Ubiquität zu unentbehrlichen Wesenslehren, deren Anerkennung die Seligkeit bedinge, zu erheben, noch endlich dazu, um bei fortgesetztem Hader den gegenseitigen Hass zu nähren, das Bewusstsein christlicher Zusammengehörigkeit zu unterdrücken und das Pflichtgefühl zu schwächen, welches gebietet, durch gottgefällige Lebensführung statt im Geiste der Eifersucht und des Hochmuths dem höchsten Willen zu gehorchen. Es sind also Neuerungen, welche die Kirche in eine so zweckwidrige Lage versetzt haben; die Zeit drängt, die Noth gebietet auf gesundere Verhältnisse zurückzulenken, ja selbst auf die vier ersten christlichen Jahrhunderte, als die Christenheit, zufrieden mit wenigen Glaubensartikeln, im Uebrigen einen friedlichen Austausch selbst verschiedener Meinungen unterhielt. Was damals ausreichte, ein Consensus in den wichtigsten Lehren, muss durch Zurückführung der Glaubenseinheit auf das Fundamentale abermals erstrebt werden. Die Confessionen bedürfen dieser Handreichung, weil keine derselben eines ausschliesslichen Wahrheitsbesitzes sich rühmen darf. Bekanntlich hat Calixt diese Gedanken nicht nur im Allgemeinen entwickelt, sondern auch nach beiden Seiten auf das Verhältniss zu den Reformirten und Katholiken angewendet, auf die Letzteren freilich nur soweit als der Katholicismus nicht durch den Papismus verderbt sei. Indessen wollte er nicht nur Friedensstifter sein; als gelehrter Forscher arbeitete er für die Zukunft, indem er mehreren Disciplinen eine grössere Haltbarkeit verlieh und das ganze Lehrsystem revidirte, um es innerlich abzustufen, an mehreren Stellen zu erweichen oder von den Einflüssen einer falschen Schriftauslegung zu befreien.

So stand Calixt gerüstet da, vorwärts und rückwärts waren seine Blicke gerichtet. Im Grunde befindet sich noch heute jeder Theologe, wie er sich auch fassen möge, unter dieser doppelten Einwirkung; indem er der Gegenwart und Zukunft dient, darf und soll er sich auch von dem Vergangenen noch ansprechen lassen. Den Widersachern Calixt's blieb es nun überlassen, ob sie ihn als Reagirenden verurtheilen wollten, weil er durch Zuhülfenahme des altkatholischen Traditionsprincips den protestantischen Standpunkt verletzt und durch Religionsmengerei eine Zwittergestalt hervorgebracht habe ähnlich der Fledermaus, die man ebenso für einen Vogel wie für eine Maus halten kann, — oder ob sie den Vorwurf der Neuerung auf ihn als den unbefugten Kritiker des kirchlichen Bekenntnisses zurückwerfen wollten. Sie verbanden diese doppelte Anklage und fügten noch eine dritte hinzu, welche Calixt durch falsche Schätzung der guten Werke verdient haben sollte.

Eines historischen Berichtes bedarf es nicht. Nur soviel sei erwähnt, dass diesmal die Bitterkeit der Polemik den höchsten

Grad erreichte; die Wittenberger Partei als die schroffste Gegnerin Calixt's liess sich vollständig gehen; das Schelten, Schmähen, Verdammen nahm kein Ende, als bestünde die kirchliche Treue und die Nachahmung Luthers in der Feindseligkeit. Was von dem Betragen Calovs, von den ärgerlichen Scenen bei Gelegenheit des Thorner Gesprächs und auf der Reise dorthin und von den Umtrieben, welche auch nach Calixt's Tode noch lange fortdauerten, oft erzählt worden, haben wir nicht zu wiederholen.

§ 59. Tendenz des Synkretismus.

Das Unternehmen Calixt's und seiner Genossen muss zunächst als ein kirchlich religiöses bezeichnet werden, denn es stellte sich in die Mitte der grossen kirchlichen Abtheilungen. Die Confessionen besitzen thatsächlich ihre lehrhafte Eigenthümlichkeit; das Recht der Differenz hat Calixt wenigstens für den damaligen Zeitpunkt nicht bestreiten wollen, aber höher stellt er die Pflicht der Annäherung auf gemeinsamer Grundlage, besonders wenn diese Versöhnung durch die unseligen Früchte der Anfeindung nur noch dringlicher gemacht wird. Durch leidenschaftliche Zwietracht ihrer grossen Bestandtheile versündigt sich die Christenheit an sich selbst und ihrer Bestimmung, ja sie lästert Christum ihren Urheber. Zweige sollen ihres Stammes nicht vergessen, jüngere kirchliche Entwicklungen ihrer Heimath nicht entfremdet werden. Jedes System gleicht einem Gebäude, dessen genauere Ausführung nicht dieselbe Nothwendigkeit besitzt wie das Fundament; jede Glaubensrichtung endigt in feinere Lehrbestimmungen, welche weil schwierig und disputabel bei vorhandener Uebereinstimmung im Wichtigsten für sich allein noch keinen Scheidungsgrund abgeben, noch weniger eine lieblose Abgeschlossenheit gegen andere christlich gemeinte Auffassungen rechtfertigen. Folglich sind es Abstufungen, welche an die Stelle der exclusiven und durch den Streit selber noch härter gewordenen Gegensätze zu treten haben, und nur dem

Grade nach darf die Lutherische Kirche beanspruchen, die reine und vollkommne zu sein.

Soweit berühren sich die Urtheile Calixt's mit den Intentionen aller früheren Unionsverhandlungen, aber er beruft sich zweitens auf die Hülfskraft einer gereiften Theologie. Im Wesentlichen hat Calixt die Autorität der Augsburgischen Confession nicht angetastet, er lässt sie gelten, ohne jedoch in gleichem Grade an jeden Artikel gebunden sein zu wollen. Erhebung über den Buchstaben ist das Recht eines mündigen und mit den Mitteln der Erkenntniss ausgerüsteten Theologen; denn er vermag die Bekenntnissschriften nicht einmal völlig zu verstehen noch zu vertheidigen, wenn er nicht über deren Wortlaut hinauszublicken befugt ist. Schon damit war eine freiere Stellung zu den symbolischen Büchern ausgesprochen. Auch wir behaupten mit Calixt, dass die Theologie noch andere Rechte beanspruchen darf, als welche sich aus der Pflicht der Fortleitung einer überlieferten Kirchlichkeit ergeben. Noch heute müssen wir ihm Dank wissen, weil er der Erste war, welcher den theologischen Beruf von dem der blossen Wiederholung und Fortführung eines gegebenen Inhalts zu unterscheiden wagte. Dass er die Concordienformel als Lehrnorm einfach zurückwies, war eine Folge seiner Melanchthonischen Bildung.

Schon diese Erwägungen enthalten ein ethisches Moment. Zur Hälfte wird jede kirchliche Union Sache des religiösen Willens sein, der abwägende Verstand bringt sie nicht zu Wege. Aber als Philippist und Majorist forderte Calixt drittens und sehr ausdrücklich einen Factor der Werkthätigkeit als unerlässlich für sein erweitertes Kirchenthum. Sittliche Uebel werden nur durch erneuerte sittliche Kräfte geheilt, die Genauigkeit der Lehrformeln kann den Mangel an Tugend nicht zudecken, Lieblosigkeit und gegenseitige Verdammungslust steigern ihn nur. Werden doch alle Dogmen als zur Seligkeit nothwendig eingeschärft; es kann also nur höchst gefährlich sein, wenn der Zusatz necessarium ad salutem gerade an der Stelle fortdauernd gestrichen wird, wo es sich um ein unentbehrliches Kennzeichen des christlichen Namens handelt.

Das allgemeine religiöse, sittliche und kritische Recht seiner Bestrebungen brauchen wir nicht weiter zu begründen. Fragt man nun, warum er dennoch nicht durchgedrungen: so ist häufig geantwortet worden, weil seine Zeit noch nicht gekommen war, und allerdings war diesem Confessionalismus eine weit längere Dauer und allmähliche Sättigung vorbehalten. Das wäre aber doch nur die abstracte Erklärung. Genauer angesehen hat Calixt theils darin gefehlt, dass er zuviel wollte, indem er auch die Katholiken zum friedlichen Anschluss zu bewegen Anstalt machte, theils aber auch darin, dass er den altchristlichen Consensus zu einseitig in das Licht eines Vorbilds stellte, denn auf diesem Wege entzog er sich das Verständniss für die eigenthümliche Bestimmung der Reformation. Wer sich wie er an das alte Bekenntniss anklammert, dem wird es leicht begegnen, dass er den Werth der erneuerten Heilslehre als der geistigsten Errungenschaft des protestantischen Glaubens unterschätzt.

Sein Tod endigte die Fehde nicht, sie entbrannte aufs Neue und heftiger. Manche hielten sich an die Gegenbemerkungen des mildgesinnten Musäus, nach welchen die Kirche einzelne Lehren, die nicht mehr schlechthin als heilsbedingend festzuhalten seien, doch immerhin zu schonen Ursache habe, statt sie wegzuwerfen. Andere blieben dabei, dass sie jeden Abzug von dem der Lutherischen Kirche allein zukommenden Anspruch auf Vollkommenheit der Lehre einem Verrath an der Wahrheit gleichstellten. Von den Eiferern wurde das Kasseler Gespräch (1661) mit Schmähschriften geradezu überhäuft; als sie aber ihr neues Bekenntniss von 88 Anklagepunkten (Consensus repetitus fidei Lutheranae 1664. 66) schmiedeten und herumreichten, das Niemandem gefiel: da offenbarte sich die ihrem Siege anhaftende Schwäche und Unehrenhaftigkeit.

Die Wittenberger Schule verlor ihr altes Ansehen, viele Gebildete zogen es vor, von dem engeren Kreise der kirchlichen Interessen auszuscheiden, eine Secession, welche sich leider von da an bis in unsere Tage verfolgen lässt. Beendigt wurde der Streit nicht, sondern in eine neue Bewegung aufgenommen.

§ 60. Gute Werke. Geschichte Josephs.

In der Aufforderung zur kirchlichen Eintracht war, wie gezeigt, die Ermahnung zum sittlichen Handeln naturgemäss enthalten; ohne diese Zuthat liess sich die Anschauung wahrer christlicher Gemeinsamkeit nicht durchführen; was der Glaube als seien eigene Frucht und Folge verheisst und sich selber auferlegt, muss das Leben verwirklichen, sonst bleibt er hinter seinen eigenen Zwecken zurück. Nachdem die evangelische Gesetzespredigt anerkannt und der Antinomismus verworfen war, durfte selbst das strenge Lutherthum sich gegen diese Nöthigung nicht sträuben. Theoretisch war die Frage, soweit sie nur die Nothwendigkeit des Gutesthuns betraf, erledigt, ohne dass es möglich gewesen wäre, die Besorgnisse zu zerstreuen, welche dem Namen der guten Werke selbst bei correcter Anwendung noch anhafteten. Wir werden in das vorige Jahrhundert zurückversetzt; das Leipziger Interim hatte jene Bedenken neu aufgeregt. Der Majoristische Streit wäre in der reformirten Kirche vermöge ihrer geringeren dogmatischen Akribie und grösseren praktischen Betriebsamkeit nicht zum Ausbruch gekommen, hier sollte er lange nachwirken. Gute Werke, hatte Major 1552 nachdrücklich behauptet, sind nöthig zur Seligkeit, Niemand wird selig ohne sie und Niemand durch böse. Etwas Verdienstliches sollte damit in keiner Weise gemeint sein, aber der angehängte Fluch war herausfordernd, daher die Schroffheit der Entgegnungen. Nein, antwortete Amsdorf, zur Seligkeit sind sie nicht erforderlich, wären sie es: so müsste das Wörtlein Sola in dem Satz von der Rechtfertigung gestrichen werden, so bliebe keine Möglichkeit, auch ohne sie Gott zu gefallen, so wäre der unleidliche papistische Wahn umsonst verdammt. Dass mit der Thesis Majors ein durchaus unanfechtbarer Sinn verbunden werden könne, wagte Keiner offen einzugestehen, Alle wichen vor der Möglichkeit eines katholisirenden Missverstandes scheu zurück. In der forcirten Gegenthesis Amsdorfs von der Schädlichkeit der Werke sollte ebenfalls die Erinnerung an die alte Verdienstlichkeit den Ausschlag geben. Die Nothwendigkeit selber hatte, ohne gerade das Wort salus zu gebrauchen, Melanchthon in der Ausgabe der Loci von 1543 also ausgesprochen: Multae sunt causae, cur bona opera facienda sint, — necessitas, dignitas, praemia. Necessitas iterum multiplex, mandati, debiti, retinendae fidei et vitandae poenae. — In reconciliatis autem cum bona opera placeant propter mediatorem, merentur spiritualia et corporalia praemia in hac vita et post hanc vitam.

Durch eine veränderte Wahl der Ausdrücke wäre es möglich gewesen, die Controverse zu überwinden, mindestens sie aufzuklären. Der Name bona opera musste fallen, er war nicht allein übeln Angedenkens, sondern bezog sich zunächst auf das Einzelne und Thätliche, nicht auf den ganzen Umfang der sittlichen Aufgabe und ihres inneren Zusammenhangs; durch die Wahl eines anderen Namens hätte sich die widrige Vorstellung zählbarer Leistungen beseitigen lassen. Und ebenso nahm das Wort Seligkeit oder salus eine doppelte Stelle im System ein; es konnte die christliche Erlösung selber von ihrem Ziele aus bedeuten, sollte aber auch die Veränderung bezeichnen, welche in dem Bewusstsein des gläubigen Subjects vor sich geht, und nur in diesem letzteren Falle wurde von jedem Antheil der Werke abgesehen. Dachte man nur an das Verhältniss zur Rechtfertigung und den Eintritt in die Kindschaft durch den Glauben: so war damit der echte Lutherische Idealismus gewahrt, welcher alles Realistische als Frucht und Folge eines neuen Bewusstseins betrachtet. Sollte aber mit der Seligkeit das ganze Heil der σωτηρία im biblischen Sinne gemeint sein: so kann dieses von der Religion selber nicht abgelöst gedacht werden, die Religion aber, nämlich die christliche, ist erst dann vollständig vorhanden, wenn sie zu einer sittlichen Darstellung gelangt. Der individuelle Glaube wirkt beseligend, also auch rechtfertigend, wenn er das Handeln auch nur dynamisch und vor seiner Versichtbarung in sich trägt, nicht so der gemeinschaftbildende, denn dieser besitzt in der Bethätigung einen wesentlichen Bestandtheil seiner selbst. Eine Gemeinschaft ohne praktische Wechselwirkung verdient diesen Namen nicht. Als

Beleg benutzen wir den späteren Artikel von der Heilsordnung; denn in diesem erscheint die Heiligung und somit auch die Werkthätigkeit als integrirender Bestandtheil des Heils, das necessarium ad salutem ergiebt sich von selbst. Daher wäre es nöthig gewesen, die Ungleichheit der Bedeutungen an beiden Orten durch Regelung des Sprachgebrauchs besser als bisher zu fixiren. Indessen fehlte für dieses schärfere Verständniss die Besinnung, die Erregung der Gemüther war zu gross, die Begriffe fest umschrieben, die confessionelle Grenzlinie gezogen. Aus der nächsten Folgezeit treten uns mancherlei öffentliche Mahnungen entgegen, welche ganz eigentlich einer dringenden Fürsprache zu Gunsten der Werkthätigkeit gleichen, Andreä und Arndt waren deren Anwälte.

Zur Zeit Calixts hätte man eine ruhigere Beurtheilung der Controverse erwarten dürfen; statt derselben war der Confessionalismus noch schroffer, der Argwohn gegen alles fremdartig Lautende bereitwilliger geworden. Als nun Calixt seiner Gesinnung gemäss gegen die doctrinäre und selbstgenugsame Gläubigkeit (fides solitaria) protestirte und den Werth der Werkthätigkeit lebhaft betonte: wurde er schon von Staats Büscher 1641 einer katholisirenden Veruntreuung des Bekenntnisses beschuldigt. Denselben Vorwurf wiederholte Höpfner aus Leipzig, weil Calixt die Nothwendigkeit der guten Werke nicht in das Verzeichniss katholischer Irrthümer aufgenommen, ja sie selber vertheidigt hatte. Calixt, verbunden mit seinem Schüler Hornejus, liess sich nicht schrecken, der furchtbare Ernst der öffentlichen Lage machte ihn zum Sittenprediger. Oder konnten die Thatsachen lauter schreien als in jener Kriegszeit? Der Antinomismus war praktisch geworden und machte die schrecklichsten Eroberungen. Die ganze Zuchtlosigkeit der Sitten, der Pennalismus, von welchem die Lutherischen Universitäten im besonderen Grade heimgesucht wurden, die brutale Herrschaft der höheren Stände über das Volk, der freche, unzüchtige Verkehr der Geschlechter, von welchem der „Simplicissimus" sehr unverholen Kunde giebt, — dies Alles passte schlecht zu einer Lehre, welche durch sich selbst am Sichersten für die Besserung gesorgt zu haben behauptete. Daher der Ausruf Calixts: Welche Handlung ist wohl so unchristlich, ja so ungeheuer und verwerflich, deren man sich heutigen Tages schämen sollte. Die Schande selber durch Schweigen bemänteln zu wollen, damit nur jeder Verdacht papistischer Abirrung ausgeschlossen werde, wäre nur des bösen Feindes Anstiften. Zur Verdeutlichung und um Höpfners Entgegnungen zurückzuweisen, schaltete er seinem Commentar zur Genesis eine Historia Josephi mit polemischen Anmerkungen ein. Wenn einst Joseph der Versuchung Widerstand leistete: so befähigte ihn die Gabe seines Glaubens dazu, dies war die eigentliche Ursache. Aber um auszuharren, bedurfte er gleichwohl einer begleitenden eigenen Kraftanstrengung, selbst der Fromme muss auf sie verwiesen werden; damit rechtfertigt sich eine zweite Causalität unterhalb der ersten, nach Melanchthon eine causa sine qua non. Mitten in dem täglichen Drang wildester sinnlicher Begierden den treugebliebenen Joseph auftreten zu lassen, war gewiss ein starker Trumpf, gleichsam ein Uebertrag aus der Christianopolis Andreäs. Die theoretische Gegenrede liess sich jedoch selbst durch solche Illustrationen nicht zum Schweigen bringen. In der Folge nahm der scharfsinnige Hülsemann das Wort. Er sah in diesen Vorhaltungen immer nur eine resuscitatio et excusatio phraseos Majoristicae; denn es sei ebenso unzulässig, der im Glauben gegebenen Gnadenwirksamkeit eine menschliche Hülfskraft zuzugesellen, als ihr in der Handlung oder in deren Mangel ein unüberwindliches Hinderniss in den Weg zu legen. Hugo Grotius verdiene Tadel, wenn er ohne Weiteres mit Paulus behaupte, dass die Röm. 3, 28 (1. Kor. 6, 9. 10. Gal. 5, 15—21) aufgezählten Sünden das Himmelreich nicht erwerben werden. Oder wie, dürfen wir etwa der göttlichen Gnade Grenzen setzen? So lange dies nicht erlaubt ist, fehlt auch jede Berechtigung, ein Maass der sittlichen Mitthätigkeit zur unerlasslichen Bedingung des Heils zu stempeln. Worauf Calixt abermals zu bedenken gab, dass wenn der Missethäter keine sichere Gefahr laufe, durch frevelhaftes Beginnen die verzeihende Gnade zu verscherzen, und der Fromme keine Aussicht habe, sie durch mitwirkende Anstrengung auch seinerseits an sich zu fesseln: so sei die Drohung ebenso hinfällig wie die Ermahnung, der einen wie der andern werde der Impuls geraubt, also der Christenpflicht ihr natürliches Stärkungsmittel vorenthalten.

Beide Streiter, Hülsemann und Calixt, haben sich tapfer gewehrt; auch alte Erinnerungen mischten sich ein, denn Hülsemann warnte seinen Gegner, dass er nicht durch Ausscheidung der Todsünden von den lässlichen in scholastische Fehlgriffe verfallen möge. Zuletzt fasste Calixt sich und seine Sache dahin zusammen, dass er drei anstössige Sätze hinstellte: 1. Es ist Keinem, der Christ sein und selig werden will, zu seinem Heile nöthig, Ehebruch, Hurerei und ähnliche Laster zu meiden; 2. Es ist dem, der dieselben begangen, davon abzustehen, zu seiner Seligkeit unnöthig; 3. Es können diese Sünden auch ohne Verlust der Seligkeit begangen und darin fortgefahren werden. Für die Verwerflichkeit dieser Sätze forderte er Zustimmung, welche ihm auch nicht füglich verweigert werden durfte. Denn selbst die am Ersten noch anfechtbare Fassung des dritten Satzes liess sich doch wie überhaupt Calixt's Tendenz damit vertheidigen, dass die ganze Glaubens- und Gnadenlehre unter den damaligen Umständen nicht nur hinter ihrem Ziele der Heiligung zurückblieb, sondern geeignet war, dem Leichtsinn der Menge Vorschub zu leisten.

Ernstlich genommen reichte diese ganze höchst peinliche Verhandlung weiter als ihr unmittelbarer Inhalt. Das sittliche Princip will auch ein christliches sein und sich als solches regen. Wenn nun das religiöse Motiv, hier also die dogmatische Theorie vom Glauben und den Werken dergestalt verschärft wird, dass sie die beabsichtigte Wirkung nur auf einen kleinen Theil der Gemeinde ausübt, die grosse Mehrzahl aber gänzlich unberührt und unergriffen lässt: so soll man nicht etwa bessere Zeiten abwarten, sondern die Pflicht gebietet, sofort das christliche Leben auch von der andern praktischen Seite aus seiner Versunkenheit zu erheben. Denn durch den Glauben an die Möglichkeit göttlicher Verzeihung bis zum Alleräussersten besteht das Gottesreich nicht, sondern durch die Wahrung eines gemeingültigen Heilsweges.

Sollten ferner aus dieser Reaction selbst in der dogmatischen Auffassung Ungenauigkeiten entstehen, wie damals nicht ausbleiben konnte: so ist es christlich, sie zu ertragen, und die dazu nöthige Duldsamkeit ist nur das innere Seitenstück zu der nach Aussen gehenden kirchlichen Toleranz. Majoristische „Phrasen“ sind lange nicht so zerstörend wie die Verwahrlosung der Willenskräfte, die Ungebundenheit der Sünde. Es ist daher nicht auffällig, hat vielmehr seinen guten Zusammenhang, wenn gerade während solcher Herrschaft des Dogmatismus die Ethik auch für die Literatur einen neuen Anstoss gewann, weil sie Gelegenheit hatte, zu thun was ihres Amtes war, und dass derselbe Mann, der fast von Allen verschmäht wurde, als ethischer Schriftsteller für seine eigene Confession wichtig geworden ist.

Calixt's Schriften sind mir hier nur höchst unvollständig zugänglich, ich muss mich auf meine alte Bekanntschaft und auf Henke's sorgfältige Auszüge verlassen. Die Historia Josephi findet sich besonders abgedruckt in der Schrift: Widerlegung Wellers vom J. 1651, und in G. Calixti Lucubrationes ad quorundam V. T. librorum intelligentiam facientes, ed. Fr. Ulr. Calixtus, Helmst. 1665. Hülsemann's Entgegnungen im Calixtinischen Gewissenswurm u. a. Schriften. Auch Hornejus klagt über den Schaden, welcher durch Missbrauch der Rechtfertigungslehre in der Jugend wie in der ganzen Generation angerichtet werde, indem er an W. Leyser schreibt: Hoc (novum malum in ecclesia) inde subnasci posse, si necessitas studii pietatis ex scripturis diligenter inculcetur, tantum abest ut credam, ut contra potius existimem, dum nimis tenuiter de vitae sanctimonia sensimus et tenuius adhuc eam colimus, omnia ista mala nobis nos ipsos contraxisse. Vgl. Henke, G. Calixtus, II, 1, S. 151 ff. 2, S. 116 ff. S. 200—203. 276—81.

§ 61. Calixt's Wiederaufnahme der Ethik.

Als Synkretist ist Georg Calixt nach jahrelanger und unverdrossener Thätigkeit an der Uebermacht eines bei sich selbst beharrenden Kirchenthums gescheitert, als systematischer und kritischer Kopf hat er fortgelebt; er war es auch, der die seit fünfzig Jahren liegen gebliebene Ethik, für deren Zwecke er stets gekämpft, als eigene Disciplin wieder aufrichtete. Lange Zeit hat man Calixt für den Anfänger der Moral im Lutherthum erklärt, er war aber nur der Wiedereröffner. Seine Epitome theol. moralis von 1634 entspricht etwa dem gleichnamigen dogmatischen Büchlein Epitome theologiae von 1619. De Wette nennt diesen Entwurf „meisterlich“, das ist zuviel gesagt, er ist nur ein Fragment und nicht zu den bedeutendsten Leistungen dieses Mannes zu zählen, aber der historische Zusammenhang giebt ihm eine höhere Wichtigkeit. Als Verehrer Melanchthon's und Kenner des Aristoteles war er nach dieser Seite ebenso befähigt, wie er zugleich als Anwalt der kirchlichen Eintracht und Gegner des dogmatischen Uebereifers sowie durch seine ganze universelle Lebensansicht auf ethische Betrachtungen besonders hingeleitet werden musste. Es kann auffallen, dass er bei der Begründung der Disciplin sich aller philosophischen Vorbegriffe, die an sich wohl angebracht gewesen wären, enthalten hat; allein er hatte guten Grund, Melanchthon hierin nicht zu folgen. Seine Absicht war, die Ethik enger an die Glaubenslehre heranzuziehen, organischer mit ihr zu verknüpfen, damit sie nicht als philosophische Nebensache bei Seite geschoben werde. Dieser Anschluss war in der Heilsordnung schon gegeben und mit ihm die Aufgabe einer theologischen Sittenlehre. Durch Heiligung wird der Glaube nicht erlangt, aber festgehalten, durch sittlichen Eifer die ewige Erbschaft nicht verdient, aber gewahrt und sicher gestellt, auf welche Weise und durch welche Mittel, hat der Ethiker zu zeigen. Demgemäss muss diese Wissenschaft theologisch eingeleitet und soteriologisch eingekleidet werden, dann liegt ihr ob, was ihr als Frucht des Glaubens dargeboten wird, zugleich in seiner dauernden und fortschreitenden Wirklichkeit zur Darstellung zu bringen. Die Theologie selber gewinnt an Umfang, indem sie die Verpflichtung übernimmt, einen Lehrvortrag zu pflegen, der sich als integrirender Bestandtheil ihrer selbst ausgewiesen hat, eine Auffassung, die für die nächste Zukunft maassgebend geworden ist.

Der erste Theil des Grundrisses handelt also von der

Heilsbewahrung (conservare, custodire) im Allgemeinen, von ihrem Gange und ihren Kräften. Nicht der Mensch überhaupt ist das Subject der Moraltheologie, sondern der Wiedergeborene; dieser ist zugleich der sittlich Gegründete, welcher aber, obgleich von den Mächten des Bösen befreit, dennoch mit den Resten der Sünde behaftet bleibt und daher fortdauernd an sich zu arbeiten hat, um nicht, sei es von dem Drang der Affecte oder von äusseren Versuchungen, abgelenkt zu werden. Während die sittliche Selbsterhaltung immer sich selbst gleicht, muss die Thätigkeit nach Maassgabe des Standes und Berufs zahlreiche Gestalten annehmen. Unter Principien des Handelns können entweder die allgemeinen Regeln der sittlichen Beurtheilung oder die bewegenden Kräfte selber verstanden werden, in beiden Fällen wird etwas gedacht, was der sichtbaren Erscheinung des Sittlichen vorangeht. Indem nun Calixt das Leben des Wiedergeborenen weiter beobachtet, stellt er es unter die Obhut des göttlichen Geistes, von welchem aus Glaube und Liebe genährt, aber auch alle anderen Richtungen des Wandels beeinflusst werden. Erkenntniss, Wille, Gemüth unterliegen dieser Einwirkung, zunächst das intellectuell vorgestellte Gewissen, welches nochmals in der alten doppelten Bezeichnung auftritt; es ist, συντήρησις, sofern es den sittlichen Gegensatz als solchen bezeugt, es ist συνείδησις, wenn es von dieser Gewissheit aus die Handlungen selber positiv oder negativ lenken und durch Schlussfolgerungen bestimmen will. Aber gerade mit dieser praktischen Urtheilskraft ergeben sich alle Möglichkeiten des Fehlgriffs und der Schwankung, und indem der Verfasser diese Gefahren zergliedert, scheint er an dieser Stelle den Menschen ganz sich selbst überlassen zu wollen, nachdem er ihn zuvor einer bewahrenden höheren Leitung anvertraut hatte.

Von der anderen Hälfte des Gegenstandes, d. h. dem Objectiven und Normirenden handelt der zweite Theil, es ist eine ungleichmässig ausgeführte Gesetzeslehre mit mancherlei Digressionen. Fragt man nach der höchsten Norm: so kann sie nur in dem göttlichen Willen gegeben sein, denn dieser muss beides umfassen, sowohl die Idee, welche aller Schöpfung vorangeht, als auch die verwaltende Wirksamkeit innerhalb des Geschaffenen; bewusstes und unbewusstes, animalisches und vernünftiges Leben bilden gemeinsam das Material einer creatürlichen Bewegung zum letzten Endzweck. Uebrigens fand Calixt hier schon eine brauchbare Ueberlieferung vor. Er beginnt also mit dem Vernunft- oder Naturgesetz, dessen einfache Linien aber bei weiterer Entwicklung durch den Zudrang der Sünde bis zur Unkenntlichkeit verwischt worden, so dass sich selbst die schwersten Vergehungen in das Gewand des Erlaubten kleideten. Dann folgt der Dekalog, welcher das Naturgesetz bestätigt, zu ewiger Gültigkeit erhebt und mit einem einzigen positiven Gebot ergänzt, und endlich die lange Reihe der vergänglichen Satzungen theils von ceremonieller Art, theils politischer, kirchlicher oder rechtlicher Herkunft. Damit sieht sich der Leser aus dem engeren evangelischen wieder in den allgemeineren und humanistischen Gesichtskreis versetzt. Und andrerseits muss es auffallen, dass der Verfasser sein Gesetzesprincip auf den ganzen Umfang christlicher Eigenschaften, auf Denken und Handeln ausdehnt; die Gewinnung des Glaubens müsste ja längst hinter ihm liegen, und dennoch wird der Glaube sammt dem Bekenntniss als Forderung des Gesetzes, sofern dasselbe die „Seele" des göttlichen Bündnisses ausspricht, ohne weitere Rechtfertigung hingestellt. Besser passt es, wenn Calixt am Schlusse den evangelischen Standpunkt gegen die Gefahr einer katholisirenden Ueberladung mit Observanzen sicherzustellen sucht; es liegt, sagt er, in der menschlichen Natur, dass wir durch eine Menge einzelner Beobachtungen von der Schätzung des Einzigen, was Noth thut abgezogen werden.

Von der Tugend erfahren wir nichts. — Auch in einem Fragment kann sich der Denker wie der Gelehrte zu erkennen geben; doch hat Henke mit Recht an dieser Epitome gerügt, dass sie in beiden Theilen durch Erweiterung der vorangestellten Begriffe von ihrer eigenen Anlage abgewichen ist. Der Mangel an Voruntersuchung hat sich gerächt, und vielleicht ist der Schriftsteller durch die Wahrnehmung dieser Ungleichmässigkeit von der Vollendung abgehalten worden. Seine Bedeutung behält das Büchlein dessen ungeachtet, theils weil es wirklich eine theologische Ethik beabsichtigt, theils weil seitdem dieser Literaturzweig auch im Lutherthum nicht mehr abgebrochen worden ist.

G. Calixti Epitome theol. moralis, Helmst. 1632. Das Gewissen wird ähnlich wie von Melanchthon definirt als syllogismus practicus p. 18: Hoc conscientiam solemus appellare, quae homini proponit et praescribit quid hic et nunc in hoc vel illo casu facere debeat aut non facere. Etsi enim lex naturae et divina actionum nostrarum omnium norma est, non potest tamen officio suo fungi nisi cognoscatur et operi faciundo applicetur. Ipsam quidem cognitionem principiorum primorum practicorum, qualia sunt bonum esse faciendum, Deo obtemperandum, parentes honorandos et alia ejusmodi συντήρησιν vocant, quae nemini ratione sua utenti deest. Ebenso in der Expositio in epist. ad Rom. 2,15. Im Folgenden werden die Schwierigkeiten der Gewissensentscheidung aufgezählt; mit Recht haben Stäudlin und Henke getadelt, dass Calixt dabei einige Jesuitische Vorstellungen zu Hülfe nimmt. Es heisst nämlich Epit. p. 27: Probabilis sententia ea est, quae ratione, licet non penitus certa, attamen haud contemnenda, vel auctoritate virorum gravium et rei de qua agitur peritorum nititur, improbabilis e contra quae utraque destituitur, et contra quam rationes probabiles et auctoritates militant. Rationes ponderare proprie est hominis docti, auctoritatibus moveri illiterati. Quamquam etiam literatus plus aliorum quam suomet ipsius judicio licite et recte potest tribuere atque adeo opinionem, de qua per rationes apud animum suum magis persuasus est, deserere et alienam multorum auctoritate approbatam sive etiam in praxi hactenus usu receptam sequi. Porro si duae sint opiniones aeque probabiles, quia nulla est ratio, quare unam potius sequare quam aliam, liberum erit quam velis eligere. Si una sit altera probabilior, non necessario eligenda probabilior, sed potes etiam eligere minus probabilem, dummodo ratione alicujus momenti vel auctoritate gravi non careat. Qui enim ad eum modum operatur, secundum rationem operatur et propterea recte. Ein offenbarer, wenn auch unschuldig gemeinter Ansatz zum Probabilismus, und wenn nachher gesagt wird, dass die menschliche Willensthätigkeit durch drei Dinge beschränkt werde, durch Zwang (coactio), Unwissenheit (ignorantia) und Umstände (circumstantiae): so sind auch dies die gewöhnlichen Jesuitischen Ausdrücke. Man muss also annehmen, dass dem Calixt aus seinen Verhandlungen mit einigen Jesuiten etwas Derartiges angeweht sei. Ueber das Verhältniss des Gesetzes zum Glauben Epit. p. 74: Legum divinarum, quibus ecclesia N. T. et Christiani reguntur et obligantur, aliae credenda praescribunt aliae agenda, quae rursus vel positivi juris sunt vel naturalis, sive concernunt vel fidem vel sacramenta vel mores. Quae tria totum Christianismum comprehendunt. Lex quae fidem exigit, praecipua est et anima, ut ita dicam, pacti, quod Deo cum hominibus de ipsis beandis intercedit. — Im Uebrigen s. Henke, G. Calixt, I, S. 517 ff.

Zweites Kapitel.

Der Pietismus und was ihm ähnlich.

§ 62. Reformirte Anzeichen.

Unter dem Namen Pietismus wurde bisher eine einseitige Ausprägung evangelischer Frömmigkeit und Sittenbildung verstanden, welche innerhalb des Lutherthums Epoche gemacht, und deren Entwicklung einen wichtigen Abschnitt dieses Kirchenthums für sich in Anspruch nimmt. Durch Ritschl's ausführliche und scharfsinnige Untersuchungen ist dieser Gegenstand in ein allgemeineres Licht getreten; Ritschl beabsichtigt, die Lutherische Kirche, deren „Bekenntniss" er seiner Darstellung voranstellt, von der Verantwortlichkeit für diese Erscheinung und das in ihr enthaltene Krankhafte durch Nachweisungen möglichst zu befreien, nach welchen dieselbe von der reformirten Seite her auf den deutschen Boden übertragen worden sei; ihre Wurzel sei jenseits der Reformation zu suchen, ihre Fortleitung durch den Calvinismus begünstigt worden.

Mönchische Askese, Weltflucht, Selbstverleugnung, Mystik und Contemplation, Neigung zum Separatismus und Conventikelwesen sind Erkennungszeichen des Pietismus. Schon die Wiedertäufer sind nach Ritschl nicht als maasslose Durchführer reformatorischer Grundsätze anzusehen; sie wollten etwas ganz Anderes, von vornherein waren sie asketisch und chiliastisch gesinnt und schlugen den Weg der Wiedertäuferei erst ein, als sie ihr Ideal bei Luther und den Seinigen nicht wieder fanden; erst die Herleitung aus älteren Gemeinschaften, wahrscheinlich aus dem Franciscanerorden und aus deren Nebenzweige den Tertiariern macht ihr Treiben begreiflich. Sodann beweisen die wichtigsten Repräsentanten der niederländischen Theologie, dass gerade der Calvinismus einer derartigen Denkart Vorschub leisten musste. Gisbert Voetius hat durch die „Präcision" seiner Lebensregeln den Standpunkt weltscheuer Strenge bis zum Aeussersten getrieben. Johann Coccejus, der biblisch vertiefte Systematiker und Föderalist, erweiterte die dogmatischen Begriffe, zumal die Rechtfertigungslehre nach der mystischen Seite und zum Schaden der kirchlichen Correctheit; selbst mit der Einrichtung kleiner religiöser Genossenschaften oder Conventikel wurde ein Anfang gemacht. Doch waren dies Vorbereitungen; in anderen Persönlichkeiten gelangte die Entartung zum vollen Ausdruck. Der Schwärmer Jodocus Lodensteyn wurde der erste eigentliche Pietist, der zweite war Labadie, der bekannte Separatist und katholisirende Mystiker sammt seinem Anhang. Auf diesem Wege gelangen wir von der niederländischen Kirche aus auf den deutschen Boden und in die Mitte derjenigen Partei, welche durch Spener so bedeutend geworden ist, und so erklärt sich, dass auch diese aus asketischen Trieben sowie aus der Wiederaufnahme älterer Anschauungen eines Bernhard, Tauler und Anderer ihren unterscheidenden Charakter geschöpft hat.

Dies der von Ritschl verfolgte Faden, der bis 1750 reicht. Originelle Beleuchtung mehrerer bisher wenig beachteter Persönlichkeiten und scharfsinnige Erforschung des zugehörigen literarischen Materials geben seinem Werk, schon soweit es im ersten Bande vorliegt, einen ausgezeichneten Werth, denn es liefert neue Gesichtspunkte zur Vergleichung der in beiden Confessionen auftauchenden verwandten Regungen. Ob es aber berechtigt sei, die reformirten Vorgänge in den Niederlanden zum wesentlichen Erklärungsmittel des deutschen Pietismus zu machen, ist mit dieser Parallele keineswegs entschieden. Die Aehnlichkeit dieser Richtungen zu bestreiten, sind wir weit entfernt; aber im

Anschluss an die ältere historische Ansicht halten wir dennoch dafür, dass der deutsche Pietismus überwiegend aus inneren Ursachen, also aus dem gleichzeitigen Zustande der Lutherischen Kirche sowie aus der religiösen Geistesanlage eines hervorragenden Mannes hergeleitet werden müsse.

A. Ritschl, Geschichte des Pietismus in der reformirten Kirche, Bonn 1880. Wir verweisen auf den ganzen reichen Inhalt des Buchs, obgleich derselbe über unser gegenwärtiges Interesse hinausgeht. In dem nachstehenden kleinen kritischen Commentar werden solche Momente hervorgehoben, welche zu der von Ritschl aufgestellten Rechnung nicht stimmen wollen.

Den historischen Zeugnissen nach haben die Wiedertäufer mit den ausschweifendsten Proclamationen begonnen, ihr Auftreten macht sie zu einer Caricatur der Reformation. Sie hörten von Freiheit und Gleichheit, von Erneuerung, Heiligung und Geist und gaben diesen Worten die weiteste Ausdehnung und die oberflächlichste Anwendung, daher ihre Verachtung des geschriebenen Worts, Geringschätzung des Unterrichts, der kirchlichen Beamtung, des glaubenslosen Taufritus, der Bilder und selbst der bürgerlichen Aufsichtsrechte und anderer Aeusserlichkeiten. Zu solchem Gebahren wurden sie, die Halbgebildeten von Luther und Genossen aufgestachelt, oder sie wurden, wie ich mit Erbkam vermuthen möchte, aus den schon früher vorhandenen Trieben eines vagen Spiritualismus in's Dasein gerufen und unter dem Eindruck der neuen Reformbewegung noch mehr in's Grelle und Maasslose entwickelt. Es kann also doch nur eine Schrankenlosigkeit, nicht eine mönchische Beschränkung gewesen sein, worin sie ihre Losung suchten, ein Ideal pflegen solche Gesellen nicht zu brauchen. Es wird ausdrücklich gesagt, dass sie keine Mönche noch Bettler dulden wollten (Gieseler, K. G. III, 1, S. 104); sollten sie also wirklich von den Bettelmönchen herstammen, die wir uns doch als ruhiger gestimmte Idealisten und Apokalyptiker, nicht als rohe Widersacher der Ordnung und Wissenschaft zu denken haben? Nach der Quelle der später hinzutretenden mystischen und asketischen Anschauungen brauchen wir nicht weit zu suchen, es ist bekannt, dass Carlstadt und Münzer die Schriften Taulers und Joachims studirt haben. Der Chiliasmus war unter den Franciscanern nicht unerhört, aber auch kein fester Bestandtheil ihrer Verkündigung, wohl aber konnte er sich wie die Verweigerung des Eides aus den Eingebungen einer tumultuarischen Schriftlesung leicht ergeben. Neben diesen wichtigsten Merkmalen haben die übrigen von Ritschl benutzten Vergleichungspunkte, —

Aufenthalt der Tertiarier in der städtischen Bevölkerung, Werthschätzung der Predigt, graue Kleidung, — doch nur einen sehr secundären Werth. Ich finde somit keine Stütze für die Annahme, dass jene städtischen Handwerker als „asketisch gesinnte Masse“ von dem Schlagwort der Reform aus Gottes Wort herangezogen worden, sich aber alsbald von Luther und Zwingli abgewendet und den Weg der Wiedertäuferei eingeschlagen, weil sie „ihr asketisches Ideal bei jenen Reformatoren nicht wiederfanden“ (Ritschl, S. 36). Auch möchte sich der Anabaptismus deshalb zum sicheren historischen Mittelglied nicht eigenen, weil er in seiner Missgestalt völlig unterdrückt, in seinen lebensfähigeren Elementen aber vom deutschen Boden abgelenkt worden ist. Doch es bedarf keiner weiteren Entgegnung, da Ritschl, wie ich höre, auf seiner Hypothese nicht weiter bestehen will.

Für die weitere Fortpflanzung des asketischen Princips beruft sich Ritschl auf die Strenge der reformirten Disciplin, wie sie gerade von niederländischen Theologen mit übermässigem Eifer verfochten worden; dem deutschen Geiste war diese pedantische Umzäunung des christlichen Betragens durchaus nicht genehm, auch der Pietismus hätte sich, sagt Ritschl, in ihr nicht gefallen können, wäre sie ihm nicht von jener Seite traditionell zugeführt worden. Zum Beweise dient Voetius, und Niemand hat bisher dessen Schrift De excelsis mundi lehrreicher ausgebeutet als Ritschl; es sind also nur die Schlussfolgerungen, die wir hier beanstanden. Gisbert Voetius forderte eine äusserliche Ausprägung der Sittenstrenge, der kein Deutschgesinnter gegenwärtig das Wort reden wird, aber selbst damals konnte dieser Maassstab für die deutsche Schule der Frömmigkeit nicht vorbildlich werden. Denn Voetius war auf beiden Sätteln gerecht; ebenso scharfsinnig in der dogmatischen Disputation, beispielsweise in der Kritik der scientia media, wie in der moralischen Ausscheidung eines unerlaubten sittlichen Betragens wollte er ein Gleichgewicht theoretischer und praktischer Correctheit darstellen, nicht ein Uebergewicht der letzteren zum Nachtheil scharfer Lehrbestimmung. Dazu kommt, dass die Vorschriften des Voetius ein streng gesetzliches Gepräge haben, sie bezwecken Anschliessung alles dessen, was mit der Gesundheit und Schicklichkeit oder auch mit der dem Christen geziemenden schmucklosen Einfachheit der Sitten unverträglich erscheint, — anders der deutsche Pietismus, welcher einem subjectiven Beweggrunde folgend die Lusthandlungen vermeidet, weil sie der andächtigen Stimmung gefährlich werden. Auch hat Voetius nicht den ganzen kirchlichen Protestantismus nach seinem Princip normiren wollen; zunächst denkt er an die Erfordernisse der belgischen Kirche;

vom Tanzen heisst es daher, dass jene unschuldigen wohlbehüteten Tänze, welche Meisner in seiner Philosophia sobria erlaubt habe, den reformirten Theologen gar nicht bekannt seien, damit ist ein gewisses „ländlich sittlich“ als Grenze hingestellt. Voet. Disputt. theol. sel. IV, p. 329: Sed forte respicit (Meisnerus) tales choreas in Germania tamque anxie limitatas, de quibus reformati Theologi, a quibus studiose videtur velle dissentire, non cogitarunt et quas non noverunt. Eine solche Beschränkung war nicht geeignet, ihn auch für die deutsche Sitte als Autorität zu empfehlen. In derselben asketischen Tendenz hat Voetius, wie auch Ritschl erwähnt, De praecisitate geschrieben, allein man bemerke wohl, dass diese Präcisität wenigstens meines Wissens kein Stichwort der Spener'schen Schule geworden ist, es waren die orthodoxen Gegner wie namentlich Löscher, welche mit dem moralischen Perfectismus auch den „Präcisismus“ in die Zahl ihrer Anklagen aufnahmen. Endlich sei noch erinnert, dass während der zweiten Hälfte des XVII. Jahrhunderts selbst unter den Lutherischen Casuisten schärfere Verbote laut wurden. Ueppigkeit und Laxheit des gewöhnlichen Lebens berechtigten zu einer bestimmteren Abgrenzung gegen das Unziemliche; wenn also Spener eine förmliche Eindämmung des gottseligen Wandels forderte: so leisteten ihm manche Stimmen seiner eigenen Kirche wenigstens im Einzelnen Vorschub. (S. Ritschl, S. 101 ff.)

Weit eher als Voetius gehört Coccejus in diese Nachbarschaft, der ja schon früher und öfters als Analogon des Pietismus betrachtet worden. Ihn hat Spener selbst gelobt. Er lenkte wirklich zur „Frömmigkeit“ zurück, die über einer müssigen Streitlust und Fragesucht verabsäumt werde, drang auf die Nothwendigkeit der guten Werke und mahnte zum Studium der Bibel als der alleinigen Wahrheitsquelle. So gestimmt verwarf er die „Orthodoxie nach der Mode“, weil sie vergessen, dass die Theologie keinen anderen Zweck hat, als den der Rettung und Tröstung der Menschen für dieses und jenes Leben und der Verherrlichung Gottes. Es sind, ruft er, verkehrte Zeiten, man behandelt die Bibel ähnlich wie die Katholiken, als Verbrechen gilt es zu glauben, dass man aus ihr noch etwas Neues lernen oder das Alte mit biblischen Worten besser ausdrücken könne als jene aus Philosophen plötzlich umgeschaffenen Theologen. Herstellung einer originalen Glaubenserkenntniss, Einführung des Systems in die organisch gegliederte biblische Gedanken- und Bilderwelt war sein wichtigstes Augenmerk; Scharfsinn, Geschmeidigkeit des Denkens, gelehrte Spürkraft standen ihm zur Seite. Er folgte der Ueberlieferung, indem er den Mosaismus evangelisirte, aber auch seinem eigenen Geiste, indem er dem Sabbathsgesetz eine ideal ethische Bedeutung lieh. Das

Dogma wollte er ungekränkt lassen; bekanntlich gipfelte sein Unternehmen darin, dass er mit Benutzung der reformirten Bundesidee die systematische Abfolge in die Wendungen der biblischen Offenbarung aufnahm, das eine Gefüge mit dem anderen sinnvoll verknüpfte, zweierlei Vorstellungen gegenseitig auszugleichen suchte. So entstand ein Kunstwerk ohne Gleichen in seiner Zeit, obwohl dasselbe zur Förderung einer unbefangenen Schriftforschung wenig angethan war. Coccejus, ebenso grüblerisch als Exeget wie geschickt in der Ausdeutung dogmatischer Begriffe, wird zum Künstler, und eben damit entfernt er sich doch wieder weit von der „Theologie der Wiedergeborenen", und durch die Einmischung der Cartesianer ist der Abstand gewiss nicht verringert worden. Der föderalistische Streit ist innerhalb dieser Confession verlaufen, nur wenige Lutheraner haben den Föderalismus in einfacheren Formen sich angeeignet, und sie gehörten nicht zur Schule Spener's. Sollte Coccejus, wie Ritschl S. 151 bemerkt, die Idee des Gottesreichs unrichtig erweitert und einige „weniger vorsichtige Leser" zu der Annahme verleitet haben, dass die Rechtfertigung als insertio in Christum per fidem zu definiren sei: so wäre dies doch nur eine geringe „Verschiebung" der Begriffe im Vergleich damit, dass Coccejus übrigens mit seiner biblischen Haltung einen hohen Grad von systematischer Bildungskraft verbindet. Sind doch die Reformirten in der Erklärung der Justificatio stets weniger exact zu Werke gegangen. Einen bestimmteren Anknüpfungspunkt bietet allerdings die Hochschätzung der Apokalypse durch Vitringa, Coccejus u. A., und in dieser Beziehung hätten wir nur zu erinnern, dass gerade dieses Buch wie kein zweites seine Zeiten gehabt hat. Den Reformirten haben die Zukunftsgedanken weit näher gelegen als dem Lutherthum, aber auch in diesem konnten sie durch die gleichzeitige Beschaffenheit der Kirche begünstigt werden. Vgl. G. Frank, Gesch. der prot. Th. II, S. 240, woselbst ein Wort Spener's citirt wird: Coccejo libenter utor. Dono singulari ad explicandas scripturas praeditus fuit. Nec pauca sunt, quae mihi de viri pietate narrata sunt, cumprimis autem, qua magna tum sui tum aliorum commotione quavis occasione illos ad praxin unice necessarii cohortatus fuerit et studiosos non doctos solum sed et pios efficere elaborarit. Hiernach ist Coccejus von Spener theils als ausgezeichneter Exeget theils als Förderer praktischer Frömmigkeit hochgeschätzt worden. Ein weiterer Anschluss ergiebt sich nicht.

§ 63. Lodensteyn und Labadie.

Von solchen Persönlichkeiten aus sollen nach Ritschl's weiterer Darstellung die Lodensteyn und Labadie zu ihren Ausbeugungen in's Asketische, Mystische und eigentlich Pietistische den Anstoss empfangen haben; genauer angesehen heben sie sich jedoch beträchtlich von ihrem Hintergrunde ab. Von ihnen und namentlich von dem Erstgenannten ist der Lehrbestand in ganz anderer Weise gelockert und aus den Fugen gebracht worden. Lodensteyn († 1677) wurde der Held und das Haupt der Conventikelchristen in Utrecht, der Anstifter einer weitgreifenden Aufregung. Tief zerfallen mit dem herrschenden kirchlichen Zustand erhob er den Aufruf zu einer sittlichen Erneuerung; einem „deformirten" und lässig gewordenen Christenthum kann nur aus der Wiederkehr eines apostolischen Geistes und Zeitalters geholfen werden. Heiligung allein ist das Ziel des christlichen Lebens, es giebt Abstufungen der Wiedergeburt, welche uns dem Vollkommnen annähern; das Evangelium fordert eine Selbstverleugnung, welche den Frommen nöthigt, sich ganz zu vergessen, ganz an die Souveränität Gottes hinzugeben. Die Kirche aber ist nicht die wahre, so lange sie den Maassstab der Heiligung, die ja in der Rechtfertigung nur ihr Mittel hat, offenkundig verleugnet. Diesen Behauptungen hat Lodensteyn einen phantastischen und leidenschaftlich übertreibenden Ausdruck gegeben, stets mit der Mahnung an die Wiederkunft Christi, weshalb denn auch Ritschl der Meinung ist, dass in diesem Manne alle Abzeichen des Pietismus zusammentreffen (Ritschl, S. 191) — Labadie ist öfters als ein Vorgänger Spener's bezeichnet worden, doch scheint es sich mit ihm ganz anders zu verhalten, da er als Jesuitenzögling mit dem seit 1652 ergriffenen Beruf eines reformirten Predigers eine durchaus katholische Religionsbildung vereinigte. Er war keine einheitliche Persönlichkeit; katholische, Jansenistische, Calvinische Neigungen vereinigten sich in ihm mit einer ungewöhnlichen Erregbarkeit und Redekraft, stark genug um Jünger und Jüngerinnen wie Anna Maria Schürmann zu fesseln und einen religiösen Gesellschaftskreis um sich zu versammeln, ohne dass er selbst zu einer sicheren kirchlichen Stellung gelangt wäre, — Folge war die Entstehung einer abgesonderten Gemeinde. Das Tadelnswerthe in seinem Betragen wird von Ritschl (S. 164 ff.) unumwundener wie früher von Max Göbel dargelegt. Seine Reformideen bewegten sich noch weit einseitiger in der angegebenen Richtung. Eifriges Dringen auf Seelenerhebung und Gottesliebe, Anpreisung der Meditation, Contemplation und Devotion, des inneren Gebets, ja der Praxis von zweierlei Gebet, Berufung auf die Lauterkeit der Urgemeinde, endlich Hinweisung auf die Wiederkunft Christi, — diese und ähnliche aus den Schriften des Bernhard und Hugo vom h. Victor geschöpfte Motive erfüllen seine enthusiastische, aber von Eitelkeit nicht freizusprechende Rede. Demgemäss kann Labadie, mag er auch Calvins Institutio studirt haben, doch nur als Nebenschössling des Calvinismus verstanden werden.

Ausserdem werden von Ritschl noch zwei andere Persönlichkeiten herbeigezogen, Brackel, welcher die Idee der Gottesgemeinschaft süsslich gedeutet, mit einer gewissen Andachtsmethode und mit Stufen der Contemplation in Verbindung gesetzt hat (Ritschl, S. 275), und H. Witsius der Academiker (S. 268). Dieser Letztere gehörte als Föderalist der reformirten Ueberlieferung durchaus an, von ihm erfahren wir jetzt, dass er als praktischer Theologe eine contemplative Gotteserkenntniss entwickelt hat, in welcher Bewunderung Gottes, Ergebung, Selbstprüfung, geistliche Durchdringung der weltlichen Geschäfte als ethische Motive hervortreten und selbst die mystische Rede eines Bernhard sich vernehmlich macht.

Der Leser sieht sich auf diese Weise zu interessanten Vergleichungen aufgefordert. Dass sich dabei Anklänge und Aehnlichkeiten in beiden Confessionen ergeben, ist unzweifelhaft. Wenn aber Ritschl S. 192 sagt: „Der Pietismus in dieser seiner ersten Gestalt ist eine Evolution des Calvinismus und zugleich eine Beeinträchtigung des protestantischen Charakters derselben unter Bedingungen, welche damals nur in der niederländisch-reformirten Kirche vorlagen“: so scheint er zuviel zu behaupten. Denn aus den Wirkungen eines Lodensteyn und Labadie, die doch vereinzelt dastehen und in den übrigen von Ritschl erwähnten Persönlichkeiten nur wenig Unterstützung finden, wird noch lange keine Evolution des Calvinismus; wir haben uns also zu fragen, ob nicht auch in der deutschen Kirche „Bedingungen“ vorhanden waren, aus welchen eine verwandte und doch wieder in sich selbst eigenthümliche religiös-sittliche Erscheinung hervorgehen konnte.

Doch werden unsere Bemerkungen nur für diejenigen eine Bedeutung haben, die nicht der Meinung sind, dass in solchen Fällen nur Einer vom Anderen gelernt haben müsse, und die sich andererseits überzeugt haben, dass heterodoxe, d. h. die Bekenntnisslinie überschreitende Bestrebungen vom Geistesleben des Protestantismus überhaupt nicht hinwegzudenken sind. Literatur und Studium sind immer frei geblieben und hätten nur vermittelst eines Index librorum prohibitorum sich absperren lassen. Verhehlen will ich nicht, dass ich schon vor Zeiten als Mitglied des theologischen Seminars von Neander vor der Versuchung, verwandte Erscheinungen ohne Beweis in eine unmittelbar historische Causalverbindung zu bringen, alles Ernstes gewarnt worden bin.

Drittes Kapitel.

Der deutsche Pietismus.

§ 64. Allgemeines.

Weit wichtiger als die eben besprochenen Abarten oder Ausartungen der reformirten Frömmigkeit wurde eine ihnen ähnliche Bewegung innerhalb des deutschen Lutherthums, welche sich von den drei letzten Decennien des XVII. Jahrhunderts bis tief in das folgende und in ihren Nachwirkungen noch viel weiter erstreckt hat. Sie begann, als der synkretistische Streit nach einer harten Demonstration zu Ende ging, und sie trat verhältnissmässig zurück, als Glaube und Lehre von allgemeineren Erschütterungen bedroht wurden. Der nochmals befestigte Confessionalismus hatte wohl über das Verlangen nach kirchlicher Einigung gesiegt, aber der in dem kirchlichen Leben immer noch fortdauernden Schäden war er keineswegs Herr geworden, ja er hatte sie nicht einmal erkannt; und gegen diese inneren Gebrechen, gegen die thatsächlichen Missverhältnisse zwischen Glauben und Thun, Glaube und Lehre, zwischen den Ansprüchen der Leitenden und der Geleiteten und endlich zwischen den Zielen und Mitteln des Heils sollten jetzt neue Heilkräfte und zwar von lauterer Gesinnung aus erwachen.

Der deutsche Pietismus nimmt zwischen einer kirchlichen Schulansicht und einer unkirchlichen Absonderung eine gewisse Mittelstellung ein; auch bezweckte er mehr eine Wiederbelebung als eine Umwälzung, und dennoch liessen seine Anträge keinen Theil des religiösen Lebens unberührt. Durchzudringen mit seinen Bestrebungen oder sich selbst an die Stelle der bisherigen Kirchlichkeit zu setzen, ist ihm ebenfalls nicht gelungen, aber ebenso wenig gleicht er einer vorübergehenden Aufregung oder schlechthin vergeblichen Auflehnung gegen das Bestehende; dazu waren seine Klagen zu wohl begründet und seine Anregungen zu vielseitig, weshalb auch das folgende Zeitalter des Lutherthums ohne dieses Stadium nicht verstanden werden kann. Man kann das Unternehmen ein verfrühtes nennen. Die kirchliche Verwaltung anders zu organisiren, den dritten Stand mündiger zu machen, eine thätige Mitwirkung aller Christen bei geistlichen Verrichtungen anzubahnen und gegen willkürliche Eingriffe der Fürstengewalt Vorkehrungen zu treffen, — zu solchen Schritten war die Zeit nicht reif, und sie sind einer weit späteren Epoche vorbehalten geblieben. Wenn ferner begehrt wurde, dass die Liebe zum Worte Gottes und das Verständniss der h. Schrift wieder Gemeingut werden, dass die Sorge für thätiges Christenthum und Heiligung des Wandels als unentbehrliches Kennzeichen christlicher Wahrheit die gemeinschaftliche Theilnahme Aller auf sich lenken, der theologische Schulstreit nachlassen, die Predigt von Anzüglichkeiten und subtilen

Fragen befreit und statt dessen dem Zweck der Erbauung gewidmet, endlich aber der academische Unterricht enger an den künftigen praktischen Beruf des Geistlichen angeschlossen werden möge: so waren dies freilich weit dringendere Beherzigungen, und kein Einsichtiger durfte sich gegen deren Recht verschliessen; aber ihnen nachzukommen hatte grosse Schwierigkeit und konnte nur durch Geduld und erneute Selbsterkenntniss gelingen. Selbst über die Zulässigkeit der Hausandachten und Collegia pietatis hätte es zunächst einer ruhigen Verständigung bedurft. In einer bestimmten Richtung zu handeln, ist weit schwerer als das blosse Lehren, zumal wenn das Letztere nur in der Fortsetzung und polemischen Ausbeutung des schon Gelehrten besteht, und wenn es die Meinung unterhält, dass die Reinheit der Doctrin für den Makel des sittlichen Lebens schadlos halten könne. Nicht mit Forderungen ist Spener auf den Schauplatz getreten, er klagte und wünschte nur, aber er wendete sich mit seinen „Desiderien“ an das Vertrauen der kirchlichen Sachwalter und der Facultäten, welches nur zu bald abhanden kommen sollte. Nach unserer Meinung war nichts verhängnissvoller als der voreilige Beifall, welchen Spener's Vorschläge auf vielen Seiten fanden, gerade diese eilfertigen Acclamationen liessen das Misstrauen der Behörden erwachen; als dann die kleinen Geister sich einmischten, als Thorheiten und Grimassen für Beweise einer Geisteserweckung ausgegeben wurden, war eine geordnete Entwicklung nicht mehr zu erwarten. Dass der traditionell kirchliche Charakter der Kathedertheologie, welcher die Besserungsversuche selbst veranlasst hatte, ebenso an deren Misserfolgen mitverschuldet war, wie auf der anderen Seite die schwächlichen oder schwärmerischen Helfer Spener's, ist für mich unzweifelhaft geblieben. Die pietistischen Specialfehden in Darmstadt, Erfurt, Halle, Halberstadt, Hamburg, Greifswald und anderwärts sind natürlich von anderer Art als die dogmatischen Zänkereien, die der Concordienformel vorangingen, aber weniger unerfreulich sind sie nicht; unser Missfallen vertheilt sich nach beiden Seiten, und zuletzt war kein Ausdruck stark genug zur Verurtheilung des scheinfrommen und gleissnerischen „Ungeziefers“. Unter diesen Umständen bietet selbst für den wohlmeinendsten Beobachter die nächste Folgezeit grossentheils nur das Bild der Verfehlung dar, ja es ist tragisch wahrzunehmen, wie ein doppeltes Unrecht sich begegnet, wie zwei streitende Parteien sich zur Verkümmerung einer aus christlichen Motiven hervorgegangenen Reformbewegung gleichsam geflissentlich in die Hände arbeiten. So lange Spener lebte, haben die Orthodoxen nichts von ihm gelernt und selbst das Zeitgemässeste nicht unbefangen schätzen wollen. Wir aber lernen, dass eine von allgemeineren sittlich-religiösen Beweggründen geleitete Action und Reaction, mag sie sich auch an mehreren Stellen mit dem Dogma berühren, dennoch nicht in eine dogmatische Controverse im engeren Sinne verwandelt werden, folglich auch nicht nach diesem Maasse gerichtet werden darf, sonst würde sie nicht in unseren Zusammenhang gehören.

Ueber das Tragische dieses Verlaufs sieht sich jedoch der Historiker durch Zweierlei erhoben, zunächst durch die Persönlichkeit Philipp Jakob Spener's (1635—1705). Schon sein äusserer Lebensgang setzte ihn in den Stand, seinen Einfluss über halb Deutschland zu verbreiten. Auch ist er seiner Sache stets treu geblieben; weit entfernt, alle Ausschreitungen der Anhänger oder derer, die sich nachher auf ihn als den Patriarchen beriefen, verantworten zu wollen, was er gar nicht durfte, hat er doch stets Rede gestanden, indem er die für ihn wesentlichen Bestandtheile seines Vorhabens aufrecht erhielt und nur gegen Missverstand oder Missbrauch zu schützen suchte, oft unter schweren Sorgen, immer freimüthig, maasshaltend und ohne Bitterkeit; auch in Berlin hat er seine Sache nicht aufgegeben. Auf „Bedenken“ und Bedenklichkeiten hat er sich vielfach einlassen müssen, so wurde er selbst der Bedächtige. Von seltener religiöser Innigkeit und sittlicher Empfindlichkeit, wohl unterrichtet, besonnen und in den Grenzen seines Gesichtskreises auch klar denkend, überragte er wie an allgemeiner Bildung, so an persönlicher Würde alle seine gleichzeitigen Widersacher, nicht bloss die Schelwig und Johann Friedrich Mayer; auch von seinen Genossen ist ihm Keiner an geistigen Eigenschaften gleich geworden. Mitten in dem Dunst gehässiger Anfechtungen ist daher sein Antlitz unentstellt, sein Andenken der evangelischen Kirche bis zur Gegenwart theuer geblieben. Ihn oder Francke Pietisten zu nennen, schien jederzeit zu wenig oder zu viel gesagt, über den blossen Ismus kommen solche Männer hinaus, sie sind nicht klein genug für den Mörser der Partei. Gleichwohl überzeugen wir uns bei genauerer Kenntnissnahme leicht davon, dass der Pietismus wirklich in Spener selbst angelegt war, weil alle wichtigeren Fäden auf ihn zurücklaufen; wir nennen ihn den Urheber zwar nicht des ganzen Pietismus, wohl aber dessen, wodurch dieser bedeutend und nachhaltig geworden ist. An ihm vorbeizugehen, wird jederzeit auf eine historische Unwahrheit hinauslaufen; eher liesse sich behaupten, der Pietismus sei eben ein theils versteckter und sich selbst isolirender, theils phantastisch übertriebener oder verzerrter Spenerianismus. — Eine andere Frage betrifft Spener's etwaige Abhängigkeit von Vorläufern und Geistesverwandten. Löscher, der ihn späterhin im Timotheus Verinus schonend beurtheilen wollte, nennt zugleich eine Reihe von Vorarbeitern wie Arndt, Andreä, Grossgebauer, und zwar mit gutem Grund; Spener selbst gedenkt ihrer mit Auszeichnung. Von Neueren sind Heinrich Müller, Lütkemann, Scriver, Meyfart als die „geistreichen" asketischen Schriftsteller in dieselbe Reihe gestellt und sogar mit Vorliebe in Erinnerung gebracht worden, besonders aber J. B. Schuppius († 1661). Denn so weit sich dieser heitere und scherzhaft satirische Volksredner von dem Ernste Spener's entfernen mochte: so hing er doch eng mit diesem zusammen durch den Satz, dass die Theologie „fast mehr eine Erfahrung als eine Wissenschaft sei". Spener hat allerdings jede Gemüthsverwandtschaft im Unterschied von dem anders Gearteten empfunden; während er Coccejus als Exegeten schätzte, sich über Labadie mit Liebe äusserte, nur seinen Separatismus verwerfend, und selbst Jakob Böhme zu verwerfen sich nicht entschliessen konnte, hat er von der pedantisch abgefassten Schola pietatis J. Gerhard's erklärt, dass sie ihn niemals stark „afficirt" habe. Seine Kenntniss erstreckte sich bis auf den h. Bernhard, Tauler, die deutsche Theologie, den Thomas von Kempen. In die gewöhnliche Verwerfung des Synkretismus konnte er nicht willigen, um so weniger, da er selbst in einigen Punkten sich der reformirten Ansicht näherte; praktisch genommen ist auch ihm der Unionsgedanke lieb geworden. Für die verfolgten Glaubensgenossen in Frankreich hat er gebetet, was Andere nicht gethan. So ergeben sich vielerlei Anknüpfungen, er selbst blickte weit umher, sein kirchlicher Horizont dehnte sich aus, und dass diese Anregungen ohne Einfluss auf sein Unternehmen gewesen, wird Niemand behaupten. Aber die Selbständigkeit haben sie ihm nicht geraubt, auch stammen sie nicht vorherrschend aus der reformirten Kirche, sondern weisen weit bestimmter auf die Lutherische Literatur zurück. Man kann Lodensteyn und Labadie streichen, ohne dass der Lebensgang der reformirten Kirche dadurch alterirt würde, aber man kann nicht absehen von Spener's und der Seinigen Werk wie von einem Intermezzo, denn es ist ein Mittelglied geworden für die zunächst bevorstehende innere Geschichte des Lutherthums.

Indem ich mich im Allgemeinen an meine ältere Darstellung: Geschichte der prot. Dogmatik, II, S. 374 ff. III, S. 12—69 anschliesse, bemühe ich mich im Folgenden die ethischen Momente hervorzuheben, soweit nämlich deren Ausscheidung in diesem Falle überhaupt möglich ist. — Ausser den älteren Schriften von Binder, Märklin, Dorner, Gröbel sind zu vergleichen: Heinr. Schmid, Geschichte des Pietismus, Nördl. 1863. Tholuck, Geschichte des Rationalismus I, Berl. 1865. Desselben Geist der Luther. Theologen Wittenbergs. Franck, Gesch. d. prot. Theologie, II, S. 130 ff., über Schuppius u. A. derselbe S. 120. Das neuere Werk von Sachsse: Ursprung und Wesen des Pietismus, Wiesb. 1884, ist von streng kirchlichem Standpunkt, übrigens aber mit soviel Sachkenntniss und historischer Billigkeit gearbeitet, dass es zu den dankenswerthen Beiträgen gezählt werden muss. Ueber den zweiten Band des Ritschl'schen Werkes s. weiter unten.

§ 65. Spener als Prediger.

Unter dem Namen „Lebenspflichten" als einem Gegenstück der „Glaubenspflichten" hat Spener in einer langen Reihe von

Predigten seine sittlichen Grundsätze niedergelegt; er will Glauben und Leben dergestalt verbinden, dass beide aus derselben Quelle frommer Hingebung an Gott sich ergeben. Der Geist dieser volksthümlichen Reden ist ernst, die Ausführung gründlich, die Methode höchst eintönig, aber doch geeignet, uns in die Gesinnungen des Verfassers einzuführen. Was alle seine Mahnungen mit einander gemein haben, ist die durchgreifende Ueberzeugung, dass die Lehrwahrheit der christlichen Religion als Inhalt eines geoffenbarten Wissens ihren abschliessenden Werth nicht in sich selber hat, sondern ihn erst aus dem Zutritt eines heiligenden Thatglaubens gewinnt, also auch die unweigerliche Forderüng, dass der wahre Glaube einen entsprechenden Wandel zur Folge haben müsse. Davon war er ganz durchdrungen. Sollte dies nicht geschehen, sollte die Lehre unfruchtbar zu sich selber zurückkehren: so wäre damit das Wesen des Evangeliums verletzt, und Luther hätte vergeblich die Nothwendigkeit der guten Werke als etwas Selbstverständliches und Unausbleibliches im Munde geführt. Er wiederholt also mit doppeltem Nachdruck, was Andere vor ihm ihren Zeitgenossen dringend an's Herz gelegt, und im Hinblick auf das ihn umgebende Gesammtleben hatte er den stärksten Grund dazu; auch konnte er sich mit besserem Fuge auf die Reformatoren als auf den Geist des nur theoretisch betriebsamen Lutherthums der Folgezeit berufen. Gerade darin will Spener echt Lutherisch denken, darum verlangt er weiter, dass der Verkündiger des Wortes auch in praktischer Beziehung vorbildlich vorangehen müsse, weil er sonst die Ausrede nahe legen würde: „Wozu soll ich dem Manne folgen, thut er's doch selber nicht.“ Wir verdammen die Werkheiligkeit der Katholiken, aber ist die äusserliche Theilnahme am Gottesdienst und Sacrament ohne Eifer für die Erfüllung der Lebenspflichten nicht ebenso werkheilig und katholisch! Solche Vorhaltungen begegnen uns auf allen Seiten, jede Glaubenserkenntniss soll in ihrer Lebendigkeit, jedes Gebot in seinem Vollgehalt vorgetragen werden, dann allein werden beiderlei Kräfte in demselben Guten wie der Heiligung so der Gottseligkeit zusammenlaufen. An diesem Faden hängt die Reihe der Tugenden; Geduld, Sanftmuth, Tapferkeit, Freimuth, Fleiss, geistlicher Friede, Dankbarkeit, Selbstliebe und Nächstenliebe, besonders aber Wachsamkeit und Selbstprüfung kommen sehr ausdrücklich zur Sprache; sie werden religiös begründet und moralisch angewendet, Hülfsmittel und Hindernisse (adminicula et pericula) dienen zur Erläuterung. Was sich bisher als unwirksam erwiesen hat, die strenge dogmatische Demonstration, möge einmal auf sich beruhen; trotz aller „Lehrpunkte", welche in keiner Predigt fehlen, vermeidet der Redner die spitzen theologischen Streitfragen, und statt die Disputation zu loben, empfiehlt er das erbauliche Gespräch und warnt vor den Zungensünden, indem er auf den Werth eines wohl angebrachten Stillschweigens hindeutet. Auf Geistliche sollen die religiösen Anregungsmittel nicht beschränkt sein. Allerdings giebt es verdammungswerthe Irrthümer, aber der Herzenskündiger vermag an irgend einem unsichtbaren Faden des Glaubens selbst diese Irrenden wieder zur Seligkeit emporzuziehen, — daher der Rath der Vorsichtigkeit in Glaubenssachen. Alle haben diesen Weisungen nach zu leben, die Hohen wie die Geringen, Gegenseitigkeit ist der Boden aller Pflichtübung, und nicht um der Obrigkeit willen sind die Unterthanen da.

Soweit befindet sich Spener in einer durchaus unanfechtbaren Stellung, aber nach Einer Seite wurde er abgelenkt. Verhehlen wir uns nicht, dass ein Freund der Besserung, indem er sich von einem verwahrloseten Kirchenthum zu den biblischen Quellen und Normen zurückwendete, sehr leicht in Gefahr kommen konnte, das Neue Testament ich will nicht sagen gesetzlich, aber doch geschichtslos zu verstehen, also von den Bedingungen einer in's Grosse gehenden Lebensentfaltung abzusehen. Wie oft hat sich nicht im Laufe der Jahrhunderte leiser oder lauter der Gedanke gemeldet, dass der erlösende Inhalt des zweiten Glaubensartikels sich nicht gegen dasjenige auflehnen darf, was der erste einfach gelten lässt, die irdische Stellung der Menschheit und deren Beruf für die sittlich-creatürlichen Aufgaben. Schon seit der Reformation hatte ja, wenn auch häufig nur in der Stille und unausgesprochen, die allgemeine Weltidee eine freiere Deutung in sich aufgenommen. Das Leben als menschlicher Wandel auf dem grossen Schauplatz der Schöpfung war den Zwecken der Religion und der Sittlichkeit näher getreten. Sollte das Thema von der Weltverachtung jetzt fortbestehen: so bedurfte es doch einer anderen Ausscheidung des Weltlichen als solchen, d. h. des Vergänglichen, Eiteln und Selbstischen von der Welt überhaupt und ihrer berechtigten Schätzung. Spener ist sich über die Amphibolie des Begriffs Kosmos nicht klar geworden. Auf die bildende und aneignende Kraft des christlichen Princips innerhalb des Weltstoffes, wie sie schon in den Gleichnissreden des Herrn angedeutet ist und von Paulus bestimmter anerkannt wird, rechnet er nicht viel, muss also durch eine abstracte Ablehnung des Weltlichen seine Lebenspflichten sicherstellen. Er hilft sich mit scharfen Grenzlinien. Wir Frommen haben nicht den Auftrag, die Welt zu lieben noch ihr Urtheil zu achten, wir sollen sie verschmähen. Im weltlichen Stande wird der Hochmuth fast zur Nothdurft und Tugend gezählt, „Hoffahrt“ und „Hofart“ fallen zusammen; ein vielgeschäftiges und lärmhaftes Treiben gefährdet die zum Gedeihen des Seelenlebens erforderliche Stille. Putzsucht, Augenlust und sinnlicher Reiz (1. Joh. 2, 16) müssen fern bleiben, und selbst über die Kunstmusik, welche damals ihren ersten Aufschwung in Deutschland erlebte, denkt Spener ungünstig. Dagegen handelt er von einer „geistlichen Himmelfahrt“, welche bewirken soll, dass wir dem Weltgeräusch entrückt und zur „Betrachtung“ ewiger Güter geschickt gemacht werden, — dies also eine Wendung in's Contemplative, welches im Allgemeinen kein vorherrschender Zug seiner Schriften ist. Doch verweilt er mehrmals bei einer „Sterbekunst“; der Fromme hat alle Ursache, ein baldiges Abscheiden zu wünschen; damit nun der Todesgedanke genährt werde und heilsam auf das Leben zurückwirke, ist der häufige Besuch von Leichen und Begräbnissen empfehlenswerth. Gelegentlich wird auch die Frage hingeworfen, ob es nöthig gewesen sei, die Klöster gänzlich abzuschaffen.

Scheinbar sind diese Predigten aus Einem Guss, genauer

betrachtet, deuten sie auf einen doppelten Trieb. Der Aufruf zur Besserung lautet kräftig und allgemein, aber neben ihm regt sich die Scheu vor der Berührung mit dem Entfremdeten, welchem das Evangelium nicht beikommen werde, und vor dem Gebahren des „weltlichen Standes“, welchem doch Luther denselben Zugang zu Gott zugesichert hatte. Die erste Bewegung nimmt einen Zug der Rückbewegung in sich auf; das eine Streben kann lähmend wirken auf das andere, und indem Spener nach beiden Seiten sich selber gerecht werden will, hält er es für zweckmässig, im Kleinen zu versuchen, was sich im Grossen nicht durchführen liess. Daher seine Einladung zu Privatandachten und kleineren frommen Gesellschaften. Sein Vorschlag findet Beifall, die zuströmende Menge aber, vernachlässigt wie sie war, sorgt dafür, dass an das Separate bald auch das Separatistische sich anschloss.

Spener's Evangelische Lebenspflichten, zwei Thle., Frankf. 1692, vgl. beispielsweise I, S. 254—58. 328. 338. 531 ff. II, S. 41 ff. 63. 222. 229. 295. 474 ff.

§ 66. Spener's Kirchlichkeit und Frömmigkeit.

Indem Spener von diesen Maximen aus seiner Kirche gegenübertritt, will er kein Sectirer noch Separatist sein, nicht Grundlagen umstossen, sondern Zustände anfechten; Aufrichtigkeit und Mässigung begleiten seine Urtheile. Die Klagen über das „verderbte und von Heiden und Türken beschämte Christenthum“ waren schon von Anderen angestimmt und in seinem Kreise heftig wiederholt worden; er erklärt sie für begründet, aber mit dem Bemerken, dass jede Anklage erst in Verbindung mit Rathschlägen zur Besserung nützlich werde. Aufdeckung der Schäden und Nachholung des lange Versäumten vermögen allein über die Noth der Zeit zu erheben, übertriebene Anschuldigungen gereichen zum Aergerniss. Eine Kirche, die faule Früchte bringt, hört darum noch nicht auf, die wahre und richtig verstanden auch die sichtbare zu sein; den Namen eines „Babel“ verdient sie nicht, und der Antichrist hat anderwärts seine Wohnung. Die Aufrechterhaltung der symbolischen Lehre verschuldet noch nicht die zuständlichen Gebrechen, die Quellen des Heils würden immer noch vollständig erreichbar sein, wenn sie nur von tüchtigeren Kräften ernstlicher verwaltet würden. Daher begehen diejenigen schweres Unrecht, welche der äusseren Kirchengemeinschaft den Rücken wenden und dem Mitgenusse des Abendmahls sich entziehen. Indem sich der Kritiker auf diese Weise von extremen Folgerungen vorsichtig zurückzieht, will er das „Verderben" selber keineswegs beschönigen. Die Reformation wird als hohes Gut gepriesen, — und das mit Recht, aber indem wir ihrer mit Dankbarkeit gedenken, haben wir die Pflicht, das angefangene Werk fortzusetzen und gleichsam völliger zu machen, eine absolute Thatsache ist sie nicht. Die Bekenntnissschriften fordern Anerkennung, — gut, aber doch nur so lange sie die oberste Schriftnorm nicht verdrängen noch auch neue Schritte der Erkenntniss verhindern, denn gegen diesen Missbrauch der Autorität sträubt sich die „Freiheit der Gläubigen". Man wähne nicht, dass Theorie und Systematik ausreichen, um eine richtige Theologie hervorzubringen, noch auch dass uns die göttlichen Mysterien schon durch genaue Determinationen erschlossen werden, nein, erst von der richtigen Gemüthsbeschaffenheit und christlichen Erfahrung aus gereicht die Lehre uns zum Heil. Endlich muss allerdings die kirchliche Verwaltung den beiden oberen Ständen anvertraut werden, allein mit dem Vorbehalt, dass sie dem Verderben steuern lernen und frische Kräfte in Bewegung setzen, statt müssig dem Gericht entgegen zu gehen. Die Obrigkeit hat ihres Amts zu gedenken, ob sie ihm mit Hofhaltung und Genussucht oder mit Milde und Gerechtigkeit vorgestanden; die Geistlichen sollen sich fragen, ob sie ohne gelehrten Putz und Rhetorik gepredigt, ob oft gebetet und mit Erhebung des Gemüths und unter häufigem „Seufzen" in ihrer Arbeit fortgefahren seien.

Solche Aeusserungen bezeugen einen pietätsvoll an das Bestehende anknüpfenden Reformationstrieb; den ganzen Spener lernen wir aber erst kennen aus der Analyse der Frömmigkeit sammt ihren Stadien und Merkzeichen. Der gewöhnliche Standpunkt des kirchlichen Unterrichts verbindet mit einer dogmatisch harten Beurtheilung der sündhaften Menschennatur eine friedliche Anerkennung des Weltlebens und seiner Ansprüche; Spener umgekehrt stellt sich zu dem Letzteren weit spröder, während er das Natürliche trotz der inwohnenden Sünde schonender behandelt; psychologische Beobachtungen sollen ihn darin bestärken. Es ist dieselbe Differenz, welcher wir in anderer Form schon im vorigen Bande begegnet sind. Die vielgenannte Schrift: „Natur und Gnade oder der Unterschied der Werke", soll auf Augustin's De natura et gratia zurückweisen, sie sieht diesem Vorgänger ähnlich und unähnlich zugleich. Von vornherein, sagt Spener, ist der Dogmatiker im Recht, wenn er Natur und Gnade gegensätzlich denkt, — dort das Unheil, hier das Heil; genauer betrachtet aber lösen sie einander nicht einfach ab, und der Schöpfer selber hat dafür gesorgt, dass die erstere Quelle noch fortfliesst, nachdem die letztere schon eröffnet ist. Die Mannigfaltigkeit der Kräfte ist natürlichen Ursprungs, die Temperamente gleichen den Blumen und Farben im Garten Gottes, die Gnade lässt sie bestehen, aber sie muss es auch hinnehmen, dass in ihr eigenes Gebiet die Schwächen des Naturmenschen sich einschleichen. Irrthümer können niemals ausbleiben, Glaubensmotive und gute Werke sind auch ausserhalb der orthodoxen Kirche möglich. Diese Mischung des Ungleichartigen soll uns weitherzig machen im Verhältniss zu Anderen, aber auch sorgfältig in der Erforschung des eigenen Inneren, denn ohne diese Aufmerksamkeit kann das äusserlich Ehrbare von dem wahrhaftig christlichen und gottseligen Wandel nicht sicher unterschieden werden. Alles Folgende dient zur Erläuterung. Zu diesem Zweck werden Glaube, Liebe und Demuth zergliedert, alle diese Tugenden sind der Trübung ausgesetzt, man muss also „genau achtgeben", um das Echte zu erkennen und dessen Stadien zu verfolgen. Denn soviel ist ja gewiss, dass das Leben der Gottseligen die Stufe der Mittelmässigkeit hinter sich lassen muss, um dem „Vollkommenen", wenn es auch hienieden nicht völlig erreicht werden kann, doch unablässig zuzustreben. Kindlicher Gehorsam, Vertrauen, Freude an Gott und am Nächsten verbürgen am Sichersten eine göttliche Herkunft des Christenberufs. Dagegen hat selbst die Geduld noch ihre Formen und Grade, man kann geduldig sein, indem man ohne Murren ausdauert, geduldig, wenn man sich durch ein Ungemach nur hindurchwindet wie durch einen Dornstrauch, aber erst die Freudigkeit im Leiden erringt den Preis. Die Demuth endlich bedeutet zugleich eine Entweltlichung, muss sich also durch Vermeidung jeder Ueppigkeit in Kleidung, Wohnung und Betragen auch äusserlich zu erkennen geben; doch treibe man es, — und hier hören wir wieder den Gemässigten reden, der sich selber von rigorosen Forderungen zurückruft, — man treibe es nicht zu weit; der abgeschabte Rock macht den Menschen noch nicht heiliger, die Kinder Gottes dürfen wissen, dass sich „nicht Alles so haarklein abmessen lässt". Auch an anderen Stellen wird, was zu dem Obigen nicht recht passen will, vor allzu grosser Aengstlichkeit gewarnt, weil aus dem Mangel des Gefühls nicht immer auf den der Sache mit Sicherheit geschlossen werden kann; die Schwermuth ist verwerflich, ein frisches Zugreifen räthlicher. Alles aber soll gesagt sein gegen die gewöhnlichen Lehranweisungen der Kirchenbeamten oder, wie sich Coccejus ähnlich ausgedrückt hatte, gegen das „Alamode-Christenthum" der verderbten Kirche, welche schwach an Liebe und an Sanftmuth nur die strenge Lehrzucht mit übermässigem Eifer betreibt.

Wir gelangen hiermit einen Schritt weiter. Sinnigkeit und feine Wahrnehmungsgabe sind dieser Schrift jederzeit nachgerühmt worden. Was sie bezweckt, ist eine Erklärung der Gottseligkeit als eines übernatürlich vom h. Geist gewirkten Standes und Bewusstseins. Die in uns eingetretene Veränderung wird durch Wiedergeburt oder Erneuerung und durch deren Verlauf ausgedrückt. Wir selbst sind nur die Empfänger, keineswegs die Urheber des Gnadenwerks, wohl aber sollen wir durch rechtzeitiges Eingreifen des Willens dessen Helfer und durch Selbstbeobachtung dessen Hüter werden. Dem Aufmerksamen ergeben sich Zeugnisse, die ihn seiner selbst und seines Heils gewiss machen; eintretend in den Beruf der Gotteskinder darf er sich zu den Mündigen zählen, welche im Unterschiede von den Weltchristen sich höhere Ziele stecken und einen engeren Kreis der Gottesgemeinschaft repräsentiren. Man kann nicht leugnen, dass diese Methode der Selbstprüfung mit der alten moralischen Symptomatik oder Semeiotik der Scholastiker einige Aehnlichkeit hatte. Allein mit dieser Anleitung zur Frömmigkeit wollte auch Spener nicht Alles ausrichten, und sie spricht nur die Hälfte seiner Gesinnung aus. Erst wenn wir sein zweites durchaus praktisches Interesse hinzunehmen, muss sich ergeben, was er in der gewöhnlichen Lehrauffassung geändert wissen wollte. Der orthodoxe Zuschnitt der Heilsordnung mit den scharfen Distinctionen von Erleuchtung, Bekehrung, Rechtfertigung, Heiligung konnte ihn nicht befriedigen. Das erste Stück glich zu sehr dem bloss gelehrten Wissen, das zweite erschien zu unlebendig, der ganze Process zu mechanisch und verstandesmässig gefasst, um den innigen Zusammenhang religiös-sittlicher Geisteswirkungen im inneren Menschen wiederzugeben; von Anfang an also muss sich das sittliche Ziel der Erneuerung geltend machen, sie ist das specifisch Christliche, die Bildnerin der Theologie. Was namentlich den rechtfertigenden Glauben betrifft: so hat ihn Spener bekanntlich zur Hälfte ganz correct definirt; es ist wirklich das Verdienst Christi, welches der Glaube ergreift, aber indem dies geschieht, muss er sich zugleich bestimmend nach Innen wenden, den Willen in Bewegung setzen und zum dankbaren Gehorsam antreiben, die Werkthätigkeit also muss ihm schon inwohnen, sonst verliert er mit seiner Kraft auch seine Wahrheit, wird unfruchtbar und todt. Die Heiligung, dieses vorzugsweise ethische Kapitel, kann ihrer Idee nur dann entsprechen, wenn sie die Nöthigung enthält, den Gläubigen der alten Sündenherrschaft vollständig zu entreissen, zur Freiheit der Gottes- und Nächstenliebe emporzuführen, damit er dem Ziele evangelischer Vollkommenheit nachtrachte.

Aus diesen Hauptgedanken setzt sich Spener's Frömmigkeit und Sittlichkeit zusammen. Genauer nachzuweisen, wie er sie auf das Studium der Theologie anwandte, in welchen Punkten er von der Lutherischen Linie abwich, ist nicht dieses Orts.

Dagegen drängt sich eine andere Bemerkung auf. Religiöse Innerlichkeit und thätige Sorge für die Besserung des Lebens walteten in diesem Geiste, er wollte fromm empfangen, aber auch praktisch wiedergeben. Beide Tendenzen lassen sich wohl unterscheiden, ja man darf behaupten, dass der von ihm ausgehende eifrige Liebeswille in den Erbauern des Hallischen Waisenhauses und in den Förderern der Heidenmission seinen Ausdruck gefunden, dagegen die ihm eigene Gemüthsstimmung in denen, welche „die Stillen im Lande“ genannt werden. In seiner Persönlichkeit verbanden sich diese Richtungen, aber, — und das ist seine Schwäche, — zu einer gleichmässigen Entwicklung gelangten sie nicht. Denn nicht in der Voranstellung des praktischen Princips der Theologie, — dieses hatte ja die Kirche selbst anerkannt, indem sie die Anwendung der analytischen Methode auf die Dogmatik gelten liess, — nicht in der Milderung symbolischer Autorität, nicht in den einzelnen Abweichungen vom Dogma und den Annäherungen an die reformirte Auffassung suchen wir das Einseitige und Pietistische seiner Theologie, wohl aber in den Consequenzen seiner religiösen Subjectivität. Denn wer soviel Mühe und „Achtgeben“ darauf verwendet, um in seinem Bewusstsein das Kind Gottes entstehen und erstarken zu sehen, es gegen nachtheilige Einflüsse sicher zu stellen und zu der Stufe der Vollkommenheit emporzubilden, der wird leicht Schranken in der Hand behalten, welche ihn auch auf den Wegen des Handelns begleiten.

Der Chiliasmus, den wir noch kurz erwähnen, scheint auf den ersten Anblick dem Standpunkte dieses Mannes nur wie eine entbehrliche ja fremdartige Zuthat anzugehören. Vielleicht hätte er dieses unlutherische Lehrstück, welchem er selber doch exegetisch nicht gewachsen war, auf sich beruhen lassen, wenn es ihm nicht von Anderen nahe gelegt worden wäre, und in diesem Falle würde der Streit anders und glimpflicher verlaufen sein. Wer ihn zuerst darauf gebracht, weiss ich nicht zu sagen, erwähne also nur, dass schon Meyfart ein besonderes Augenmerk auf die Eschatologie gerichtet hatte. Für die Gegner war nichts leichter als jede apokalyptische Aussicht einfach mit dem

17. Artikel der Augustana zurückzuweisen, und nach den schwärmerischen Ausmalungen eines Petersen wurde mit dem Chiliasmus crassus auch der subtilis und subtilissimus verurtheilt und schon dadurch die ganze Bewegung in das ungünstigste Licht gestellt. Gleichwohl ergiebt sich auch für diese Neuerung in ihm selber ein unzweifelhafter ethischer Anknüpfungspunkt, und er bekennt, dass er seine Hoffnung besserer Zeiten allerdings an den Chiliasmus angeknüpft habe. Hoffen musste er, durch Hoffnung allein wurde ihm die Gegenwart erträglich; wie er dem einzelnen Frommen eine relative Vollkommenheit zur Aufgabe stellte: so ersehnte er auch für das Ganze der irdischen Christenheit eine höhere Vollendung. Der Ausspruch Christi Luc. 18, 8 irrte ihn nicht, liebevoll verweilte er im Ausblick auf eine Zukunft, wo das Gottesreich von zwei Uebeln, von der Verstockung des Judenthums und dem Fortbestande Babels als der Römischen Macht dereinst befreit sein, also weit herrlicher aufgehen werde. Dass nun die Unlauterkeit der Sitten und der traurige kirchliche Zustand, der von der Mehrzahl nicht empfunden wurde, mit solcher Schwere auf ihm lastete, kann für das Verständniss seines Gemüths nicht gleichgültig sein.

Dem Obigen liegen folgende Schriften Spener's zum Grunde: Natur und Gnade oder der Unterscheid der Werke, so aus natürlichen Kräften und aus den Gnadenwirkungen des h. Geistes herkommen, Frankf. a. M. 1708, zuerst 1687. — Der Klagen über das verdorbene Christenthum Missbrauch und rechten Gebrauch, 5. Aufl. Frankf. 1708, zuerst 1684. — Behauptung der Hoffnung künftiger besserer Zeiten, Frankf. 1693. — Dazu über Glaube, Erleuchtung, Heiligung Stellen der Allgemeinen Gottesgelahrtheit, Frankf. 1713, der Glaubenslehre, der Bedenken und der Consilia latina. — Sachsse, a. a. O. S. 125—56.

§ 67. Folgerung.

Fassen wir das Gesagte zusammen: so ist Spener der Kirche, welche er vorfand, mit Aufforderungen zur Besserung gegenüber getreten. Dem starren Wissensglauben stellte er eine Frömmigkeit des Herzens und der Erfahrung, dem Verharren bei der durch sich selbst genügenden Vollkommenheit der Lehre eine biblisch belebte Aneignung des Heils zur Seite; vor Allem dringend auf Heiligung des Wandels, weil ohne diese die Bestimmung des Christenthums unerfüllt bleibe, und weil nur auf diesem Wege die Gemeinde aus ihrer Lässigkeit erhoben und zur Mitwirkung an der Fruchtbarkeit der Heilsgüter angeleitet werden könne. Das Mittelmaass der Tugend überschreitend, möge Jeder dem Vollkommenen zustreben. Auch war Spener bemüht, der Folgerung vorzubeugen, dass seine Anträge auf eine Lossagung von dem kirchlichen Bestande hinauslaufe; aber diesem Schlusse ist er dennoch nicht entgangen, schon darum nicht, weil die Zeitgenossen noch nicht die Fähigkeit hatten, ein Verhältnissmässiges als solches zu verstehen und zu verwerthen. Was als ernste Beherzigung vorgetragen worden, wurde unter den Händen der Parteien zu einer fertigen Behauptung. Die Theologie der Erfahrung spitzte sich zu in die Theologie der Wiedergeborenen, welche nun als Princip behandelt wurde; aus dem Antheil des religiösen Willens entstand die Meinung, als ob das richtige Denken und Wissen in der Religion überhaupt von den Willensacten abhängig sei; aus den Erfolgen der subjectiven Selbstprüfung erwuchs der Anspruch auf wirkliche Vollkommenheit, und aus den Warnungen vor der Weltsucht ergab sich ein Schema der verwerflichen Lusthandlungen. Dahin befestigte sich ein pietistisches Programm, fast dürften wir sagen ein Dogma, welches von den Einen als wiedergewonnenes Evangelium gepriesen, von Anderen als entstelltes perhorrescirt wurde. In solcher Fassung bot es starke Blössen, und der Chiliasmus hat Alles verdorben. Dass Spener bei diesem Rückfall in das Doctrinale nicht ohne Schuld war, haben wir durch Bezeichnung des Schwachen in seiner psychologischen Frömmigkeit anerkennen wollen; aber ein Mann wie er hat verdient, nach der Grundrichtung seines Strebens, nicht nach Methode und Sympathie beurtheilt zu werden.

§ 68. Die Streitsätze.

Wir übergehen den weiteren Verlauf des Kampfes, den Leipziger Process, die Wirksamkeit der Triumvirn und deren Auswanderung und die Eröffnung der Universität in Halle. Die kirchliche Partei setzte inzwischen alle ihre polemischen Kräfte in Bewegung; die Gegenschriften eines Alberti, Neumann, Hanneken, Neumeister, Carpzov, Schelwig, Mayer, Fecht u. A. zählten nach Hunderten, aber sie eiferten mit Unverstand. Andere beiderseitige Streiter setzten die Fehde fort, doch erst nach Spener's Tode kam einige Klarheit in die Sachlage. Die orthodoxe Richtung verfügte über mehrere Facultäten, die pietistische fast nur über die Hallische, deren Selbstgefühl inzwischen gewachsen war. Der Zweikampf zwischen Valentin Löscher und Joachim Lange (1709. 11. 18), literarisch ausgedrückt zwischen dem „Timotheus Verinus" des Ersteren und dem „Antibarbarus" des Anderen ist eine denkwürdige Scene. Lange, der schreiblustige Hallische Exeget wagte es den Speer umzukehren, indem er die ganze Anklage als eine nichtige, nur im Kopfe täppischer Kathederhelden entstandene Erfindung zurückwies, er forderte zum Angriff heraus. Dass Löscher ihn an Charakter wie an gelehrter Tüchtigkeit übertraf, dass er, ohne nachzugeben, mit löblicher Selbstbeherrschung argumentirte, ist nachgewiessen.

Wie bekannt vertheilte Löscher seine Entgegnungen unter 14 Anklagepunkte von sehr ungleicher Berechtigung; wie Thesen und Antithesen zu einander stehen, möchte es schwer halten, einfach für oder wider Partei zu nehmen, selbst H. Schmid, der entschiedene Bestreiter dieser Neuerung hat das nicht gethan. Die Vorwürfe des Indifferentismus, der Geringschätzung der Gnadenmittel, der Entkräftung des geistlichen Amts, des Mysticismus, des Reformatismus, der Vernichtung der subsidia religionis liessen sich damit beantworten, dass die Kirche ihren confessionellen Charakter allzu schroff und zum Schaden des Gemeindelebens ausgeprägt, die Amtsgnade überschätzt, die Frömmigkeit gegenüber der äusseren Kirchlichkeit vernachlässigt und allen Besserungsversuchen den zähesten Widerstand entgegengesetzt hatte. Von anfänglicher Begünstigung einiger mystischen Schriften konnte selbst Luther nicht freigesprochen werden, Spener aber gehörte nicht zu den Mystikern im engeren Sinne. Wenn Löscher dem Pietismus vorhielt, dass er die Heilsordnung durch Vermengung der Glaubensgerechtigkeit mit den guten Werken verunreinigt habe: so hatte er die strenge Doctrin für sich, allein er konnte Spener's Auffassung doch immer nur als eine unbehutsame Lehrart rügen, welcher die Kirche habe vorbeugen wollen; dem Sinne nach hatte Luther dasselbe gemeint, wenn er behauptete, dass der Glaube ein neues Herz schaffe, und an dieses ethische Moment haben auch neuere Ansichten angeknüpft. Der gescholtene „Reformatismus" war bisher nicht in destructiver Weise hervorgetreten, der Chiliasmus hatte an Anklang wieder verloren, und die Conventikel oder Collegia pietatis, wo sie fortbestanden, nahmen doch eine bessere Ordnung an.

Wie viel glücklicher würde die Stellung der neuen Schule gewesen sein, wenn sie sich darauf beschränkt hätte, dem Dogmatismus, gegen welchen sie aufgetreten war, fortdauernd und mit Geltendmachung ihrer eigenen religiös-praktischen Motive zu widerstreben und ihre Bibelstudien fortzusetzen! Aber wir haben gesehen, dass der Pietismus, indem er einer Theorie begegnete, selbst zur Theorie geworden war, er hatte sich exclusiv verschärft. Löscher's Kritik bleibt daher in folgenden Punkten im Recht.

Zunächst liess das Princip von der wahren Theologie der Wiedergeborenen sich im Grossen unmöglich durchführen. Oder was würde daraus geworden sein, wenn man nach diesem subjectiven Maassstabe, den Jeder nur nach eigenem Ermessen und auf Grund der „Selbstprüfung" auf sich anwenden konnte, bei der Vergebung der Aemter hätte verfahren wollen; welche Verwirrung der Geister und welches Aergerniss würde die Folge gewesen sein! — Die vielumstrittene Definition der Erleuchtung lieferte kein reines Resultat. Nach pietistischer Ansicht sollte diese Illumination, welche der Bekehrung voranzugehen hat, selbst schon moralisch umstimmender Art sein, weil sie sonst nur in der Einflössung eines Wissensvorraths, der das Herz kalt lässt, bestehen würde. Statt nun zu sagen, dass der werdende Theologe überhaupt eine religiöse Empfänglichkeit mitbringen müsse, und dass jene orthodoxe Begriffsfolge nur unter Voraussetzungen ihre Gültigkeit habe: häufte man die pectoralen Kräfte schon auf die erste Kategorie der Erleuchtung, welche werthlos sei, so lange sie nicht schon eine bussfertige Gesinnung in sich aufgenommen, es sei „barbarisch", von einer Erleuchtung ohne ein frommes Wollen zu reden. Auf diese Weise wurde das bisherige Verhältniss nur umgekehrt, Alles sollte von einem bussfertigen Drange des Herzens ausgehen, womit aber das Recht des Intellectuellen verkannt war. Daher konnte Löscher antworten, dass die empfohlene Pietät, wenn sie in einen subjectiv empfindenden Pietismus übergehe, aus dem unentbehrlichen wissenschaftlichen Bildungskreis heraustreten werde, also den Namen Erleuchtung nicht mehr verdiene. Uebrigens war diese Controverse keineswegs ohne Sinn, wie sich später gezeigt hat. Deutsche Denker der Folgezeit haben das alte mechanische Verhältniss von Intellect und Willen fallen lassen, auch in dem ersteren entdeckten sie ein Moment der Activität. — Drittens wird behauptet, dass die wahre Frömmigkeit nur in der Stille gedeiht, wer sie erstrebt, muss sich also vom weltlichen Geräusch und Gelüst fernhalten. Es reicht nicht aus, Trunkenheit und Völlerei zu verbannen, auch andere weltliche Ergötzungen, Fastnachthalten, Kleiderputz, Bankete, lärmhafte Gespräche, Tanz, Kartenspiel, Theater, ja unnöthige Reisen und ärgerliche Processe gefährden die Nachfolge Christi, der Kreis der Gottseligen wird an ihrer Vermeidung erkannt. Die Zahl dieser „Lusthandlungen" liess sich enger oder weiter umgrenzen, und Spener selbst ist sich, wie schon bemerkt, nicht immer gleich geblieben, aber in der Zurückziehung selber folgt er einem inneren Bedürfniss, wie er auch gesteht, in einer Gesellschaft, die einen lauten Ton vorherrschen lässt, nicht lange aushalten zu können. Es ist wenig daran gelegen, zu wissen, ob er von reformirter oder Lutherischer Seite, vielleicht durch

Dannhauer seinen Lehrer in dieser Richtung bestärkt worden; wohl aber verdient bemerkt zu werden, dass diese negative Askese eine doppelte Erklärung zuliess. Sie konnte entweder als rigorose Anwendung des gesetzlichen Princips erscheinen oder an den Gedanken der Freiheit anknüpfen, und dies war die Lutherische Ansicht. Dieser nämlich war die Annahme eines Erlaubten stets geläufig gewesen; wenn also jetzt die Lusthandlungen verboten sein sollten: so hiess das soviel als Beschränkung der sogenannten Mitteldinge, Hineinziehung derselben in das christlich Pflichtmässige. Immer ergab sich daraus eine gewisse Scheidung der Weltfreunde von den Weltscheuen, welche dem Ziel der Gottseligkeit gründlicher nachtrachten. Und eben dagegen protestirt Löscher, indem er treffend erklärt, dass ein solcher „Präcisismus" die christliche Frömmigkeit von äusserlichen und nicht schlechtweg gültigen Merkmalen abhängig mache und dem christlichen Gesammtleben jeden rechtmässigen Antheil an irdischer Freude vorenthalte. Dagegen können wir uns mit dem Protest gegen den Perfectismus d. h. das Trachten nach Vollkommenheit nicht ohne Weiteres einverstanden erklären. Zunächst war dieser Vorwurf auf Spener selbst, der sich stets maassvoll ausgedrückt hatte, nicht anwendbar, sondern nur auf einige fanatische Parteigenossen, die sich als die Wiedergeborenen im Munde führten. Sodann aber wird bei dieser Entgegnung die sittliche Beurtheilung der Menschennatur ausser Acht gelassen. Wer sich eitel rühmt, vollkommen zu sein, soll durch Hinweisung auf sich selbst und sein Leben eines Anderen belehrt werden, das allein wirkt Selbsterkenntniss und Demuth. Hingegen das Streben nach Vollkommenheit allgemein und aus dogmatischen Gründen zu untersagen, kann nicht heilsam sein, weil der Wille dadurch gelähmt wird; und wir wissen ja, wie sehr wir Alle geneigt sind, gemächlich auf der Ebene dahinzugehen, wenn wir nur einen Gipfel vor Augen haben.

Wollen wir noch weiter in das Innere der sittlich-religiösen Stimmung eindringen: so begegnet uns der von Löscher gerügte „Terminismus". Diese Streitigkeit hat in den Jahren 1699 bis 1704 halb Deutschland bewegt; wir Gegenwärtigen haben Mühe ihn zu verstehen. Schon Spener hatte, und zwar im Anschluss an Dannhauer ernstlich vor einer fleischlichen Sicherheit gewarnt, welche den Zeitpunkt einer durchgreifenden Busse immer auf's Neue hinausschiebt, obgleich doch Niemand wissen könne, ob es nicht eine äusserste Zeitgrenze gebe, über welche hinaus die göttliche Gnade aufhört zugänglich zu sein, und selbst der Impuls zur Besserung nicht mehr erzeugt werden kann; dann führt die Nachlässigkeit zur Verstockung und diese zur völligen Vereitelung. Von dieser Erwägung aus erklärte sich der Sorauer Diakonus Böse 1698 für die Annahme eines Terminus gratiae peremtorius, eines Termins, bis zu welchem Gott mit dem Sünder Nachsicht übe, um ihn nachher dem reichlich verschuldeten Elende zu überlassen; denn von da an sei es zu spät, die Gnade könne ihre Frist nicht weiter hinausschieben (gratia revocatrix), an dem Unbussfertigen von Gott und sich selbst Verlassenen sei jede weitere Mühe vergeblich; der Termin selber müsse, wenn er wirken solle, diesseits des natürlichen Todes fallen. In nachfolgenden Predigten gab Böse seinem Votum den grössten Nachdruck, er wollte Eindruck machen. Füglich hätte seine Sondermeinung der literarischen Kritik zur Prüfung und Berichtigung anheimgegeben werden sollen; statt dessen wurde sie von Consistorien und Facultäten mit richterlicher Härte verfolgt; Verhöre und Censuren verbitterten das letzte Lebensjahr des gequälten Mannes. Der Hass der Speneromastiges erwachte auf's Neue. Als nachher der Schwiegersohn Spener's, Rechenberg, die Böse'sche Thesis mit grosser Bestimmtheit erneuerte und von Ittig beantwortet wurde, fanden Beide in weiter Entfernung Freunde und Widersacher. Der Stand der Verhärteten wurde abermals untersucht. Bedenken der ernstesten Art mussten in doppelter Beziehung gegen Rechenberg erhoben werden. Zunächst wurde dabei die Gnade äusserst menschlich vorgestellt, sie erschien als eine anhängliche Freundin, welche dem zaudernden Sünder lange zuschaut, ja bereit ist, das Maass der Nachsicht mehrmals zu verlängern, zuletzt aber, um nicht frevelhaft mit sich spielen zu lassen, von ihrem eigenen Amte der Geduld für immer zurücksteht. Eine einfache

Anschauung der göttlichen Liebe verträgt sich mit einem so empirisch gedachten Wechsel nicht, um so weniger, wenn noch eine andere ethische Betrachtung hinzugenommen wird. Nach christlicher Lebensansicht steht Jedem von Anfang bis zu Ende der irdischen Laufbahn der Weg zur Besserung offen; nach wie vor sind dieselben Darreichungen von Oben her möglich, die guten Vorsätze pflichtmässig und fruchtbar, aufrichtige Hoffnungen erfüllbar; eine unübersteigliche Zwischenwand kann nur die Zweifelsucht aufrichten oder, wie es hier der Fall war, die Angst. Verlegen wir einmal diese Sorge in das Bewusstsein eines Individuums, welches sein eigener Berather und Wächter sein will und sein darf. Der Einzelne, wenn er das Bedürfniss der Busse von dieser selbst unterscheidet, wenn er also jenes anerkennt, um diese noch zu vertagen, befindet sich schon in einem äusserst misslichen Falle, denn er sollte wissen, dass das Eine in dem Andern sich ankündigt, also auch nicht unbenutzt bleiben kann. Noch schlimmer, wenn er dabei das Zeitmaass als solches mitsprechen lässt, ohne zu bedenken, dass es sich hier um eine geistige Angelegenheit, nicht um eine geschäftliche, auch nicht um eine Abgewöhnung handelt. Indessen müsste es ihm doch unverwehrt sein, sogar auf dem Wege einer so schwächlichen Hülfsvorstellung mit sich selber vom Flecké zu kommen. Ganz anders wenn er es wagt, für seine Präclusivfrist von Anderen Anerkennung zu verlangen. Dann würde aus einer durchaus subjectiven Eingebung eine unheilvolle Satzung geschaffen werden, ein düsterer Hades, der dem Tode vorangeht und die Unbussfertigen wie mit einem Decret von der Gnade ausschliesst. Der peremtorische Termin würde von Einigen leichtsinnig übersehen, von Anderen durch Selbsttäuschung illusorisch gemacht werden, wieder Andere müssten auf ihn hinstarren wie auf ein Gespenst, ein Ultimo des Schuldners; und schliesslich behielte doch Jeder die Freiheit, die angenommene Grenze nach Gefallen wieder vorwärts zu rücken. Für diese Annahme eine allgemeinere Zustimmung zu erlangen, war ganz unmöglich; so taktlos, um eine fromm gemeinte Willkür dieser Art zu genehmigen, war die kirchliche Ueberlieferung niemals gewesen. Die terminirte Frömmigkeit lebte noch einige Jahre in kleinem Kreise fort und mit ihr verbunden eine gedrückte unfreudige Stimmung, die sich auch auf einen Theil der ganzen Richtung fortgepflanzt hat.

Auch an diesem letzten geistigen Ausläufer der pietistischen Denkart hat also Spener selbst einigen Antheil. In der Selbstprüfung ist er entschieden viel zu weit gegangen. Im Hinblick auf ihn wirft die neuere Ethik die Frage auf, ob die Selbstbeobachtung der sicherste Hüter der persönlichen Entwicklung sei, ob wer über sich selber Buch führt, weiter gelange als jener Andere, welcher zuversichtlich auf seinem Wege fortfährt in der Erwartung, dass Augenblicke der Besinnung sich von selber einstellen werden. Im Allgemeinen ist diese Frage niemals bejaht worden. Die Tagebuchsfrömmigkeit hat nur ein individuelles Recht. Ein späteres Gleichnisswort Schleiermacher's geht dahin, dass man einen Brodteig, der backen soll, nicht oft aus dem Ofen nehmen dürfe, um zu sehen, wie weit er gar geworden.

Die Belege finden sich in Löscher's Vollständigem Thimotheus Verinus, I, 38 und an vielen Stellen. H. Schmid, Geschichte des Pietismus, vgl. die beiden Abschnitte: Lange und Löscher und die zwischen beiden Theilen geführten Lehrstreitigkeiten, S. 320 ff. 393 ff. Dazu ferner Hesse, Der terministische Streit, ein Bild des theologischen Lebens etc. Giessen, 1877, S. 122 ff. 214 ff.

§ 69. Ergebnisse und Nachwirkungen.

Löscher's Kritik war also in einigen Hauptpunkten triftig und wohlbegründet. Für sich allein angesehen ist der Pietismus eine einseitige und bis zum Krankhaften, — man denke an die Excesse und Schwärmereien, — gesteigerte Ausprägung des sittlichen und des religiösen Protestantismus. Durch die Gebrechen der kirchlichen Zustände veranlasst, von richtigen und praktisch-christlichen Bestrebungen ausgegangen, stark in der Nächstenpflicht und im Handanlegen, eifrig im Gebet ergiebt er sich dem Triebe einer symptomatischen Frömmigkeit und in sich selber abgestuften Heiligung. Die Wiedergeburt wird zu einer empirisch nachweisbaren Thatsache des Bewusstseins erhoben, sie verleiht den Kindern Gottes das Recht, sich im Unterschiede von dem Standpunkt der Menge und selbst neben der Prärogative des Kirchenamts als mündige Träger des wahren und darum auch werkthätigen Glaubens zu fühlen. Diese sehr geflissentlich betriebene Herzenstheologie trachtet nach Vervollkommnung der Persönlichkeiten, aber sie verengt den frischen Blick in das Leben, dem sie dienen will, und tritt zu den allgemeineren Aufgaben des Protestantismus in ein ungleichmässiges Verhältniss. Die Tugendübung ist doppelter Art, theils vermeidend in Bezug auf die Sinnenlust, theils positiv und durch Ausführung segensreicher Liebeswerke dargethan, aber diese Absichten fliessen nicht in eine allgemeinere sittliche Wirksamkeit zusammen.

Es würde zum Unheil geführt haben, wäre diese Art des religiösen Denkens und des Handelns sammt den beiden anhaftenden Beschränkungen die allgemeine geworden. Allein der Pietismus stand nicht allein. Als Reaction in's Leben getreten will er nach seinem mittelbaren Einfluss beurtheilt sein; denn es giebt Dinge, die erst in zweiter Hand ihre Bestimmung erreichen, in welcher Beziehung noch auf Einiges aufmerksam zu machen ist.

Löscher hatte den Pietismus ein Uebel, malum pietisticum, genannt; er vergleicht ihn einer Krankheit oder Entstellung der Frömmigkeit; das Recht der Lehre werde durch ihn verkürzt, die Freiheit des persönlichen Wandels eingeschränkt, die wahre Anleitung zur Gottseligkeit zwar verheissen, aber nicht dargeboten, weshalb denn auch der verstorbene Spener auf das Prädicat beatus keinen vollen Anspruch habe. Dagegen nahm Löscher Anstand, die Partei den Häretikern beizuzählen; Grund genug dazu wäre vorhanden gewesen, allein selbst die strengeren kirchlichen Stimmführer waren mit diesem schwersten Vorwurf jetzt weniger freigebig als vor einigen Jahrzehnten. Dem entsprechend hat sich auch die öffentliche Meinung modificiren müssen. Nicht Alles lässt sich dem harten Gegensatz des Orthodoxen und Häretischen unterwerfen, es giebt Abweichungen, die sich noch dicht an der Grenze des Zulässigen bewegen, sie gleichen einer Heterodoxie oder Differenz der Auffassung, welche zwar der Missbilligung werth, aber noch nicht verdammlich ist. Dies der Uebergang zu einer erweiterten Darstellung des kirchlichen Gesammtgeistes. Das alte damnamus verwandelte sich in ein improbamus secus docentes (C. Aug. I, 10).

Ein ähnlicher Uebergang knüpfte sich ferner an die veränderte Beziehung des Glaubensinhalts zu dem Glaubenszweck. Bisher war der Glaube im dogmatischen Sinne immer noch nach Artikeln gemessen worden; der Ring der Lehre umfasst ihn, als Ganzes eröffnet er den Zugang zum Heil, daher muss auch das Effective an ihm von der Vollständigkeit des angeeigneten Inhalts abhängig sein. Bei der Anerkennung der Nothwendigkeit der guten Werke wird der Zusatz ad salutem grundsätzlich weggelassen, übrigens aber heftet er sich an die meisten Artikel, selbst die subtilen und schwer verständlichen. Calixt seinerseits reducirte das Fundamentale auf den Umfang des alten Bekenntnisses, aber auch er blieb vorwiegend bei der quantitativen Beurtheilung stehen; die vereinfachte Lehrsumme als solche und das Wissen um sie ist ein Nothwendiges und führt zum Ziele, sobald sich ihm nur das Handeln mit gleicher Energie anschliesst. Ganz anders wenn jetzt Spener das religiöse Subject als mitbestimmend hinstellte, wenn er den Lehrglauben mit dessen sittlicher Wirkung verband, welche letztere aber erst durch die Frömmigkeit des Empfängers verbürgt werde und ohne diese abhanden komme, wenn er gegen die Unfruchtbarkeit des Buchstabens protestirte, als ob diesem für sich allein und ohne Nachfrage, ob er auch im Innern des Menschen verwerthet werde, eine beseligende Kraft beizulegen sei. Damit wollte er das qualitative Moment, das Wie neben dem Was hervorheben und in das dynamische Wesen der Religion zurückgreifen. Religion ist ein Ergriffenwerden, aber auch ein eigenes persönliches Ergreifen; was sie als Wissen mittheilt, muss im „Herzen“ wiederklingen und den Willen in Bewegung setzen, damit erst bezeugt es seine Wahrheit. Der Glaube lebt in der Frömmigkeit, folglich muss diese gepflegt werden, während sie durch alleinige Geltendmachung correcter Definitionen („Symbololatrie“) entseelt wird; in der Frömmigkeit aber begegnen sich die religiösen mit den ethischen Regungen. Nichts ist Spener und den Seinigen mehr verübelt worden als dieser Subjectivismus, und daran hängt gleichwohl eine wichtige Frucht seines Lebenswerks. Zwischen intellectuell entgegengesetzte Ansichten konnte sich fortan noch ein anderes, bisher unterschätztes Element eindrängen als Ausdruck frommer Erfahrung, dehnbar allerdings und der Auslegung fähig nach beiden Seiten. Und wer wüsste es nicht, dass sich von jener Zeit her bis auf unsere Tage der Gedanke erhalten hat: die rechte Gläubigkeit sei nicht einerlei Ding mit der Rechtgläubigkeit. Auch das hat seine Wahrheit, mag es auch oft wie eine Redensart hingesprochen sein.

Ob und in welcher Weise der Pietismus die einzelnen theologischen Disciplinen beeinflusst habe, ist oft gefragt worden. Die begriffliche Strenge fand in diesem Kreise keinen Beifall, systematische Studien wurden vernachlässigt, philologische und exegetische traten an die Stelle. Spener selbst, obgleich nach Luther's Vorgange den Aristoteles verwerfend, hat doch den philosophischen Unterricht in gewissen Grenzen genehmigt; die Hallische Schule wandte sich gänzlich von diesem Bildungsmittel ab, mit welcher Unduldsamkeit gegen eine selbständige philosophische Principienlehre, ist in Christian Wolff's Verbannung aus Halle (1723) offenbar geworden. Die kirchliche Dogmatik behauptete sich noch in ihren Fugen, erst bei genauerer Besichtigung verräth sie, namentlich in der Heilslehre, mehrere ihr aufgenöthigte Milderungen. Dagegen ist die Ethik, wie sich zeigen wird, unzweifelhaft bereichert worden. Endlich sollten die literarischen Studien des Pietismus auch an der Darstellung der Kirchengeschichte nicht wirkungslos vorbeigehen, diese trat in ein neues Licht, Neigung und Abneigung mussten sich anders vertheilen. Schon Calixt hatte das altkatholische Zeitalter im Verhältniss zu den späteren papistisch irregeleiteten oder confessionell gespaltenen bevorzugt. Noch liebevoller blickte ein Gottfried Arnold auf das Urchristenthum zurück, in ihm sah er noch die „erste Liebe“ walten und die christliche Gemeinde in ihrer angeborenen Lauterkeit und Leidensfähigkeit verharren, ehe sie durch weltliche Einflüsse wie durch Willkürherrschaft der Kaiser verderbt werden konnte. Und wenn derselbe Arnold die Häretiker des Alterthums methodisch in Schutz nahm: so hat er freilich die überlieferten Urtheile vielfach nur auf den Kopf gestellt. Gerhard und Andere hatten die wahre Frömmigkeit und Rechtschaffenheit an die orthodoxen Vorstellungen gebunden, von Arnold wurden diese Tugenden gerade den Häretikern zugesprochen; das eine Vorurtheil sollte das andere umstossen. Indessen folgte Arnold doch einem richtigen Beweggrund, indem er die bequem gewordene Verdammungslust der Kirche kritisch durchbrach, — demselben sittlichen Beweggrund, welchem wir im Obigen an mehreren Stellen begegnet sind. Die damit empfohlene grössere Unbefangenheit in der historischen Rechtsprechung bedeutete für die Vergangenheit dasselbe was für die Gegenwart das Votum des Kanzlers Pfaff, welcher die gleichzeitigen und abermals vergeblichen Unionsverhandlungen 1722 mit dem Rathe beschloss, man möge fortan mit mehr „Glimpflichkeit und Moderation die Controversien" ertragen.

Wenn schon der synkretistische Streit keinen bestimmten Abschluss gefunden: so noch viel weniger der pietistische; die letzten Besprechungen von 1719 hatten keinen Erfolg. Die Hallische Schule dauerte fort, aber in geringerer Abgeschlossenheit. Einige von Spener angeregte Geister haben sich nachher als radical gesinnte Autodidakten emancipirt, die Meisten blieben in ihrer religiös-praktischen Tendenz einander ähnlich, aber auch zugänglich für Andere. Von den ehrwürdigsten Vertretern der streng Lutherischen Richtung während der nächstfolgenden Decennien, von Männern wie J. G. Walch, Buddeus, Pfaff ist soviel gewiss, dass sie auch dem Pietismus einen Beitrag zur Bildung ihrer religiösen und wissenschaftlichen Erkenntnisse verdankten. Wo die Principien fortbestehen, können doch die Menschen sich in persönlicher Fruchtbarkeit entwickeln.

Engelhardt, Val. Ernst Löscher nach seinem Leben und Wirken, Stuttg. 1856, im orthodoxen Sinne das beste Buch über den

Löscherschen Streit. S. auch Tholuck, Geist der Theologen Wittenbergs, S. 297. H. Schmid, a. a. O. S. 435 ff.

Es gehört zur Eigenthümlichkeit des Pietismus, dass derselbe ausser seinem Anhang noch einige theilnehmende Zuschauer oder in gewisser Richtung Geistesverwandte an sich ziehen konnte. Die Bewegung war auf einen ungleichen Boden gefallen. Eine aufklärende Wirkung pflegt mit zwei Persönlichkeiten belegt zu werden, zunächst durch Christian Thomasius († 1728), den universell begabten Juristen und Schriftsteller, den Begründer des Territorialsystems, aber auch den satirischen Kritiker der herrschenden Schulwissenschaft, nicht bloss der theologischen, den herzhaften Verfechter religiöser Duldung und muthigen Widersacher der Tortur. Aufzuräumen mit dem Veralteten, Autorität und Ueberlieferung zu durchbrechen, war sein Talent, nicht gründliches Eindringen auf bestimmte Probleme. Als schlagfertiger Rechtsanwalt Francke's in dem Leipziger Process (1692) ist er mit dem Pietismus in Berührung getreten, auch blieb er seitdem Spener persönlich zugethan, aber ohne Mitglied seines Kreises zu werden. Sein Verhältniss zu diesem lässt sich dahin bestimmen, dass während Spener das Sittliche im engsten Verbande mit dem Bewusstsein der Frömmigkeit pflegte, es von Thomasius praktisch dargestellt und verselbständigt wurde, dass er diesen Moralismus der Theologie, also die Anleitung zum rechtschaffenen Wandel als die wichtigste Angelegenheit des Christenthums überhaupt vertheidigte. — Wie anders die Geistesart des zweiten hier erwähnenswerthen Mannes! Das Bild dieses vielgescholtenen Christianus democritus (1673—1734), ist neuerlich durch Bender's verdienstliche Schrift wesentlich vervollständigt worden; Mittheilungen aus den Quellen der Staatsarchive von Stockholm und Kopenhagen und der Hofbibliothek zu Darmstadt liegen ihr zum Grunde. Der Titel: Johann Konrad Dippel, der Freigeist aus dem Pietismus, ein Beitrag zur Entstehungsgeschichte der Aufklärung, Bonn 1882, bezeichnet zugleich die Tendenz des Buchs. Wir empfangen eine Biographie durchflochten mit zahlreichen Belegen aus seinen Schriften, der Gang seiner Entwicklung wird klar gestellt, eine Uebersicht seiner theologischen Ansichten macht den Beschluss. „Dass der Pietismus, sagt Bender S. 12, seinen Antheil an der Entstehung der religiösen Aufklärung in Deutschland hat, kann mit Ernst kaum bestritten werden.“ Wir bestreiten es ebenfalls nicht, auch Dippel beweist diesen Antheil. Allein es ist doch immer nur der extreme und kritisch emancipirte Pietismus, nicht der ursprüngliche, was uns in dieser Persönlichkeit vor Augen steht. Wir werden in die heissesten Momente des Kampfes versetzt; immer und immer wieder lehnt sich Dippel gegen die Selbstgenugsamkeit des Dogma's auf.

Nur Wiedergeburt und Heiligung sprechen den Zweck des Christenthums aus; Christus schafft sie, denn indem er uns den Process der Weltverleugnung in der Kraft der Liebe Gottes „vorlebt", macht er uns selbst der göttlichen Natur theilhaftig. Soweit schöpfte Dippel aus den einfachen Consequenzen des Pietismus. Wenn er aber dem „grausigen" Dogma von der Genugthuung jede Wahrheit absprach, und wenn er zuletzt bis zu völliger „Vergleichgiltigung" der Geschichte Christi fortgetrieben wurde (s. Bender S. 139): so beweist er damit nicht mehr, was der Pietismus war und wollte, sondern nur, was ein genial angelegter und kritisch vordringender, aber unruhiger, durch erlittene Anfeindungen doppelt erregter und obenein nach der Seite einer mystischen Naturphilosophie ausschweifender Kopf aus ihm machen konnte (vgl. ebendas. S. 51. 54. 99. 104. 120). Meines Erachtens ist das Bedeutendste an ihm wieder er selbst, doch möchte es richtiger sein, ihn aus dem Pietismus zu erklären, als umgekehrt diesen letzteren nach ihm zu bemessen. Für unseren Zweck wäre hinzuzufügen, dass Dippel trotz seiner mystischen und alchymistischen Neigungen das sittliche Princip stets festgehalten und die Gotteserkenntniss auf der Grundlage der Ethik, nicht einer natürlichen oder übernatürlichen Physik erbaut hat (S. 99). Wiedergeburt und Heiligung werden bald mystisch aus der unmittelbaren Verbindung mit Christus hergeleitet, bald ethisch als Process einer durch Christi Leben und Vorbild bestimmten Willensthätigkeit vorgestellt; die christliche Vollkommenheit soll nur als relativ erreichbares Ziel, also ähnlich wie bei Spener gedacht werden. Was Thomasius und Dippel mit einander gemein haben, ist die kritische Ader, die übrigens im Pietismus nur wenig oder gar nicht fliesst. Ueber Thomasius vgl. noch K. Biedermann, Deutschland im XVIII. Jahrhundert, II, S. 355.

§ 70. Nachtrag, die Ansicht Ritschl's.

Das Vorstehende war längst niedergeschrieben, ehe ich Zeit fand, auch den zweiten Band des Ritschl'schen Werks kennen zu lernen. Nachdem dies geschehen, darf ich, weil ich den ersten Theil berücksichtigt, über diesen zweiten nicht schweigen, bin aber ausser Stande, ausführlich und wie es an sich genommen nöthig sein würde, auf dessen Inhalt einzugehen. Was mir übrig bleibt, ist kürzlich und nach Maasgabe des mir vorliegenden Zusammenhangs meine Stellung anzugeben.

Soviel ich weiss sind die öffentlichen Stimmen schon darüber einig geworden, dass die wissenschaftlichen Vorzüge, dialektische Gewandtheit, untersuchende Schärfe und Gründlichkeit von der ersten Darstellung auch auf die zweite übergegangen sind, und vielleicht treten sie in dieser letzteren noch vollständiger an's Licht. Das literarische Material ist gross, Ritschl übersieht es nicht allein und beherrscht es mit völliger Freiheit, sondern er hat es um ein ansehnliches Stück bereichert. Auch stand zu erwarten, dass Ritschl wie schon bei der Beurtheilung des reformirten Pietismus, so auch diesmal den strengsten Maassstab des kirchlichen Bekenntnisses, also der Augsburgischen Confession zum Grunde legen würde. Sein Standpunkt ist der dogmatische, das praktische und sittliche Interesse konnte natürlich nicht fehlen, aber es tritt in die zweite Linie, und gerade über dieses Verhältniss und Missverhältniss erlaube ich mir einige Bemerkungen. Vor Allem soll abermals eine feste Mauer gegen alle Mystik aufgerichtet werden; das Lutherthum verlangt vollständige Säuberung von allen wirklichen oder vermeintlichen Anklängen oder Resten dieser Art, denn Mystik ist nur die Vorwegnahme einer Seligkeit im Jenseits. Wir denken darüber etwas anders. Mystische Systeme werden innerhalb des Protestantismus niemals eine feste Stellung einnehmen, ihrem Wesen nach aber ist die Mystik doch nur ein Mitlauter der Religion selbst, ein Tropfen, der niemals ganz versiegt. Nach solcher Zurüstung muss es schon Johann Arndt mit seinem „Wahren Christenthum" übel ergehen. Schon bei ihm finden sich viele mystische Ansätze, Verletzungen des kirchlichen Bekenntnisses, auch Nachklänge aus der Sprache eines Bernhard, kurz fremde Gedankenreihen. Damit soll nach S. 60 noch keine allgemeine Verurtheilung ausgesprochen werden, gleichwohl ist Ritschl diesem Buche nicht gerecht geworden; sein Bericht führt es uns nicht vor in seiner männlichen Gewissenssprache, noch wird erwogen, ob nicht ein moralisch empfindlicher Prediger weit mehr Ursache hatte, bei dem Thema von der Busse, der Selbstüberwindung und Selbsterkenntniss zu verweilen als ein Systematiker gleichen Datums. Ihrem Kerne nach ist diese Schrift doch nur eine kräftige Wiederaufnahme des alten μετανοεῖτε, eine Zurückforderung des Guten für die Wahrheit des Christenthums, und wenn die correcten Lutheraner sich nicht bewogen fanden, dieses Urwort des Evangeliums ihrem Zeitalter in's Angesicht zu werfen, dann blieb eine solche Mahnung den Incorrecten überlassen. „Der christliche Glaube, sagt Ritschl S. 59, lebt von der Anerkennung des Zieles, also des Sieges des Guten in der Menschheit oder der fortschreitenden moralischen Verbesserung des Ganzen, auch wenn man von der reformatorischen Arbeit an dieser Aufgabe in einer bestimmten Zeit noch so wenig Erfolge wahrnimmt. Dieses Glauben gegen den Augenschein ist die nothwendige Paradoxie im Christenthum." Sehr wahr, und dieser Glaube soll uns durch alle Tage unseres Lebens begleiten, aber doch nur im Sinne eines Trostes, denn wollten wir absehen von den Graden der Schlechtigkeit, welche sich unter diesem Dache der Paradoxie zeitweise angesiedelt haben, oder wollten wir uns daran halten, dass die Klagen über den Verfall der Kirche in jedem Zeitalter „egal" lauten, was zwar nicht der Fall ist: so würde aus dem Troste eine Beruhigung werden, für welche ich keinen christlichen Rechtstitel weiss. Dafür dass die Paradoxie fortdauert, ist ohnehin gesorgt. Ich bin nicht der Meinung, dass der Ethiker dem Dogmatiker gegenüber nur zu verstummen hat, nein er hat Mittel um auf ihn, wenn er Alles allein und von sich aus bestreiten will, zu reagiren. Von der Nothwendigkeit jener Paradoxie lebt die Ethik nicht.

Weit ausführlicher und mit mehr Wohlwollen wird Spener charakterisirt; Ritschl widmet ihm und seiner Gesinnung an mehreren Stellen Worte der Anerkennung, die „Desideria" werden gewürdigt und der Chiliasmus nicht schroff beurtheilt. Die meiste Mühe aber verwendet der Verfasser doch auf die Censur der Spener'schen Schriften; die „fehlerhaften Ansätze", die Mischungen von „gesetzlicher und aufklärender" Vorstellung sollen offenbar werden, und bis zu dem „Bäumeln mit der Bibel" erstreckt sich die kritische Bemängelung. Anstössig ist die Schonung Tauler's, mehr noch die Sympathie für Böhme, denn wenn sich ein Böhmist zu den frommen Versammlungen gemeldet hätte: so weiss Ritschl „gewiss", dass er nicht zurückgewiesen worden wäre (S. 171). Er verurtheilt ihn also aus der scientia media. Ebenso bedenklich sei Spener's Betragen, welches mehrmals einer aufreizenden Provocation, dann aber auch einer vorsichtigen Einlenkung gleiche. Nun wahrlich, dass eine Persönlichkeit wie Spener, welcher freimüthig, weitherzig und milde geartet und zugleich immer darauf bedacht war, nicht mit seiner Kirche zu zerfallen, unter solchen Umständen sich in seinem Verhalten stets hätte gleich bleiben, dass er von den Fehlern seiner Tugenden hätte frei sein sollen, ist allzuviel gefordert. Der Vorwurf des Indifferentismus ist ebenfalls leicht ausgesprochen, aber er hinterlässt die Erwägung, dass der Herold einer sittlichen Reformbewegung nicht anders konnte als den Schwerpunkt, welcher bisher lediglich auf der doctrinalen Seite gelegen hatte, zu verändern. Das Separatistische in Spener's Unternehmen wird von Ritschl auf ihn selber zurückgeführt, er ist der Anführer der Rotterei; damit aber möchte es sich nicht reimen, dass er an einer andern Stelle nur als die „Gelegenheitsursache" des Pietismus erscheinen soll (S. 153 ff.). Es kann nicht fehlen, dass diese gehäuften und an sich scharfsinnigen Beobachtungen der Darstellung den Charakter der Absichtlichkeit aufprägen. In einer Streitschrift mag es darauf ankommen, allen Schwächen einer literarischen Persönlichkeit nachzuspüren; ein Historiker wird sich dabei nicht begnügen, wenn er nicht zugleich den ganzen Schauplatz, auf welchem sie gewirkt, mit vergegenwärtigt hat. Wir glauben nicht, dass dies Letztere hinreichend geschehen ist; Ritschl verschuldet es, wenn diese Abschnitte seines Werks für eine Gerichthaltung erklärt werden.

Vortrefflich sind die pietistischen Localstreitigkeiten behandelt, Ritschl übertrifft seine Vorgänger, indem er stets auf die Sache dringt, statt sich bei den Aergerlichkeiten aufzuhalten. Daher sei nur noch hinzugefügt, dass er sich bei Erwähnung der Spener'schen Schrift von der „Freiheit der Gläubigen vom Ansehen der Menschen in Glaubenssachen" (1691), zu der Entgegnung veranlasst findet; Spener habe sich nicht klar gemacht, dass dieser Streit, nämlich der chiliastische, überhaupt nicht entschieden werden konnte, dass also seine Ausführungen den Eindruck der Rechthaberei machen mussten (S. 122. 181). Diese Worte habe ich mit grossem Befremden gelesen. Sollte wirklich Ritschl's Meinung dahin gehen, dass die christliche, hier also auch die protestantische Freiheit vom Ansehen der Menschen in Glaubenssachen, sich in den Grenzen einer Ueberlegung bewegen müsse, welche zuvor sicherstellt, ob das mitzutheilende Votum nicht den Eindruck der Rechthaberei hervorbringen werde?

Dieses Wenige glaubte ich hervorheben zu sollen im Interesse der ethischen Motive, also der christlichen Freiheit für das Gute und den Willen zur Besserung, — Bestrebungen, welche trotz aller anhaftenden Einseitigkeit und Beschränkung das A. und O. der ganzen Bewegung bilden. Auch habe ich schon in meiner Einleitung darauf hingewiesen, dass es meines Erachtens damals unmöglich war, jeden Einfluss älterer Anschauungen auszuschliessen, wenn nicht ein Theil der Literatur mit dem Banne belegt werden sollte. Uebrigens werde ich fortfahren, aus diesem Werke zu lernen, die Haltung des Ganzen befriedigt mich nicht, noch sehe ich mich genöthigt, einen Theil des oben Gesagten jetzt zurückzunehmen.

A. Ritschl, Geschichte des Pietismus. II, 1. Abth. Bonn 1884. Hierher gehört das vierte Buch und ein Theil des fünften, das sechste uns fernliegende handelt von der Hallischen Theologie.

§ 71. Schlusswort.

Unsere Darstellung galt dem Pietismus Spener's und seines nächsten Anhangs bis zu den Löscher'schen Verhandlungen; dem weiteren Fortleben einer verwandten Frömmigkeit haben wir dieses Orts keine Aufmerksamkeit zu schenken. Von dieser ersten und zusammengehörigen Epoche behaupten wir nun, dass sie dreierlei geleistet hat: sie hat die Alleinherrschaft der Orthodoxie für immer gebrochen, sie hat zweitens den in der Auffassung und Aneignung des Glaubens enthaltenen ethischen und dynamischen Coefficienten kräftig betont und endlich drittens das kirchliche Leben dadurch erweitert, dass dieses nunmehr eine grössere Circulation religiöser Erregungen in sich aufnahm. Aus diesen Gründen sind wir der Ansicht, dass der Spener'sche Pietismus trotz seiner Fehler doch mehr gefördert als verdorben hat. Diese dreifache Wirkung weist unstreitig auf den Ursprung zurück, doch ergeben sich dabei Unterschiede, die sich daraus erklären, dass eine Geistesbewegung dieser Art, zumal eine religiöse, indem sie, abgelöst von dem Leben ihrer Anfänger, sich selbst gehört, auch eigenthümliche Gestaltungen anzunehmen pflegt. Noch einiges Andere hat der Kirchenhistoriker hierher zu ziehen, wie namentlich die Förderung der Heidenmission, den Einfluss auf das Kirchenlied und den zunehmenden Gebrauch der deutschen Sprache für wissenschaftliche Zwecke. Selten wird daran gedacht, dass auch die Kirchenmusik nicht unberührt geblieben ist; J. S. Bach hat sich für sein grosses Oratorium eines pietistisch gefärbten Textes bedient. — Dies Alles soll von denen gesagt werden, welche selbst nicht zu fürchten haben, zu den Pietisten gezählt zu werden.

Vgl. noch in Bezug auf das Kirchenlied Ritschl, a. a. O. S. den kritischen Abschnitt S. 63 ff., Jesusliebe in Poesie und Prosa.

Viertes Kapitel.

Fortbildung der Ethik.

§ 72. Lutherische Ethik nach Calixt.

Die ethische Literatur, zu welcher wir nach langer Abschweifung zurückkehren, hat sich von nun an eine Zeit lang auf gleicher Bahn fortbewegt; der von Calixt gegebene Entwurf war der Weiterbildung ebenso bedürftig wie fähig. Der nächstfolgende Schriftsteller, der Altorfer Johann Conrad Dürr, entspricht seinem Namen nicht. Er ist wohl belesen, Freund der Augsburgischen Confession, dogmatischer Ueberbürdung abgeneigt, auf Erhaltung des kirchlichen Friedens aufrichtig bedacht, als Darsteller aber nicht dürr, und er hat immer das Verdienst einer Vervollständigung und richtigeren Anordnung des Stoffes. Schon seine Vorrede beweist, wie sehr er für diese Aufgabe eingenommen war. Nicht allein durch Mittheilung eines bisher verborgenen Wissens hat Gott die Menschheit aus dem Verderben erretten wollen, sondern ebenso wohl dadurch, dass er dem Willen einen neuen Impuls gab, um ihn zur Bethätigung der allein beseligenden Motive der Gottes- und Nächstenliebe fähig zu machen; das Letztere dient zur Befestigung des Anderen, eben damit wird der Ausspruch erfüllt: Gottes Wille ist eure Heiligung (1. Thess. 4, 3), — eine um so dringendere Vorhaltung, je weniger bisher die sittlichen Mahnungen genutzt haben. Die Nothwendigkeit einer gesteigerten Einwirkung auf die Sittenbildung war damit eingestanden.

Das Subject der Ethik ist wie bei Calixt der Christenmensch, in welchem auch der natürliche mit enthalten ist. Dies liess sich nach der Schulsprache verdeutlichen; das subjectum quod ist die ganze menschliche Persönlichkeit als der Ausgangspunkt einer erneuerten Handlungsweise, das subjectum quo die eigenthümliche Einwirkung, vermöge deren wir uns zu einer gottgemässen Thätigkeit bestimmen lassen. Eine ähnliche Distinction überträgt sich auf den Begriff der Freiheit, auch sie erscheint zuerst im allgemeineren formalen Sinne als Zwangslosigkeit, ehe sie eine christlich vorgezeichnete Richtung einschlagen kann. Unter dem Princip oder der principiellen Form der christlichen Handlungen soll die Uebereinstimmung mit dem höchsten Gesetz, die Beziehung auf den göttlichen Ruhm und endlich die Herkunft aus den Quellen des Glaubens und der Liebe verstanden werden; die Materie aber versetzt uns in den ganzen Umfang des Seelenlebens zurück. Von Haus aus sind es Affecte und Triebe, von denen wir bewegt werden, sie ersterben nicht, aber es gilt, sie im Uebergange zu einer sachlich und persönlich bedingten Selbstbestimmung mit der neu gewonnenen Willenskraft in Einklang zu bringen. Auch das Gewissen bringt sich selbst nur als ungefähre Anlage und Wahrheit mit, erst durch Verbindung mit dem christlichen Motiv wird es in den Stand gesetzt, seine eigenen Fehlgriffe und Schwankungen zu überwinden.

Demnächst liefert Dürr wieder eine Tugendlehre und zwar nach den gegenständlichen Beziehungen auf Gott, den Nächsten und das eigene Selbst. Löblich nennen wir hier die dogmatische Enthaltsamkeit in der ersteren Richtung, denn die Religionspflicht wird nur allgemein als Frömmigkeit gedacht, aus welcher Hoffnung, Vertrauen, kindliche Scheu, Demuth, Geduld und Standhaftigkeit entspringen. Die Anrufung Gottes umfasst jede Art der Bitte, Fürbitte und Lobpreisung, aber sie soll uns zugleich gegen jede Herbeiziehung verdächtiger Einflüsse sicherstellen. Hinweg also mit Dämonen, Hexen und Währwölfen, mit Hydromantie, Aeromantie, Pyromantie, „chaldäischer“ Astrologie, denn nicht jede Sterndeutung wird untersagt, — hinweg mit Präsagien, Divinationen und spiritus familiares; alle diese Vorstellungen werden nicht als blosse Wahngebilde verurtheilt, wohl aber als Antastungen des Gottvertrauens, die zuletzt in Abfall und Lästerung ausarten. Der Artikel vom Eid giebt Gelegenheit, gegen den Jesuitismus, der vom Feiertage gegen jüdische Gesetzlichkeit zu protestiren. Es hatte seinen guten Grund, als Gott das auserwählte Volk dem strengsten Sabbathsgebot unterwarf; auf uns Christen dagegen ist nur die moralische Verbindlichkeit übergegangen, welche uns nöthigt, das Geräusch der Geschäfte durch Tage der Stille und des frommen Gedenkens zu unterbrechen, ähnlich wie die Natur einen Wechsel von Schlaf und Wachen, von Ruhe und productiver Lebendigkeit für sich fordert. Zum nächsten Abschnitt übergehend bemerkt Dürr, der Christ müsse sich selbst mehr lieben als den Nächsten, weil er sonst sein eigenes Heil zurückstellen oder die Einigung mit Gott eifriger für Andere als für sich selbst erstreben würde. Das ist aber nur scheinbar christlich gedacht, es beruht auf einer Abwägung des Liebesmaasses, bei welcher vergessen wird, dass in der Nächstenliebe die Selbstliebe nothwendig mitgesetzt ist, und dass schon die Natur gegen Unterschätzung des eigenen Lebenszweckes hinreichende Vorkehrung getroffen hat. Dagegen lesen wir mit Wohlgefallen, wenn die friedfertige Gemeinschaft der Kirchen hochgehalten und auf die Uebereinstimmung nur im Fundamentalen gegründet wird; die Häresie freilich will Dürr ganz auf moralische Gründe zurückführen, ohne zu fragen, ob nicht Unterschiede des Erkennens einen Antheil an ihr haben. Das war bequem, ebenso wenn die Nächstenliebe stückweise vorgetragen wird. Jeder Nächste ist Leben, Eigenthum, Persönlichkeit, nach diesen Rubriken fordert er den Beistand des Anderen. Der schonenden Anerkennung (mansuetudo) steht entgegen der Mord, dem Eigenthum der Diebstahl, der Ehre die moralische Schädigung unter den scholastischen Benennungen als contumelia, detractio, susurratio. Aber auch die Selbsterhaltung ist unveräusserlich, aus ihr ergiebt sich noch nicht das Duell, aber das Recht der Nothwehr und auf grössere Verhältnisse angewendet das des Krieges und des Strafrechts in allen Graden. Wenn Dürr nachher noch die Pflege des Selbstgefühls, der Gesundheit und der Umgangstugenden empfiehlt: so beweist er damit, dass inzwischen die Schätzung des socialen Lebens und seiner Bedingungen gewachsen war.

Nur Eines hätten wir noch beizufügen. Der Verfasser hat seiner allgemeinen Tugendmoral noch eine besondere (theologia moralis propria vel specialis) angeschlossen. Er betrachtet Staat und Geistlichkeit, Eltern, Kinder, Dienstboten und Untergebene als collective Persönlichkeiten, und was sie sich gegenseitig zu leisten haben, wird als Pflicht (officium) hingestellt. Demgemäss liess sich der Stoff anders vertheilen, auch späterhin sind die einzelnen Kreise des privaten und öffentlichen Lebens und seiner Verbindlichkeiten einer speciellen Moral einverleibt worden.

Joh. Conr. Dürrii Enchiridion theol. moral., in quo virtutes et officia hominis christiani tum in genere tum in certis vitae statibus considerati explicantur, Alt. 1662. 75. 98. Auf das Verhältniss zu den Calvinisten deutet p. 107: Iis itaque qui nec Pontificiorum errores nec crassum et ad excessum nimis deflectentem reformandi modum probarent, relictum est nomen Lutheranorum, non a semet ipsis sed a Pontificiis impositum, unde ipse Lutherus deprecatus et omni contentione istam dignitatem a se amolitus est. Vom Fasten p. 158: Finis denique jejunii unus est, ut animi intentio et devotio ad sanctas meditationes et alia pietatis exercitia acuatur. Vom Sabbathsgesetz p. 163: Obligantur nihilominus Christiani ad id praestandum, quod sub praecepto isto Sabbatico morale latet et ad naturae jus spectat in eo consistens, ut quoniam magnam vitae nostrae partem sibi vendicant curae terrenae et negocia temporalia, certum aliquod tempus impendamus meditandae ac celebrandae majestati divinae etc. Von der Selbstliebe p. 197: Ac primo quidem debet Christianus magis amare se ipsum quam proximum in eodem genere bonorum spiritualium et aeternorum, adeoque magis serio et ardentius debet optare et procurare aeternam suam beatitudinem quam aliorum. Ratio est non tantum quia charitas incipit a se ipsa, verum etiam si quis praeponeret aliorum salutem suae, magis optaret alios uniri Dei amori quam se ipsum etc. Von den Häretikern p. 227: Qui scilicet ambitionis, avaritiae, invidiae aut alterius vitii affectusque stimulo impulsi pestifera et religionis christianae fundamentis contraria dogmata proponunt. Von den Umgangstugenden p. 299, woselbst die formellen oder kritisch und scherzhaft gemeinten Dissimulationen nach Melanchthons Vorgang von Lügen unterschieden werden. Sed nec urbanitas Christianum dedecet, quatenus festivitate pii sermones ornantur et condiuntur et verbis in speciem jocosis mixta voluptati utilitas audienti insinuatur. Vgl. de Wette, Theol. Zeitschr. I, S. 258.

§ 73. Nachfolger. Buddeus und Andere.

Wenig später erschienen die Lehrschriften von G. Th. Meier, H. Rixner, J. Fr. Schomer, welcher Letztere von Grotius und Pufendorfs praktisch-philosophischen und naturrechtlichen Anschauungen zuerst einen vorsichtigen Gebrauch gemacht hat. Und damit lange nicht genug, nicht umsonst war das Studium wieder erweckt worden, jetzt wurde es gerade im Lutherthum eifrig fortgesetzt; durch Beiträge von J. A. Osiander, Olearius, J. G. Baier, Botsack, Strauch, J. A. Schmid, Jäger u. A. ist die Moraltheologie binnen weniger Jahrzehnte zu einer ansehnlichen Literatur angewachsen. Doch verweilen wir nur bei dem höchst achtbaren Budde, dieser ist uns schon darum willkommen, weil sich an ihm ein wohlthätiger Einfluss der Spener'schen Schule nachweisen lässt.

Johann Franz Buddeus, der Jenenser, († 1729), hatte aus Studium und Erfahrung reichlich geschöpft; seine ungewöhnliche Belesenheit setzte ihn in Stand, unter Philosophen, Dogmatikern, Mystikern und Kritikern wie Pufendorf und Thomasius und endlich Pietisten Umschau zu halten. Der Gesinnung nach scheint er Spener näher zu stehen als Löscher, aber er wollte sich noch in dem kirchlichen Gleise behaupten. Die extremen Denker werden aufgegeben, die Mehrzahl der Uebrigen, soweit sie nur vom Christenthum ein neues Leben erwarten, sollen mitsprechen, und es zeigt sich, dass unter den Händen eines Mannes, welcher ohne genial zu sein, doch von seinem Talent der Verknüpfung und Ausgleichung einen besonnenen Gebrauch machte, sich ein bemerkenswerther Fortschritt vollziehen konnte.

Definirt wird die Moraltheologie von Buddeus als eine praktische Wissenschaft, welche das Wachsthum des schon christlich Ergriffenen in der Tugend und Frömmigkeit zu verfolgen hat, — dies nach alter Weise. Aber Glauben und Thun lassen sich nicht spalten, erst der Zusatz κατ 'εὐσέβειαν verleiht der Erkenntniss der Wahrheit ihren christlichen Charakter, nur die Unterscheidung, nicht die Trennung der intellectuellen und der praktischen Hälfte des theologischen Berufs ist erlaubt, für sich allein ist die erstere unfertig. Man kann es schon einen Process nennen, wenn der Verfasser die an sich entgegengesetzten Mächte der Natur und Gnade zu einander in stetige Wechselwirkung bringt. Der Naturstand verfällt entweder der rohen Sicherheit oder der gesetzlichen Knechtschaft, in beiden Fällen bleibt er untauglich für den christlichen Zweck, und dasselbe ergiebt sich, wenn wir nach Thomasius ein menschlich-animalisches Studium voranstellen. Denken wir aber die Wirkungen der Gnade dem menschlichen Bedürfniss eingefügt und angepasst: dann entstehen Uebergänge und Erhebungen. Auch die Sünde, obgleich in ihrer Erblichkeit einem völligen Elend gleichend, ist der Verminderung und der Steigerung fähig, kann also auch Veränderungen in sich aufnehmen, welche sich auf Vernunft, Wille, Einbildungskraft erstrecken. Man denke diesen Verlauf nur als einen lebendigen, dann lässt sich das Thema Spener's von der Natur und Gnade auch mit gelehrter Strenge ausführen. Es ist unrichtig zu leugnen, dass aller Willensbewegung ein Act des unterscheidenden Urtheils vorangehen müsse; dennoch vermag ein stetiger Wille die Richtung des Denkens an sich und seine Ziele heranzuziehen, und es ist Selbstbestimmung, nicht blosse Intelligenz, wovon die Besserung ausgeht, — ein neues Zugeständniss an den Pietismus.

Wer nur sich selber liebt, verharrt unter der alten Sündenherrschaft, wer Gottesliebe in sich aufrichtet, wird umgebildet, indem er zur Selbstverleugnung, Geduld und Demuth gelangt. Drei Temperamente gestalten und färben den inneren Menschen, drei Hauptfehler schliessen sich an: Selbstliebe, Ambition und Welt- oder Geldsucht; folglich müssen es auch drei principale Tugendkräfte sein, in welche sich der Stand der Erneuerten kleidet; Frömmigkeit, Maasshaltung, Gerechtigkeit, — eine mit den vier Cardinaltugenden nicht unvereinbare Dreizahl. Wie aber, entsprechen nun auch die Handlungen der Christen wirklich dem Princip des neuen Lebens, geht aus der inneren Umwandlung thatsächlich eine völlig abgerundete Persönlichkeit hervor? Buddeus muss dies verneinen, zum Perfectisten will er nicht werden, sein psychologisches Verfahren nöthigt ihn zu Abzügen von der Vollkommenheit. Mängel und Schwächen werden jederzeit zurückbleiben, erst das Jenseits streift sie ab; unter dem Wechsel der Affecte und der unberechenbaren Anfechtungen ist es auch dem Besten beschieden, dass er einen Kampf, der schon beendigt schien, wieder aufnehmen muss. Eine Scheidelinie lässt sich nur soweit festhalten, dass der Erneuerte das Schlechte nicht mehr will. Die Fortschritte im Einzelnen zu beobachten, ist Sache einer theologischen Semeiotik oder geistlichen Dokimasie, welche an gewisse Merkmale anknüpft; ist also Jemand im Besitz der reinen Lehre, hat aber zur Heiligung keine Anstalt gemacht: so sind seine geistigen Vorzüge nur als Natureigenschaften anzusehen.

Den zweiten Theil seines Werks nennt Buddeus wie Calixt eine göttliche Jurisprudenz als Anleitung zum gottgemässen Handeln. Auch hier bewegt er sich mit Gewandtheit, indem er von der Neuerung Pufendorfs Gebrauch macht. Einige gehen der Rechtfertigung entgegen, Andere haben sie schon empfangen; jene werden disciplinarisch vorbereitet, diese, also die christlich Geweckten, zu fortschreitender evangelischer Pflichtübung angehalten. Das Letztere wäre ein usus theologicus in justificatis, eine im Evangelium selber beurkundete Norm, aber sie hindert uns nicht, für die erste Stufe eine naturrechtliche Basis voranzustellen. Vernunft und Gnade löschen sich nicht gegenseitig aus; der Dekalog bleibt immer das Compendium allgemeiner moralischer Rechtsprechung, unter dessen Obhut sich die Pflichten bewegen. Im weiteren Verlauf scheut sich Buddeus nicht, sogar aus der Jesuitenmoral einige Sätze von der Probabilität, der unbezwinglichen Unwissenheit und dem Einfluss der Umstände als unverfänglich zu entlehnen, dabei bemerkt er jedoch treffend, dass das an sich Gleichgültige, sobald es individuell und subjectiv aufgefasst werde, auch aufhöre ein leeres Adiaphoron zu sein. Die Selbstpflichten sind einer doppelten Versuchung ausgesetzt, Feigheit und Ehrgeiz gefährden sie, und diejenigen werden zu Sündern, die sich unter dem Vorwande der Bescheidenheit von Ehrenpflichten zurückziehen oder mit dem vornehmen Namen literarischer Geschäftigkeit nur ihre Feigheit decken. Auch einiges Andere ist dem Schriftsteller durch Zeitfragen nahe gelegt, er spricht von der Erlaubtheit der morganatischen Ehe und des Sklavenhandels, von dem Streit mit den Machiavellisten über die Grenzen der Fürstengewalt, und gewiss meint er es aufrichtig, wenn er bei der Begegnung mit Häretikern und Schismatikern Vorsicht und Milde schon aus Gründen der Pastoralklugheit anräth.

Der Einfluss des Pietismus verräth sich also darin, dass Glauben und Handeln einander näher rücken, weil in beiden ein Wille lebt, die Beziehung auf Pufendorf darin, dass dem Wiedergeborenen als dem wahren Subject der christlichen Ethik der Naturmensch vorangehend gedacht wird, weil schon dieser eine Forderung socialer Ordnungen und Rechte in sich trägt. Sonst haben wir nur zweierlei noch zu erwähnen. Es ist verdienstlich, dass Buddeus die Vermischung von Tugend und Pflicht ausdrücklich missbilligt, und er unterscheidet die Namen dahin, dass der erste den sittlichen Eifer oder die zum Habitus gewordene Bereitwilligkeit für das Gute bezeichnen soll, der andere von den Handlungen gelten, welche der göttliche Wille dem Menschen auferlegt. Sodann hat er auch dem Asketischen einen Abschnitt gewidmet; er rechnet dazu mit vielen Anderen das Gebet, die Schriftlesung und Aehnliches, aber er will auch nicht leugnen, dass die Handlungen selber als Medium der Tugend betrachtet werden dürfen, — ein keineswegs gleichgültiger Zusatz. Wie laut hatte einst Luther gerufen: Haltet euch nicht an die sogenannten guten Werke, es ist der Mensch oder die Persönlichkeit, welche sie dazu macht. Jetzt aber taucht wie verstohlen der Satz auf: auch die Ausübung des Guten kann dazu dienen, dass die Person gut wird oder im Guten fortschreitet. Und dieser Gedanke sollte nicht verloren gehen, nur der Kurzsichtige kann meinen, dass er das Erstere zurücknehmen müsse, um dem Anderen eine Wahrheit abzugewinnen.

S. de Wette, a. a. O., woselbst citirt werden: Meieri Disputationes theologicae, Helmst. 1679, Rixneri Instructiones theol. moralis, Francof. 1690, Schomeri Theol. moralis sibi constans, Rostoch. et Lips. 1711.

Aus Joh. Franc. Buddei Institutiones Lips. 1719 verdienten zahlreiche Belegstellen Aufnahme, wir beschränken uns auf zwei. P. 159: Officiorum dum meminimus, haec a virtutibus distingui, manifestum est. Per officia enim actiones ipsas intelligimus legi divinae conformes. At studium ipsum habitualisque adeo animi propensio, se in omnibus ad voluntatem numinis componendi nobis venit nomine virtutis. p. 305: Ipsas actiones sanctas seu bona opera esse media, quibus ad sanctitatem vitae tenditur, quod a quibusdam asseritur, licet, si recte explicetur, admitti queat, accuratius tamen inter fructus vitae sanctae actiones sanctas retuleris. Buddeus giebt also noch der gewöhnlichen Ansicht den Vorzug und denkt die Handlungen nur als Früchte, aber auch die andere Auffassung lässt er bestehen.

Der verewigte Henke liebte es, in heiteren Gesprächen Antigone und Melanchthon zusammenzustellen, weil Beide um mitzulieben, nicht um mitzuhassen haben dasein wollen. Ich erlaube mir hier eine noch grellere Composition. Gregor I. von Rom erklärt von den menschlichen Handlungen, dass sie zwar aus unserem Inneren hervorgehen, doch aber gewisse Spitzen (acumina) enthalten, die für den Thäter selber lehrreich sind (Bd. I, 185). Zwölfhundert Jahre später sagte Friedrich Schiller: Es wächst der Mensch mit seinen höheren Zwecken. Beide Aussprüche sind auf demselben Wege entstanden. So winken sich die Geister selbst aus den weitesten Entfernungen.

Die übrigen Werke von Osiander, Olearius, Dorsch, J. G. Baier, Botsack, Mai, J. B. Niemeyer, Strauch, Schmid, Cypriani, Jäger, Geissen, Pritius, Ebeling, Kortholt werden aufgezählt und kurz beurtheilt bei Walch, Bibl. theol. II, p. 1091. Zwei derselben: Joachimi Langii Oeconomia salutis, Hal. 1734, Jo. Justi Breithaupti Theol. moralis, Hal. 1732, sind ganz aus dem Anhang Spener's hervorgegangen; sie haben eine praktische Brauchbarkeit, das Systematische ist niemals die Stärke dieser Schule gewesen. Vgl. Wuttke, a. a. O. S. 207.

§ 74. Lutherische Casuisten. Nachfolger.

Während systematisirende Ethiker die von Calixt neu eröffnete Disciplin mit zunehmendem Erfolge fortleiteten, waren die Casuisten immer noch beschäftigt, der speciellen moralischen Beurtheilung ein weitschichtiges aus der Erfahrung geschöpftes Material zu überweisen. Sie hatten jedoch seit Balduin etwas gelernt, denn sie brachten mehr Ordnung in das bunte Vielerlei von Skrupeln und Verlegenheiten; besonders war es Johann Olearius, welcher für eine richtigere Zweckbestimmung dieser Sammlungen sorgte, als Verfasser eines Lehrbuchs der Moral haben wir ihn schon genannt. Er wahrte den protestantischen Standpunkt, indem er durch Bestreitung des Jesuitischen Probabilismus, der Gedankenlenkung und der philosophischen Sünde sein eigenes Verfahren den gefährlichen Fälschungen entgegenstellte; auch erkannte er richtig, dass dieses Fach, um einigermaassen berechtigt zu sein, der zusammenhängenden Moral nicht vorangehen, sondern folgen müsse. Dadurch wird die Casuistik zur Polemik, während sie zugleich der angewandten Moral Dienste leistet man darf sie ebenso wohl einer Kunst und Fertigkeit vergleichen wie im weiteren Sinn als eigene Wissenschaft betrachten, der Nutzen aber hängt von der Methode ab. Jeder hat sich zuerst des Unbestrittenen zu bemächtigen, das Bestrittene aber ist keine einfache Grösse, der anhaftende Zweifel kann durch Unsicherheit des Denkens oder durch Willkür entstanden sein, wir haben daher uns über die Hindernisse der Erkenntniss aufzuklären. Ebenso löst sich das Bedingte vom Unbedingten, das Besondere vom Allgemeinen, das Gegenwärtige von dem Vergangenen und historisch Gewordenen ab, jedes hat sein Gebiet und bedarf seiner Beobachtung und Regel. Dass bei der Revision des Problematischen oder Hypothetischen Grade der Evidenz stehen bleiben, wird nicht geleugnet, daher mag der Unerfahrene in den Fall kommen, selbst den Rath Anderer anzugehen oder seine Meinung zurückzuhalten. Genug wenn dennoch bei weiterer Uebung sein eigenes Gewissen bald beruhigt, bald befestigt und geklärt wird. Wenn dabei Olearius eine genauere Kenntniss der kirchlichen Literatur und der Rechts- und Symbolschriften sowie ein schon entwickeltes Verständniss des Biblischen verlangt: so sollte man denken, dass ein so vollständig Unterrichteter überhaupt keiner weiteren Anleitung benöthigt sein, dass er auch ohne casuistische Instruction sich selbst helfen wird.

Neben Olearius sind Dannhauer, Bechmann, Bohnstedt, Kesler, Dunte mit starkbändigen Werken, die uns bis in die ersten Decennien des folgenden Jahrhunderts versetzen, hervorgetreten. Sie sind sämmtlich fast vergessen, für uns sind sie theils als Sittenspiegel brauchbar, theils weil sie zur Beobachtung eines langsamen Fortganges in der Gewissensbildung Gelegenheit geben.

Die Gleichstellung dogmatischer Abweichungen mit moralischen Gegensätzen dauert fort, ebenso die Schwierigkeit politischer Gleichberechtigung der Confessionen. Durch Umstände, dabei bleibt es, kann soviel geboten sein, dass in derselben Staatsverwaltung mehrere Bekenntnisse Platz finden, oder auch dass ein Lutheraner mitten unter Glaubensfeinden lebt und arbeitet, aber die Bürgerpflicht des öffentlichen Friedens wird vielleicht zu strengeren Maassregeln, ja zur Austreibung der Andersdenkenden nöthigen. Die Duldung der Juden erklärt sich meist aus äusseren Vortheilen, denn eine Bekehrung ist nicht zu erwarten, ja kaum möglich. Die sacramentlichen Verrichtungen hatte schon Balduin gegen jede Antastung sicher stellen wollen. Von Arianern soll Niemand eine Taufe begehren, aus der Hand eines Calvinisten Niemand das Abendmahl empfangen, es müsste denn ein Kryptocalvinist sein, dessen Irrthum Niemand kennt. Wenn ein Päpstler die Taufe verweigert oder sie nur unter der Bedingung des Uebertritts Eines der Eltern zur katholischen Kirche gestatten will: tritt die Nothtaufe selbst ohne Exorcismus in Kraft. Verträgt es sich mit dem guten Gewissen, wenn ein Magistrat, um dem Tyrannen zu gefallen, das Abendmahl unter beiden Gestalten einstellt und sich beruhigt, sobald nur die Predigt des Evangeliums freigegeben wird? Die Antwort fällt verneinend aus: Perinde est, sive totus Christus abnegetur, sive pars doctrinae christianae.

Der Einfluss dämonischer Kräfte auf das sittliche Bewusstsein war von Bulduin, wie erinnerlich, sehr weit ausgedehnt worden; theilweise stammt die Gewissensqual aus dieser Quelle, und der Satan vermag sogar das Sündengefühl unnatürlich zu steigern, wenn er damit die Seele gefangen halten will. Dennoch macht sich in der Beurtheilung dieser Hallucinationen eine Ernüchterung bemerklich. Ein Besessener ist als solcher nicht sogleich erkennbar, man verschone ihn also mit Beschwörungen und magischen Künsten, der Arzt und der Freund müssen über ihn befragt werden. Dasselbe gilt von der Melancholie, welche fast wie die Akedie des Mittelalters beschrieben und sehr ausführlich besprochen wird. Ein Laster ist sie nicht, daher der Rath, man möge den also Gebeugten und an sich selbst Verzagenden, — auch die um des Glaubens willen Verbannten werden genannt, — mit leiblichen wie mit geistigen Stärkungsmitteln, mit Trost wie mit Wein und Musik zu Hülfe kommen. In mystische Schriften und Gespräche sich tief einzulassen, ist nicht wohlgethan.

Dannhauer gehörte zu Spener's Lehrern. Dieser grübleriscbe, dogmatisch überbildete, aber doch fein organisirte Denker stellt ein Schema voran, nach welchem alle sittliche Bethätigung im Lichte einer fortdauernden Gewissenscur erscheint, an welcher sich eine Iatrik und Therapeutik, eine moralische Physiologie, Pathologie und Semeiotik betheiligen. Das Gewissen selber wandelt sich ab, als verdüstertes, zweifelndes, irriges, skrupuloses, schwaches, verwundetes, gebrandmarktes (cauteriata, 1. Tim. 4, 2) wechselt es in seinen Aeusserungen; Traurigkeit, Schlaflosigkeit, Verstummen, Unruhe, voreilige Selbstentschuldigung, lichtscheues Betragen, aber auch allzu dreistes Auftreten, Blässe, Röthe des Antlitzes, Schweiss, — daher auch die Redensart in balneo Satanae sitzen und schwitzen, — werden zu „diakritischen Abzeichen" eines fehlerhaften Seelenzustandes, also auch zu Anknüpfungspunkten einer wiederherstellenden Gegenwirkung, die Heilmittel (remedia) müssen den Symptomen des Uebels entsprechen, — eine durchaus scholastische Anschauung. Hierauf werden die sittlichen Leitungskräfte aufgezählt und verglichen als Gewohnheit, Klugheit, Willensrichtung, Vernunft; es giebt wahre und falsche Lichter, eines aber leuchtet durch jeden trüglichen Schimmer, es ist die h. Schrift, die unsere höchste Anhänglichkeit (προσοχή) verdient, und hier schliesst sich die Frage an, ob man sich auf Luther's Bibelübersetzung verlassen dürfe, und die Antwort, dass Luther zwar vielfach undeutlich, aber nicht falsch übersetzt habe. Bei dieser Behauptung kann jedoch Dannhauer nicht stehen bleiben; er drückt sich in seiner Weise gesucht aus, indem er zur Sicherung des Lebensweges dem Lichte noch einen „Kandelaber" verleiht, und damit meint er das Gottesreich, genauer die Lutherische Kirche in ihrer Abgeschlossenheit. Abwehr aller synkretistischen Anwandelungen ist oberstes Interesse der folgenden Quästionen, dagegen darf das Recht der Disputation mit den Häretikern nicht bezweifelt werden, weil es zur menschlichen Natur gehört, selbst im Streite Gott zu suchen, mag dieser auch nur von Einigen gefunden werden. Wie sich nun weiter dem grossen kirchlichen Ganzen die Kreise der bürgerlichen Gesellschaft, die Familie, der Beruf, dessen Wahl und möglicher Wechsel, Alles mit seinen Fährlichkeiten und Zuträglichkeiten einordnen, brauchen wir nicht zu erörtern. Aber auch die „Hierarchie“ hat ihre Krankheiten, und gerade der geistliche Beruf unterliegt der Möglichheit zahlreicher Fehlgriffe. Was würdest du also thun, wenn ein Calvinischer Geistlicher in deiner eigenen Diöcese seine kranken Glaubensgenossen besuchen wollte, was urtheilen, wenn ein Prediger sich den Ruf eines guten Politikers erwirbt, oder auch wenn er Medicin versteht und ausübt?

Wieder anders hat ein Dritter, Bechmann, seinen Casuismus eingerichtet. Wissenschaft, Ruhm, Reichthum, sagt er zuerst, werden von Vielen, Herzensreinheit von Wenigen erstrebt. Auf diesen ersten Satz hätte von Rechts wegen eine gründliche Erwägung der christlichen Principien folgen sollen; statt dessen lesen wir von Anweisungen über Kirchenordnung und Disciplin; es sind Rathschläge, an welche sich die „Bedenken“ im Sinne Spener's anschliessen; dann erst wird das Gewissen im engeren Sinne herausgefordert. Neben dem Katheder befand sich damals auch die Kanzel in der Mitte des kirchlichen Haders, die Predigt selber half ihn vermehren; das ärgerliche „Gebeiss“, welchem der grosse Churfürst ein Ende machen wollte, war an der Tagesordnung, aber es blieb fraglich, wie weit das Recht einer öffentlichen Rüge, also eines Personalelenchus, sich erstrecken sollte. Dürfen ärgerliche Vorfälle und anstössige Aussprüche von der Kanzel aus so deutlich referirt werden, dass Jeder versteht, wer und was gemeint sei? — Dies wird für die bereits notorisch gewordenen Fälle genehmigt. Darf die ausdrückliche Nennung eines betheiligten Calvinisten rechtmässig unterbleiben, und ist selbst eine heterodoxe Obrigkeit befugt sie zu verbieten? Man dachte also schon an die Würde der Kanzel und an die Grenzen des Anstandes. Wie weit reicht ferner das Recht des Beichtgeheimnisses? Ist der Prediger verpflichtet, was ihm als persönliches Bekenntniss anvertraut worden, auf Verlangen der Behörde mitzutheilen, oder ist der Beichtende verbunden, schwerere Vergehungen selbst ohne Nachforschung von Seiten des Geistlichen zur Anzeige zu bringen? Darüber und über Aehnliches erhalten wir meist vorsichtige und limitirende Erklärungen. Schroffer fallen Bechmann's Urtheile erst, wenn er weiterhin die sacramentlichen Handlungen auf den confessionellen Gegensatz überträgt; an dieser Stelle und namentlich in Bezug auf das Abendmahl zeigt sich abermals das Bedürfniss der Verwahrung gegen alles Fremdartige in seiner ganzen Sprödigkeit. Nebenbei werden die Zulässigkeit einer Simultankirche und das Selbstcommuniciren der Geistlichen als Streitartikel vorgetragen.

Endlich aber liefern alle diese Schriften auch Beiträge zur Charakteristik eines Zustandes der Sitten, in welchem Rohheit und Verfeinerung dicht neben einander lagen. „Kipper und Wipper" treiben ihr Wesen, mit ihren Ungezogenheiten contrastirt die Putzsucht der Frauen, die gewählte Kleidung der Männer, Gebrauch der Schminke und der Perrücken, die Lust der Maskeraden. Vor dem Tabakrauchen, das längere Zeit als strafwürdig untersagt, allmählich selbst unter den Predigern Eingang gefunden hatte, wird ernstlich gewarnt. Die Astrologie zählte fortdauernd vereinzelte Anhänger; in zweideutigerem Lichte erschienen Alchymie, Magie, Goldmacherei, Tagewählerei, Vermeidung unglückverheissender Zahlen, Präsagien aus dem Vogelgeschrei oder aus der Begegnung mit gewissen Thieren. Wir wissen, dass einige dieser abergläubigen Vorstellungen selbst gegenwärtig noch nicht ausgerottet sind. Das Tanzen wird zwar nicht unbedingt verworfen, aber Manche sind doch der Meinung, dass es Luther zu lax beurtheilt habe, welchen man überhaupt nicht zum Papst erheben soll, wie Bohnstedt sagt. Ein starkes Vorurtheil haftet noch an den Rechtshändeln, die aus einer egoistischen oder habsüchtigen Gesinnung hergeleitet werden; auch Spener war dieser Meinung, ein Processirender konnte gleichzeitig die Zulassung zum Abendmahl verscherzen.

Wir benutzen folgende Schriften: Johannis Osiandri Introductio in theologiam casuisticam usibus studiorum Lipsiensium consecrata, Lips. 1694, mir unbekannt, aber von Stäudlin a. a. O. S. 291 ff. excerpirt. — Andreae Kesleri Theologia casuum conscientiae, Erörterung denkwürdiger Gewissensfragen, Wittenb. 1658. — Conr. Dannhauer, Liber conscientiae sive theologiae conscientiariae lib. I. II, Argent. 1679.

— Ludov. Dunte, Decisiones 1006 casuum conscientiae e diversis theologorum scriptis collectae, Reval 1634. — Fridem. Bechmanni Theologia conscientiaria, Francof. et Lips. 1694, ed. 2. — D. S. Bohnstedt, Schriftmässige und erbauliche Erörterung wichtiger Gewissensfragen, Jen. 1736, gehört in den Einfluss des Pietismus. — Andere gleichartige Schriften wie Georg. Koenigii Casus conscientiae, Alt. 1654, — Arnoldi Mengeringii Informatorium conscientiae, Altenb. 1644, — Melchior. Eckardi Christianus religiosus, Ulm. 1668, — Sam. Schelwigii Cynosura conscientiae, Francof. et Lips. 1692, — werden aufgezählt in Mayeri, Biblioth. scriptor. theol. moral. p. 9 sqq. und in Walchii Bibl. theol. II, p. 1127 sqq.

Die Definitionen des Gewissens wiederholen das Bisherige, daher Balduin p. 3: Consc. est syllogismus practicus, qui ex lumine naturae et gratiae judicat et concludit, quid honestum sit quid turpe, quid praeceptum, quid prohibitum et quaenam maneant hominem propterea praemia vel poenae. Es ist eine facultas operativa applicans ad aliquod factum und gehört ad animam rationalem; doch kann das Princip desselben, die synteresis mit der conscientia selber verbunden gedacht werden. Am Sorgfältigsten werden die Gewissensaffecte von Dannhauer unterschieden, er nennt consc. caliginosa, dubia, erronea, scrupulosa, tentata, infirma, vulnerata, cauteriata, rea, timida, moesta, anxia, desperata; der tentata soll eine fortitudo, der rea eine poenitentia heilskräftig gegenüber stehen.

Wir glauben dem Leser zu dienen, indem wir noch einige bunte Einzelnheiten folgen lassen. Man soll, sagt Dannhauer, nicht zu ängstlich, auch nicht allzu gerecht (nimis justus) sein, wenn man sich von einem skrupulosen Gewissen befreien will. Balduin zum Abendmahl: Quid faciendum abstemiis, qui desiderio s. coenae tenentur et tamen ne guttulam quidem vini sine nausea et periculo vomitionis assumere possunt? Dannhauer fragt: ist es uns erlaubt, dem Papst nicht als Papst, aber als Landesfürsten den Fuss zu küssen? Derselbe zur Kalenderfrage: An nobilis Lutheranus immediatus possit calendarium inducere in pago in gratiam servorum ancillarumque Lutheranarum in vicino papatu servientium, ut quo in papatu feriae aguntur, et hic agantur, et an pastor hoc concedere possit et ministrare? Von der Vocation zum geistlichen Amt: An vocabilis spurius, filius carnifici et filius malefici supplicio capitali infamati? Bohnstedt vom Tabakrauchen: „Mancher rühmt sich wohl gar, er könne nicht meditiren, er müsse denn die Pfeife im Maule haben, und unter dem Schmauchen habe er nach seiner Meinung gerade die besten Meditationes.“ Derselbe vom Indifferentismus der Religionen; „Sie sagen: Wir glauben Alle an Einen Gott, nämlich alle fleischlichen Lutheraner, Papisten,

Reformirte, Sadducäer, Herodianer etc., nämlich an einen solchen, vor welchem sie in Einigkeit des Fleisches tanzen und springen, fressen und saufen, caressiren und courtisiren können." — Dazu kommt noch vielerlei Zerstreutes, z. B. über die Fingerhaltung und das Anfassen der Bibel bei der Eidesleistung, von der Sitte des Zutrinkens bei Gesellschaften, vom Gebrauch des Wortes „wahrlich", von der Kniebeugung bei dem Namen Jesu, ob ein Evangelischer vor dem Venerabile niederknieen dürfe, ob die Moskowiter als Christen zu denken seien. Die Anwendung der Tortur wird von Mehreren verworfen, von Bohnstedt mit dem Bemerken, die Henker seien im Besitz eines Wassers, welches den Gefangenen eingegeben werde, um sie dergestalt zu benebeln, dass sie sofort die schrecklichsten Dinge von sich aussagen.

Die casuistische Form ist von nun an nicht weiter fortgeführt worden, der casuistische Specialstoff liess sich dagegen nicht sogleich beseitigen, er ging in die „Bedenken" über, deren sich Spener reichlich bedient hat. Ich lerne von Ritschl, dass derselbe mancherlei Tagesfragen aufgenommen hat, z. B. ob vornehme Frauen ihre Kinder selbst stillen sollen, ob niedrige Obrigkeiten verantwortlich sind, wenn sie die Bieraccise nicht richtig abführen, ob Assecuranzcontracte unchristlich, ob Section der Leichen erlaubt sei, ob Schneidergesellen von dem ihnen zur Bearbeitung überlassenen Seidenstoff einen Theil für sich behalten dürfen. Vgl. Gesch. d. Piet. II, 1, S. 101.

§ 75. Zur Kritik der Casuisten.

Mit diesen Sammlungen geht das Zeitalter der Lutherischen wie überhaupt der protestantischen Casuistik zu Ende. Der ersten Periode war diese Lehrform noch unbekannt gewesen, in der dritten aufklärenden und principiell umbildenden wurde sie wie ein Ballast weggeworfen, der zweiten dagegen, also der Zeit vielseitiger Sorge und Noth, aber auch der Satzung und scholastischen Zerstückelung hat sie sich wie eine unentbehrliche Helferin dauernd zu Gebote gestellt. Wir haben den Geist dieser Schriften einen ehrlichen genannt; ist er das: so dient er um so eher zur Verdeutlichung der thatsächlichen Verhältnisse, ohne welche diese Literatur nicht mit solchem Eifer gepflegt sein würde. Die Grossthaten der Reformation lagen weit zurück, die kirchliche Entwicklung hatte bestimmte, aber beschränkte Erfolge. Der lange Krieg hatte die Nation innerlich zerrüttet, heimische und ausländische Interessen, geistliche und weltliche Motive durcheinander geworfen, den Grundwillen des Protestantismus verdunkelt, einen Zustand der Verarmung und Verwahrlosung zurückgelassen. Nun folgte der Friede, aber auch dieser diente lediglich den dringendsten Forderungen der Gegenwart, und besserer Zeiten wurde nur in frommen Wünschen gedacht. Das Friedensinstrument, indem es sich aus zahlreichen schwerverständlichen und schwer erfüllbaren Einzelbestimmungen zusammensetzte, bezweckte Sicherheit und genaue Innehaltung der Schranken; es lag also nahe, auch der Pflichtübung die Gestalt einer sorgfältigen, den ganzen Umfang des Handelns auspunktirenden moralischen Instruction zu geben. Wer unter solchen Umständen sich als Berather in die Mitte der Gemeinde und ihrer Leiter stellte, sah sich von Fährlichkeiten, Anständen und Bedenken umgeben; durch Schwankungen des Urtheils im Einzelnen drohte der geistige Bestand der Gemeinschaft erschüttert zu werden. Der Casuist übertrug also die im Dogma schon erreichte Festigkeit auch auf das sittliche Gebiet, um dann umgekehrt das auf diesem letzteren unbedingt geltende Princip der Pflichtmässigkeit auch zu Gunsten der Lehre zu verwenden. Schon daraus erklärt sich ein beträchtlicher Theil der vorgetragenen Casualien. Es wurde aber auch nöthig, nach verschiedenen Richtungen Front zu machen, hier gegen die katholische Kirche, dort gegen die Reformirten, deren Nachbarschaft die Lutheraner seit dem Frieden in höherem Grade zu empfinden hatten, ferner gegen die Unsitten der Zeit, die steigende Genusssucht und modische Aeusserlichkeit, endlich gegen die Spukgestalten und unsichtbaren Geister, die sich mit keinem Friedensvertrage bannen liessen. Damit häuften sich die Streitpunkte defensiver, conservativer, kritischer, religiöser und praktischer Art, und Dunte hat die Zahl seiner Fälle bis auf Tausend gebracht. Wir wissen aber, dass eine einzige grosse Gefahr die sittlichen Kräfte einheitlicher zur Entwicklung treibt als kleinere Sorgen, die sich in's Maasslose vervielfachen lassen. Wer Störungen vermeiden oder Berührungen mit dem Fremdartigen aus dem Wege gehen will, muss alle Tage auf seiner Hut sein, ob er selbst desto stärker, frommer und einsichtiger wird, ist eine andere Frage. Wohl aber trug die complicirte Beschaffenheit des öffentlichen Lebens dazu bei, eine so stoffliche Behandlung und Beantwortung des Streitigen in Gang zü bringen.

Kaum ist nöthig, diese Casualien noch in sich selbst zu prüfen; sie erinnern uns an die schon bekannten Gebrechen der Wissenschaft überhaupt. Die Vieltheiligkeit des Inhalts war mit der Methode schon gegeben; jede Quästion wurde mit einem bona conscientia versehen, damit meinte man sie zu einer Gewissensfrage zu stempeln, mochte auch das Vorgetragene ganz anderer Art sein. Streitsätze wie die, ob die nur beabsichtigte, aber aus Mangel an Gelegenheit unausgeführt gebliebene Sünde ebenso schwer wie die wirklich begangene in's Gewicht falle, oder ob es in Kriegszeiten erlaubt sei, ein Wenig zu heucheln, um Haus und Hof, Leib und Leben zu retten, waren allerdings Gewissensfragen, aber nicht so die vielen anderen auf kirchliche oder bürgerliche Einrichtungen bezüglichen, denn diese griffen viel zu weit in das Gebiet gemeinsamer Ueberlegung, um einem subjectiven Dafürhalten für oder wider einfach zu unterliegen. Dasselbe gilt von den dogmatischen Kapiteln; man dachte nichts Uebles dabei, indem man sie in der angegebenen Weise moralisirte und mit den sittlichen Alternativen auf gleiche Linie stellte, ohne den Antheil des Unterrichts und des Nachdenkens, welchen die Lehrbildung in sich trägt, zu Rathe zu ziehen. Wir befinden uns also immer noch innerhalb einer, wenn auch verbesserten, aber doch ungeklärten Erkenntnissthätigkeit, immer noch fehlt der freie Blick in das allgemeine Wesen des Sittlichen, welches zuerst aus sich selber verstanden sein will, um dann erst auf ein Anderes bezogen zu werden. Balduin, Olearius und Dannhauer wollten redliche Förderer des Guten sein, aber indem sie das Gewissen über alles Fragliche gleichmässig ausdehnten, wurde dasselbe zwar formell in Spannung erhalten, nicht aber in seiner eigenen Sphäre heimisch gemacht.

Der eben gerügte Fehler ist übrigens schon damals erkannt worden. Conrad Dürr sagt von den Casuisten Enchirid. theol. mor. p. 5: Quos tamen non diffitendum est, interdum vocem casuum conscientiae aequo latius extendisse ad illas quaestiones, quae theologiae moralis terminos excedunt, quales sunt de Dei essentia, attributis, personis, de natura, qualitatibus et operationibus angelorum, de auctoritate symboli apostolici, de descensu Christi ad inferos etc.

Fünftes Kapitel.

Die reformirte Literatur.

§ 76. Der reformirten Ethiker zweite Reihe.

Nicht weniger zahlreich sind die reformirten Lehrbücher, deren zweite Hälfte wir noch kürzlich zu übersehen haben; sie sind den Lutherischen darin ähnlich, dass sie statt eines Bruches nur einen schrittweisen Uebergang zu haltbareren Formen erkennen lassen.

J. H. Heidegger († 1698), der Verfasser der Consensusformel, der letzte Repräsentant der altorthodoxen Schule hat viel Inhalt compendiarisch zusammengefasst. Er gönnt einem Cicero und Aristoteles als vorbereitenden Denkern gern ihr Verdienst, nur sollen ihre Begriffe christlich berichtigt werden. Nicht Temperament, nicht Lehre und Unterricht noch Gewohnheit und Sitte, nur der h. Geist befähigt den Willen zum wahren Gutesthun; und nicht als ein nach beiden Seiten unbehindertes Wahlvermögen besitzt der Mensch seine Freiheit. Nur Scholastiker, Jesuiten, Socinianer und Arminianer statuiren eine solche „Adiaphorie", wir kennen sie nicht, und sie würde die von Gott ausgehende Vorbewegung (praemotio Dei) beseitigen. Damit ist schon gesagt, dass die Freiheit erst im Guten, wie es aus der Kraft christlicher Wiedergeburt geschöpft und annäherungsweise von uns ausgeübt wird, zu sich selbst und ihrer Bestimmung emporkommt; das sittlich Gute fällt mit dem Geistlichen zusammen. Die Bethätigung selber kann vermöge des menschlichen Organismus nur auf dem Wege einer Beherrschung, nicht Ausrottung der Affecte vor sich gehen. Die Tugend umfasst zwei Momente, ein eigenschaftliches oder habituelles und ein actuelles, wir könnten auch sagen eine Tüchtigkeit als Kraft oder als Handlungsweise; Heidegger verbindet sie wie zwei Seiten, er regt damit eine Frage an, die nachmals verschärft werden sollte. Im zweiten speciellen Theil werden die Cardinaltugenden vorangestellt als nothwendige Thätigkeitsformen, aber erst in Anbetung, Glaube und Nächstenliebe, in Gesetz und Evangelium finden sie ihr wahres Element, und selbst der religiöse Naturcultus, der als solcher einer positiven Offenbarung nicht bedurfte, muss im christlichen Gottesdienst seinen reinsten Ausdruck gewinnen. Aberglaube und Götzendienst stehen mit der falschen Werkheiligkeit im Römischen Sinne auf gleicher Linie. Seiner Confession wollte Heidegger durchaus treu bleiben; er verurtheilt die Katholiken, schon weil sie den Glauben zur blossen Wissenssache herabsetzen, die Remonstranten, weil sie als die Laxen das Unwahre nicht mehr als solches verdammen wollen, die Lutheraner weil und so lange sie mit der Vorstellung der Ubiquität die menschliche Natur Christi zerstören, kaum sind diese Letzteren von dem Vorwurf der Häresie freizusprechen.

Weit ausführlicher hat Benedict Pictetus († 1724) dieselbe Disciplin nach theils popularer theils schulmässiger Methode bearbeitet. Wenn schon Heidegger nicht mehr mit alter Aengstlichkeit den gesammten sittlichen Gehalt den einzelnen Vorschriften des Dekalogs einordnet: so ist Pictetus noch bestimmter von diesem künstlichen Verfahren abgetreten. Es ist nicht heterodox, wenn er behauptet, dass die wahre Philosophie mit der Gewissheit des Glaubens vereinbar sei, weil das eine Licht dem anderen nicht widersprechen könne. Die Ethik soll dahin führen, dass die Affecte gebändigt und die aus der Religion empfangenen Tugendkräfte auf ihre höchsten Gegenstände hingerichtet werden; die Frömmigkeit ist Gott, Gerechtigkeit und Liebe werden dem Nächsten gewidmet, und ein drittes Gebiet ist der Selbstliebe (φιλαυτία) zuzuweisen, welche bisher nur nebenbei berücksichtigt worden war. Die Nächstenpflichten liessen sich dann durch Beziehung auf Stände, Aemter, Lebensalter und Familie leicht specialisiren. Sehr ernstlich beklagt Pictetus die Herrschaft des gottlosen Lebens und findet deren Ursache in der Ueberschätzung der weltlichen Dinge, welche die Sorge um die Seligkeit und deren jenseitige Frucht völlig hintansetzen lasse.

J. H. Heideggeri Ethicae christianae prima elementa ex sana ratione et script s. — exposita, Francof. et Lips. 1711. — Ben. Pictet La morale chrét. Gen. 1695, 1710, übersetzt von Bachstrohm, dritte Aufl. Lpz. 1722. · Ejusdem Medulla ethicae christ. Genev. als zweiter Theil der Medulla theol. christ. Gen. 1711. Vgl. aus beiden Werken ausführliche Mittheilungen von A. Schweizer, Entwicklung des Moralsystems etc. Stud. u. Krit., 1850, S. 300 ff.

§ 77. Fortsetzung.

Von den übrigen Schriften dieser Gattung führen uns mehrere schon tief in das XVIII. Jahrhundert, doch mögen sie des besseren Zusammenhangs wegen schon hier ihre Stelle finden. Von A. Schweizer wird Joh. Rodolphus Rodolph deshalb ausgezeichnet, weil er die später üblich gewordene Dreïtheiligkeit des Systemes, — Güter-, Tugend- und Pflichtenlehre, — wenigstens angebahnt habe. Er hat den Tugendwerth zu dem Ziel der Glückseligkeit in engste Beziehung gesetzt, damit in dem bene auch das beate vivere zu voller Wahrheit gelange; der Lebenszweck als höchstes Gute gedacht darf also von der in dem Genusse der Gottesgemeinschaft enthaltenen Beseligung nicht abgelöst werden. Und ferner ist der Verfasser im Recht, wenn er die Tugend schärfer und im Unterschiede von der Pflicht zu definiren anfängt; nicht immer, bemerkt er, ist mit der ersteren auch die andere gegeben, auch lebt die Tugend von ihrer inneren Einheit, während die Pflicht vermöge ihrer praktischen Obliegenheiten als ein Getheiltes auftreten muss. Die ganze Ethik wird definirt als doctrina de moribus hominis ex voluntatis divinae praescripto ad bene beateque vivendum componendis.

Andere wie Fr. Osterwald († 1747) und G. Altmann haben den Rahmen des Dekalogs vollständig fallen lassen, dagegen fordern sie einen eifrigen und von der Intelligenz ausgehenden Betrieb der Moral, weil diese die Bestimmung habe, der Barberei und dem immer wieder einreissenden Sittenverfall zu steuern. Der praktische Zweck hat, wie die grosse Zahl der Popularschriften beweist, allerdings den Reformirten stets vor Augen gestanden.

Das Verhältniss zur Dogmatik war ein schwankendes. Lampe, Witsius, Wyttenbach suchten sie möglichst eng mit der Ethik zu verknüpfen, und der Letztgenannte ging darin soweit, dass er der Moral eigentlich nur noch für die Bearbeitung des Gewissens und Gesetzes freien Raum liess, weil alles Uebrige schon vorher dogmatisch erledigt sein müsse. Er wollte also nicht einsehen, was von Neueren erkannt worden, dass die Moral nicht an derselben Stelle einsetzen darf, wo die dogmatische Behandlung zu Ende geht, dass vielmehr beide Disciplinen gemeinsame Artikel haben müssen, wenn nicht die zweite alle Selbständigkeit verlieren soll. Der Ethiker, fügen wir hinzu, ist sogar berechtigt, auf dogmatische Sätze, wie sie vorliegen, zu reagiren. Unabhängiger hat Samuel Basnage († 1721) die Sittenlehre vorgetragen, die er jedoch auf eine Darstellung der Tugenden und Laster beschränkte.

Einen eigenthümlichen Weg schlug Campegius Vitringa († 1722), der scharfsinnige Apokalyptiker, welchen Stäudlin hervorhebt, ein. Dieser ist von der Idee des geistlichen Lebens, der vita spiritualis, entsprechend der reformirten Kategorie vita Dei, ausgegangen. Es sei, erklärt er, eine der schwersten Entstellungen christlicher Sittlichkeit, dass sich im Mönchthum das beschauliche Leben über das thätige gehoben und daher den Gipfel der Vollkommenheit für sich als die in Gott Ruhenden und Gott Liebenden in Anspruch genommen habe. Dieses Lob verdiene eine selbstgefällige Contemplation nicht, noch sei es erlaubt, im vermeintlichen Besitz innigster Gottgemeinschaft sich der Aussicht auf jenseitige Vergeltung zu entschlagen und zugleich von der irdischen Wirksamkeit theilnahmlos zurückzuziehen. Wahrhaft geistlich sei nur dasjenige Leben, welches befreit von der Eitelkeit der Welt, dennoch den Kreisen der bürgerlichen oder kirchlichen Pflichtübung eine liebevolle Bereitwilligkeit entgegenbringt.

Schon Wyttenbach hatte sich der Wolffischen Beweismethode bedient, noch mehr verrathen J. Fr. Stapfer († 1775) und J. Chr. Beckius diesen Einfluss; sie werden dadurch formalistischer und exacter, ohne an Gehalt sonderlich zu gewinnen. Für sie fliessen Vollkommenheit und Glückseligkeit ebenfalls zusammen, die Naturtheologie aber nimmt, ähnlich wie in der Dogmatik, eine grundlegende Stellung ein. Die Compendien von Robert und Endemann haben ihrer Fasslichkeit wegen auf reformirten Universitäten grosse Verbreitung gefunden.

Im Allgemeinen bewegen sich diese Werke innerhalb derselben überlieferten Schranken, welche sich erst spät erweitern. Der dogmatische Hintergrund bleibt stehen, Gesetz ist grundlegender Begriff, Tugenden und Pflichten vertheilen sich nach zwei oder bei Hinzunahme der Selbstpflichten nach drei Richtungen; aus der Beziehung zur Dogmatik und aus der Vergleichung der natürlichen mit der geoffenbarten Moral ergeben sich Abweichungen. Rühmlich ist das ernste und ununterbrochene Interesse der Reformirten für diese Wissenschaft, doch haben die Lutheraner ihnen mit Erfolg nachgeeifert, um sie zuletzt hinter sich zu lassen.

Frid. Osterwaldi Compendium ethicae christianae, Basil. 1739. — Georg. Altmanni Principia ethica ex monitis legis naturae et praeceptis rel. christ. deducta, ed. 2, Tur. 1753. — Turretini cogitationes et dissertationes theol. — 1737. — Joh. Rodolphi Ethica duobus libris comprehensa, — Op. et stud. Philareti, Amst. 1696. — Friedr. Stapfer, Sittenlehre, 6 Thle., Zür. 1756—66. — Lampii Delineatio theol. activae Traject. 1727. — Witsii Schediasma theol. practicae, Groen. 1729. — Wyttenbachii Compendium theol. dogm. et moral., Francof. 1754. — Sam. Basnage morale théologique —, Amsterd. 2 voll. — Camp. Vitringae Typus theol. practicae sive de vita spirituali — Franeq. 1716. — Christoph. Beckii Synopsis institutionum universae theol. naturalis et revel. — Bas. 1765. — Roberti Ethicae christ. comp., Marb. 1770.

— Endemanni Institutiones th. mor. 2 voll. Frkf. — Ejusdem Comp. th. m. Frkf. 1784. Vgl. Stäudlin, a. a. O. S. 822 ff., woselbst Popularschriften von Rocques, Doddridge, Saurin, Stackhausen genannt werden, u. A. s. Schweizer a. a. O. S. 314 ff., welcher ebendas. 554 ff. die theilweise von uns schon benutzten casuistischen und asketischen Arbeiten derselben Confession charakterisirt.

§ 78. Schauspiel und Theater.

Der Culturhistoriker würde unter dieser Rubrik die ganze Geschichte dramatischer Darstellungen innerhalb der Christenheit im Zusammenhange zu überschauen haben; unsere Aufgabe stellt sich von selbst in engere Grenzen. Doch darf nicht verschwiegen werden, dass wenige Bestandtheile des öffentlichen Lebens so wunderbaren Wandlungen ausgesetzt worden; weltliche und religiöse Motive, Ernst und Spiel, Andacht und Satire, volksthümliche Lust und poetisch-künstlerischer Trieb begegnen sich an dieser Stelle und treten in Verhältnisse bald des Gegensatzes, bald der wechselseitigen Anziehung oder Mischung, nur durch die Aehnlichkeit der Formen werden alle Erscheinungen verbunden. Die Theaterfrage übertrifft die Bilderfrage weit an Reichthum der Beziehungen, darum haben wir sie ausdrücklich einschalten wollen. Als die christlichen Gemeinden sich von der „Welt" lossagten, mussten sie nebst anderem heidnischen Gepränge auch die Schauspiele (spectacula) verabscheuen, weil sie als diabolischer Pomp dem Darsteller wie dem Zuschauer gleich verderblich, das Verbotene wie einen Gegenstand verführerischer Sinnenlust veranschaulichen, also dem Götzendienst selber huldigen, aus dem sie hervorgegangen sind. „Was wir, sagt Tertullian, als Handlung verwerfen, dürfen wir auch in der Rede nicht gelten lassen." Aus der Wollust schöpfen die Schaustücke ihre Nahrung, „es giebt aber keine höhere Wollust als sich abzuwenden von der Lust." Der Fortbestand der Schauspiele in den grossen Städten gab dem Cyprian, Lactanz, Chrysostomus, Augustin zu gleicher Verurtheilung Gelegenheit. Alles erschien an den „scenischen Spielen" anstössig,

Form, Inhalt, Eindruck, Zweck; nur etwas durfte als unanfechtbar stehen bleiben, die sinnliche Vergegenwärtigung eines Geschehenen, zumal wenn dieses unabhängig von den Tagesereignissen die gemeinsame und zwar die religiöse Aufmerksamkeit Aller auf sich zu lenken vermochte. Und in diese Richtung der Versichtbarung ist die katholische Kirche als Gottesdienst bis zur vollen Sättigung eines realistischen Triebes vorgedrungen. Der Glaube wurde verkündigt, das Dogma befestigte ihn, die historischen Erscheinungen und Wirkungen aber wurden wie eine unverlorene Gegenwart der Anschauung cultisch vorgeführt, und je mehr sich der göttliche Rathschluss jeder sonstigen Erfahrung entzog, desto augenfälliger sollten die Wunder seiner Ausführung den Werth einer Wirklichkeit empfangen, die sich dem frommen Genusse darbietet. Bilderdienst, Ritus und Allegorie haben dazu mitgewirkt, sie entsprangen dem Bedürfniss der Einkleidung, hafteten aber auch an dem sichtbaren Vehikel, welches den Aufschwung der Andacht erleichtern sollte. Wer auch den alten Χριστὸς πάσχων verfasst haben mag, gewiss regt sich in diesem noch sehr prosaischen Erzeugniss schon eine Ahnung dessen, was wir gegenwärtig so stark empfinden, dass die Leidensgeschichte der Evangelien einem Drama von allerhöchster Wahrheit gleicht. Damals dienten zunächst die Sacramente zum Anknüpfungspunkt; die liturgische Rede und Verrichtung gestaltete sie zu einem sinnvollen Hergang, die Messliturgie erwuchs schrittweise zu einer grossartigen Illustration der Offenbarung und ihrer biblischen Stadien. Die Mehrheit der handelnden Personen, der Wechsel der priesterlichen Kleidung und Stellung, der Fortgang der Bewegung, die Unterscheidung von gewissen Acten und Höhepunkten, — dies Alles hatte die Messfeier mit anderen dramatischen Vergegenwärtigungen gemein; und nehmen wir noch die symbolische Ausstattung der Kirchengebäude hinzu: so konnte der Andächtige sich von lauter Abzeichen einer himmlischen Nähe, innerhalb deren sich das liturgische Schauspiel vollzog, umgeben sehen. Aber damit noch nicht genug, der grosse Stamm gottesdienstlicher Verrichtungen verzweigte sich in der Feier der Feste und der grossen Umzüge, einzelne biblische Scenen liessen sich ablösen und kamen auch ohne kirchliches Zuthun in den Gemeinden zur Aufführung. Von der Theilnahme des Mönchthums haben wir nicht zu reden, wichtiger ist die Verpflanzung kirchlicher Gegenstände auf die Bühne, also die obgleich weit spätere Entstehung des geistlichen Schauspiels, welches den religiösen Stoff kunstgerecht bearbeitete und das Dogma selber dialogisch und rhetorisch wiederzugeben unternahm. Spanien, Frankreich, England haben diese poetische Gattung emporgebracht, das Drama wurde vergeistlicht, aber es sollte auch am Ende des Mittelalters wieder entgeistlicht und in verschiedenen Formen, sogar unter Wahrung eines sittlichen oder religiösen Zweckes, dem Vergnügen des Volks überlassen werden. Die Kirche hat sich zu diesen Schaustellungen meist duldsam verhalten; vereinzelte Warnungen der Päpste waren nur gegen den Missbrauch gerichtet, und selbst Thomas von Aquino genehmigte unter Bedingungen ein natürliches Wohlgefallen an den Spielen.

Auf der anderen Seite trat mit der Reformation eine entscheidende Wendung ein. Der protestantische Cultus konnte sich nur paränetisch, lyrisch und musikalisch ausprägen, durch Wort, Lied und Gesang wurden die göttlichen Grossthaten lebendig erhalten, die Handlung trat zurück. War es ein Verlust: so konnte späterhin das Oratorium als musikalisches Drama für den Pomp der katholischen Liturgie mehr als Ersatz leisten. Aber welche Wandlung des christlichen Urtheils! Vor Zeiten hatten die Apologeten die alten Schauspiele als Götzendienerei perhorrescirt, jetzt fiel dasselbe Prädicat auf die Messe zurück; Luther nannte sie die grösste und glänzendste „Idololatrie“ des Papstthums, die verabscheuungswertheste „Erdichtung“ (figmentum). Indem nun die scenischen Spiele aus dem kirchlichen Verbande des Protestantismus ausschieden, suchten sie innerhalb des Weltlebens als Anstalten für den Zweck der Erheiterung oder Belehrung und Volksmoral eine festere Stellung, sie wurden zum Theater und dessen Berechtigung zur Streitfrage. Dass das Theater zur Verbreitung der evangelischen Sache mitgewirkt, dass Luther gelegentlich hingeworfen, man möge die Komödien um einiger Anstössigkeiten willen nicht durchaus vermeiden, dass er 1525 Spalatin zu einer häuslichen Aufführung selbst eingeladen hat, dass in Melanchthon's Wohnung Terenzische Stücke aufgeführt worden, dass selbst der harte Calvin 1546, um den schaulustigen Genfern nicht jedes Vergnügen zu versagen, eine theatralische Action gestattete, — sind bekannte Dinge. Die grossen Köpfe zeigten sich auch diesmal weniger ängstlich als die kleinen. Bei dem grossen Aufschwung dieses literarischen Zweiges im 16. und 17. Jahrhundert und bei dem unzweifelhaften Einfluss der Bühne auf die öffentliche Meinung und Sitte liess sich der ganze vielartige Inhalt nicht gleichmässig verdammen; auch hat sich der Geist der Confessionen hier nicht so scharf und zwiespältig kundgegeben wie in der Bilderfrage. Diese betraf nur das allgemeine Recht oder Unrecht bildlicher Veranschaulichung geheiligter Personen innerhalb des Cultus und der Andachtsstätten. Für das Theater kam wesentlich der Inhalt in Betracht; welcher natürlich einem höchst ungleichen Grade von moralischer Empfindlichkeit und Weltscheu begegnete. Die Spieler wurden härter beurtheilt als die Spiele, man versagte ihnen das Abendmahl. Eine Zeit lang blieben die Stimmen sehr getheilt, auf reformirter Seite überwog der Tadel, diese Abneigung führte 1578 sogar zu einem kirchlichen Verbot, das aber nicht völlig durchgedrungen ist, denn biblische Stoffe wurden von reformirten Predigern gegen Ende des 16. Jahrhunderts mehrfach dramatisch bearbeitet. Dasselbe geschah unter den Lutheranern, auf welche der Vorgang Luther's von Anfang mildernd eingewirkt hatte. Auch hier entstanden derartige Productionen in Menge, sie empfahlen sich besonders für die Zwecke der Jugendbildung; in den Schulen ist fleissig bei feierlichen Gelegenheiten tragirt und Komödie gespielt worden, und an gehässigen Seitenblicken auf die andere Confession konnte es dabei nicht fehlen. Erst das nächste Zeitalter führte zu schärferen und mehr in's Grosse gehenden Entscheidungen. Die Puritaner in England brachen über Alles den Stab, was den Sinnengenuss begünstigte, sie wurden also, wie Hase bemerkt, die eigentlichen „Tertullianisten"; ihnen aber stellte sich nachher der deutsche Pietismus mit ähnlichen abfälligen Urtheilen zur Seite, mit ähnlichen sagen wir, die aber doch verschieden erklärt werden müssen. Der Puritanismus war ein verhärteter Calvinismus, also eine einseitige kirchliche und gesetzliche Consequenz, der Pietismus vielmehr eine Abwendung von der bisherigen lax gewordenen und mit dem Weltleben allzu sehr befreundeten Kirchlichkeit des Lutherthums. Für die Pietisten waren die „Lusthandlungen" ein Hinderniss der wahren, reinigenden und erneuernden Einkehr des Evangeliums in die Herzen. Wieder anders stellte sich das gleichzeitige Verhältniss in der katholischen Kirche Frankreichs. Die Jansenisten haben die Schauspiele nicht ausnahmslos verpönt, ein Racine konnte sich der freieren Ansicht anschliessen, nur Nicole war unbedingter Widersacher; aber ihre asketische klösterlich umschränkte Frömmigkeit hielt dennoch die Mehrzahl von jedem Wohlgefallen dieser Art zurück. Wenn aber die Jesuiten die Theilnahme am Theater gestatteten und sogar mit ihren eigenen Exercitien Prunkerei trieben, wie es denn zu ihrem Wesen gehört, in alle ihre Geschäfte bis zur Baukunst Stil und Technik zu bringen: so geschah es nicht eigentlich aus religiöser Weitherzigkeit, sondern die zunehmende ästhetische Cultur und vergnügliche Stimmung forderte dieses Zugeständniss; die Jesuiten fügten sich, um nicht einen Theil ihres Einflusses zu verscherzen. Dass Molière eine Zeit lang die Bühne beherrschte, die Menge an sich fesselte und die Kunst des satirischen Lustspiels mit Meisterschaft benutzte, um auf die Sittenbildung zu wirken, bedarf nur kurzer Erwähnung. — Was aber über allen diesen Gegensätzen schwebt, ist die allgemeine Frage: darf das Publicum von sich aus mit den Mitteln der theatralischen Anschauung und Rede und der künstlerisch täuschenden Mimik einen erheiternden oder lehrhaften und kritischen Einfluss auf die christliche Gemeinschaft ausüben und dieser ihrer Darstellung ein moralisches Recht beimessen?

Wichtigste Belegstellen: Tert. De spect. cp. 17. 18. 29. Lact. VI, 20. Deus idcirco virtutem dedit, ut expugnaret et evinceret voluntatem. — Hos tamen ludos vocant, in quibus humanus sanguis effunditur. — Quaero nunc, an possint pii et justi homines, qui constitutos sub ictu mortis ac misericordiam deprecantes, non tantum patiuntur occidi, sed et flagitant feruntque ad mortem crudelia et inhumana suffragia. — Hujus igitur publici homicidii socios et participes esse non convenit eos, qui justitiae viam tenere nituntur. — Aug. De civ. Dei, I, 32. Ludi scenici spectacula turpitudinum et licentia vanitatum non hominum vitiis, sed Deorum vestrorum jussis instituti sunt. —

Innocenz III. in Jur. Can. Clem. V, tit. 1. Thom. Aquin. Summ. II, 2 quaest. 167. art. 2. Curiositas videtur esse in inspectione ludorum, sed inspectio ludorum non videtur esse vitiosa, quia hujusmodi inspectio delectabilis redditur propter repraesentationem, in qua homo naturaliter delectatur. — Inspectio spectaculorum vitiosa redditur, in quantum per hoc homo fit pronus ad vitia vel lasciviae vel crudelitatis per ea, quae ibi repraesentantur. Ausführliche historische Belege liefern die Schriften von Alt, Theater und Kirche, Berl. 1846, Hase, Das geistliche Schauspiel. Lpz. 1858, Hagenbach, Kirche und Schauspiel, in Gelzer's protest. Monatsbl. 1862.

§ 79. Fortsetzung. Rechtfertigung der Schauspiele.

Gründe zur Verwerfung des Theaters ergaben sich damals von selbst, wichtiger ist deren ernstgemeinte und gründliche Beantwortung, und für diese liegt uns ein meines Wissens bisher unbeachtet gebliebenes Actenstück, zugleich von localem Interesse, vor Augen.

Als Karl Ludwig, Churfürst von der Pfalz, nach vergeblichen Versuchen, die ihm entrissenen Lande mit fremder Hülfe wieder zu gewinnen, und in Folge der Beschlüsse des westphälischen Friedens am 7. October 1649 in Heidelberg seinen Einzug hielt, fand er das Land im traurigsten Zustande, die Stadt in Trümmern, die Bibliothek beraubt, die Universität verödet. Doch wurden durch sein kräftiges Eingreifen Ordnung und Wohlstand in Kurzem hergestellt; die Hochschule, durch neue Mitglieder verjüngt, konnte schon 1651 ihre Thätigkeit wieder eröffnen und gelangte zu einer erfreulichen, wenn auch nur kurzen Blüthe. Der Geist dieses Mannes erhellt schon aus der von ihm gewünschten Berufung Spinoza's, mehr noch aus seinem Eifer für den Kirchenfrieden. Es war ihm ernstlich darum zu thun, theils die Lutheraner zu einem Unionsverbande zu bewegen, theils aber auch die Römische Kirche durch ein Entgegenkommen, das sich zugleich politisch empfahl, günstiger zu stimmen. Bekanntlich scheiterten seine Bestrebungen an der Starrheit der Lutheraner, nach der anderen Seite aber schon daran, dass die Anerbietungen des Grafen Rocca de Spinola, Bischofs von Tina, von diesem allein, nicht von päpstlicher Vollmacht ausgegangen waren, die päpstliche Bürgschaft fehlte ganz. Der Traum einer Möglichkeit, mit Rom erfolgreich zu pactiren, war bald verflogen, man begnügte sich mit dem Anstandsgesetz gegenseitiger Duldsamkeit. Für diese und andere Zwecke fand der Churfürst einen Rathgeber und Freund in dem Schweizer Johann Ludwig Fabricius, welcher 1632 zu Schaffhausen gebürtig, 1656 nach Heidelberg berufen wurde, schon als Mentor des Baron von Rothschild grosse Reisen unternahm, dann 1660 zurückgekehrt, academische und kirchliche Aemter in sich vereinigte und dem Fürsten in der Unionssache treulich zur Seite stand. Die Drangsale der französischen Invasion nöthigten ihn zeitweise zur Flucht; Karl Ludwig starb 1680 und überliess die Stadt den Gefahren eines kirchlichen Umsturzes statt der Union. Der Aufenthalt in Heidelberg wurde unerträglich, schwergebeugt begann Fabricius ein Wanderleben, von welchem ihn der Tod 1695 zu Genf erlöste. Ein Theologe vom ersten Range war er nicht, aber ein Mann von gelehrter Tüchtigkeit und zuverlässiger Gesinnung, auch weltkundig und geschickt. Er hat die Berufung Spinoza's mit Recht rückgängig gemacht, das Theater aber in Schutz genommen. Er selbst, vom Fürsten zum Unterricht in der „eleganteren Literatur“ neben der h. Schrift und Dogmatik beauftragt, hatte ein Drama verfasst, ein unschuldiges, wie er sagt, (non obscoenum, sed castum, sed innoxium), das aber dennoch als „Komödie“ stark angefochten wurde, man beabsichtigte eine öffentliche Darstellung. Er beantwortete diese Angriffe in einer „casuistischen“ und dialogisch formulirten Abhandlung; ein Doxastes und ein Philalethes, anders ausgedrückt ein Doctrinär und ein Einsichtiger disputiren mit einander; es lohnt der Mühe, Beide kürzlich zu vernehmen.

Die „Scenen“ sind Kampfplätze der Laster und Verführungsanstalten der Jugend; Theater und Kanzel, Komödie und Predigt vertragen sich nicht, der innere Widerspruch mit dem Ernst des Lebens ist schon von Plato und Seneca empfunden und dann von der grossen Mehrzahl der Autoritäten aller Jahrhunderte nachgewiesen worden. Dahin lautet die Anklage des Doxasten. Wohl, antwortet der Philaleth, allein der Augenschein genügt nicht, näher betrachtet haben die Proteste gegen theatralische Aufführungen von jeher nur dem aufregenden, lasciven oder staatsgefährlichen Inhalt gegolten, nicht den Spielen selber. Plato verbannt die Komiker und Poeten, weil er sie aus politischen Gründen ihrer Willkür nicht überlassen will; und doch hat er von ihnen gelernt, der Dialog, von welchem er selber stets Gebrauch macht, bildet schon einen Uebergang zum Drama, auch beruft sich Plato gelegentlich auf des Aristophanes Wolken. Aehnliches gilt von Seneca. Auch spätere ungünstige Urtheile der Staatsmänner sind niemals unbestritten geblieben; was ein Bodinus verwarf, wurde vom Senat zu Paris, von ganz Italien und der Republik Venedig in ein günstigeres Licht gestellt. Wenn alte Kaisergesetze, Kanones und Sprüche der Rechtsgelehrten dagegen citirt werden: so haben diese für das protestantische Leben ihre Gültigkeit verloren, und der Standpunkt der Kirchenväter, die nicht anders konnten, als mit allen Arten heidnischer Sittenlosigkeit unbedingt zu brechen, darf nicht der unsrige sein. — Die neuere Theologie ist getheilter Ansicht, der Doxast findet seine Bundesgenossen in der Ueberzahl der reformirten Lehrer, der Philaleth erinnert ihn an die Gymnasien der Niederländer, Engländer, Franzosen, in denen zu Oxford, Cambridge, Leyden, Saumur wie in Norddeutschland scenische Uebungen und sogar Komödien unter geistlicher Aufsicht veranstaltet, an die Schweiz, wo Pauli Bekehrung plastisch dargestellt oder 158 Bilder zu einem Weltspiegel verbunden, ja zu Heidelberg selbst, wo 1497 von Studenten Komödie gespielt worden.

So thürmt sich eine Wolke von Zeugnissen gegen die andere auf, folglich müssen andere Gründe zu Hülfe genommen werden.

Nach Deuter. 22, 5 sollen die Männer keine weiblichen Kleider anlegen noch umgekehrt. Das wird aber, entgegnet Philalethes, auch nur selten nöthig sein, auch ist es nur ein Ceremonialgesetz von vergänglicher Bedeutung. Wir haben den geschlechtlichen Unterschied der Bekleidung nicht als einen ursprünglichen (vgl. Gen. 3, 21) noch stabilen anzusehen, daraus erklären sich die Trachten der Amazonen, die Bekleidungen der weiblichen Streiter im Kreuzzuge, daher die schöne Erzählung von einer Märtyrerin, welche in Gefahr der Beschimpfung sich flehend zu Gott wendete und wie durch ein Wunder ein männliches Gewand empfing, sie war gerettet. Nur willkürliche Mummereien können verboten sein. Stellen wie 1. Thessal. 5, 22, Eph. 5, 3 müssen keineswegs auf frivole Scherze gerade dieser Art bezogen werden. Es ist wahr, dass die Bibel die dramatische Gestaltung nirgends ausdrücklich erlaubt, aber ebenso wenig wird sie ausgeschlossen, und wer weiss zu sagen, ob in den Büchern Judith und Tobias nur Geschehenes berichtet wird, oder auch im Hiob und Hohenliede, deren Stoffe sich leicht in Scenen vertheilen und fast zu einer Repräsentation einrichten lassen.

Zuletzt muss auch die Vernunft mitsprechen, aber auch ihr und dem sittlichen Interesse gegenüber weiss Philalethes standzuhalten. Es wird ihm vorgestellt, dass alle Dramen mehr oder minder Unsittliches vortragen; sie handeln von Vergehungen, vielleicht von Verbrechen, folglich muss deren Veranschaulichung, zumal eine lebensvolle und handgreifliche, einen nachtheiligen Einfluss haben. Das folgt, erwidert Philalethes, noch keineswegs, oder es beweist zuviel, darnach zu schliessen müssten alle poetischen Darstellungen, ja die historischen selber, die an dem Schlechten nicht vorbeigehen dürfen, überhaupt wegfallen. Das hiesse die Absichten des Malers, Künstlers und Redners verkennen. Kein Dichter will die Sünde plausibel machen, er soll sie aufdecken, um durch den Eindruck der unterdrückten Unschuld wie der Heldenthat den Glauben an den Werth und den endlichen Sieg des Guten zu stärken. Wollte man noch einwenden, — und dieses Bedenken reicht bis in unsere Tage, —

dass schon die Uebernahme einer fremden Rolle eine lügenhafte Verleugnung der eigenen Persönlichkeit in sich trage: so hiesse auch das nur der künstlerischen Handlung ihre Wahrheit rauben. Simulation und Repräsentation fallen nicht zusammen; jede dialektische Verhandlung fordert den Gegensatz heraus, und wer disputiren will, darf sich nicht scheuen, dem Rechtgläubigen gegenüber auch einmal die Sache des Häretikers zu führen.

Es ist also ein Sieg der Wahrheit, diese Vorurtheile hinwegzuräumen. Das Schauspiel ist ein Spiegelbild des Menschenlebens, es führt dessen Gehalt in bedeutungsvollen Zügen und spannenden Wendungen an uns vorüber, deren Anschauung ergreifender wirkt als die blosse Ermahnung oder Erzählung. Niemand verschmähe es, das Verkehrte im Gewande des Lächerlichen durch sich selber gestraft zu sehen. Sind doch Schulmänner wie Sturm, Comenius, Trotzendorf darin einverstanden, dass Beherrschung der Rede, Angemessenheit der Bewegung und Sicherheit des Auftretens dem Jugendalter angebildet werden müssen, damit ist der Werth theatralischer Aufführungen bewiesen.

Die ganze, von Gelehrsamkeit strotzende und mit einigen naiven Bemerkungen gewürzte Abhandlung erhebt sich doch zu einer Würdigung des Gegenstandes, die hier und da an Lessing und Schiller erinnert. Das Theater wird nicht entschuldigt, sondern gerechtfertigt und empfohlen, aber nur als scenisches Spiel in freigewählten zunächst academischen Kreisen, nicht als Beruf der Histrionen.

Joh. Ludw. Fabricii Διάλεξις de ludis scenicis quinque partita in dessen Opp. omnia ed. Heidegger, Tig. 1698, später abgedruckt in Graevii Thes. VIII. Wir fügen ohne weitere Citate nur einige Belegstellen hinzu. Opp. p. 228 Sed ut dicamus quod res est. Nunquid potissima, imo unica voluptas, quam ex illarum comoediarum, quas commendamus, spectaculo persentimus, tum demum in nobis oritur, quando animus noster singulari affectu commovetur? Nunquid autem ex heroicae personae atque actionis intuitu amorem admirationem et imitandi quoddam studium concipimus? Nunquid virtuti applaudimus? Nunquid si innocentiam oppressam et infelicem videmus, indignatio, si restitutam et florentem, gaudium, si in ancipiti laborantem, spes et metus enascuntur? In hac autem animorum motione earumque vicissitudine nunquid consistit delectatio? Talis certe, qua nihil ad virtutem efformandam, conservandam, augendam excogitari potest efficacius.

P. 229. Hinc comoediam dixerunt artificium, sed artificiosa potius actio nominari debuisset, nisi ad histrionicum vitae genus respexissent, utpote quae tota quanta est in simulandi artificio occupatur. p. 230. Adde quod proloquendi facilitas comparatur et quae omnino necessaria est in dicendo libertas atque παῤῥησία. Nec dicendi solum artes exercitationibus istis quam plurimum juvantur, sed et prudentia inde atque virtus incrementa sumunt. Est enim comoedia humanae vitae speculum, in quo quid rerum homines agant, perspicias. — Nec enim praecepta eandem vim habent cum exemplis, nec historiarum lectio tantum animos commovet, quantum earumdem vivus, ut ita dicam, aspectus. Dazu die Schlussworte: Noli igitur in posterum nobis adeo irasci, quando videbis, rejectis atque contemtis, quae corpus afficiunt voluntatibus, nos adhibitis quas diximus cautionibus ea recreatione capi, ubi ingenii venustas, ubi actuum dexteritas, ubi sermonis cultus, ubi politioris literaturae elegantia, inprimis vero, ubi virtutis et pietatis amor ac studium laudes suas habent. — Uebrigens vgl. Historia vitae et obitus Fabricii auctore Heideggero in der Gesammtausgabe und in Häusser's pfälzischer Geschichte den Abschnitt über Karl Ludwig. Nachdem zuerst Stäudlin in der Schrift: Geschichte der Vorstellungen von der Sittlichkeit des Schauspiels, Gött. 1823, die Theaterfrage historisch verfolgt hatte, sind neuere Ethiker wie Reinhard, de Wette, Schleiermacher, Rothe mit ernster Erwägung auf den Gegenstand eingegangen, die Meisten im Sinne einer wenn auch nur bedingten Rechtfertigung.

Sechstes Kapitel.

Das Ethische in den kleineren Religionsgesellschaften.

§ 80. Waldenser. Mennoniten. Socinianer.

Im ersten Bande ist versäumt worden, der Waldenser zu gedenken, wir dürfen sie jedoch noch hier berücksichtigen, da sie ihr Dasein bis zur Gegenwart gefristet haben. Ihre Gesinnungen und Schicksale haben eine liebevolle Aufmerksamkeit der protestantischen Nachwelt auf sich gezogen und verdient. Als Verkündiger christlicher Vollkommenheit und Armuth, eifrig in der Nachfolge Christi und der Apostel und Heiligen wollten sie dem Evangelium ihr Heil verdanken statt der priesterlichen Dazwischenkunft, und ihre Opposition gegen die Hierarchie führte bis zur Trennung von der Römischen Kirche. Ihr Verhältniss zur h. Schrift beweist aufrichtige Anhänglichkeit bei beschränktem und viel zu buchstäblichem Verständniss. Die Lüge galt als Todsünde, Eidschwur und Todesstrafe waren verpönt, die Vorstellung des Fegefeuers verboten, weil Himmel und Hölle einen Gegensatz ausdrücken, der keinen Zwischenzustand gestattet. Die Predigt hatte ihr Hauptthema in der Aufforderung zur Busse und Besserung im Hinblick auf die Kürze des Lebens und auf eine jenseitige Vergeltung; denn wer den Preis der Seligkeit erringen will, hat die Pflicht, Laster und Freuden der Welt zu fliehen und die irdischen Dinge gering zu achten. Ein Theil der ethischen und asketischen Ueberlieferung der Vorzeit war auf sie übergegangen. Daher haben die Waldenser, besonders der früheren Jahrhunderte, nicht aufgehört, in manchen Dingen katholisch, nur nicht hierarchisch zu lehren; ihre Schriften enthalten patristische Vorstellungen, und in der Nobla Leyczon wird eine der scholastischen ähnliche Tugendlehre vorgetragen. Die Unterscheidung der perfecti et credentes entsprach ungefähr der kirchlichen Abstufung von consilia und praecepta. Die Folgezeit liess die Waldenser in verschiedene Stellungen und in manche Modificationen eintreten; der Anschluss an verwandte Parteien konnte ihnen gefährlich, aber auch förderlich werden. Eine systematische Gestaltung weist ihre Literatur nicht nach.

Die protestantische Sektenbildung hat eine doppelte Richtung eingeschlagen; entweder ein scharfes kritisches Studium, welches innerhalb der Kirchen erst weit später an die Reihe kommen sollte, wagte sich einseitig und dreist an die Umbildung des Dogmas, oder es wurde eine Frömmigkeit und Sittlichkeit gepflegt, wie sie in ihrer beschränkten Form auf grosse Verhältnisse überhaupt keine Anwendung erleiden konnte. Jene waren die vordringenden Kritiker und Theoretiker, diese die Praktiker, aber auch die Zurückbleibenden, die Kirche war ihnen überlegen, sie hatte mehr praktischen Verstand als die Sekten. Aber sie hat auch diesen moralisch Unbescholtenen, so lange sie innerhalb ihrer Grenzen nützlich wirkten, mehr Schonung angedeihen lassen als den Neuerern in der Lehre.

In den Mennoniten hat sich ein gereinigtes Nachleben der wüsten und schwindelhaften Wiedertäuferei erhalten und befestigt. Um 1540 hatte Menno Simons die Reste der Taufgesinnten um sich versammelt; es gelang ihm, ihre alten Träumereien ihnen auszureden, was er aber bestehen liess und neu gründete, war eine Gemeinde der Reinen, dazu bestimmt, durch rechtschaffenen, prunklosen, von Ueppigkeit und Sinnengenuss abgewendeten Wandel den christlichen Willen zu verwirklichen. Aber diese Tugendpflicht war einer verschiedenen Anwendung fähig, und wie sie in der Lehre nach allen Seiten hin und her gezogen wurden: so erzeugte auch ihre ungleiche moralische Bildung und Sinnesart zahlreiche Abarten. Nur darin blieben sie sich treu, dass sie Eid und Ehescheidung, Processe und Kriegsdienst zurückwiesen, also sich selbst von dem öffentlichen Rechtsverbande ausschlossen. Mögen die Mennoniten in den Niederlanden Einiges geleistet haben und in England und Amerika noch leisten: in Deutschland erscheinen sie nur als die Geduldeten, welche ihr eigenes Ende dadurch hinziehen, dass sie einzelnen Gemüthern und Lebenslagen eine heilsame Zuflucht gewähren.

Mit den Socinianern scheint es sich umgekehrt zu verhalten, der Lehrtrieb überwog. In durchgreifender Opposition gegen das kirchliche Dogma und mit nicht geringem Talent hatten sie ihr halbrationalistisches Lehrsystem zum Abschluss gebracht, zu einem Abschluss, welcher den Katechismus mit der Dogmatik zusammenfallen liess. Scharfsinnige Abhandlungen dienten zur Vertheidigung und haben die kirchlichen Apologeten länger als ein Jahrhundert in Athem erhalten. Aber zufrieden mit ihrem eigenen sorgfältig ausgearbeiteten Consensus entzogen sie sich den Raum zu innerer Wechselwirkung, sie blieben doctrinär. Man hat, und ich glaube mit Recht, den religiösethischen Zusammenhang ihres Systems aus dem Freiheitsbegriff erklärt. Unter Freiheit vertstanden sie aber nur die formale und instrumentale, das liberum arbitrium indifferentiae nach heutiger Sprechweise, welches die neuere Philosophie beinahe aufgegeben hat. Alles Leben, behaupten sie, wird von zweierlei Mächten beherrscht; aus freier Willkür handelt der Mensch, mit freier Selbstbestimmung tritt ihm Gott gegenüber. Zwei Reihen von Willensacten begegnen einander, die höhere als die machtvolle, unausweichliche und ausschlaggebende; doch würde Gott in seiner Majestät dennoch die Zügel verlieren, wenn er nicht die menschlichen Handlungen, die sich ihrer Natur nach nicht voraussehen lassen, schrittweise sammt ihren Erfolgen zu begleiten und zur Fortleitung seines eigenen Rathschlusses zu benutzen vermöchte. Damit wird die höchste Causalität in den Zeitverlauf selber verflochten, — eine ebenso unphilosophische wie unkirchliche Anschauung. Aber auch der Glaube als vertrauender Gehorsam soll aus der freien Selbstbestimmung hervorgehen, dann sind die Werke nicht wesentlich von ihm verschieden. Was diesen Lehrsätzen abgeht, ist theils die Erschliessung des religiösen Bewusstseins theils das Medium des Geistes, welches den Dualismus einer doppelten Willkür hätte überwinden helfen. Zuletzt löst sich die Religion selber in einen Gehorsam auf, welchen wir der festgestellten Lehre wie den christlichen Geboten gleicherweise schuldig sind. Es darf nicht Wunder nehmen, wenn sich demgemäss auch die Sittenpflege disciplinarisch einkleidete und beschränkte. Die Gemeinde selber übte diese Zucht durch Ermahnung, Verweis und Excommunication, und was sie erreichte, glich einer bürgerlichen Rechtschaffenheit. Die Staatsgewalt ruht auf dem ihr biblisch zuerkannten Recht, aber mit Abzügen, welche uns wieder an die Mennoniten erinnern; Waffengebrauch, bürgerliche Bestrafung der Häretiker widersprechen wie die Todesstrafe selber dem christlichen Princip.

§ 81. Arminianer und Quäker.

Durch die Arminianer sehen wir uns in eine gewisse Mitte gestellt, sie waren die Bescheideneren und weniger Doctrinären. Ins Dasein gerufen durch den Protest gegen den Absolutismus der Gnadenwahl und allmählich zu einer selbständigen Lehrbildung fortgeschritten, haben auch sie in alle Artikel scharfe kritische Blicke gethan, ohne jedoch zu dem gleichen Grade von Abgeschlossenheit wie die Socinianer zu gelangen. Ein dergestalt normirendes Lehrbuch wie der Rakauische Katechismus haben sie weder besessen noch begehrt, und grade die Erhebung über die stricte Autorität der Symbolschriften zeichnet sie aus. Gleich viel für uns wie sie im Einzelnen gelehrt haben, weit wichtiger ist ihre allgemeine religiöse und sittliche Tendenz, denn sie wollten dafür sorgen, dass christliches Glauben und Thun in bessere Symmetrie gebracht werde als bisher geschehen, damit was der Lehre an Genauigkeit und Uebereinstimmung abgeht, durch reichere Entfaltung christlicher Tugenden ergänzt werde, — eine Absicht, welche bekanntlich auf die englischen Latitudinarier übergegangen ist und selbst die Deisten beeinflusst hat. Die Arminianer waren also die Erweiternden, ihr Streben ging in die Breite, den schönen Talenten ihrer Anführer, — man denke an Clericus u. A., — öffnete sich das Feld einer für Alle fruchtbaren Forschung. — Und auf diesem Boden der Erkenntniss ist denn auch der geniale Grotius († 1645) erwachsen, der Mann von weitem Blick, der Gegner der Socinianer in der Beurtheilung des Dekalogs, der Gründer des Naturrechts. Nach so vielen und so unklaren Mischungen des Ungleichartigen war es eine That, dass er in der natürlichen Anlage unseres Lebens gewisse Fingerzeige nachwies, welche die Vernunft als ein Unveräusserliches und Unverrückbares anzuerkennen hat, die also das Sittliche gleichsam ehe es als solches nachgewiesen ist, schon in Kraft treten lassen; Grotius stellte damit Aufgaben hin, wenn er sie auch nicht genügend zu lösen vermochte. Das andere positive Recht göttlicher Gebote, welches gerade einer solchen Unterlage bedarf, zu beseitigen, war nicht seine

Absicht, wohl aber hat er die Ethik ihres damals gewöhnlichen theologischen Charakters theilweise beraubt, und es hing mit den Bestrebungen der Folgezeit zusammen, dass dieser Weg noch weiter verfolgt wurde.

Wie aber, fahren wir fort, was sollte geschehen, wenn unter den Drangsalen eines kirchlich-politischen Zwiespalts alle Autorität abhanden gekommen war, welche Zuflucht blieb übrig für eine fromme und selbständige Gesinnung? Wir antworten im Namen der Quäker: Die Berufung auf den unsichtbaren Parakleten, das innere Wort und Licht. Zwar hatten selbst die Quäker eine Anzahl von Lehrvorstellungen zur Verfügung, aber was sie zusammenhielt, war doch mehr das Band persönlicher Selbstentscheidung. An die Stelle des Bekenntnisses trat die starke Persönlichkeit. Sie hatten nicht viel, aber sie waren etwas. Um sie zu verstehen, muss man sie beschreiben als die Andächtigen und Stillen, die schweigend harren auf den Geist, aber auch als die Erregten, die Thatkräftigen und die „Freunde". Es scheint auffallend, dass sie, die auf alle Weise bemüht waren, ihr ganzes Privat- und Familienleben in das Gewand der Sauberkeit und Ehrbarkeit und des Ernstes, aber auch der unermüdlichen Liebesthätigkeit zu kleiden, es ausserdem für nöthig erachteten, sich wie die Mennoniten durch Versagung des Eides und des Kriegsdienstes von der Staatspflicht, und durch Unterlassung einiger Höflichkeiten von der Gesellschaft auszuschliessen, — eine bei soviel innerer Tapferkeit und Stetigkeit des Betragens zu geringfügige Exclusivität. Ihre Verbreitung hat sie jedoch auf einen Posten gestellt, wo sie bahnbrechend wirken konnten mitten in der Barbarei. Selbst historische Wendungen wurden ihnen in die Hand gegeben, und die Bekämpfung des Sklavenhandels macht sie unvergesslich.

Unseres Erachtens haben diese von der reformirten Ueberlieferung ausgegangenen Parteien gegenwärtig keine Nothwendigkeit; Mennoniten und Arminianer bedürfen keines Sonderlebens mehr, und die Quäker werden in England wenigstens für entbehrlich erklärt; eine weitherzige und vielseitig strömende Kirchengemeinschaft könnte sie in sich aufnehmen. Es gehört aber zum Wesen der Secten, dass sie nichts höher schätzen als ihren eigenen Particularismus, sie verewigen damit die Ursache ihrer Entstehung. — Irvingianer, Mormonen, Swedenborgianer haben für uns keine Bedeutung, ausser sofern den Letzteren ein warmer Zug der Menschenliebe nachgerühmt werden muss.

Erbkam, Geschichte der protestantischen Secten im Zeitalter der Reformation, 1848. — Schneckenburger, Vorlesungen über die kleineren protestantischen Religionsparteien, herausg. von Hundeshagen, Frankf. 1862. — Fock, der Socinianismus, Kiel 1847, S. 653 ff. — Jodl, Geschichte der Ethik in der neueren Philosophie, Stuttg. 1882, S. 98 ff.

§ 82. Herrnhuter und Methodisten.

Diese beiden Religionsgesellschaften dürfen nicht Sekten im engeren Sinne genannt werden. Sie haben den comparativen Scharfsinn der Historiker stets beschäftigt, zumal wenn neben ihnen noch der Pietismus in Vergleich gestellt wurde. Einiges ergiebt sich auf den ersten Blick. Ihre beiderseitige Frömmigkeit bewegt sich in den Gedanken der Heilsaneignung, der Versöhnung und Bekehrung, aber sie bringen eine verschiedene Stimmung und Redeweise mit; die Herrnhuter sind sanfter, die Anderen stürmischer und aggressiver zu Werke gegangen, daraus ergaben sich zwei Formen ihrer verbreitenden Wirksamkeit. Die ethischen Beweggründe ihres Strebens, statt offen zu Tage zu liegen, werden von den religiösen überschwellt, man muss sie suchen. Beide sind einseitige und zwar religiös-sittliche, nicht sittlich-religiöse Erscheinungen. Die Herrnhuter haben sich friedlicher und harmonischer, die Methodisten volksthümlicher und leidenschaftlicher bewegt, aber wie Retter aus dem Verderben. Der Missionstrieb brachte sie in Berührung, aber selbst diesem haben sie zwar mit grösster Ausdauer, aber in sehr ungleicher Weise Folge geleistet.

Ohne Zinzendorf († 1760) kann der Geist der Brüdergemeinde so wenig verstanden werden wie der Pietismus ohne Spener. Seine Schriften sind Stromata, er selbst ein geistreicher Autodidakt, der nur das Nöthige und Nützliche wissen wollte, ein feiner und vielerfahrener Welt- und Menschenkenner, der aber seine Psychologie mit mancherlei willkürlichen Einfällen und Paradoxieen angefüllt hat. Auch in der späteren und abgeklärteren Periode seiner Schriften versetzt er die Sünde in das vom Geist verlassene Fleisch; doch will er damit nicht den Leib beschuldigen, sondern nur die Seele, die nie alternde und immer gleich sündhafte, welche je rationaler und speculativer sie sich gebehrdet, um so mehr dazu getrieben wird, sich selbst für „independent" zu erklären. Gegen den Wahn dieser „Souveränität" der Menschenseele giebt es kein Heilmittel als das der Herzens- oder der Brüderreligion; sie allein führt zu einem persönlichen Bekanntwerden mit Christus, sie lehrt mit ihm immer inniger verkehren und in seiner „lieben Nähe" verweilen, um endlich alle Seligkeit aus dem sich Einleben mit dem Heiland zu schöpfen. Wer wüsste nicht, mit welcher Ausschliesslichkeit Zinzendorf den Empfang der Gnade und Gotteskindschaft auf den „Leidenspunkt" gegründet hat, aber auch wie sehr er bemüht ist, das Sündenbewusstsein sofort in das der Versöhnung hinüberzuziehen, damit es erleichtert, ja versüsst werde. Davon sollte die Seelenleitung ausgehen. Was Anselm einst höchst rational zu beweisen suchte, wollte Zinzendorf nur schauen und geniessen. Ethische Fragen konnten in solchem Zusammenhang nicht oft und nicht ausdrücklich vorkommen; zuletzt aber hat auch er sich darauf eingelassen, zu „moralisiren", und indem er bei der „Erklärung der Sittenlehre Jesu" die Welt und deren zahlreiche Lebenslagen erwägt, weiss er Originelles, Treffendes und Christliches zu sagen.

Den Grundzug dieser Herzenstheologie hat Spangenberg zwar ermässigt, aber nicht aufgegeben. Es ist eine sinnlich ausmalende, von weichen Gefühlen fast bis zu zärtlicher Empfindung begleitete Anleitung und Einladung zur Einkehr des Gemüths in den Schooss der Versöhnung, der Wille tritt verhältnissmässig zurück; nur praktisch sollte er sich bethätigen und zwar als ausharrende Geduld im Verkehr mit der Welt und selbst mit Irrenden und Andersgläubigen. In der Frömmigkeit der Methodisten bemerken wir einen anderen Hergang, sie hat etwas Zudringliches; um ihr Ziel zu erobern, kennt sie keine Schonung. J. Wesley († 1791) war ein herrschbegieriger Charakter, ein unermüdlicher Wille trieb ihn von einer „Parochie“ zur anderen, folglich musste er auch einen Willen in Anderen herausfordern. Dem christlichen Wollen muss die Busse vorangehen als der unausweichliche Durchgangspunkt zum neuen Leben; es gilt also, das Eis zu brechen, den selbstischen Menschen zu erschüttern und niederzuwerfen, damit der Bekehrte emporkomme. Und an dieser Stelle häufen sich die Vorhaltungen der methodistischen Predigt, ein Redner folgt dem andern, der Zweck soll erreicht, nicht etwa nur angeregt werden. Der moralische Ernst dieser Arbeit an den Gewissen ist stets gerühmt worden, aber das Motiv selber verliert doch wieder an Wahrheit und an Recht durch die asketische Gewaltsamkeit der Ausführung. Es ist bemerkenswerth, dass während Zinzendorf die „Irregularitäten“ in der Aneignung des Heilswerks stets sorgfältig in Rechnung brachte, wie er überhaupt ein Freund der individuellen Abweichungen war, die Wesley und ihre Nachfolger sich und ihre Wirksamkeit sofort der Regel unterworfen und daher ihrem Namen nur allzusehr nachgelebt haben. Für die Methodisten kommt das Reich Gottes ganz eigentlich mit äusserlicher Beobachtung; „Maassregeln“, alte oder neue, sollen es aufnöthigen, der Erfolg ihrer Predigten ist nicht selten zu einem abschreckenden Schaustück geworden. Ob und wie weit dabei der Gedanke an die unbedingte Gnadenwahl mitgewirkt, macht für die religiöse Praxis keinen Unterschied.

Vergleichen wir diese Vereine im Grossen: so hat die Brüdergemeinde den Vorzug einer sinnvollen inneren Organisation; auch haben die Herrnhuter von ihren Niederlassungen aus nicht allein bekehren, sie haben auch gewinnen und bilden, erziehen und unterrichten wollen, und zwar meist im friedlichen Anschluss an die umgebende Kirche und Religion. Nehmen wir ihr bedeutendstes Verdienst hinzu, die Zusammenleitung mehrerer Lehrformen auf derselben Grundlage: so werden wir nicht anstehen, ihnen selbst abgesehen davon, dass sie uns als Deutschen weit näher stehen, auch den grösseren historischen Werth beizulegen. Wohl uns übrigens, dass damals das Christenthum als Weltreligion längst offenbar geworden war, denn dazu hätten es weder Herrnhuter noch Methodisten trotz ihrer universellen Zwecke erheben können.

S. Schneckenburger, a. a. O., S. 103 ff. — Plitt, Zinzendorf's Theologie, III, S. 30 ff. Es sei dem Leser überlassen, sich die Persönlichkeit und den Charakter dieses Mannes zu vergegenwärtigen; die oft erwähnten Laxheiten in seinem Betragen veranlassen zu dem Bemerken, dass eine allzu weiche Frömmigkeit auch von der Gewissenhaftigkeit und dem Pflichtgefühl Abzüge machen kann.

§ 83. Anhang, Sittenlehre der griechischen Kirche.

Die griechische Kirchenlehre hat ihre alte Anlage auch in den neueren Confessionsschriften des XVII. Jahrhunderts aufrecht erhalten, sie stellt Glaube und Werke einfach neben einander, um beiden Bestandtheilen des Heils die gleiche Wichtigkeit beizumessen. Und von der lateinischen Auffassung unterscheidet sie sich darin, dass sie alle Früchte des christlichen Lebens aus der Wirksamkeit des h. Geistes herleitet. Es ist der Geist, der alle Wesen durchwaltet, der Tugendblüthen erzeugt und der die schon in Christi Persönlichkeit gegebenen Sacramente gleichsam in die Hand nimmt, um sie als Kräfte der Belebung oder Erneuerung darzureichen. Der Name der Gnade tritt verhältnissmässig zurück.

Das Bekenntniss des Mogilas von 1643 als bedeutendste Lehrschrift dieser Gattung setzt uns in den Stand, gewisse sittliche und praktische Gesichtspunkte für den Zweck einer allgemeinen Charakteristik festzustellen. Der ethische Standpunkt ist zugleich ein religiöser, Frömmigkeit und Sittlichkeit fliessen zusammen oder werden durch leichte Uebergänge in Verbindung erhalten. Der Glaube ist ein Empfangenes, aber schon die Hoffnung belebt, denn sie treibt zum Gottvertrauen und zur Zuversicht, müssig kann sie nicht bleiben. Um zu veranschaulichen, dass die religiöse Empfänglichkeit auch eine sittliche

Aufforderung in sich trägt, liessen sich biblische Materialien benutzen. An die Geistesgaben knüpfen sich Kräfte und Beweggründe, daher werden sie nach Jes. 11, 2 als Weisheit, Rath, Einsicht, Stärke, Erkenntniss, Frömmigkeit, Gottesfurcht in bekannter Weise aufgezählt. Das Gebet erhebt zu dem höchsten Quell und Ziel der Güter; im Gebet des Herrn sollen die Eigenschaften, von deren Besitz das Kommen des Reiches Gottes abhängt, vergegenwärtigt und von Oben erfleht werden. Aber nur das Gebet der Rechtgläubigen ist wirksam. Endlich haben auch die Seligpreisungen nach Matthäus in dieser Kirche stets aufmerksame Leser gefunden, und die Erklärer waren bemüht, nach dieser Anleitung Demuth und Sanftmuth, Friedfertigkeit und Geduld in die Krone des Lebens zu verflechten, so dass für das Mönchthum nichts übrig bleibt als die Steigerung dessen, was in der Nachfolge Christi Allen obliegt.

Mogilas lehrt also eine Sittlichkeit, welche zugleich Frömmigkeit ist, weil sie aus dieser stammt; das dritte Princip der Liebe stellt ihn ganz auf den Boden der Bethätigung. Unter Tugend wird eine Tüchtigkeit zur Verwirklichung des Guten verstanden; Gott hat sie geboten, der Mensch soll sie ausüben, er bleibt also, obgleich des göttlichen Beistandes bedürftig, doch das sittlich befähigte Subject. Diese Zusammenwirkung von eigener Anstrengung und Freiheit und göttlicher Hülfsleistung (συνδρομή) war und ist ein den Griechen stets unentbehrlicher Gedanke. Für die Eintheilung hatte die Tradition längst gesorgt. Nachdem Mogilas Glaube, Hoffnung und Liebe als christliche Mächte benutzt hatte, stellte er sie als theologische Tugenden nochmals an die Spitze; hierauf folgen die christlich modificirten Cardinaltugenden, und die Siebenzahl ist wieder erreicht. Dieselbe Zahl wird aber auch auf der andern Seite zum Grunde gelegt. Hochmuth, Geiz, Hurerei, Völlerei, Nachträgerei, Stumpfsinn, Verzagtheit, — so heissen die vornehmsten Sünden, nur Lästerung wird noch hinzugefügt. Ungefähr dieselbe Reihenfolge von ὑπερηφανεία, πλεονεξία, πορνεία, φθόνος, γαστριμαργία, μνησικακία, ἀκηδία (ἀτονία ψυχῆς) begegnet uns schon in den alten Verzeichnissen des Nilus und Evagrius, so dass eine Abhängigkeit von lateinischen Vorgängern hier nicht angenommen zu werden braucht. Unser Schriftsteller fügt hinzu, dass man noch viele andere und geringere Fehltritte erwähnen könne, diese aber haben keine Zahl, — gewiss eine gute Bemerkung den lateinischen Scholastikern gegenüber, welche ihr Sündenregister bis auf's Aeusserste haben vervollständigen wollen. Zugleich drängt sich uns noch eine andere Beobachtung auf. Auch bei Mogilas werden leichte und schwere Sünden unterschieden, die letzteren sind die vorsätzlichen, die auch unverzeihliche, auch Todsünden (ἁμαρτήματα θανάσιμα) genannt werden, aber erst die That selber macht sie dazu. Dasselbe gilt von dieser ganzen Beschreibung der christlichen Lebensaufgabe; das Unsichtbare der Tugenden wird wenig beachtet, denn Alles ist an der Thätlichkeit gelegen, die Handlung selber spricht für sich, der Körper verbürgt den Geist oder ersetzt ihn. Demgemäss werden zuletzt aus den beiden Hälften des Dekalogs eine Anzahl von Gottes- und Nächstenpflichten deducirt, die gleichfalls auf eine werkthätige Vereinzelung hinauslaufen. Fragt man also, woran der rechte Christenmensch in seinem Wandel erkannt wird: so sind es Werke der Barmherzigkeit, Pflege der Nothleidenden, Wittwen und Waisen, Ehrerbietung vor kirchlichen Würdenträgern und vor der Obrigkeit, Behütung der Kirchengüter, fleissiger Besuch des Gottesdienstes und endlich strenge Innehaltung der Fasten; — zählbare Leistungen sind die Gradmesser der Vollkommenheit.

Hiernach hat diese griechische Kirchenmoral ihre alten Erinnerungen pietätsvoll fortgeführt und ihre Vorbilder nicht vergessen, aber sie hat auch nichts lernen, noch aus den Umgestaltungen des Abendlandes eine fruchtbare Anregung empfangen wollen. Die zähe Vorliebe für das Antike verhinderte den Fortschritt, nur für solche Zustände konnten solche Anleitungen genügen; die Sittenbildung verfiel in Aeusserlichkeit der Pflichterfüllung und werkheiligen Dienst. Es darf uns nicht wundern, dass in dieser Urkunde die allgemeineren ethischen Begriffe wie Freiheit und Gewissen unerörtert bleiben, wie überhaupt der strengere Zusammenhang vermisst wird. Was wir dagegen zu schätzen haben, ist die Aufrichtigkeit der Gesinnung, denn diese

Simplicität entzog sich zwar dem Streben nach Verfeinerung der Erkenntniss, aber sie war auch sehr geeignet, Jesuitische Künste fernzuhalten. Denken wir diese einfachen Lehrbestimmungen mit einer ehrwürdigen Persönlichkeit verbunden: so dürfen wir nicht zweifeln, dass zumal in Hellas von den Klerikern und Bischöfen ein heilsamer Einfluss auf das Gemeindeleben übergegangen ist.

Vgl. Ph. Chr. Kaiser, Progr. de Ethice eccl. Gr. symbolica, Erl. 1833. — Die wichtigsten Belege finden sich im zweiten und dritten Buch der Confession des Mogilas. Ich fasse mich kurz über Dinge, die anderwärts ausführlich von mir dargestellt worden. Aber ich möchte diesem mageren Paragraphen etwas aufhelfen, daher versage ich mir nicht, an dieser Stelle noch einer merkwürdigen griechischen Abhandlung zu gedenken; der dazu nöthige Anachronismus möge entschuldigt werden.

Gregorius Palamas, der Theilnehmer am Hesychastenstreit und Erzbischof von Thessalonich (1347), hat eine anthropologische Schrift hinterlassen, welche schon 1553 von Turnebus griechisch herausgegeben, von Casaubonus genauer betitelt, nachher gänzlich in Vergessenheit gerieth und kürzlich von A. Jahn als Prosopopoeia animae accusantis corpus et corporis sese defendentis, cum judicio — aureolus libellus, Hal. 1884 abermals und kritisch edirt worden ist. Der Inhalt betrifft die Doppelheit der Menschennatur, ein Problem alter und neuer Zeiten, welchem Griechen und Lateiner, Philosophen und Theologen ihr Nachdenken gewidmet haben. Die neuere Philosophie des Abendlandes verstand die Frage rein psychologisch, man wollte wissen, wie es zu erklären sei, dass zwei specifisch verschiedene Factoren wie Leib und Seele dennoch mit einander und durch einander wirken. Die Griechen dagegen von älterem und jüngerem Datum waren spiritualistischer gesinnt und gaben der Sache eine ethische Wendung; ihnen kam es darauf an, diesen Antagonismus im Hinblick auf die einheitliche Bestimmung des Menschen auszugleichen und zu schlichten. Und dieser zweiten Auffassung schliesst sich auch Palamas an; um aber anschaulich zu verfahren, denkt er sich eine Gerichtsverhandlung, in welcher Seele und Leib wie zwei Persönlichkeiten sich gegenseitig zur Verantwortung ziehen, bis zuletzt die Beisitzer des Gerichts ein entscheidendes Wort sprechen.

Zuerst tritt das Seelenich, die ψυχὴ λογική, als Anklägerin auf. In langer Rede beschwert es sich über die tägliche Schmach, welche von körperlicher Seite über sie verhängt werde. Aber Leib sollte sich als der Gemahl betragen, statt dessen wird er zum Despoten; durch ihn wird die hochgeborene Seele entadelt, herabgewürdigt, in ein enges Gehäuse gebannt, von Begierden heimgesucht, die jede Besinnung rauben. Und schon mit der Geburt beginnt die Unterdrückung des Geistesmenschen. Die Sinne, einmal emporgekommen, eröffnen in ihrer Vielheit eine unerträgliche „Ochlokratie". Nicht genug, dass Jeder an Speise und Trank gebunden ist, — die Genüsse steigern sich und werden unersättlich, die τροφή drängt zur τρυφή. Löwen lassen sich zähmen, wer aber vermöchte der Sinnenlust Schranken zu setzen, es hiesse soviel als einen Stein kochen, einen Aethiopier weiss färben. Und von allen diesen Uebeln trägt der Leib mit seinen Gliedern und Trieben die Schuld. Zwar lässt mit höheren Jahren diese Begehrlichkeit nach, dafür versagt dann aber der Körper selbst seine nützlichen Dienste.

Man sollte erwarten, dass nun das leibliche Ich auf diese bitteren Anklagen sich kleinlaut zurückziehen müsste, aber weit gefehlt, es meldet sich gleichsam mit seinen selbständigen Rechten zum Wort. Die Vorwürfe werden zurückgewiesen. Die Seele soll sich nicht überheben, sie ist eine Creatur wie ich, ruft der Leib; auch mir ist Auferstehung und Unvergänglichkeit verheissen, auch ich nehme an geistiger Thätigkeit Theil, aber die Oberleitung ist mir nicht übertragen, da ich auf das Naturgesetz der Ernährung angewiesen bin. Wenn also die leiblichen Glieder mit der natürlichen Lust vielerlei Missbrauch treiben: so erklärt es sich einfach daraus, dass sie nicht richtig von der Vernunft aus angeleitet werden. Das Verhältniss kehrt sich um, der Geist ist das Hegemonische, folglich auch das Verantwortliche; er muss für die Ausgelassenheiten des anderen Factors selber aufkommen, sowie er auch schon die erste Uebertretung durch eigenen Ungehorsam verschuldet hat. Dazu kommt, dass im entscheidenden Fall gerade der Leib seinem seelischen Mitgenossen zu Hülfe kommt; er leiht ihm seine eigenen Empfindungen, bezeichnet also durch Bussthränen und Schmerz den Weg zur Rückkehr, welcher den unbeleibten Wesen wie dem Satan für immer verschlossen bleibt. Und mit dieser scharfen Entgegnung müssen sich am Ende auch die Beisitzer einverstanden erklären; sie verwerfen den Dualismus und fordern ein Menschenwesen, dessen Einheit von der obersten Stelle aus verstanden und verwirklicht werden soll. — Die kleine Schrift ist im Einzelnen sehr sinnreich und verräth mehr geistige Lebendigkeit als man dem abgelebten Zeitalter, in dem sie entstanden ist, zutrauen sollte.

FSC
www.fsc.org
MIX
Papier | Fördert gute Waldnutzung
FSC® C083411

Kolibri 360 GmbH
Ferdinand-Jühlke-Straße 7
99095 Erfurt, Deutschland
produktsicherheit@kolibri360.de